(累)界/代	界/代	系/紀	統/世	階/期	GSSP	年代/百万年前
顕生(累)界/代	古生界/代	デボン系/紀	上部/後期	ファメニアン		358.9 ±0.4
				フラニアン		372.2 ±1.6
			中部/中期	ジベティアン		382.7 ±1.6
				アイフェリアン		387.7 ±0.8
			下部/前期	エムシアン		393.3 ±1.2
				プラギアン		407.6 ±2.6
				ロッコヴィアン		410.8 ±2.8
		シルル系/紀	プリドリ			419.2 ±3.2
			ラドロー	ルドフォーディアン		423.0 ±2.3
				ゴースティアン		425.6 ±0.9
			ウェンロック	ホメリアン		427.4 ±0.5
				シェイウッディアン		430.5 ±0.7
			ランドベリ	テリチアン		433.4 ±0.8
				アエロニアン		438.5 ±1.1
				ラッダニアン		440.8 ±1.2
		オルドビス系/紀	上部/後期	ヒルナンシアン		443.8 ±1.5
				カティアン		445.2 ±1.4
				サンドビアン		453.0 ±0.7
			中部/中期	ダリウィリアン		458.4 ±0.9
				ダーピンジアン		467.3 ±1.1
			下部/前期	フロイアン		470.0 ±1.4
				トレマドキアン		477.7 ±1.4
		カンブリア系/紀	フロンギアン	ステージ 10		485.4 ±1.9
				ジャンシャニアン		~ 489.5
				ペイビアン		~ 494
			ミャオリンギアン	ガズハンジアン		~ 497
				ドラミアン		~ 500.5
				ウリューアン		~ 504.5
			シリーズ 2	ステージ 4		~ 509
				ステージ 3		~ 514
			テレニュービアン	ステージ 2		~ 521
				フォーチュニアン		~ 529
						538.8 ±0.2

(累)界/代	界/代	系/紀	GSSP GSSA	年代/百万年前
先カンブリア(累)界/時代	新原生界/代	エディアカラン		538.8 ±0.2
		クライオジェニアン		~ 635
		トニアン		~ 720
	中原生界/代	ステニアン		1000
		エクタシアン		1200
		カリミアン		1400
	古原生界/代	スタテリアン		1600
		オロシリアン		1800
		リィアキアン		2050
		シデリアン		2300
太古(始生)界/代	新太古界/代(新始生界/代)			2500
	中太古界/代(中始生界/代)			2800
	古太古界/代(古始生界/代)			3200
	原太古界/代(原始生界/代)			3600
冥王界/代				4031 ± 3
				4567

すべての階層の層序区分単位に対して、その下限をGSSPs(国際境界模式層断面とポイント)によって定義する作業が進行中である。これは、長らくGSSA(国際標準層序年代)によって定義されてきた太古(累)界および原生(累)界の下限に対しても同様である。GSSPsに関する図および詳細な情報は、ウェブサイト http://www.stratigraphy.org に掲載されている。

本表に掲載されている年代値は見直されることがあるが、それは顕生(累)界およびエディアカラン系の層序区分単位の定義の変更を伴うものではない。そのような定義の変更は、GSSPsによってのみ可能である。GSSPsにより定義されていない境界や確定した年代値がない顕生(累)界の層序区分単位境界に対しては、おおよその年代値を「~」を付して示した。

第四系、上部古第三系、白亜系、三畳系、ペルム系、カンブリア系、先カンブリア(累)界を除く全ての界の年代値は、Gradstein et al. (2012) の 'The Geologic Time Scale 2012'による。第四系、上部古第三系、白亜系、三畳系、ペルム系、カンブリア系、先カンブリア(累)界の年代値に関しては、当該問題を扱う国際層序委員会の小委員会による。

この日本語版ISC Chart(2023年6月版)は、IUGS(国際地質科学連合)の許諾を得て、日本地質学会が作成した。

表の色は、国際地質図委員会(Commission for the Geological Map of the World (www.cgmw.org)の推奨に従う。

図案 (オリジナル): K.M. Cohen, D.A.T. Harper, P.L. Gibbard, N. Car
(c) 国際層序委員会、2023年9月

引用: Cohen, K.M., Finney, S.C., Gibbard, P.L. & Fan, J.-X. (2013; updated) The ICS International Chronostratigraphic Chart. Episodes 36: 199-204.

URL: https://stratigraphy.org/ICSchart/ChronostratChart2023-09Japanese.pdf

シリーズ
地球生命史

6

人類の進化

第四紀

北村晃寿
高井正成
百原　新
［編］

HISTORY OF
THE EARTH AND
LIFE

QUATERNARY

共立出版

執筆者一覧（所属，執筆箇所）

北村晃寿　静岡大学大学院理学研究科，同防災総合センター（第 1, 2, 3 章，
　　　　　7.1, 7.2, 8.1, 8.4 節）
高井正成　京都大学総合博物館（第 5 章，8.3 節）
百原　新　千葉大学大学院園芸学研究院（第 4 章，7.3, 8.2 節）
河野礼子　慶應義塾大学文学部（第 6 章）
西岡佑一郎　ふじのくに地球環境史ミュージアム（7.4 節）

「シリーズ地球生命史」編集委員会
西　弘嗣（編集委員長）・小宮　剛・磯﨑行雄・西田治文・高嶋礼詩・北村晃寿

「シリーズ地球生命史」刊行にあたって

20 世紀末から 21 世紀における地球科学の進展にはめざましいものがあり，現在，地球生命史は大きく書き換えられている．21 世紀に入ってから，中国古生物学会の精力的な研究による多くの新しい化石の発見（澄江動物群，羽毛恐竜など）によって，発生学の研究から鳥が恐竜から進化したとする仮説が論じられるようになった．また，20 世紀後半になってから，全球凍結や PT 境界の絶滅などの地球科学的な事件と生命進化の関係が明確になってきた．たとえば先カンブリア時代の研究では，原生代に起きた複数回の全球凍結事件や大酸化事件のようなグローバルな環境変動と，真核生物や動物の出現などの生物との関連性が取り上げられるようになった．

このような進展は，地球科学分野における多様な専門領域間の壁が低くなり，地球物理学，地球化学，生物学などの各分野を横断した研究が可能になったことによる．古生物学・地質学の分野でも，アジアや南米，オーストラリアなどの国々からの保存の良い顕生代化石の発見，地球化学的手法を用いた各種代替記録の開拓，化学層序対比研究や古環境解析の進展，放射年代の精度の向上，CT スキャンを用いた絶滅生物の研究など，これまでにない発見や成果が次々と出され，ダイナミックな研究展開が可能となった．さらに，数値シミュレーションを用いて第四紀だけでなくさらに過去の時代の気候シミュレーションが行われ，化石などによる古気候データと比較検証する研究も進んでいる．

こうした背景から，近年明らかになった地球進化・環境変化との関連をふまえ，「地球」の視点から生命史を一連の流れとして体系的に理解できるシリーズとして，「シリーズ地球生命史」を企画した．本シリーズでは，先カンブリア時代，古生代，中生代，古第三紀，新第三紀，第四紀と時系列を追いながら，地球と生命の進化について基礎的な内容を厳選して概説し，近年提唱された新しい仮説も取り込んで総括する．年代区分の変遷などの歴史的な背景や日本列島に焦点をあてた記述も取り込んでおり，各時代の地質，テクトニクス，環境変遷，生物相，日本列島の状況などを総合的に理解できるようになっている．

執筆にあたっては，専門分野を学び始めた学部 2〜4 年生・大学院生を対象とし，古生物学・地質学あるいは進化生物学分野において長く使える教科書となるように工夫した．地球環境化学・天文学・宇宙化学・材料化学など，地球惑星科学周辺分野を学ぶ学部生・大学院生も対象とし，各分野の参考書としても活用できる書籍を目指している．本シリーズが，長く座右の書となることを願っている．

シリーズの構成（全6巻）

　本シリーズは以下の6巻で構成される．時代区分については図を参照．
第1巻　生命誕生　—先カンブリア時代—
第2巻　動物多様化と海の世界　—古生代Ⅰ—
第3巻　陸域生態系の成立　—古生代Ⅱ—
第4巻　恐竜の世界　—中生代—
第5巻　哺乳類の台頭　—新生代—
第6巻　人類の進化　—第四紀—

※続巻テーマは変更される可能性があります．

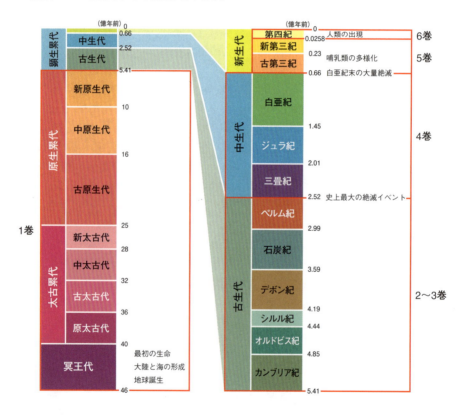

図　地質年代表における各巻の位置づけ．左側の表は地球史全体で，冥王代から原生累代は先カンブリア時代．右側の表は顕生累代（古生代〜新生代）の拡大である．福井県立恐竜博物館サイトの年代表（https://www.dinosaur.pref.fukui.jp/dino/faq/r02015.html）をもとに作成．

「シリーズ地球生命史」編集委員会

第四紀の序

　第四紀の語源は，1760年にArduinoがイタリアの地層区分に提唱した4つの地質時代に関するものである．すなわち，第一紀 (Primary)，第二紀 (Secondary)，第三紀 (Tertiary)，第四紀 (Quaternary) のうちの最新の時代である．その後，第四紀の定義は議論されてきた．そして，2009年に国際地質科学連合 (IUGS) は第四紀を氷河時代と定義し，その始まりを北半球高緯度に大規模な大陸氷床が形成された270万年前頃とした．さらに対比の容易さを考慮し，古地磁気境界を使って第四紀と第三紀の境界を設定した．具体的には，第四系の基底の国際境界模式層断面と断面上のポイントを，イタリアの海成層に設置した．この層位は，ガウス／松山地磁気境界の約1m上で，絶対年代は258.8万年前である．

　第四紀は，氷期・間氷期サイクルで特徴づけられる．約270万年前から100〜90万年前までのサイクルは，地軸の傾きの変動に由来する約4.1万年の周期が卓越し，海水準は約30〜80m変動した．その後，100〜90万年前から60万年前に，サイクルの卓越周期は4.1万年から10万年に変化した．そして，60万年前以降では，約2万年周期と10万年周期が卓越し，海水準の変動量は120mにも及んだ．氷期・間氷期サイクルの周期性は，地球軌道要素の永年変化に伴う地球表面での日射量分布の周期変動がトリガーである．間氷期への移行期は北半球高緯度の夏期日射量の増加期に，氷期への移行期は夏期日射量の減少期にあたる．この日射量変動はわずかだが，正の気候フィードバックシステムが全球規模の気候変動に拡大する．図は約2万年前の最終氷期最盛期と産業革命前の1750年頃の北半球高緯度の夏期日射量，全球平均気温，汎世界的海水準，大気CO_2濃度の相違を示す．

　氷期・間氷期サイクルとそれに伴う氷河性海水準変動による環境変動は，ホモ属を含む生物の分布・進化に大きな影響を与えた．同時に，ホモ属は環境変動に適応するための科学・技術を発展させた．約2万年前以降，科学・技術は他の生物や環境に対して大きな影響を与え，その影響度は加速的に増大している．

　本シリーズの第6巻では，第四紀の環境変動と生物進化ならびに人類の進化を解説する．第1章では，第四紀の地質年代的位置づけならびに定義に関して概説するとともに，2020年1月に千葉県の千葉セクションに設置された中部更新統の基底のGSSPについても解説する．第2章では，第四紀の気候・海水準変動の復元に用いる代替記録と年代測定法の特徴を解説する．第3章では，第四紀の環境変動を特徴づける北半球高緯度の大規模氷床形成に伴う長期的寒冷化，ミランコ

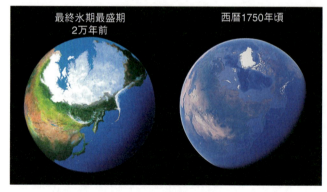

図　最終氷期最盛期（約2万年前）と産業革命前の1750年頃の北半球高緯度の夏期日射量（Laskar et al., 2004），全球平均気温（Osman et al., 2021），汎世界的海水準（Yokoyama et al., 2000），大気 CO_2 濃度の相違（EPICA community members, 2004）．最終氷期最盛期の地球の復元図は北村・夏目（1998）より．現在の地球の写真は Google Earth．

ビッチサイクルに伴う数万年周期の氷期・間氷期サイクル，突発的気候変動などの実態を記し，それらの発生機構の解釈を紹介する．第4・5章では，陸上植物と哺乳類の進化や生態系の変化の動態を，第6章では，人類の進化を紹介する．第7章では，日本列島の動植物の成立過程を解説する．第8章では，未来予測に必須である環境変動（近過去・現在）に対する生物の応答を概説する．

　最後に，高原光氏からは，ご専門の視点から要所へのコメントを賜った．ここに記して感謝する．

引用文献

EPICA community members (2004) Eight glacial cycles from an Antarctic ice core. *Nature*, **429**, 623-628

Laskar, J., Robutel, P. *et al.* (2004) A long term numerical solution for the insolation quantities of the Earth. *Astro & Astro*, **428**, 261-285

北村晃寿・夏目義一 (1988) 暖かい地球と寒い地球，pp. 31, 福音館書店

Osman, M. B., Tierney, J. E. *et al.* (2021) Globally resolved surface temperatures since the Last Glacial Maximum. *Nature*, **599**, 239-244

Yokoyama, Y., Lambeck, K. *et al.* (2000) Timing of the last glacial maximum from observed sea-level minima. *Nature*, **406**, 713-716

2024年7月
編者を代表して，北村晃寿

目　　次

第1章　第四紀の地質年代的位置づけ　　　　　1

1.1　地質年代単元・年代層序単元の語源　　　2

1.2　1900年代の第四系・更新統の基底の動向　　　3

1.3　2000年代の第四系・更新統の基底の動向　　　6

1.4　チバニアンの決定　　　7

1.5　完新統／世とその細分　　　10

1.6　人新世　　　13

1.7　水月湖の年縞堆積物─完新統／世の副模式地─　　　16

おわりに　　　17

引用文献　　　17

第2章　第四紀の環境変動の代替記録　　　　　21

2.1　気候の代替記録　　　22

　　2.1.1　生物起源の気候代替記録　　　22

　　2.1.2　非生物起源の気候代替記録　　　40

2.2　海水準変動代替記録　　　53

　　2.2.1　生物起源の海水準変動代替記録　　　55

　　2.2.2　非生物起源の海水準変動代替記録　　　62

2.3　年代測定法　　　64

　　2.3.1　^{14}C濃度　　　64

　　2.3.2　^{14}C年代測定に関する革新的開発　　　68

おわりに　　　69

引用文献　　　69

第3章　第四紀の気候・海水準変動　　　　　82

3.1　研究史　　　84

　　3.1.1　氷河説の確立　　　84

　　3.1.2　天文学説の展開　　　85

viii 目　次

	3.1.3　ミランコビッチ仮説	87
	3.1.4　ミランコビッチ仮説の検証	90

3.2　鮮新世–更新世変換期 (PPT)　98
　　3.2.1　パナマ仮説　98
　　3.2.2　CO_2 仮説　99

3.3　更新世の氷期・間氷期サイクル　100
　　3.3.1　4 万年世界　100
　　3.3.2　中期更新世気候変換期 (MPT)　102
　　3.3.3　10 万年世界　105
　　3.3.4　中期ブルンイベント　107
　　3.3.5　海洋酸素同位体ステージ 11 (MIS11)　108
　　3.3.6　ターミネーション II (T-II)　109
　　3.3.7　ターミネーション I (T-I)　112
　　3.3.8　ミランコビッチ仮説の妥当性　117
　　3.3.9　氷期・間氷期サイクル間の大気中の CO_2 濃度変動のメカニズム　118
　　3.3.10　深層循環　122

3.4　数千年で繰り返す気候変動　124
　　3.4.1　ダンスガード・オシュンガー振動とハインリッヒイベント　124
　　3.4.2　ヤンガー・ドリアスイベントと 8.2 ka イベント　128
　　3.4.3　4.2 ka イベント　133
　　3.4.4　太陽活動に伴う気候変動　134

3.5　海水準変動　136

3.6　人為起源の気候・海水準変動　139
おわりに　139
引用文献　140

第 4 章　気候変動に伴う植生変化と植物の絶滅過程　151

4.1　中西部ヨーロッパ　151
　　4.1.1　鮮新世から前期更新世への植生変化　151
　　4.1.2　中期更新世の植生変化　155
　　4.1.3　最終間氷期の植生変化　157
　　4.1.4　最終氷期の植生変化　159

目　　次　　ix

4.2　南部ヨーロッパ　165

　4.2.1　鮮新世から前期更新世への植生変化　165

　4.2.2　中期更新世の植生変化　167

　4.2.3　後期更新世の植生変化　169

4.3　アジア北部　171

おわりに　175

引用文献　176

第5章　更新世の哺乳類の進化と絶滅　179

5.1　アフリカ大陸　180

　5.1.1　アフリカ大陸の地形と気候　180

　5.1.2　アフリカの更新世の哺乳類相の変化　181

　5.1.3　アフリカにおける大型哺乳類の絶滅の特徴　185

5.2　ユーラシア　186

　5.2.1　ヨーロッパとユーラシア北部　186

　5.2.2　南アジア　193

　5.2.3　東南アジア　198

　5.2.4　東アジア北部　205

5.3　アメリカ大陸　209

　5.3.1　南北アメリカ大陸の地形と気候　209

　5.3.2　北アメリカの更新世動物相の変化　210

　5.3.3　南アメリカの更新世動物相の変化　213

　5.3.4　南北アメリカの大規模動物相交流　217

　5.3.5　アメリカ大陸の更新世末期の大量絶滅　219

5.4　オセアニア　222

　5.4.1　オーストラリアの地形と気候　222

　5.4.2　オーストラリアの更新世の動物相　223

　5.4.3　オーストラリアの大量絶滅の要因　224

おわりに　225

引用文献　225

第6章　人類の進化　231

6.1　人類とは　231

　6.1.1　人類の定義と区分　231

x 目 次

6.2 猿人—ホモ属以外の初期人類— 234
6.2.1 猿人とは 234
6.2.2 猿人の体 235
6.2.3 猿人の頭と歯 236

6.3 人類の起源と初期の猿人 237
6.3.1 人類以前の祖先像 237
6.3.2 初期の猿人と人類の起源 238
6.3.3 直立二足歩行の起源 241

6.4 狭義のアウストラロピテクス—典型的な猿人— 242
6.4.1 東アフリカの狭義のアウストラロピテクス属 242
6.4.2 アウストラロピテクス・アフリカヌス 243

6.5 頑丈型の猿人 245
6.5.1 頑丈型の猿人とは 245
6.5.2 3種の頑丈型猿人 246
6.5.3 頑丈型猿人の最後 247

6.6 ホモ属の出現 248
6.6.1 ホモ属の人類とは 248
6.6.2 ホモ属起源の背景 250
6.6.3 ホモ属の祖先候補の猿人 252
6.6.4 初期ホモ属—広義のホモ・ハビリス— 253

6.7 ホモ・エレクトスと最初の出アフリカ 255
6.7.1 ホモ・エレクトスとは 255
6.7.2 アジアのホモ・エレクトス 256
6.7.3 アフリカと西ユーラシアのエレクトス 259
6.7.4 ホモ・エレクトスの分類と定義 260
6.7.5 出アフリカ 261

6.8 「旧人」 262
6.8.1 前期更新世のエレクトス以外の化石記録 262
6.8.2 中期更新世の人類—ホモ・ハイデルベルゲンシス— 262
6.8.3 ネアンデルタール人 263
6.8.4 ネアンデルタール人の最後 267

6.9 ホモ・サピエンスの起源と世界拡散 267
6.9.1 ホモ・サピエンスの起源をめぐる2つの説 267

目　次　xi

6.9.2	化石ホモ・サピエンス	268
6.9.3	"2度目"の出アフリカから汎地球的分布へ	269
6.9.4	サフルへの進出	270
6.9.5	日本列島への到達	271
6.9.6	南北アメリカ大陸への進出	272

おわりに　273

引用文献　275

第7章　日本列島の動植物の成立過程　280

7.1　第四紀の日本の地史　280

7.2　海洋生物　282

7.2.1　海洋生物の分布の支配要因　282

7.2.2　太平洋岸の海洋生物の成立過程　283

7.2.3　日本海の海洋生物の成立過程　284

おわりに　290

7.3　陸上植物　290

7.3.1　後期鮮新世から中期更新世への植生変化　290

7.3.2　後期更新世の植生変遷　297

おわりに　303

7.4　陸生動物　304

7.4.1　日本の動物相の特徴　304

7.4.2　日本の動物相の成立過程　305

7.4.3　日本の第四紀哺乳類生層序　309

7.4.4　日本の第四紀動物相　314

おわりに　323

引用文献　323

第8章　環境変動（近過去・現在）に対する生物の応答　330

8.1　海洋生物　330

おわりに　339

8.2　陸上植物　339

8.2.1　植生改変に伴う植物の種多様性の減少　339

8.2.2　人為的な植物の移動と地域の生態系の変化　341

8.2.3　気候温暖化がもたらす影響　343

xii 目　次

	おわりに	343
8.3	第四紀末の環境変動と陸生大型動物の絶滅現象	344
8.3.1	複数の大陸での成功と絶滅	344
8.3.2	ベーリンジアを渡った草食獣	345
8.3.3	ベーリンジアを渡った肉食獣	351
8.3.4	更新世の大型動物絶滅現象をどう捉えるのか	352
	おわりに	356
8.4	人と日本列島	356
	おわりに	366
	引用文献	366

付　録　和名・学名対照表　372
索　引　381

年代の単位表記
Ma = 100 万年前
ka = 1,000 年前

第1章

第四紀の地質年代的位置づけ

　科学的議論に単位は必須で，地質年代単元 (geochronologic unit) と年代層序単元 (chronostratigraphic unit) は地球科学における必須単位である．地質年代単元は，地球における「時間」の単元で，年代層序単元は地質時代の地層を表す．両単元には，階層構造があり，対応関係がある（表 1.1）.

　顕生累代（Phanerozoic Eon; 5 億 3880 万 ±2000 万年前以降の地質時代）の年代層序単元・地質年代単元は化石記録から定義するのが一般的である．多くの単元は決定されているが，未決定の単元もあり，第四系／紀 (Quaternary) と完新統／世 (Holocene) の開始・基底も 200 年近い議論の末，前者は 2009 年，後者は 2008 年に決定された．さらに，2020 年には，千葉県市原市の養老川流域にある「千葉セクション」に，中部更新統の基底の国際境界模式層断面と断面上のポイント (GSSP: Global Boundary Stratotype Section and Point) が設置され，中部更新統／世がチバニアン階／期（Chibanian）と命名された．これは日本初の GSSP の設置であり，年代層序単元・地質年代単元に日本の地名に由来する名称が初めて採用されたものである．そして，最新の年代層序単元・地質年代単元として，人新統／世 (Anthropocene) の導入が検討されていた．本章では，以上の第四系／紀および細分に関わる経緯を概説する．

表 1.1　地質年代単元と年代層序単元の対応関係.

		高次 ←				→ 低次
地質年代単元	時代を指す	累代 eon	代 era	紀 period	世 epoch	期 age
年代層序単元	地層を指す	累界 eonothem	界 erathem	系 system	統 series	階 stage

1.1 地質年代単元・年代層序単元の語源

イタリアの鉱山技師・地質学者 Arduino（アルディー）(1760) はイタリア北部の地層に古い方から，4 つの名称—Primari (Primary, 第一紀)，Secondari (Secondary, 第二紀)，Terziari (Tertiary, 第三紀)，平原 (planure) をつけた (Gibbard, 2019)．この平原を第 4 の時代とし，フランスの地質学者 Desnoyers（デノワイエ）(1829) が，パリ盆地の第三系を覆う未固結の砂礫層に Quaternaire と名づけた．De Serres（ドゥセール）(1830) は，この Quaternaire を Diluvium（ノアの大洪水の堆積物）と捉え，「人類はこれらの堆積物と同時期に存在した」と述べた．その後，Diluvium は洪水堆積物ではなく，氷河性堆積物 (glacial deposits) と判明している．

古生物学的観点から Quaternaire を定義したのは，Reboul（ルブール）(1833) で，現世種と同様の動植物の種で特徴づけられる時代とした．フランスの解剖学者・古生物学者 Cuvier（キュヴィエ）は Arduino の 4 区分を採用し，第四紀の動物相は，現代の動物相に類似し，類人猿や人間も含まれるとした (Wendt, 1968)．

イングランドの古生物学者 Lyell（ライエル）(1830-1833) は，貝化石群によって新生界 (Cenozoic) の時代を推定する百分率法 (percentage method) を考案した．時代を遡るにつれて化石群中の現生種 (recent species) の占有率が減ることを用いたもので，始新世 (Eocene) は 3.5%，中新世 (Miocene) は 17%，鮮新世前期 (Older Pliocene) は 33〜50%，鮮新世後期 (Newer Pliocene) は 50〜95% とし，第三紀 (Tertiary) を四分した（図 1.1）．後に，Lyell (1839) はこれらの数値の一部を変更し，現生種の占有率は鮮新世前期で 40〜70%，鮮新世後期で 70% 以上とした．さらに，Lyell (1839) は鮮新世後期を更新世 (Pleistocene) とし，前期鮮新世を鮮新世 (Pliocene) とした．

Forbes（フォーブス）(1846) は，鮮新世の貝化石群よりも冷涼な気候を示す更新世の貝化石群を見つけ，更新世を氷河時代 (ice age) とし，現在と同じ化石群を含む地層を post-glacial（後氷期）とした．これを受け，Lyell (1863, 1865) は，第三紀以降の地層を post-鮮新世（貝類化石がほとんど現世種からなり，絶滅種を多少含む地層）と Recent（現世; 貝類化石も哺乳類化石も現世種からなる化石群を含む地層）に細分するとともに，自ら 1839 年に提唱した更新世の破棄を推奨した．その理由は，更新世の用語は Forbes (1846) によって広まったが，その期間は新たに提唱する "post-鮮新世" に当たり，混乱が生じるからである．だが，1873 年には，Lyell は Forbes (1846) の定義を認めて，更新世を使用するようになった．その結果，更新世（統）の定義は，他の地質年代・年代層序単元の定義に使われる化石記録ではなく，例外的に古気候 (paleoclimate) の観点，すな

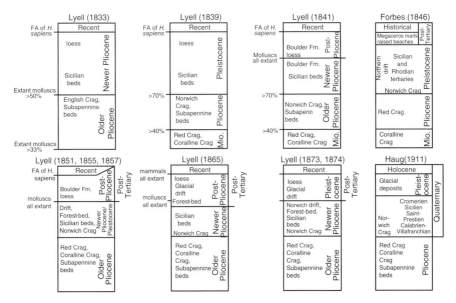

図 1.1 Lyell による「鮮新世」の用法と関連用語の変遷, Forbes (1846), Haug (1911) の分類. Mio.：中新世 (Miocene), Pliocene：鮮新世, Pleistocene：更新世, Recent：現世, Tertiary：第三紀, Quaternary：第四紀, FA of *H. sapiens*：現生人類の出現, extant molluscs：現生する貝類, loess：レス堆積物, Fm：層 (formation), Crag：貝殻.

わち氷河時代に基づくことになる．なお，現世に関しては，Gervais（ジェルベ）(1867-1869) が完新世（Holocene; wholly recent という意味）を提唱し，1885 年の第 3 回 International Geological Congress (IGC) で承認された．

1.2　1900 年代の第四系・更新統の基底の動向

　第四系・更新統の基底の定義は 1900 年代にも様々な意見が提案されてきたが，それらは 3 つの考えにまとめられる（鎮西，1967）．

　第 1 の考えは，Lyell (1833, 1839, 1841) の提唱した百分率法を用いるもので，主に海成層の発達するイタリアで行われ，第三系上部から第四系はプラサンシアン-アスティアン階 (Plasancian-Astian)，カラブリアン-ビラフランキアン階 (Calabrian-Villafranchian)，シチリア階 (Sicilian) に区分し，現世種の占有率はプラサンシアン階が 50〜70%，カラブリアン階が 90〜95%である．また，現在の地中海には生息せず，北大西洋に生息する寒水系二枚貝 *Arctica islandica*（アイスランドガイ）を含む寒水系種がカラブリアン階から出現し，これは北の客 (northern guests) と呼ばれていた（詳細は Malatesta & Zarlenga, 1986）．したがって，第四系・更新統の基底はカラブリアン階の基底に置かれるべきであった．それにも

かかわらず，Gignoux（ジニュー）(1913) がカラブリアン階を鮮新統にしたため，フランスではこの考えが広まり，結果的に研究者間で混乱が生じた．

第 2 の考えでは，陸生哺乳類の変化から，第四系・更新統の基底を定義する．たとえば，Haug (1911) は，西ヨーロッパで現代型のゾウ，ウマ，ウシ属が揃って出現したビラフランキアン階中部に第四系・更新統の基底を設定した（図 1.1）(Walsh, 2008)．これは，気候変動に対する陸生哺乳類の地理的応答（移動による地域的出現・絶滅）は，海洋生物の応答よりも早いと考えたものである．なお，ビラフランキアン階・期はヨーロッパの陸生哺乳類に限定された地質年代・層序単元で，3.5〜1.0 Ma（Ma = 100 万年前）である．

第 3 の考えでは，氷河時代として第四系・更新統の基底を定義する．Penk & Brückner (1909) などのアルプス氷河の時代変化の研究により，古い方から Günz, Mindel, Riß, Würm の 4 つの氷期 (glacial, glacial stage) とその間の 3 つの間氷期 (interglacial, interglacial stage) の存在が確認された（詳細は第 3 章）．これに基づき，Günz 氷期の始まりを第四紀の始まりとする意見である．なお，氷期の名称としては，西ヨーロッパに限定された Günz, Mindel, Riß, Würm の名称ではなく，汎世界的に通用する海洋酸素同位体ステージ（MIS: Marine Isotope Stage; Emiliani (1955)，詳細は第 3 章）を使用する．なお，同位体ステージの偶数は氷期で，奇数は間氷期もしくは後氷期である（図 1.2）．

以上の第四系・更新統の基底の混乱を解消するため，1948 年の万国地質学会議で，境界は模式地 (type locality) を必要とすること，海棲動物群の変化に基づくこととし，イタリア南部のカラブリアン層の基底に設定するという勧告が出された（中川，1977）．境界の定義は，寒冷化の開始を示す寒水系貝類の出現であり，前述のビラフランキアン階の陸生哺乳類化石の変化も考慮された．だが，模式地の選定は難航し，またイタリアやヨーロッパ以外の地域でカラブリアン層の基底をどのように定義するのかも決定されなかった．これらの問題は 1984 年の万国地質会議で解決された．第四系・更新統の基底の国際境界模式層断面と断面上のポイント (GSSP) は，南イタリア Crotone 南部のブリカ (Vrica) セクションのマーカーベッド腐泥層（サプロペルといわれる黒色頁岩）e 層の上面に設定された (Cita *et al.*, 2012)．

GSSP とは，年代層序単元の中で最も細かい階 (Stage) の下限を定義する境界模式層と岩石の層序学的セクション上の基準点である．GSSP の名称は，設置した地名にちなんだ階の名称である．設定は，1977 年に発足した国際層序委員会 (ICS: International Commission on Stratigraphy) が担い，10 年間の猶予期間後に再審査が可能となり，位置が変更されることがある．なお，GSSP の最も古い認定は，古生界のデボン系・Lochkovian 統の 1977 年である (Chlupáč & Kukal,

1.2 1900年代の第四系・更新統の基底の動向　5

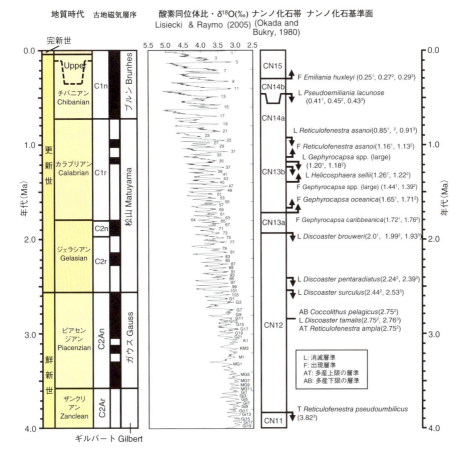

図 1.2　4 Ma 以降の地質時代，古地磁気層序，酸素同位体比変動曲線，ナンノ化石帯，ナンノ化石基準面．古地磁気層序の C1n～C2Ar は磁極期の番号である．また，黒帯は正磁極期で，白帯は逆磁極期を示す．C2n はオルドバイ・イベントである．ナンノ化石基準面の [1] は高山ほか (1995)，[2] は佐藤ほか (2012)，[3] は Agnini et al. (2017) の年代値．

1977).

　地中海周辺では，ミランコビッチサイクル（詳細は第 3 章）の約 2 万年周期の歳差運動に伴う北半球夏期日射量のピーク時に，アフリカモンスーンが強まり，地中海への淡水流入量が増加する．その結果，海洋表層の成層化と海洋生物生産量の増加が起きることで，地中海の海底が無酸素化し，有機物に富む腐泥層が堆積する．ミランコビッチサイクルの周期性を用いることで（天文較正または天文学的年代補正，3.1.4 項），腐泥層の堆積年代を高精度で算出でき，e 層上面の年代は 1.806 Ma

6 第1章 第四紀の地質年代的位置づけ

と算出された．また，GSSPの位置は古地磁気層序 (magnetostratigraphy) の正
磁極帯オルドバイ・イベント（Olduvai event; 約1.78 Ma）の上限より10 m上
に位置し，MIS64の直下に位置する (Cowie & Bassett, 1989)（図1.2）．

1.3 2000年代の第四系・更新統の基底の動向

1984年に第四系・更新統の基底のGSSPは決定したが，中・高緯度が寒冷化し
た2.6 Maを第四系・更新統の基底とすべきとの主張も残された．しかし，この変
更は第四系が第三系の鮮新統上部を編入するので，既存の枠組みを壊すことにな
る．一方，第四系／紀は更新統／世と完新統／世からなるが，更新世の期間が延
長され，第四系／紀のほとんどすべてが更新統／世となる．そのため，更新統を
擁護する研究者の中には，第四紀は古代の遺物であり，1989年に公式用語から外
された第三紀と同様に，公式用語から外すべきであるという主張もあった．事実，
2004年の万国地質学会では，ICSの作成した地質年代表から第四紀は消え，新第
三紀 (Neogene) が現代まで延長された (Gradstein *et al.*, 2004)（図1.3a）．しか
し，この提案は国際第四紀学連合 (INQUA: International Union for Quaternary
Research) の討論を飛ばしてICSが提案したものなので，INQUAは地質年代・
年代層序単元に第四系／紀を残すことを主張した．その結果，2008年に第四系／
紀の公式用語への復活およびその開始時期の変更が決まった（図1.3b）．そして，
2009年，国際地質科学連合 (IUGS) でICSの提案した第四系・更新統の基底の
GSSPと正式な年代区分が批准された（図1.3c）．

この提案では，第四紀の開始を地球気候システムが大きく変化した2.6 Maと
して，GSSPをイタリア・モンテサンニコラ (Monte San Nicola) にある Monte
Narbone層の腐泥層 MPRS 250を覆う泥灰質層 (marly layer) の基底，すなわ
ち1996年に設定されたジェラシアン (Gelasian) 階 (Rio *et al.*, 1998) に変更した
(Head *et al.*, 2008)．MPRSは Mediterranean Precession Related Sapropels
の略で，前述のマーカーベッド腐泥層 e 層と同様に，歳差運動 ((motion of) pre-
cession) に連動した環境変動に伴って堆積した腐泥層である．GSSPの位置は，
古地磁気層序のガウス／松山 (G/M: Gauss/Matuyama) 地磁気境界の約1 m上
にあり海洋酸素同位体ステージ (MIS) 103に位置する（図1.2）．GSSPの年代
は2.588 Ma（258.8万年前）であり，更新世の期間は78万年長くなった．世界の
低・中緯度のほとんどに適用できる石灰質ナンノ化石 *Discoaster pentaradiatus*
の消滅層準がGSSPより約8万年後のMIS99に位置する．

日本においては，第四系・更新統の基底は，琉球列島では与那原層上部，宮崎で
は宮崎層群高鍋層上部，房総半島では安野層と黒滝層の間の黒滝不整合および千
倉層群中，秋田油田地域では天徳寺層／笹岡層境界，男鹿半島では船川層中，北

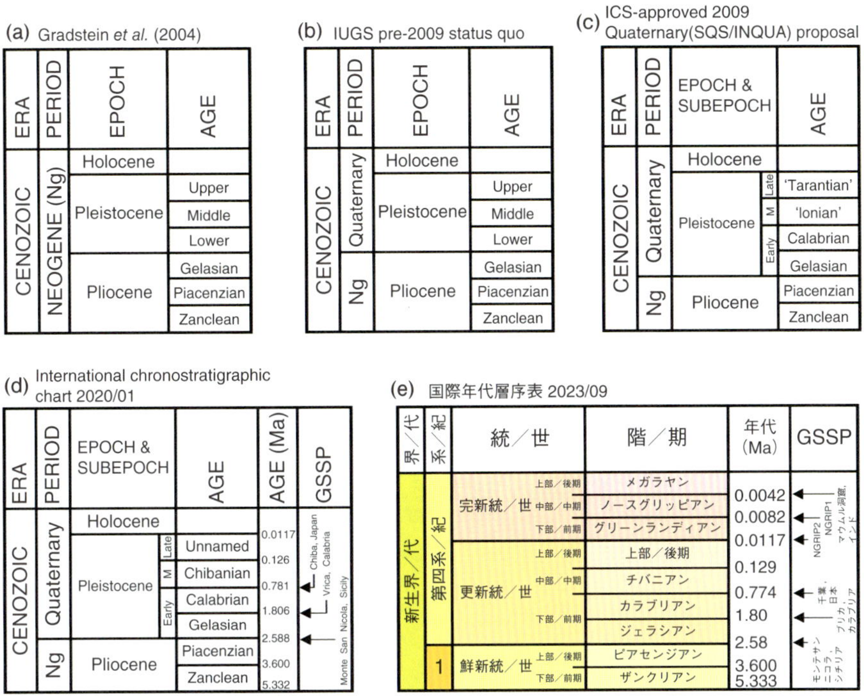

図 1.3　2004 年から 2020 年までの第四系／紀の定義の変遷. Ng は Neogene の略号. 1. 新第三系／紀. Head *et al.* (2008) をもとに作成.

陸では薮田層上部に位置する (Cronin *et al.*, 1994; 岡田ほか, 2012; 佐藤ほか, 2012).

1.4　チバニアンの決定

　2020 年 1 月 17 日に開催された IUGS の理事会で, 中部更新統 (Middle Pleistocene) の基底の GSSP を「千葉セクション」に設置し, 中部更新統／世をチバニアン (Chibanian) と命名することが決定された (図 1.4, 図 1.5) (Suganuma *et al.*, 2021). これは日本初の GSSP の認定で, 初の日本語に由来する名称である. 同セクションは 2018 年に「養老川流域田淵の地磁気逆転地層」の名称で国の天然記念物に指定された. 本節では, チバニアン決定までの経緯を概説する.

　ICS の下部組織である第四紀層序小委員会 (SQS: Subcommission on Quaternary Stratigraphy) は GSSP の設定条件に次を挙げた (Head & Gibbard, 2005).

　(1) 最後の地磁気逆転境界である松山／ブルン (M/B: Matuyama/Brunhes)

8 　第 1 章　第四紀の地質年代的位置づけ

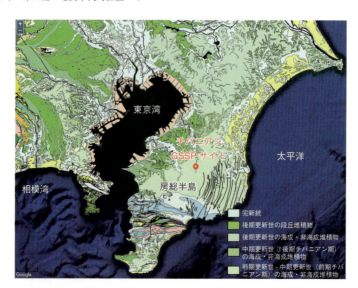

図 1.4　チバニアンの GSSP の位置．地質図 Navi と Google マップを使用．

境界を含む海成層であること．
(2) MIS20〜18 の連続露頭が観察できること．

　千葉セクションは，千葉県市原市田淵の養老川河岸の露頭で，上総層群の国本層中部にある．上総層群は，房総半島中央部に分布し，層厚は 3000 m に達する．前弧海盆の堆積物であり，中期更新世以降，急速に隆起した．1970 年代から始まった微化石層序・古地磁気層序学的研究により，M/B 境界が国本層にあることが判明していた（新妻，1971; Okada & Niitsuma, 1989）．中部更新統の基底の GSSP の候補地としては，他にイタリアの Sulmona basin と Valle di Manche の 2 地点があった．詳細な調査により，Sulmona basin の堆積物の古地磁気記録は続成作用による影響で，信頼できる高解像度を持っていないことが判明した．一方，Valle di Manche に関しては，酸素同位体比変動曲線上での M/B 境界の位置に疑問が持たれていた．具体的には，酸素同位体比変動曲線に天文学的年代補正を適用して算出した境界年代は 0.7869 ± 0.005 Ma であった．境界年代は，宇宙線生成核種記録から求められた値は 0.77〜0.773 Ma，^{40}Ar/^{39}Ar 法から求められた値は 0.781〜0.784 Ma である．よって，Valle di Manche の年代値は，既存の値よりも古く（菅沼，2012），その原因には Valle di Manche の M/B 境界の下位の堆積物の再磁化などが挙げられ (Head, 2019)，M/B 境界の層位に問題があった．

1.4 チバニアンの決定

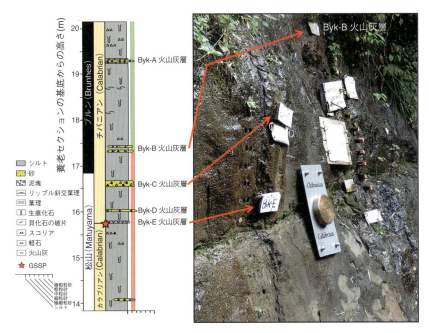

図1.5 チバニアンのGSSPの層位．岡田・羽田 (2023) を改変．露頭写真は北村が2022年9月4日に撮影．

一方，千葉セクションでは，M/B境界の層位は高精度で再調査が行われた (Suganuma et al. 2015; Hyodo et al. 2016; Okada et al. 2017)．そして，M/B境界の下位1.1 mに位置する古期御嶽火山起源の広域テフラであるByk-E（白尾）テフラ (Okada & Niitsuma, 1989; Satoguchi, 1996; 竹下ほか, 2005) の基底にGSSPを設定する提案書を，千葉セクションGSSP提案チームが2017年6月7日に第四紀層序小委員会の作業部会に提出した（図1.5）（千葉セクションGSSP提案チーム, 2018）．この層位の年代は，有孔虫殻の酸素同位体比変動とGSSPの層位に天文学的年代補正を適用し，0.7729 ± 0.0054 Maと算出された．一方，Byk-EテフラのU-Pbジルコン年代は 0.7727 ± 0.0072 Ma を示し (Suganuma et al., 2015)，天文学的年代補正値と調和的である．このように，古地磁気層序記録の質に関して，千葉セクションは他の候補地点を凌駕していたため，GSSPとチバニアンの地質年代名称ならびに模式地とすることが承認された（図1.2）．なお，GSSPの位置はM/B境界の中央から1.1 m下位で，MIS19cに位置する．チバニアンの確定で中部更新統/世の位置づけが確定したので，英語表記ではMiddle Pleistoceneとなる．なお，チバニアンの確定までの科学的作業の詳細は菅沼 (2020) と岡田 (2021) にある．

1.5 完新統／世とその細分

完新統／世は，Lyell (1839) の提唱した現世や，Forbes (1846) の提唱した後氷期に対して命名された．そのため，完新世の開始を寒冷な気候の終焉と定義し，その開始時を，Younger Dryas/Greenland Stadial 1（GS-1; 詳細は第 3 章）という短期間の寒冷イベントの終了時に設定することとなった．2008 年の IUGS 執行委員会で，グリーンランドの North GRIP2（NGRIP2，地点は NGRIP）の氷床コア (75.10°N, 42.32°W) の深度 1492.45 m に GSSP が設置された (Walker *et al.*, 2008)（図 1.6 ★）．この深度は，deuterium excess values（重水素過剰値；D-excess $= \delta D - 8 \times \delta^{18}O$）の急減する位置で，その測定間隔は 3 年である（図 1.7）．NGRIP2 氷床コアと，グリーンランドの DYE-3 氷床コアと GRIP 氷床コアの $\delta^{18}O$ や電気伝導度などの複数の代替記録を統合し，完新統／世の GSSP の年代は 11,700 yr b2k（西暦 2000 年から 11,700 年前）と算出された．なお，年代の不確定性は 69 年である．この GSSP の直上には Saksunarvatn テフラ (10,347 yr b2k) があり，直下には Vedde テフラ (12,171 yr b2k) があり，両テフラは北大西洋の陸上や海底コア中に分布し（Davies *et al.*, 2002 など），完新統の GSSP の主指標となっている．

完新統／世の GSSP は，通常の設定に使う化石記録（特定の化石種の出現など）や，更新統／世のような古地磁気層序で定義されていないので，生層序との関連のつきやすい副模式地 (auxiliary stratotype) が，世界各地の 7 ヵ所に設定された（図 1.6）．アジアでは日本の水月湖（福井県）の年縞堆積物が選定された（図 1.7）．

その後，2018 年に国際層序委員会 (ICS) は，完新統／世を下部（前期）・中部

図 1.6 GSSP に選定された試料の採取地点 (★) と副模式地に選定された試料の採取地点 (●).

1.5 完新統／世とその細分　11

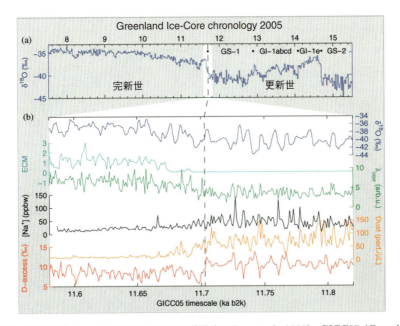

図 1.7　完新統 (Holocene) の基底の GSSP の位置 (Walker *et al.*, 2008). GICC05 (Greenland Ice-Core chronology 2005) timescale はグリーンランドの氷床コアの年層を数えることによって作成した時間スケール．D-excess は降水の酸素 (δ^{18}O) と水素 (δD) の同位体比を分析することで δD $- 8 \times \delta^{18}$O を計算する．天水からの切片のずれ線を示した指標で水蒸気の起源の推定に利用できる．Dust：塵．詳しくは本文を参照．

表 1.2　完新統／世とその細分の定義，記録媒体，GSSP.

統／世 Subseries/Subepoch	階／期 Stage/Age	基底の定義	下限年代 (yr b2k)	記録媒体	GSSP
上部完新統／後期完新世 Upper/Late Holocene	メガラヤン Meghalayan	約 4,200 年前の中・低緯度の乾燥化イベント (4.2 ka イベント)	4,250	鍾乳石	北東インドのメガラヤ州のマウムル洞窟
中部完新統／中期完新世 Middle Holocene	ノースグリッピアン Northgrippian	約 8,200 年前に起きた短期的寒冷化イベント (8.2 ka イベント)	8,236	氷床コア	グリーンランドの North GRIP1 氷床コア
下部完新統／前期完新世 Lower/Early Holocene	グリーンランディアン Greenlandian	ヤンガー・ドリアス期の終了	11,700	氷床コア	グリーンランドの North GRIP2 氷床コア

（中期）・上部（後期）の 3 期間に細分し，下位から順にグリーンランディアン階／期 (Greenlandian Stage/Age)，ノースグリッピアン階／期 (Northgrippian Stage/Age)，メガラヤン階／期 (Meghalayan Stage/Age) とすることを正式決定した（平林・横山，2020）（表 1.2）．

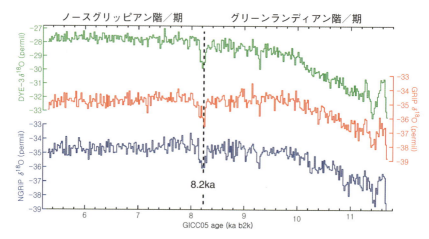

図 1.8 ノースグリッピアン階の基底の GSSP の位置と 8.2 ka イベント（点線）(Walker *et al.*, 2008). permil：‰. 詳しくは本文を参照.

ノースグリッピアン階／期の基底・開始は，約 8,200 年前に起きた短期的寒冷化イベント（通称，8.2 ka イベント）で定義された (Walker *et al.*, 2008)（図 1.8）. このイベントは，グリーンランドの氷床コアにおいては，$\delta^{18}O$ と δD（水素同位体比）が顕著な負の値で示され，D-excess 値の低下や年縞の層厚の減少などを伴うものである．8.2 ka イベントを示唆する $\delta^{18}O$ 値の最小の部分では，電気伝導度は増加（酸性を示す）し，2 つのピークを示す．ここでは，フッ化物濃度も増加している．これらは，アイスランドの火山の噴火シグナルと解釈され，ノースグリッピアン階／期の GSSP の主指標となっている．この GSSP は North GRIP1 氷床コア (75.10°N, 42.32°W) の深度 1228.67 m に設置され，年縞計数から，その年代は 8,236 y b2k（年代誤差 (2σ) は 47 年）と算出されている．

完新統／世の GSSP と同じ理由から，副模式地として，南半球低緯度域のブラジルの Gruta do Padre 洞窟 (13°13′S, 44°03′W) の石筍 PAD07 が選定されている．GSSP の中で，氷床コアに設置されたものは，完新統・ノースグリッピアン階とグリーンランディアン階の基底だけである．

メガラヤン階／期の基底・開始は，約 4,200 年前の中・低緯度の乾燥化イベント（通称，4.2 ka イベント）で定義することになり，GSSP を北東インドのメガラヤ州のマウムルオ洞窟（標高 1,200 m で，入口は 25°15′44″N, 91°42′54″E）から採取した石筍 KM-A の中に設定した (Walker *et al.*, 2008; 図 1.9)．GSSP が石筍に設置されたのは，これだけである．

雨水は大気中や土壌中の CO_2 ガスを溶かし込むため，石灰岩地帯では，石灰岩

1.6 人新世　13

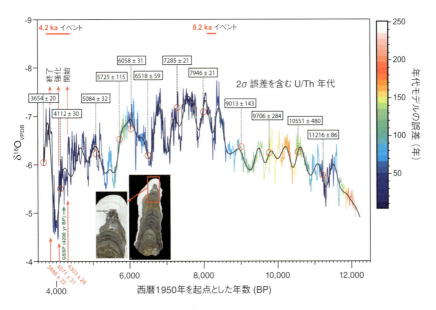

図 1.9　インドのマウムル洞窟の石筍の酸素同位体比データに基づくメガラヤン階の基底の GSSP の位置と 4.2 ka イベント．Walker et al. (2008) を改変．詳しくは本文を参照．

を溶食し，鍾乳洞が形成される．地下水が洞窟に至ると，洞窟大気の CO_2 濃度が土壌大気中よりも低いために地下水から CO_2 の脱ガスが進み，方解石に関して過飽和となり，方解石からなる鍾乳石を形成する（吉村ほか，2019）．洞窟内の気温は年間を通じて一定なので，鍾乳石の酸素同位体比 ($\delta^{18}O$) 変動は，雨水の $\delta^{18}O$ 変動の代替記録となり，降雨量の減少とともに $\delta^{18}O$ 値は重くなる（狩野，2012）．鍾乳石は，放射性炭素年代測定は適用できないが，ウラン系列核種 (U/Th) 年代測定は適用できる．石筍 KM-A については，12,000〜3,500 年 BP (before present，西暦 1950 年を 0 年とする) の期間について，1,128 試料の $\delta^{18}O$ 値が測定され，1 試料は約 5 年分に相当する．また，U/Th 年代測定は 12 試料について行われた．その結果，約 4,200 年前に $\delta^{18}O$ 値が二段階で重くなり，1 回目は $4,303 \pm 26$ yr BP (4,353 yr b2k) で，2 回目は $4,112 \pm 30$ yr BP (4,162 yr b2k) である．そこで，中間の時期の 4.2 ka (4,250 yr b2k) に当たる部位に GSSP が設定された (Walker et al., 2008)．そして，副模式地として，カナダの Mt. Logan (60°59′N，140°50′W) の山岳氷河が選定された (Walker et al., 2018)．

1.6　人新世

2000 年に開催された地球圏・生物圏国際協同研究計画 (IGBP) の第 15 回科学

委員会会議で，オランダの大気化学者 Crutzen（オゾンホールの研究で 1995 年にノーベル化学賞を受賞）が，人間活動が全球スケールで環境と生態系に強い影響を与えており，今後さらに拡大することを踏まえ，現在の地質時代を "Anthropocene（人新世）" と名づけることを提案した．その後，"Anthropocene" はアメリカ合衆国の生態学者 Stoermer が 1980 年代に提案していたので，Crutzen は Stoermer と連名で，"Anthropocene" の提唱を 2000 年 5 月の IGBP のニュースレターで公表した（Crutzen & Stoermer, 2000）．この中で，イタリアの地質学者 Stoppani が 1873 年に人間活動は地球の自然活動に匹敵するとし，"anthropozoic" 時代と呼んだことを記している．さらに，Crutzen（2002）は人新世の開始を「18 世紀後半の CO_2 と CH_4 濃度の世界的上昇の開始」にすることを提唱した．加えて，「環境的に持続可能な社会を構築するために，人新世には，あらゆる事象と規模で人間活動が適切になる必要がある．たとえば，最適な気候とするための国際的な取り組みが必要である」と述べた．

これ以降，人新世の導入の検討がなされ，2020 年から SQS の Anthropocene Working Group (AWG) で，人新世–完新世境界の GSSP および補助模式地の候補選定が検討されてきた．2016 年の予備的提言では，人口増加・工業化・グローバル化の「大加速 (Great Acceleration)」の指標になる 20 世紀半ばの地質学的代替記録の変化に GSSP を設定することになっている（Working Group on the 'Anthropocene', 2019）．たとえば，1950 年代初頭の核実験によって世界中に拡散した人工放射性核種の ^{14}C である．ただし，^{14}C は半減期（5,730 年）が短いので，主指標としては十分だが記録媒体としての頑健性に問題がある．

日本の別府湾海底堆積物は，人新世の GSSP の候補の一つとなっていた（Newsletter of the AWG, 2020）．そこの海底は，日本沿岸で唯一，貧酸素環境下で年縞に相当する葉理構造が発達する泥質堆積物がある（Kuwae *et al.*, 2013）．加えて，人新世境界基準マーカーとなる核実験起源の人工放射性核種の急増と，他の人新世キーマーカーとなる球状炭化粒子 (SCPs: spherical carbonaceous particles)，マイクロプラスチック，PCB，DDT の濃度増加が検出されていた（Kuwae *et al.*, 2013, 2022; 桝本ほか，2018; Nishimuta *et al.*, 2020; Takahashi *et al.*, 2020）．そのため，日本の研究者が，2020 年より人新世 GSSP-別府湾プロポーザル研究グループを立ち上げ，GSSP の選定に向けて研究を行ってきた．なお，別府湾の海底が貧酸素環境を保持しているのは，中央構造線の右横ずれ断層の西端部における構造運動により，湾奥部が深い堆積盆（深度約 70 m，湾口は深度 50 m）が形成され，その形状が海水の成層構造の発達を促進し，溶存酸素が海底まで容易に届かないためである（加，2018; 竹村，2019）．

人新世の GSSP の候補地は，別府湾を含め，世界各地で 12 地点があり，人新

世を特徴づけるキーマーカーの層位分布が調査されてきた（Waters & Turner, 2022; 図 1.10）．そして，2023 年 7 月 12 日（日本時間）に IUGS の作業部会は人新世の GSSP の候補地をカナダのクロフォード湖とすることを公表した．この結果，別府湾海底堆積物は GSSP の候補地から外れたが，補助模式地への選定を目指すこととなった．しかし，2024 年 3 月 20 日の IUGS の下部組織「第四紀層序小委員会 (SQS)」は人新世の設定を否決した．その理由として，(1) 人間活動の

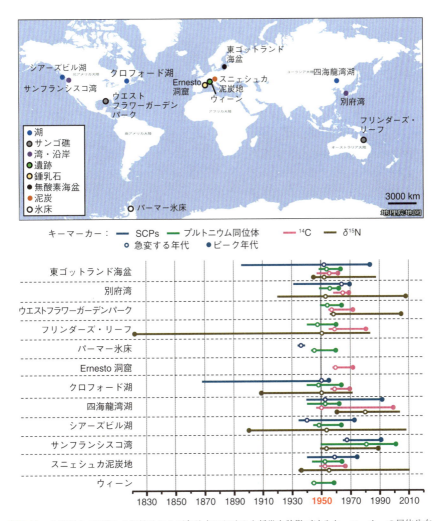

図 1.10　人新世の GSSP の候補地および各地点における人新世を特徴づけるキーマーカーの層位分布．Waters & Turner (2022) をもとに作成．

影響は20世紀（約1950年）ではなく初期の農業あるいは西ヨーロッパの産業革命，あるいはアメリカ大陸と太平洋の植民地化まで遡るという異なる意見があること，(2) 他の地質時代に比べてあまりにも短すぎること，(3) 人間活動の影響が時間的に空間的にも一様でないため，その開始を同層準で定義できないこと，が挙げられた (International Union of Geological Sciences, 2024)．

1.7　水月湖の年縞堆積物—完新統／世の副模式地—

日本の水月湖の年縞堆積物は，完新統／世の GSSP のアジアの副模式地に指定されている．水の動きや生物撹拌がない水底では，環境（水温，水質，生物生産量など）の季節変化により，1年単位の粒子組成の変化が葉理として保存される．これはバーブ (varve) と命名され (DeGeer, 1912)，日本では年縞と訳された（松本，1993; 安田，1993）．

水月湖は福井県にあり，若狭湾に面した三方五湖の一つで，面積 4.16 km^2，最大水深 34 m であり，湖に直接流入する大きな河川はない（福沢，1995）．現在の水月湖では，若狭湾から侵入する海水が底層に滞留し，表層の淡水との間に密度躍層を形成している部分循環湖である．そのため，底層水の溶存酸素は乏しく，生物撹拌を阻害しているため，年縞堆積物が保存される (Kitagawa & van der Plicht, 1998)．なお，現在の環境となったのは，1664年の浦見川開削によって，海水が侵入してからのことである．海水の侵入前後にかかわらず，春・秋の珪藻のブルーミングと夏の水温躍層形成によって，年縞堆積物が形成された．また，三方五湖の東側には，三方断層帯があり，その活動で三方五湖は沈降を続けているので（岡田，2004），約7万年間，年縞が連続的に発達している (Nakagawa et al., 2012)（図1.11）．

水月湖では1993年に堆積物コア「SG93」が採取されたが（SGは Suigetsu の略），セクション間の間隙が1000年に達する場合もあることがわかった (Staff et al., 2010)．そこで，2006年に隣接する4本の掘削孔から得たコアを重複させたセクションを構築し，SG06コアと命名した (Nakagawa et al., 2012; Schlolaut

図 1.11　水月湖の年縞堆積物における完新統の基底．中川　毅氏提供．

et al., 2012, 2018). コアの全長は 73 m 以上あり，そのうち上部 45 m が年縞堆積物である (Nakagawa *et al.*, 2012). SG06 コアからは 565 点の陸上の放射性炭素年代データセットが得られ，放射性炭素年代測定が適用できる時代の全域 (0〜55 ka) をカバーした (Staff *et al.*, 2011; Bronk Ramsey *et al.*, 2012). これによって，水月湖の年代データは IntCal13/20 の中心部分に採用され（Reimer *et al.*, 2013, 2020; 中川, 2022)，また 完新統／世の GSSP のアジアの副模式地に指定された.

おわりに

　更新統の細分については，下部更新統／前期更新世が，下位（古い方）からジェラシアン (Gelasian) 階（第 1 階），カラブリアン (Calabrian) 階（第 2 階）となり，中部更新統／世はチバニアン (Chibanian) 階（第 3 階）となる．一方，上部更新統は第 4 階となるが，その基底の GSSP は未確定である．ICS では，同 GSSP は海洋酸素同位体記録のターミネーション II (MIS5-6) の中間点付近に設置するとしている．したがって，本章に関する今後の課題は，上部更新統の GSSP とその副模式地の設定となる．なお，ターミネーションは第 3 章で解説する.

引用文献

Agnini, C., Monechi, S. *et al.* (2017) Calcareous nannofossil biostratigraphy: historical background and application in Cenozoic chronostratigraphy. *Lethaia*, **50**, 447-463

Anthropocene Working Group (2020) Newsletter of the Anthropocene Working Group, 10. http://quaternary.stratigraphy.org/wp-content/uploads/2021/03/AWG-Newsletter-2020-Vol-10.pdf

Arduino, G. (1760) Sopra varie sue Osservazioni fatte in diverse parti del Territorio di Vicenza, ed altrove, appartenenti alla Teoria Terrestre, ed alla Mineralogia. Letter to Prof. Antonio Vallisnieri, dated 30th March, 1759. Nuova Raccolta di Opuscoli Scientifici e Filologici (Venice), 6.

Bronk Ramsey, C., Staff, R. A. *et al.* (2012) A Complete Terrestrial Radiocarbon Record for 11.2 to 52.8 kyr B.P. *Science*, **338**, 370-374

千葉セクション GSSP 提案チーム (2018) 千葉セクション: 下部—中部更新統境界の国際境界模式層断面とポイントへの提案書（要約）. 地質学雑誌, **125**, 5-22

鎮西清高 (1967) 新第三紀の長さ. 地学雑誌, **76**, 199-208

Chlupáč, I. & Kukal, Z. (1977) The boundary stratotype at Klonk. The Silurian-Devonian Boundary. *IUGS Series A*, **5**, 96-109

Cita, M. B., Gibbard, P. L. *et al.* (2012) Formal ratification of the GSSP for the base of the Calabrian Stage (second stage of the Pleistocene Series, Quaternary System). *Episodes*, **35**, 338-397

Cowie, J. W. & Bassett, M. G. (1989) IUGS 1989 Global Stratigraphic Chart: *Episodes*, **12**, suppl.

Cronin, T. M., Kitamura, A. *et al.* (1994) Late Pliocene climate change 3.4-2.3 Ma: Paleoceanographic record from the Yabuta Formation, Sea of Japan. *Palaeo. Palaeo. Palaeo.*, **108**, 437-455

Crutzen, P. J. (2002) Geology of mankind. *Nature*, **415**, 23

Crutzen, P. J. & Stoermer E. F. (2000) The Anthropocene. *IGBP Global Change Newsletter*,

41, 17-18

Davies, S. M, Branch, N. P. *et al.* (2002) Towards a European tephrochronological framework for Termination 1 and the Early Holocene. *Philos. trans. R. Soc. Lond., Ser. A*, **360**, 767-802

DeGeer, G. (1912) A geochronology of the last 12,000 years. Eleventh International Geological Congress, Stockholom 1, 241-253

De Serres, M. (1830) De la simultaneité des terrains de sédiment supérieurs. *in* La Géographie Physique de l'Encyclopedie Methodique. **5**, 125

Desnoyers, J. (1829) Observations sur un ensemble de dépôts marins plus récents que les terrains tertiares du Bassin de la Seine et constituent une formation géologique distincte: précédés d'un aperçu de la nonsimultanéité des basins tertiares. *Annales des Sciences Naturelles*, **16**, 402-419

Emiliani, C. (1955) Pleistocene temperatures. *Jour. Geo.*, **63**, 538-578

Forbes, E. (1846) On the connexion between the distribution of the existing fauna and flora of the British Isles, and the geological changes which have affected their area, especially during the epoch of the Northern Drift. *Memoirs of the Geological Survey of Great Britain*, **1**, 336-432

福沢仁之 (1995) 天然の「時計」・「環境変動検出計」としての湖沼の年縞堆積物. 第四紀研究, **34**, 135-149

Gervais, P. (1867-69) Zoologie Et Paléontology Générales: Nouvelles Recherches Sur Les Animaux Vertébrés Vivants Et Fossiles. Arthus Bertrand

Gibbard, P. L. (2019) Giovanni Arduino - the man who invented the Quaternary. *Quat. Int.*, **500**, 11-19

Gignoux, M. (1913) Les formations marines pliocènes et quaternaires de l'Italie du Sud et de la Sicile. Annales de l'Université de Lyon 1 (36) n.s., 1-693 +XXI planches

Gradstein, F. M., Ogg, J. G. *et al.* (2004) A new geological time scale with special reference to Precambrian and Neogene. *Episodes*, **27**, 83-100

Haug, E. (1911) Traité de Géologie. II. Les Périodes Géologiques, pp. 539-2024, Armand Colin

Head, M. J. (2019) Formal subdivision of the Quaternary System/Period: present status and future directions. *Quat. Int.*, **500**, 32-51

Head, M. J. & Gibbard, P. L. (2005) Early-Middle Pleistocene transitions: an overview and recommendation for the defining boundary. *in* Early-Middle Pleistocene Transitions: the Land-Ocean Evidence (eds. Head, M. J. & Gibbard, P. L.). *Geol. Soc. London, Spec. Publ.*, **247**, 1-18

Head, M. J., Gibbard, P. *et al.* (2008) The Quaternary: its character and definition. *Episode*, **31**, 234-237

平林頌子・横山祐典 (2020) 完新統/完新世の細分と気候変動. 第四紀研究, **59**, 129-157

Hyodo, M., Katoh, S. *et al.* (2016) High resolution stratigraphy across the early- middle Pleistocene boundary from a core of the Kokumoto Formation at Tabuchi, Chiba prefecture, Japan. *Quat. Int.*, **397**, 16-26

International Union of Geological Sciences (2024) The Anthropocene.
https://www.iugs.org/_files/ugd/f1fc07_40d1a7ed58de458c9f8f24de5e739663.pdf?index=true

Kitagawa, H. & van der Plicht, J. (1998) Atmospheric radiocarbon calibration to 45,000 yr B.P.: late glacial fluctuations and cosmogenic isotope production. *Science*, **279**, 1187-1190

Lisiecki, E. L. & Raymo, E. R. (2005) A Pliocene-Pleistocene stack of 57 globally distributed benthic δ^{18}O records. *Paleoceanography*, **20**, PA1003

Lyell, C. (1830-1833) Principles of Geology, vols. 1-3, John Murray

Lyell, C. (1839) Eléments de Geologie, Pitois-Levrault

Lyell, C. (1841) Elements of Geology, second ed, Hilliard, Gray, and Company ["Reprinted from the second English edition, from the original plates and wood cuts, under the direction of the author"]. vol.1, pp. 437, vol. 2, pp. 472

Lyell, C. (1851) A Manual of Elementary Geology, 3rd ed, pp. 512, John Murray

Lyell, C. (1855) A Manual of Elementary Geology, 5th ed, pp. 655, John Murray

Lyell, C. (1857) Supplement to the Fifth Edition of a Manual of Elementary Geology, pp. 40, John Murray

Lyell, C. (1863) The Geological Evidences of the Antiquity of Man: With Remarks on Theories of the Origin of Species by Variation, John Murray

Lyell, C. (1865) Elements of Geology, 6th ed. pp. 794, John Murray

Lyell, C. (1873) The Geological Evidences of the Antiquity of Man, 4th ed. pp. 572, John Murray

Lyell, C. (1874) The Student's Elements of Geology, 2nd ed. pp. 672, John Murray

狩野彰宏 (2012) 石筍古気候学の原理と展開. 地質学雑誌, **118**, 157-171

加 三千宣 (2018) 沿岸域堆積物の過去数百～数千年間を対象としたパレオ研究—豊後水道・別府湾を例として. 第四紀研究, **57**, 175-195

Kuwae, M, Yamamoto, M. *et al.* (2013) Stratigraphy and wiggle-matching-based age-depth model of late Holocene marine sediments in Beppu Bay, southwest Japan. *J. Asian Earth Sciences*, **69**, 133-148

Kuwae, M, Tsugeki, N. K. *et al.* (2022) Human-induced marine degradation in anoxic coastal sediments of Beppu Bay, Japan, as an Anthropocene marker in East Asia. *Anthropocene*, **37**, 1003318

Malatesta, A. & Zarlenga, F. (1986) Northern guests in the Pleistocene Mediterranean Sea. *Geol. Romana*, **25**, 91-154

桝本一成・加 三千宣他 (2018) 別府湾におけるマイクロプラスチックの堆積フラックス. 土木学会論文集 B2 (海岸工学) 65: I_1321-I_1326.

松本 良 (1993) 湖成炭酸塩の産状と生成機構. 地球化学, **27**, 11-20

中川久夫 (1977) 第三系・第四系境界問題の現状. 第四紀研究, **15**, 187-192

中川 毅 (2022) 水月湖年縞堆積物の花粉分析と精密対比によって復元された，晩氷期から完新世初期にかけての気候変動の時空間構造—その古気候学的および考古学的意義—. 第四紀研究, **62**, 1-31

Nakagawa, T., Gotanda, K. *et al.* (2012) SG06, a fully continuous and varved sediment core from Lake Suigetsu, Japan: stratigraphy and potential for improving the radiocarbon calibration model and understanding of late Quaternary climate changes. *Quat. Sci. Rev.*, **36**, 164-176

Nishimuta, K., Ueno, D. *et al.* (2020) Use of comprehensive target analysis for determination of contaminants of emerging concern in a sediment core collected from Beppu Bay, Japan. *Environ. Pollut.*, **272**, 115587.

新妻信明 (1971) 地球磁場逆転と古環境並びに有孔虫群集変化について. 第四紀研究, **10**, 60-68

岡田篤正 (2004) 若狭湾沿岸と丹後半島. 近畿・中国・四国 (太田陽子 他編). pp. 179-189, 東京大学出版会

Okada, H. & Bukry, D. (1980) Supplementary modification and introduction of code numbers to the low-latitude coccolith biostratigraphic zonation (Bukry, 1973; 1975). *Mar. Micropal.*, **5**, 321-325

岡田 誠 (2021) チバニアン誕生: 方位磁針の N 極が南をさす時代へ. pp. 207, ポプラ社

岡田 誠・羽田裕貴 (2022) チバニアン GSSP サイトと陸化した前弧海盆上総層群の層序. 地質学雑誌, **129**, 273-288

Okada, M. & Niitsuma, N. (1989) Detailed paleomagnetic records during the Brunhes-Matuyama geomagnetic reversal and a direct determination of depth lag for magnetization in marine sediments. *Phys. Earth Planet. Inter.*, **56**, 133-150

Okada, M., Suganuma, Y. *et al.* (2017) Paleomagnetic direction and paleointensity variations during the Matuyama-Brunhes polarity transition from a marine succession in the Chiba composite section of the Boso Peninsula, central Japan. *Earth Planets Space*, **69**, 45

岡田 誠・所 佳実 他 (2012) 房総半島南端千倉層群における鮮新統―更新統境界層準の古地磁気―酸素同位体複合層序. 地質学雑誌, **118**, 97-108

Penk, A. & Brückner, B. (1909) Die Alpen Im Eiszeitalter Tauchnitz, pp. 1199, Leipzig

Reboul, H. (1833) Géologie de la période quaternaire et introduction à l'histoire ancienne. Levrault, Paris.

Reimer, P. J., Austin, W. E. N. *et al.* (2020) The IntCal20 Northern Hemisphere Radiocarbon Age Calibration Curve (0-55 cal kBP). *Radiocarbon*, **62**, 725-757

Reimer, P. J., Bard, E. *et al.* (2013) IntCal13 and Marine13 Radiocarbon Age Calibration Curves 0-50,000 Years cal BP. *Radiocarbon*, **55**, 1869-1887

Rio, D., Sprovieri, R. *et al.* (1998) The Gelasian Stage (Upper Pliocene): A new unit of the global standard chronostratigraphic scale. *Episode*, **21**, 82-87

佐藤時幸・千代延 俊 他 (2012) グローバル気候変動と新第三紀の終わり／第四紀の始まり：石灰質ナンノ化石層序から. 地質学雑誌, **118**, 87-96

Satoguchi, Y. (1996) Tephrostratigraphy of Quaternary System in the Boso Peninsula, Japan.

in Inter Research Group for the Lower-Middle, Middle-Upper Pleistocene boundary, Japan Association for Quaternary Research. eds. *Proceedings on the research of stratotype for the Lower-Middle Pleistocene Boundary*, 24-35

Schlolaut, G., Marshall, M. H. *et al.* (2012) An automated method for varve interpolation and its application to the Late Glacial chronology from Lake Suigetsu, Japan. *Quat. Geochronol.*, **13**, 52-69

Schlolaut, G., Staff, R. A. *et al.* (2018) An extended and revised Lake Suigetsu varve chronology from ~50 to ~10 ka BP based on detailed sediment micro-facies analyses. *Quat. Sci. Rev.*, **200**, 351-366

Staff, R. A., Bronk Ramsey, C. *et al.* (2010) A re-analysis of the Lake Suigetsu terrestrial radio-carbon calibration dataset. *Nucl. Instrum. Meth. Phys. Res. B*, **268**, 960-965

Staff, R. A., Bronk Ramsey, C. *et al.* (2011) New ^{14}C Determinations from Lake Suigetsu, Japan: 12,000 to 0 Cal BP. *Radiocarbon*, **53**, 511-528

菅沼悠介 (2012) Brunhes-Matuyama 境界年代値の再検討. 第四紀研究, **51**, 297-311

菅沼悠介 (2020) 地磁気逆転と「チバニアン」. pp. 258, 講談社

Suganuma, Y., Okada, M. *et al.* (2015) Age of Matuyama-Brunhes boundary constrained by U-Pb zircon dating of a widespread tephra. *Geology*, **43**, 491-494

Suganuma, Y., Okada, M. *et al.* (2021) Formal ratification of the Global Boundary Stratotype Section and Point (GSSP) for the Chibanian Stage and Middle Pleistocene Subseries of the Quaternary System: the Chiba Section, Japan. *Episodes*, **44**, 317-347

Takahashi, S., Anh, H. Q. *et al.* (2020) Characterization of mono-to deca- chlorinated biphenyls in a well-preserved sediment core from Beppu Bay, Southwestern Japan: historical profiles, emission sources, and inventory. *Sci. Total Environ.*, **743**, 140767

高山俊昭・佐藤時幸 他 (1995) 第四系石灰質ナンノ化石層序と鮮新統/更新統境界の年代値. 第四紀研究, **34**, 157-170

竹村恵二 (2019) 九州中部の第四紀テクトニクスからみた熊本地震. 第四紀研究, **58**, 91-99

竹下欣宏・三宅康幸 他 (2005) 古期御岳火山起源の中期更新世テフラと房総半島上総層群中のテフラとの対比. 地質学雑誌, **111** , 417-433

Walker, M., Head, M. J. *et al.* (2018) Formal ratification of the subdivision of the Holocene Series/Epoch (Quaternary System/Period): two new Global Boundary Stratotype Sections and Points (GSSPs) and three new stages/subseries. *Episodes*, **41**, 213-223

Walker, M., Johnsen, S. *et al.* (2008) The Global Stratotype Section and Point (GSSP) for the base of the Holocene Series/Epoch (Quaternary System/Period) in the NGRIP ice core. *Episodes*, **31**, 264-267

Walsh, S. L. (2008) The Neogene: Origin, adoption, evolution, and controversy. *Earth Sci Rev.*, **89**, 42-72

Waters, C. N. & Turner, S. D. (2022) Defining the onset of the Anthropocene. Twelve sites are considered for defining the Anthropocene geological epoch. *Science*, **378**, 706-708

Wendt, H. (1968) Before the Deluge. The Story of Palaeontology. pp. 419, V. Gollancz

Working Group on the 'Anthropocene' (2019) http://quaternary.stratigraphy.org/working-groups/anthropocene/

安田喜憲 (1993) 平成 5 年度の水月湖のボーリング風景. 文明と環境, 9/10:裏表紙

吉村和久・石原与四郎 他 (2019) 鍾乳洞に記録された大規模地震と津波. 第四紀研究, **58**, 195-209

第2章

第四紀の環境変動の代替記録

　気候・海水準変動は世界経済・社会に強い影響をもたらす．代表例としては，1315〜1849年の小氷期の気候変動は，ルネサンス期，大航海時代，フランス革命，産業革命などのヨーロッパの社会変革に大きな影響を及ぼしたことが知られている．また，IPCC第6次評価報告書第1作業部会 (2021) は，「人間活動で大気，海洋，陸地が温暖化したことは明白であり，大気圏，海洋圏，雪氷圏，生物圏で広範かつ急速な変化が起きており，熱波，大雨，干ばつなどの極端現象の頻度および強度が増大している」と報告している．さらに，同部会は，世界平均海面が1901〜2018年の間に0.20 m上昇し，そのうちの1971年以降の上昇の主要因は人間活動の影響としている．このように，気候・海水準変動の世界経済・社会への影響は増大する一方なので，それらへの対策立案には予測モデルの性能向上が重要である．この性能向上に，第四紀の気候・海水準変動の記録が使われている．たとえば，約30〜19ka（ka= 1,000年前）の最終氷期最盛期 (LGM: Last Glacial Maximum) の気候帯の分布について，地質・化石記録からの復元と予測モデルとを比較して，予測モデルを改善するのである．このような予測モデルのテストには，次の理由から第四紀の気候・海水準変動の記録が最良である．

　第1は，記録の精度が高いことであり，環境変動の復元に使われる代替記録（プロキシー：proxy）が質・量ともに良好であり，放射性炭素 (^{14}C) 年代やウラン系列核種年代などの絶対年代測定の適用範囲でもある．第2は，生物種や海陸分布や山脈・海峡の地理・高度分布がほぼ同じでことである．

　本章では，第四紀の気候・海水準変動の代替記録と年代測定法について概説する．これらの開発と分析・測定技術の進歩が，記録の精度を向上させてきたためである．一方，記録と予測モデルの比較を適正に行うには，代替記録・年代測定法の弱点の理解も不可欠である．

2.1 気候の代替記録

　温度計などの測定機器による定量的観測記録は，西ヨーロッパや北米の都市部でも 200 年程度である．日本での最古の連続的観測は，長崎の出島のオランダ医師のフォン・シーボルトによる 1819〜1828 年の観測である（財城ほか，2002）．そして，開設が最も古い気象台は函館測候所の 1872 年で，東京気象台は 1875 年に開設された（塚原ほか，2005）．さらに時代を遡ると，気候変動の情報は古文書や遺跡などから得られるが，時代とともに断続化・点在化し，不確かなものとなる．測定機器による観測値や歴史記録のない時代の気候変動の復元は，代替記録を使う以外の術はない．以下に主な代替記録を紹介する．

2.1.1　生物起源の気候代替記録

(1)　示相化石

　示相化石は，生息環境・堆積環境などを指示する化石で，現世種や現世近縁種の生態情報を利用する．したがって，生息分布が狭い種が示相化石としての有用性が高い．たとえば，造礁性サンゴの中でも *Acropora palmata* は，水深 0〜5 m と最も浅い場所に生息が限られ，しかも固着しているので，海水準の示相化石として非常に有効である（Lighty *et al.*, 1982; 本郷，2010）．また，少量の堆積物から大量の化石が得られる微化石（石灰質ナンノ化石，珪藻，花粉，有孔虫，放散虫，介形虫など）では，種組成に変換関数 (transfer function) やベストモダンアナログ法などを適用し，温度や水深などの環境因子を推定する方法がある（表2.1）．1970 年代に LGM の全球規模の地表状態を復元することを目的に実施された CLIMAP (Climate Long-Range Investigation Mapping and Prediction) プロジェクトでは，変換関数を使い海水温度の分布を復元した（CLIMAP Project Members, 1976; 図 2.1）．このような示相化石からの環境復元の精度を向上するため，現場観察・飼育実験から生態情報の取得が行われている．さらに，微化石の種同定・収集を効率的に行うために，人工知能を搭載した顕微鏡システムが開発されている (Itaki *et al.*, 2020a, b)．

　示相化石の弱点としては，分布の規制要因の観点から，(1) 生息分布の限界があること，(2) 環境変化に即座に応答できるわけではないこと，が挙げられる．(1) は，生物の分布は水温，降水量，塩分，光量，種間競争などの複数の環境要因の影響を受けている．上記の *A. palmata* を例にすると，水温の適さない中・高緯度海域には生息できないし，熱帯でも低塩分や濁った河口域には生息できない．さらに，環境要因の影響の程度は，個体の寿命が長くなるほど，複雑になる．寿命が 1 年を超える多年生の生物では，温度を例にすると，年平均値と季節差の影響を受

表 2.1 微化石データの統計解析に基づく温度や水深などの推定方法.

分類群		硬組織の組成	推定する環境因子	文献
植物的原生生物	石灰質ナンノ	主に方解石	水温	Tanaka (1991), 田中 (1993)
	珪藻	珪酸	水温	Koizumi et al. (2004), Koizumi (2008), 谷村 (2014)
			水深	Sawai et al. (2004), 澤井 (2007), 千葉・澤井 (2014)
			海氷	香月 (2012)
動物的原生生物	浮遊性・底生有孔虫	主に方解石	水温	Takemoto & Oda (1997)
			水深	小杉ほか (1991), Milker et al. (2013)
	放散虫	珪酸	水温	Kamikuri et al. (2008)
甲殻類	介形虫	炭酸カルシウム	水温, 水深	Ikeya & Cronin (1993)
種子植物	花粉	炭水化物	気温	中川ほか (2002), 奥田ほか (2010), 中川 (2022)

図 2.1 CLIMAP による 18 ka の 8 月における地表状態再現図. 海岸線は 85 m の海水準低下があったものとして描いてある. 地表は太陽光線反射係数の違いにより 6 つのカテゴリーに分けられる. A は雪と氷で覆われた部分で, 等高線は氷床の厚さを 500 m 間隔で表したもの. 反射係数は 40%以上. B は砂がちの砂漠, 部分的に積雪のある部分, 雪に覆われた針葉樹林などで反射係数は 30～39%. C はステップや半砂漠で反射係数は 25～29%. D はサバンナや乾燥した草地などで反射係数は 20～24%. E は森林や植生の濃い地上で反射係数は 20%以下. F は氷のない海洋や湖沼を示し等温線は 1 ℃間隔で表した表層水温. 反射係数は 10%以下 (岡田尚武, 1977).

24 第2章 第四紀の環境変動の代替記録

け，さらに数年ないし10年に1度の異常気象の影響も受ける．(2) は，気候変動
や海水準変動によって，ある生物種にとって生息に適した場所が出現しても，そ
こまで分散するのに時間を要するためである．たとえば，北アメリカ大陸へのヒ
トの侵入年代に関して，最近，23〜21 ka と推定され (Bennett *et al.*, 2021)，議
論が続いているが，それ以前は生息に適した環境であったがヒトの化石や遺物は
産しない．なお，種ごとに分散速度は異なり，海洋無脊椎動物の場合には浮遊幼
生期間を持つ種のほうが浮遊期間を持たない種よりも分散速度は速い．陸上生物
の分散速度に関しては，植食性昆虫が最も速く，樹木が最も遅い (IPCC, 2014)．
結論的には，上記の弱点によって示相化石の無産出の理由が一義的に定まらない
こととなる．

　一方，示相化石が産出する場合でも，一義的解釈を妨げる事象が存在する．そ
れは，種の環境耐性が地質学的時間スケールで変化している可能性である．よっ
て，示相化石に基づく復元の際には，種の環境耐性が変化していないことを実証
しておく必要があり，その方法には次がある．

(1) 共産する他種との関係からの実証．たとえば，化石記録では暖水系種とし
　　か共産しないにもかかわらず，現世では寒水系種とも共存している種があっ
　　た場合には，この種は温度耐性を広げたと推定できる．

(2) 地球化学的分析からの実証．たとえば，化石殻の酸素同位体比や Mg/Ca
　　比から古水温を推定できたのならば，それを現世の分布と比較することで，
　　種の環境耐性の変化を検討できる．

　(1) の研究例には，二枚貝カガミガイ (*Phacosoma japonicum*) がある．本種は
鹿児島湾から網走沖にまで分布するが (Tanabe & Oba, 1988 ; Kitamura *et al.*,
2002)，石川県の大桑層（堆積時代は1.5〜0.9 Ma; Ma = 100万年前）では，暖水
系種と共産するが，寒水系種とは共産しない（北村，1995）．一方，房総半島の下総
層群の上岩橋層の上岩橋化石密集層では寒水系種と共産する (Sato, 1999)．そ
の堆積時代は海洋酸素同位体ステージ (MIS: Marine Isotope Stage) 7.4〜7.3で，
0.23〜0.22 Ma なので，カガミガイは0.90〜0.22 Ma のいずれかの時期に低温耐
性を獲得したと考えられる．なお，大桑層からは約110種の海生貝類が産するが，
温度耐性を変化したと思われる種は *P. japonicum* と絶滅種 *Anadara ommaensis*
だけである（北村，2009）．同様な例としては，浮遊性有孔虫 *Neogloboquadrina
pachyderma* の左巻き個体に，約1 Ma に北大西洋と北太平洋でほぼ同時に，現
世と同様の丸い形態で低水温に対する耐性を持つ個体群が出現したことが知られ
ている (Kucera and Kennett, 2002)．この *N. pachyderma* の殻の巻方向に関し
ては，ある水温より高ければ右巻き，低ければ左巻きの殻の個体が卓越すること

から，巻方向の比率を水温の代替記録に用いている (Ericson, 1959)．だが，その後，Darling *et al.* (2004, 2006) が，右巻きと左巻きの個体の遺伝子解析を行い，別種ほどの変異があり，右巻のものは *Neogloboquadrina incompta* であることを明らかにした（土屋ほか，2016）．しかし，別種であっても，水温の代替記録としては有効である．

上記の日本列島の暖水系種と寒水系種の区分は時代・地域で異なり，第四紀では，現在の海洋生物地理区の境界に基づき，太平洋沿岸では黒潮の離岸する房総半島より南西に分布中心を持つ種を暖水系種，それより北に分布中心を持つ種を寒水系種とする区分が一般的である．また，日本海沿岸では対馬海流の影響下の海域に分布中心を持つ種を暖水系種とし，対馬海流の大半が流出する津軽海峡以北の海域に分布中心を持つ種を寒水系種とする（詳細は第 7 章）．

(2) 炭酸カルシウムからなる化石殻の化学組成

(A) 酸素同位体比

酸素同位体比は $\delta^{18}O$ で表現され，炭酸塩岩や生物硬組織の値には国際標準 Vienna Peedee Belemnite (VPDB) スケールで表記し，水の値には国際標準 Vienna Standard Mean Ocean Water (VSMOW) スケールで表記し，単位は千分率 (‰) を使い，次式から導出する．

$$\delta^{18}O = \{(^{18}O/^{16}O)_{試料}/(^{18}O/^{16}O)_{標準試料} - 1\} \times 1000$$

VPDB と VSMOW は，ウィーン (Vienna) に本部を置く国際原子力機関 (IAEA) が指定したスケールである．Peedee Belemnite は初期の研究で標準試料として使用されたアメリカの上部白亜系 Peedee 累層産のベレムノイドの 1 種 *Belemnitella americana* からとった名称である．

第四紀の気候・海水準変動の推定に最も貢献した代替記録は，深海底堆積物中の有孔虫の酸素同位体比である．1947 年にシカゴ大学の Urey, H. C. (ユーリー) は，熱力学の理論をもとに炭酸カルシウム ($CaCO_3$) 中の酸素同位体比 ($^{18}O/^{16}O$) から水温を推定する方法を提唱し，彼と共同研究者によって測定技術の開発や基礎研究が行われた．基礎研究では，$CaCO_3$ を晶出する様々な生物を，水温コントロールした水槽で飼育して，その殻の同位体比を測定した．その結果，周囲の水と同位体平衡の成立する生物種と，成立しない生物種に分かれることが判明した．同位体平衡からのずれの原因としては，反応速度論的同位体効果 (kinetic processes) と生物学的同位体効果 (vital effects) がある（鈴木・井上，2012）．反応速度論的同位体効果は，成長速度の速い造礁性サンゴの骨格などに見られ，骨格成長が速いほど，晶出する $CaCO_3$ 骨格の $\delta^{18}O$ 値は平衡値から，より軽い（小さい）方

26　第 2 章　第四紀の環境変動の代替記録

表 2.2　炭酸カルシウムからなる生物硬組織の酸素・炭素同位体比を用いた環境復元の事例.

分類群	文献
有孔虫	土屋ほか (2016), 豊福・長井 (2019)
硬骨海綿	Asami *et al.* (2020)
サンゴ	鈴木・川幡 (2007), 鈴木・井上 (2012), 白井 (2013), 吉村・井上 (2016), 渡邊・山崎 (2019)
貝類	白井 (2014), 北村 (2018), 近都・鈴木 (2019), 西田 (2020, 2022)

にシフトする.この反応速度論的同位体効果の原因は,以下の石灰化プロセスにある.

$$水和：CO_2+H_2O \leftrightarrows H_2CO_3 \leftrightarrows HCO_3^- +H^+ \tag{2.1}$$

$$水酸化：CO_2+OH^- \leftrightarrows HCO_3^- \tag{2.2}$$

$$解離：HCO_3^- \leftrightarrows H^+ +CO_3^{2-} \tag{2.3}$$

$$石灰化：Ca^{2+}+CO_3^{2-} \leftrightarrows CaCO_3 \tag{2.4}$$

$$石灰化：Ca^{2+}+HCO_3^- \leftrightarrows CaCO_3+H^+ \tag{2.5}$$

上記の反応うち,石灰化反応は瞬時に起きるが,水和と水酸化の反応には時間がかかる.この時間差が反応速度論的同位体効果をもたらす.なお,石灰化には 2 つの反応式があり,サンゴについては,式 (2.5) の反応が起きていると考えられている(鈴木・井上,2012).$CaCO_3$ を晶出する生物の石灰化と酸素・炭素同位体比は,分類群ごとに詳細な研究が行われている(表 2.2).

$CaCO_3$ を晶出する生物の中で,周囲の水と同位体平衡の成立している生物種は,有孔虫と硬骨海綿と軟体動物である(図 2.2,図 2.3).ほとんどの有孔虫は方解石 (calcite) の殻を作るが,高マグネシア方解石やアラレ石 (aragonite) の殻を作る種類もいる.硬骨海綿は,アラレ石あるいは方解石の骨格を形成する.軟体動物の貝殻はアラレ石あるいは方解石からなり,一部の種はアラレ石と方解石の二層構造をつくる(表 2.3).

Urey らの研究で,無機沈殿させた方解石とアラレ石の $\delta^{18}O$ 値は,海水の $\delta^{18}O$ 値と水温に依存し,それらの関係式が得られた (O'Neil *et al.*, 1969; Kim & O'Neil, 1997; Kim *et al.*, 2007).しかし,生物殻の酸素同位体比と温度の関係式は,無機沈殿のものから得た関係式からわずかにずれており(たとえば,Kim *et al.*, 2007),種ごとに水温換算式が提示されている(図 2.3a,表 2.4,表 2.5).

炭酸塩岩からなる化石殻の $\delta^{18}O$ 値の代替記録としての最大の弱点は,その値が海水の $\delta^{18}O$ 値と水温の複合効果を受けることである.1955 年に,Urey 研究室の研究員だった Emiliani は,大西洋,カリブ海,太平洋の 8 本の深海底コアに含まれる浮遊性有孔虫殻の測定から得た $\delta^{18}O$ 値を水温に換算し,0.3 Ma 以降に

2.1 気候の代替記録　27

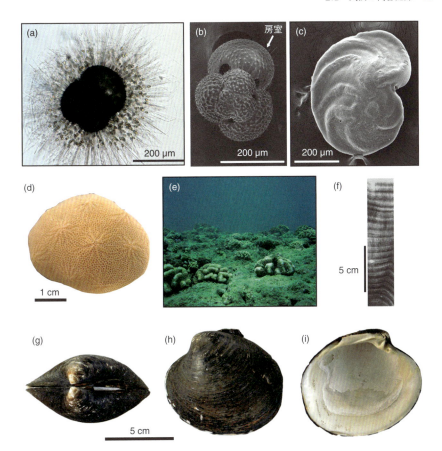

図 2.2　有孔虫，硬骨海綿，群体サンゴ，軟体動物の写真．(a) 浮遊性有孔虫 *Globigerinoides ruber* の生体（高木悠花氏提供）．殻から放射状に伸びている糸状物質は仮足と呼ばれ，粘着性を持ち，餌を捕獲する．(b) *Globigerinoides ruber* の殻の走査電顕写真（高木悠花氏提供）．(c) 深海生底生有孔虫 *Cibicidoides wuellerstorfi* の SEM 写真（池原 実氏提供）．(d) 硬骨海綿 *Spirastrella wellsi*（北村晃寿撮影）．(e)～(f) 群体サンゴの写真（北村晃寿撮影）．(e) 生体の写真．(f) ハマサンゴ骨格の X 線写真．(g)～(i) 北大西洋の浅海に生息する二枚貝 *Arctica islandica*（アイスランドガイ）の写真（棚部一成氏提供）．(g) 殻頂側からの写真．(h) 殻表側からの写真．(i) 殻裏側からの写真．

7 回の氷期・間氷期サイクルがあったことを解明したが，換算には海水の δ^{18}O 値の変動は考慮していなかった．ただし，氷期・間氷期サイクルに伴う水温変化と海水の δ^{18}O 値の変化は，化石殻の δ^{18}O 値に対して以下の説明のように相乗の関係にあるため，氷期・間氷期サイクルの実在性には影響しなかった．

間氷期から氷期への移行期の水温低下は，化石殻の δ^{18}O 値を重い（大きい）ほうにシフトする．一方，海洋から蒸発した水蒸気には，H_2^{16}O が海水よりも多く含

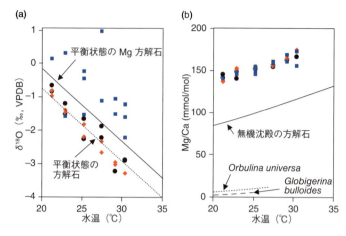

図 2.3　有孔虫殻の酸素同位体比 (a) と Mg/Ca 比 (b) の温度依存性. 青い四角は底生有孔虫 *Amphisorus kudakajimensis* の飼育クローン個体集団, 黒い丸と赤い菱形はそれぞれ *Calcarina gaudichaudii* の 2 つの飼育クローン個体集団で, Maeda et al. (2017) から改変. (b) の無機沈殿の方解石と浮遊性有孔虫 *Globigerina bulloides* と *Orbulina universa* は Barkera et al. (2005).

まれ, さらに両極に移動する間に, わずかながら含まれていた $H_2^{18}O$ が雨で選択的に除去されるので, 氷床の $\delta^{18}O$ 値は海水よりもかなり軽く (小さく) なり, グリーンランドの氷床の $\delta^{18}O_{VSMOW}$ 値は約 $-35‰$ である (標準海水の $\delta^{18}O_{VSMOW}$ 値は 0‰). その結果, 間氷期から氷期への移行期には, 海水の $\delta^{18}O$ 値は重い (大きい) 方にシフトする. つまり, 化石殻の $\delta^{18}O$ 値においては, 海水の $\delta^{18}O$ 値と水温の影響度を分離して評価できないが, 氷期・間氷期サイクルの代替記録としては有効である.

　Emiliani (1955) の後, Shackleton (1967) が少量の試料でも $\delta^{18}O$ 値を測定できる質量分析器を開発し, 深海底生有孔虫殻の $\delta^{18}O$ 値の変動から, 氷期・間氷期サイクルの $\delta^{18}O$ 値の変動は, 水温変動よりは海水の $\delta^{18}O$ 値の変動によることを明らかにした. 深海底の底生有孔虫殻の $\delta^{18}O$ 値を用いたのは, 深海底は表層海水に比べて氷期・間氷期サイクルに伴う水温変動が小さいからである. 現在では, 約 20 ka の LGM と現在の深海底生有孔虫殻の $\delta^{18}O$ 値の差については 0.9〜1.3‰ と見積もられている (Schrag et al., 1996; Lisiecki, & Raymo, 2005, 図 2.4), 一方, 両時代の汎世界的海水準の差は約 125 ± 4 m と推定されているので (Yokoyama et al., 2000; Lambeck et al., 2014, 図 2.4), Waelbroeck et al. (2002) は 1.1‰ 当たり 130 m, すなわち $\delta^{18}O$ 値 0.1‰ の変動が 11.8 m の汎世界的海水準変動に相当するとして, 過去 45 万年間の汎世界的海水準変動を復元し

表 2.3 主な二枚貝の分布，寿命，貝殻の鉱物種．ア：アラレ石，カ：方解石（カルサイト），a：Moss *et al.* (2016)，b：Yamaoka *et al.* (2016)，c：Kitamura *et al.* (2012)，d：Torres *et al.* (2011)，e：Selin (2010)，f：Butler *et al.* (2013)，g：Kitamura *et al.* (2011)，h：Sato (1994)，i：小池裕子 (1982)，j：半澤ほか (2017)，k：Tanabe *et al.* (2017)，l：Kubota *et al.* (2018)，m：Smolkova (2021) の近縁種の *Mya arenaria* のデータ，n：Aragón-Noriega *et al.* (2015) の近縁種の *Panopea globosa* のデータ．

種名	分布	寿命(年)	鉱物種	種名	分布	寿命(年)	鉱物種
Scapharca broughtonii アカガイ	日本周辺海域	20[a]	ア(内・外)	*Mactra chinensis* バカガイ	日本周辺海域	12[a]	ア(内・外)
Limopsis belcheli オオシラスナガイ	日本周辺海域		ア(内・外)	*Spisula sachalinensis* ウバガイ	日本周辺海域	70[a]	ア(内・外)
Glycymeris fulgurata トドロキガイ	日本周辺海域	15[b]	ア(内・外)	*Macoma calcarea* ケショウシラトリガイ	日本周辺海域	18[a]	ア(内・外)
Glycymeris vestita タマキガイ	日本周辺海域	20[b]	ア(内・外)	*Arctica islandica* アイスランドガイ	北大西洋	507[f]	ア(内・外)
Glycymeris yessoensis エゾタマキガイ	日本周辺海域		ア(内・外)	*Glossocardia obesa* ツキヨミガイ	日本周辺海域	8[g]	ア(内・外)
Mytilus californianus イガイの一種	東太平洋	6[a]	カ(外), ア(内)	*Saxidomus giganteus* ウチムラサキガイの一種	北東太平洋	20[a]	ア(内・外)
Mytilus edulis ムラサキイガイ	北大西洋, 日本 (外来種)	24[a]	カ(外), ア(内)	*Phacosoma japonicum* カガミガイ	日本周辺海域	12[h]	ア(内・外)
Pecten maximus ヨーロッパホタテガイ	北大西洋	22[a]	ア(内・外)	*Meretrix lusoria* ハマグリ	日本周辺海域	5[i]	ア(内・外)
Comptopallium radula リュウキュウオウギ	太平洋		カ(内・外)	*Meretrix lamarckii* チョウセンハマグリ	日本周辺海域	8[j]	ア(内・外)
Crassostrea gigas マガキ	日本周辺海域	7[a]	カ(内・外)	*Ruditapes philippinarum* アサリ	日本周辺海域	16[a]	ア(内・外)
Carditella iejimensis イエジマザルガイ	日本周辺海域	4[c]	ア(内・外)	*Mercenaria mercenaria* ホンビノスガイ	北大西洋, 日本 (外来種)	106[a]	ア(内・外)
Astarte borealis エゾシラオガイ	日本周辺海域	150[d]	ア(内・外)	*Mercenaria stimpsoni* ビノスガイ	日本周辺海域	100[k,l]	ア(内・外)
Serripes groenlandicus ウバトリガイ	日本周辺海域	35[e]	ア(内・外)	*Mya japonica* オオノガイ	日本周辺海域	14[m]	ア(内・外)
Tridacna derasa ヒレシャコガイ	日本周辺海域	30[a]	ア(内・外)	*Hiatella arctica* ハナシキヌマトイガイ	日本周辺海域	126[a]	ア(内・外)
Tridacna gigas オオシャコガイ	日本周辺海域	60[a]	ア(内・外)	*Panopea abrupta* ナミガイ	太平洋	60[n]	ア(内・外)
Hippopus hippopus シャゴウガイ	日本周辺海域		ア(内・外)				

ている．なお，最近の研究では，Clark *et al.* (2009) が $\delta^{18}O$ 値の 1.0 ± 0.1‰ の変動が汎世界的海水準の $127.5 \pm 7.5\,\mathrm{m}$ の変動に相当するとしている．また，Ishiwa *et al.* (2016) は最終氷期の海水準最低期を $20.8\,\mathrm{ka}$ とし，その時の海水準を $127.5\,\mathrm{m}$ としている．海水準変動の代替記録については 2.2 節で後述する．

以上に述べた炭酸塩岩からなる化石殻の $\delta^{18}O$ 値を代替記録に利用する際には，殻成長の不連続性に注意する必要がある．有孔虫の個体は，1 つないし多数の房室 (chamber) からなり，多室形の有孔虫は，房室を付加することによって成長する（図 2.2a～c）．したがって，殻成長は不連続であり，しかも浮遊性有孔虫は成長過程で生息深度が変化するので，房室ごとに $\delta^{18}O$ 値や Mg/Ca 比（(C) 固溶

表 2.4　有孔虫殻の酸素同位体比と水温の関係式.

種名	換算式	換算の範囲 (℃)	文献	VSMOW to VPDB
浮遊性有孔虫				
Cultured *Globigerinoides sacculifer*	$T = 17.0 - 4.52(\delta^{18}O_{方解石} - \delta^{18}O_{海水}) + 0.03(\delta^{18}O_{方解石} - \delta^{18}O_{海水})^2$	14–30	Erez & Luz (1983)	−0.22
Cultured *Globigerinoides sacculifer*	$T = 12.0 - 5.57(\delta^{18}O_{方解石} - \delta^{18}O_{海水})$		Spero *et al.*　（未発表）in Spero *et al.* (2003)	−0.27
In-situ *Globigerinoides sacculifer*	$T = 14.9 - 4.35(\delta^{18}O_{方解石} - \delta^{18}O_{海水})$	16–31	Mulitza *et al.* (2003)	−0.27
In-situ *Globigerinoides ruber* white	$T = (14.2 \pm 0.6) - 4.44(\delta^{18}O_{方解石} - \delta^{18}O_{海水})$	16–31	Mulitza *et al.* (2003)	−0.27
Cultured *Globigerina bulloides*	$T = 13.2 - 4.89(\delta^{18}O_{方解石} - \delta^{18}O_{海水})$	15–25	Bemis *et al.* (1998)	−0.27
Cultured *Globorotalia menardii*	$T = 14.9 - 5.13(\delta^{18}O_{方解石} - \delta^{18}O_{海水})$		Spero *et al.* (2003)	−0.27
In-situ *Neogloboquadrina pachyderma*	$T = 12.7 - 3.55(\delta^{18}O_{方解石} - \delta^{18}O_{海水})$	−2–13	Mulitza *et al.* (2003)	−0.27
Cultured *Orbulina universa*	$T = 14.9 - 4.80(\delta^{18}O_{方解石} - \delta^{18}O_{海水})$	15–25	Bemis *et al.* (1998)	−0.27
底生有孔虫				
In-situ *Cibicidoides and Planulina*	$T = 16.1 - 4.76(\delta^{18}O_{方解石} - \delta^{18}O_{海水})$	4–26	Lynch-Stieglitz *et al.* (1999) Cramer *et al.* (2011) により調整されたもの	−0.27
Cultured *Calcarina gaudichaudii*	$T = 18.5 - 4.52(\delta^{18}O_{方解石} - \delta^{18}O_{海水})$	21–30	Maeda *et al.* (2017)	−0.27
Cultured *Amphisorus kudakajimensis*	$T = 25.0 - 4.96(\delta^{18}O_{方解石} - \delta^{18}O_{海水})$	21–30	Maeda *et al.* (2017)	−0.27

体で後述）が異なる（Elderfield *et al.*, 2002; 佐川, 2010; Takagi *et al.*, 2016）. 一方，二枚貝類を含む軟体動物の貝殻の成長速度は，誕生当初は遅く，徐々に増加し，ある程度の大きさになり性成熟に達した後は次第に遅くなり，最終的にはある飽和点に近づいて成長は停滞する. さらに，冬期の低温や夏期の高温，突然の温度変化，放精・放卵，嵐による洗い出しなどの要因によって，貝殻の成長が停止する（佐藤, 2010）. したがって，軟体動物の貝殻の $\delta^{18}O$ 値を測定する際には，成長線解析を行う必要がある（北村, 2018）. 有孔虫の房室ごとや成長速度が鈍化した貝殻の部位の分析を行うため，極微量試料の $\delta^{18}O$ 値や Mg/Ca 比を測定する技術開発が行われている（石村, 2021）.

　炭酸塩岩からなる化石殻の $\delta^{18}O$ 値を代替記録に利用する際には，さらに化石化過程における方解石化にも注意が必要である. 常温常圧付近で安定な $CaCO_3$ は方解石であり，アラレ石は不安定なので，化石化過程でアラレ石は方解石へ転移する場合があり，これを方解石化という. したがって，アラレ石からなる生物硬組織の試料については，X 線回折や高倍率の顕微鏡観察などで変質の有無を確

表 2.5 軟体動物の硬組織の酸素同位体比と水温の関係式. $\delta^{18}O_{aragonite}$ と $\delta^{18}O_{calcite}$ は VPDB に対する値で、$\delta^{18}O_{water}$ は VSMOW に対する値. α は同位体分配係数, T は摂氏温度, K は絶対温度 (北村, 2018).

種名	換算式	文献
アラレ石		
無機沈殿	$10^3 \ln\cdot_{アラレ石-海水} = 17.88 \pm 0.13(10^3/K) - 31.14 \pm 0.46$	Kim et al. (2007)
海生二枚貝 Scapharca broughtonii	$T = 13.85 - 4.54\{\delta^{18}O_{アラレ石} - \delta^{18}O_{海水} + 0.04(\delta^{18}O_{アラレ石} - \delta^{18}O_{海水})^2$	堀部・大場 (1972)
アラレ石からなる有孔虫, 巻貝, 二枚貝	$T = 20.6 - 4.34\{\delta^{18}O_{アラレ石} - (\delta^{18}O_{海水} - 0.2)\}$	Grossman and Ku (1986)
淡水生二枚貝	$T = 20.6 - 4.34\{\delta^{18}O_{アラレ石} - (\delta^{18}O_{海水} - 0.27)\}$	Dettman et al. (1999)
淡水魚の耳石	$T = 17.23 - 4.47(\delta^{18}O_{アラレ石} - \delta^{18}O_{海水})10^3 \ln\cdot_{アラレ石-海水}$ $= 18.56(10^3/K) - 33.49$	Patterson et al. (1993)
海水魚の耳石	$10^3 \ln\cdot_{アラレ石-海水} = 18.56(10^3/K) - 32.54$	Thorrold et al. (1997)
海生二枚貝 Mesodesma donacium	$T = (17.41 \pm 1.15) - (3.66 \pm 0.16)(\delta^{18}O_{アラレ石} - \delta^{18}O_{海水})$	Carré et al. (2005)
海生二枚貝 Hippopus hippopus	$T = 21.4 - 2.87(\delta^{18}O_{アラレ石} - \delta^{18}O_{海水})$	Aubert et al. (2009)
方解石		
無機合成	$T = 16.9 - 4.38(\delta^{18}O_{方解石} - \delta^{18}O_{海水}) + 0.10(\delta^{18}O_{方解石} - \delta^{18}O_{海水})^2$	O'Neil et al. (1969)
無機合成	$10^3 \ln\cdot_{方解石-水} = 18.03(10^3/K) - 32.42$	Kim & O'Neil (1997)
海生二枚貝 Patinopecten yessoensis	$T = 17.04 - 4.34(\delta^{18}O_{方解石} - \delta^{18}O_{海水}) + 0.16(\delta^{18}O_{方解石} - \delta^{18}O_{海水})^2$	堀部・大場 (1972)
海生二枚貝 Comptopallium radula	$T = 20.00(\pm 0.61) - 3.66(\pm 0.39) \cdot (\delta^{18}O_{方解石} - \delta^{18}O_{海水})$	Thébault et al. (2007)
海生二枚貝 Mytilus edulis	$10^3 \ln\cdot_{方解石-海水} = 18.734 \pm 0.564(10^3/T) - 33.776 \pm 1.941$	Wanamaker et al. (2007)

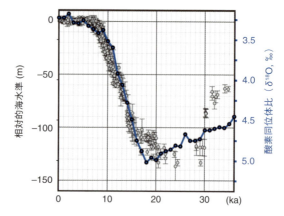

図 2.4 サンゴ化石などから復元した相対的海水準変動記録（○，Lambeck et al., 2014）と底生有孔虫殻の測定による酸素同位体比変動曲線（青線，Lisiecki, & Raymo, 2005）の比較.

認する必要がある.

酸素同位体比に関しては，分析精度の向上に伴い，炭酸凝集温度計の研究が活発になっている（狩野，2012；西田，2020）．従来の炭酸塩鉱物の安定同位体の測定では，リン酸で試料を溶解させた時に発生する CO_2 の $^{44}CO_2(^{12}C^{16}O_2)$，$^{45}CO_2(^{13}C^{16}O_2)$，$^{46}CO_2(^{12}C^{16}O^{18}O)$ の存在度を測定し，$^{18}O/^{16}O$ 比と $^{13}C/^{12}C$ 比を測定していた．分析精度の向上により，それらよりも存在度の小さい $^{47}CO_2(^{13}C^{16}O^{18}O)$ の測定が可能となった．これらの同位体間には次の交換平衡がある．

$$^{13}C^{16}O_3^{2-} + {}^{12}C^{18}O^{16}O_2^{2-} = {}^{13}C^{18}O^{16}O_2^{2-} + {}^{12}C^{16}O_3^{2-}$$

このような交換平衡では，重い同位体どうしが結合の程度が温度の減少とともに増加する．そこで，$^{44}CO_2$, $^{45}CO_2$, $^{46}CO_2$, $^{47}CO_2$ を測定し，この結合の程度 Δ_{47}(clumped isotope) を次式で算出する（狩野，2012）．

$$\Delta_{47} = \{(^{47}CO_2/^{44}CO_2 - {}^{*47}CO_2/^{44}CO_2)/({}^{*47}CO_2/^{44}CO_2)\} \times 1000 \, (‰)$$

$^{*47}CO_2/^{44}CO_2$ は質量数 47 成分のランダムな確率論的存在度である．そして，Δ_{47} は 1〜50℃ で，絶対温度（T）と次の関係にあり，水の同位体比には無関係で，水温を算出できる (Ghosh et al., 2006).

$$\Delta_{47} = 0.0592 \times 10^6 \times T^{-2} - 0.02$$

この炭酸凝集温度計は，狩野 (2012)，狩野ほか (2014)，西田 (2020) に詳しい解説がある．

(B) 安定炭素同位体比

安定炭素同位体比は $\delta^{13}C$ で表現され，その値は国際標準 VPDB スケールで表記し，単位は千分率（‰）を使い，次式から導出する．

$$\delta^{13}C = \{(^{13}C/^{12}C)_{試料}/(^{13}C/^{12}C)_{標準試料} - 1\} \times 1000$$

無機沈殿させた方解石とアラレ石の $\delta^{13}C$ 値も温度の影響を受けるが，$\delta^{18}O$ 値に比べて小さく，一般的には無視される．第四紀の気候・海水準変動の復元の観点において，深海底の底生有孔虫殻の $\delta^{13}C$ 値は中・深層水の循環の代替記録（水塊トレーサー）として極めて重要である．

海水中の全炭酸の $\delta^{13}C$ 値に影響する主因は，有機物の生産・溶解，大気–海洋間の交換，海水の移流である．光合成生産の有機物には ^{12}C が選択的に蓄積するため，海洋表層では光合成により，表層水中の全炭酸の ^{12}C が減り，^{13}C に富む．一方，有機物が沈降し，深層で溶解すると，^{12}C が放出され，深層水の全炭酸の $\delta^{13}C$ 値は減る．海水中の $\delta^{13}C$ は大気–海洋間の CO_2 交換時の同位体分別の影響も受け，1℃の水温低下につき 0.1‰増える（岡崎，2015）．

現在の西大西洋では，海水の $\delta^{13}C$ 値は 0.4～1.0‰の範囲にあり，$\delta^{13}C$ 値が約1.1‰の北大西洋深層水（北大西洋で深海に沈み込む深層水; NADW: North Atlantic Deep Water）が北大西洋から南大西洋まで張り出し，$\delta^{13}C$ 値が低い南極の中層水と底層水 (0.4‰) が，南半球から赤道にかけての水深 300～1,500 m と南半球から北半球中緯度にかけての水深 3,000 m 以深に分布する（図 2.5a, Kroopnick, 1985）．大洋間の深層水の $\delta^{13}C$ 値については，大西洋から南大洋を経て太平洋にかけて徐々に低くなる (Kroopnik, 1985)．これらの $\delta^{13}C$ 値の変化は，水塊の移流による．

海水の $\delta^{13}C$ 値は底生有孔虫殻の $\delta^{13}C$ 値に記録される．ただし，底生有孔虫殻の $\delta^{13}C$ 値は，海水から同位体平衡下で無機的に沈殿した方解石の $\delta^{13}C$ 値からずれることが多い．その原因は，底生有孔虫の石灰化がより速いことによる速度論的同位体分別と，代謝で生じた低い $\delta^{13}C$ 値の炭素を取り込むことにある．また，堆積物に潜って生活（内生動物：infauna）する底生有孔虫種は，堆積物中の有機物分解によって生じる低い $\delta^{13}C$ 値を持つ間隙水の影響を受け，殻の $\delta^{13}C$ 値は周囲の海水よりも低い値を示す（土屋ほか，2016）．そのため，海水の $\delta^{13}C$ 値の代替記録には，堆積物表面に生息（表生動物または外生動物：epifauna）する *Cibicidoides wuellerstorfi*（図 2.2c）などを用いる．

深海底コアに含まれる底生有孔虫殻の $\delta^{13}C$ 値から，氷期・間氷期サイクルの海水の $\delta^{13}C$ 値変動が復元された．最終氷期の大西洋は現在と異なり（図 2.5b），NADW に相当する水塊が水深 2,000 m 付近までしか沈み込んでおらず（現在は

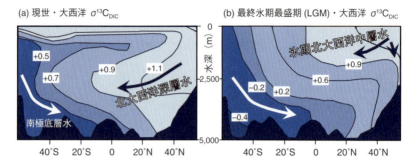

図 2.5 深海底コアに含まれる底生有孔虫殻の $\delta^{13}C$ 値から復元された大西洋の深層循環パターン．(a) は現世，(b) は最終氷期最盛期．単位：‰．Kroopnick (1985) を改変．

表 2.6 炭酸カルシウムからなる生物硬組織に関するホウ素 ($\sigma^{11}B$)・放射性炭素 ($\sigma^{14}C$)・カルシウム ($\sigma^{44}Ca$) 同位体比を用いた環境復元の事例．

分類群	同位体	代替記録	主な文献
有孔虫，サンゴ	$\delta^{11}B$ ($^{11}B/^{10}B$)	pH，大気 CO_2 濃度	大出・Zuleger (1999)，木元 (2011)，関 (2014)，窪田 (2020)
全石灰化生物	$\delta^{14}C$ ($^{14}C/^{12}C$)	年代，水塊トレーサー，太陽活動	岡崎 (2015)，横山 (2007, 2019)
円石藻，有孔虫，サンゴ	$\delta^{44}Ca$ ($^{44}Ca/^{40}Ca$)	水温	吉村・井上 (2016)

約 5,000 m まで到達)，この水塊を氷期北大西洋中層水 (GNAIW: Glacial North Atlantic Intermediate Water) と呼ぶ．GNAIW の下には南極縁辺のウェッデル海やロス海を起源とする南極底層水 (AABW: Antarctic Bottom Water) が拡大していた (Kroopnik, 1985; 岡崎, 2015)．

酸素・安定炭素同位体比以外の同位体比 ($\delta^{11}B$, $\delta^{14}C$, $\delta^{44}Ca$) を用いた環境復元の事例を表 2.6 にまとめた．これらの同位体比のうち，^{11}B と ^{44}Ca は非常に微量なので，測定精度の向上によって測定が可能となり研究が開始されたのは，1990 年代頃からである．$\delta^{14}C$ については 2.3 節で後述する．

(C) 固溶体

固溶体とは，化学組成の一部分が連続的に変化する化合物である．方解石やアラレ石は海水中で晶出する際，2 価の陽イオン (Me^{2+}) の Mg^{2+} や Sr^{2+} などが一部の Ca^{2+} に置換し，様々な Mg/Ca 比や Sr/Ca 比を持った固溶体となる．置換する反応は次のイオン交換反応式で表される．

$$CaCO_3 + Me^{2+} \Leftrightarrow MeCO_3 + Ca^{2+}$$

無機的に晶出した方解石やアラレ石の Mg/Ca・Sr/Ca 比は，(1) 海水の Mg^{2+}/Ca^{2+} 比，Sr^{2+}/Ca^{2+} 比と，(2) 方解石と海水間の分配係数あるいはアラレ石と海水間の分配係数によって決定される．そして，分配係数は温度依存性がある．海洋中の Ca^{2+}，Mg^{2+}，Sr^{2+} の平均滞留時間は，それぞれ 60〜110 万年，約 1,300 万年，510 万年である (Broecker & Peng, 1982)．この滞留時間の観点からは，Mg/Ca 比と Sr/Ca 比は，100 万年間ではほぼ一定とみなされる．したがって，生物が形成する方解石やアラレ石の Mg/Ca・Sr/Ca 比が第四紀の水温の代替記録となりうるのである．

有孔虫に関しては，水温をコントロールした飼育実験などから方解石の殻の Mg/Ca 比が，海水の Mg^{2+}/Ca^{2+} 比と水温に依存することが明らかされており（図 2.3b），*Globigerinoides ruber*（図 2.2a, b）などの浮遊性有孔虫や底生有孔虫殻の Mg/Ca 比と水温の関係は次式で表される（木元，2009; 佐川，2010）．

$$Mg/Ca = B \exp(A \times T) \quad T \text{ は温度 (℃)}$$

浮遊性有孔虫では，定数 A はどの種も 0.08〜0.10 (8〜10 %/℃) の範囲にあるが，定数 B は無機方解石の Mg/Ca 比に比べて 1〜2 桁少なく，この相違は生物学的同位体効果などによる（佐川，2010）．また，定数 B は種ごとに異なり，同種でも殻の溶解度により異なる．殻の溶解度の影響は，死後の殻の溶解の過程で Mg/Ca 比の高い部位の選択的溶解による (Benway *et al.*, 2003)．殻の溶解は，水中や堆積物中における炭酸イオン (CO_3^{2-}) が不飽和の状態で起き，海水中の飽和炭酸イオン濃度は圧力の増加と共に増加するので，殻は水深が増すにつれて溶解する．したがって，深海底コアから得た浮遊性有孔虫殻の Mg/Ca 比から水温を換算する際には，選択的溶解の補正が必要となる．

有孔虫殻の Mg/Ca 比は塩分や pH の影響も受けるが，水温や溶解に比べれば影響は小さく，塩分や pH の変動がほとんどない大西洋や太平洋などの外洋では無視できる程度である．なお，高マグネシウム方解石の殻を持つ一部の底生有孔虫殻の Mg/Ca 比と水温の関係式は，無機沈殿した方解石における関係と概ね同様で，定数 B が無機方解石の 1.4〜1.8 倍である (Toyofuku *et al.*, 2000; Maeda *et al.*, 2017)．以上の有孔虫殻の Mg/Ca 比に基づく古水温と他の固溶体による環境復元事例を表 2.7 にまとめた．

有孔虫以外では，ハマサンゴのように年輪を持つ塊状サンゴ（図 2.2f）の骨格中の Sr/Ca 比は良好な水温の代替記録として使われており，次の関係式が得られている (Corrége, 2006)．

$$Sr/Ca\,(mmol/mol) = 10.553 - 0.0607 \times T \quad T \text{ は温度 (℃)}$$

36 第2章 第四紀の環境変動の代替記録

表 2.7 炭酸カルシウムからなる生物硬組織に関する固溶体を用いた環境復元の事例.

分類群	微量元素／ カルシウム比	代替記録	主な引用文献
有孔虫	Mg/Ca 比	水温	木元 (2009),佐川 (2010)
	Ba/Ca 比	アルカリ度	木元 (2011),土屋ほか (2016)
	Cd/Ca 比	栄養塩濃度	岡崎 (2015),土屋ほか (2016)
硬骨 海綿	Sr/Ca 比	水温の代替記録には,アラゴナイト骨格 の種は有用だが,高 Mg カルサイト骨格 の種は有用でない.	Haase-Schramm *et al.* (2003), Asami *et al.* (2020, 2021)
サンゴ	Mg/Ca 比	水温 1℃ に対して 3～4%の変化	川幡・鈴木 (1999),浅海ほか (2004)
	Sr/Ca 比	水温 1℃ に対して 0.6～0.8%の変化	川幡・鈴木 (1999),浅海ほか (2004)
	Cd/Ca 比	栄養塩濃度	川幡・鈴木 (1999),井上 (2002)
	Ba/Ca 比	栄養塩濃度,降水量・河川流量	川幡・鈴木 (1999),井上 (2002)
	Mn/Ca 比	栄養塩濃度	川幡・鈴木 (1999),井上 (2002)
	U/Ca 比	水温	鈴木 (2012)
貝類	Mg/Ca 比	多くの種は水温の代替記録に有用でない	白井 (2014)
	Sr/Ca 比	多くの種は水温の代替記録に有用でない	白井 (2014)
介形虫	Mg/Ca 比	水温	森下ほか (2010)

　塊状サンゴの Sr/Ca 比からは,西太平洋のエルニーニョ・南方振動 (ENSO: El Niño-Southern Oscillation) の動態などが復元されており,Watanabe *et al.* (2011) は鮮新世温暖期にあたる約 3.5 Ma の化石サンゴから,最古の ENSO の存在を明らかにした.また,Tudhope *et al.* (2001) は,42～38 ka の寒冷な時期にも ENSO が存在していたことを報告した (井上,2012).

　有孔虫とサンゴを含む 6 つの分類群に関する微量元素を使った代替記録について表 2.7 に掲載した.この章では言及されていない分類群の代替記録に関しても,海水の値や生物効果などの影響がある.

(3) バイオマーカー

　地層や生物の硬組織に残された生物源有機物の分子化石をバイオマーカーという.古気候・古環境研究に有用な代表的なバイオマーカーは,アルケノン (alkenone),テトラエーテル脂質,樹木年輪に含まれるセルロースなどである (中塚,2006; 関,2014).

(A) アルケノン

　アルケノンは円石藻類が合成する脂質で,*Emilania* 属,*Gephyrocapsa* 属,lsochrysidaceae 科の *Chrysotila* 属,*lsochrysis* 属の 2 科 4 属からしか検出されていない (山本,1999).アルケノンの炭素数は 37～39 で,二重結合の数は 2～4 である.この二重結合の相対的な割合 (不飽和度) が水温に依存することが *Emilania*

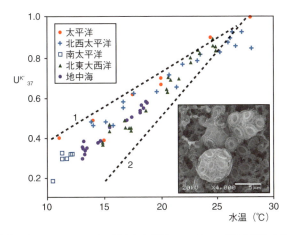

図 2.6 海洋の有光層 (euphotic zone) で採取した粒子のアルケノン不飽和度と水温の関係.回帰直線 1 と 2 は *Emilania huxleyi* の培養実験で得られた関係式で,1 は北東太平洋の集団 (Prahl et al., 1988),2 は南西太平洋の集団 (Sawada, et al., 1996).山本 (1999) を一部改変.写真は *Emilania huxleyi* の集団(土井信寛氏提供).

huxleyi の培養実験で判明し,海洋表層水温の代替記録(アルケノン古水温計)に使える可能性が示された (Brassell et al., 1986; Prahl et al., 1988; 大河内・河村,1998; 山本,1999, 2009)(図 2.6).さらに,海洋表層堆積物とセジメントトラップ試料を使った不飽和度と水温の比較から,アルケノン古水温計はアルケノンの生産量と堆積物への沈降量が最大となる時期の水温を反映することが確認された (Müller et al., 1998).ただし,不飽和度に温度依存性がある原因は未解明である.セジメントトラップは,海や湖沼の水中に長期間係留し,沈降粒子を設定した期間ごとに捕集する装置である(乗木・角皆,1986).

アルケノン古水温計は,有孔虫が溶解する深海堆積物にも適用が可能であり,分析も比較的容易なので,活発に研究がなされた (Liu & Herbert, 2004 など).その結果,海域によって水温と不飽和度の関係が異なることが判明し,その原因は遺伝的要因と環境的要因とされている(山本,1999)(図 2.6).遺伝的要因に関しては,*E. huxleyi* と *G. oceanica* は遺伝的に近縁で,一つの種複合体 (species complex) とみなせることが判明している (Bendif et al., 2014, 2015, 梶田・中村,2020).環境的要因に関しては,水温以外に,アルケノンの生産量を支配する栄養塩濃度や太陽光などが挙げられている.以上のことから,アルケノン古水温計の適用には,調査海域でのセジメントトラップ試料を用いたアルケノン不飽和度と水温の関係の確認が必須であり,一部の沿岸域(バルト海など)では温度依存性がほとんど見られないこともある.また,北大西洋高緯度海域やオホーツク海

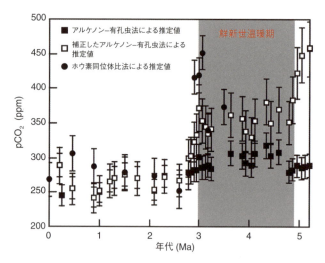

図 2.7 アルケノン−有孔虫法とホウ素同位体比法を用いて復元した過去 500 万年間の大気 CO$_2$ 濃度．関 (2014) を一部改変．

や日本海では，最終氷期の MIS 2 (24〜11 ka) のアルケノン古水温計が異常な高温を示すことが判明している（関，2014; 梶田・中村，2020）．これらの海域では最終氷期に淡水流入で低塩分化し，アルケノン不飽和度に塩分が影響していると考えられている（梶田・中村，2020）．なお，浮遊性有孔虫の変換係数や Mg/Ca 比に基づく古水温とアルケノン古水温計に基づく古水温を比べると，類似したパターンを示すが，絶対値には差がみられる．原因としては両分類群の生活環境（季節，水深）の違いや，各指標への水温以外の支配要因の存在などが考えられている（佐川，2010）．

アルケノンに関しては，Jasper & Hayes (1990) が，アルケノンの $\delta^{13}C$ 値と浮遊性有孔虫殻の $\delta^{13}C$ 値を用いて，過去の円石藻の同位体分別と溶存 CO$_2$ 濃度を計算し，その値から大気の CO$_2$ 濃度を算出する手法を提案した．これを使い，過去 500 万年間の大気の CO$_2$ 濃度が復元されている（Seki et al., 2010; 関，2014; Seki & Bendle, preprint）（図 2.7）．

(B) テトラエーテル脂質

古細菌（アーキア）が合成するアーキア膜脂質のグリセロール・ジアルキル・グリセロール・テトラエーテル (GDGT) の組成がアーキアの生育温度に依存することから，この関係を利用した TEX$_{86}$ 古水温計が提案された（Schouten et al., 2002; 関，2014）．研究の進展によって，テトラエーテル脂質の生産者は海洋深層まで生息するので，TEX$_{86}$ 古水温計は表層水温ではなく水深 0〜200 m の平均水

温の代替記録とみなされている．ただし，テトラエーテル脂質の生産季節や生産深度は海域により大きく異なるので，上記のアルケノン古水温計と同様に，水温と TEX_{86} の関係の確認が必須である．

(C)　ワックス脂質

　植物葉の主要なワックス成分にアルキル脂質（n–アルカン，n–アルカノール，n–脂肪酸）があり，その分子組成は植生や気候変動の代替記録に利用されており，またアルキル脂質の安定炭素・水素同位体比はそれぞれ，植生（C3 植物と C4 植物の相対比率）と水循環の代替記録に利用されている（関，2014）．最近，インドのベンガル湾堆積物に含まれる植物葉起源のワックス成分脂肪酸の $\delta^{13}C$ 値が過去の大気の CO_2 濃度の代替記録となることが判明し，氷床コアの CO_2 濃度記録以前の 0.80〜1.46 Ma の大気の CO_2 濃度変動が復元された (Yamamoto *et al.*, 2022)．C3 植物とは，光合成により CO_2 から炭素を固定する際に生じる最初の生成物が炭素を 3 つ含むグリセリン酸–3–リン酸である植物である．一方，C4 植物とは，炭素を固定する際に生じる最初の生成物が炭素を 4 つ含むオキサロ酢酸である植物である．そして，光合成回路の違いで，生成される有機物の $\delta^{13}C$ 値は C3 植物と C4 植物で異なり，C3 植物は −34〜−23‰，C4 植物は −23〜−6‰である．大気の CO_2 濃度が 370 ppm（西暦 2000 年代前半）の下で合成されたワックス成分脂肪酸の $\delta^{13}C$ 値は，C3 植物は −37.1±2.0‰，C4 植物は −19.5±1.8‰である．これらの $\delta^{13}C$ 値から，C3 植物と C4 植物の植生被覆率を計算できる．

　C4 植物は C3 植物に比べて炭酸固定効率がよく，光が強い環境や CO_2 濃度が低い環境にも生育可能である（野村ほか，1998）．ワックス成分脂肪酸の $\delta^{13}C$ 値の変動曲線を様々な古気候データと比較した結果，氷床コアの分析に基づく 80 万年間の大気の CO_2 濃度変動と非常に良い一致を見たことから，インド東部のようなサバナ植生では，C3 植物と C4 植物の植生被覆率は降雨量や温度ではなく，CO_2 濃度に敏感に応じて変化するという結論が得られた．これに基づいて，Yamamoto *et al.* (2022) は 1.46 Ma までの大気の CO_2 濃度変動を復元した（詳しくは第 3 章）．

(D)　セルロースの $\delta^{18}O$ 値

　樹木年輪に含まれるセルロースの $\delta^{18}O$ 値は，$\delta^{13}C$ 値と異なり，樹木の生理生態学因子の影響をほとんど受けず，「土壌水（降水）の $\delta^{18}O$ 値」と「相対湿度」に依存して変化する．これら 2 つの因子は，年輪セルロースの $\delta^{18}O$ 値に δ^2H 値を組み合わせることで分離できる (Nakatsuka *et al.*, 2020)．この方法を使い，中部・関西地方で，ヒノキを主とした 67 本の針葉樹材のセルロースの $\delta^{18}O$ 値と δ^2H

値の時系列データから，過去 2600 年間の夏期気温と降水量が 1 年の精度で復元され，気象観測データや古文書記録とも良く一致することが示された (Nakatsuka et al., 2020)．

(4) 化石記録の時間的平均化

年縞堆積物以外の堆積物に含まれる生物起源の環境代替記録から環境復元を行う際に，物理的撹拌や生物撹拌による化石記録の時間的平均化は深刻な障害をもたらす．通常の水底には，堆積物を食べ，その中の有機物を消化する大型動物が生息し，これらを堆積物食者 (deposit feeder) という．海洋では，ゴカイ，ナマコ，ユムシ，一部の二枚貝などが堆積物食者である．そして，堆積物食者は，堆積物を摂食する場所で表層堆積物食者 (surface-deposit feeder) と下層堆積物食者（deep-deposit feeder または subsurface-deposit feeder）に細分される．前者は海底表面の堆積物を食べて，糞を堆積物表面または堆積物深部に排泄し，後者は海底面下のやや深い場所の堆積物を食べて，糞を堆積物表面に排泄する．これらの堆積物食者の活動や水流などによって，堆積物の表層部は混合される．この部分を混合層 (mixed layer) といい，その下位の混合が及ばなくなった層を歴史層 (historical layer) という（北村，1992）．

生きていた期間が異なる遺骸が混合する現象を時間的平均化 (time-averaging) という（北村，1992; 藤原・鎌滝，2003）．化石記録の時間的分解能は時間的平均化の値に決定される．現世堆積物では，堆積物の ^{210}Pb 値の測定や遺骸の ^{14}C 年代測定などにより混合層の厚さや時間的平均化の程度を推定できる（野崎，1977）．近年の ^{14}C 年代測定の技術向上によって，有孔虫 1 個体の年代測定が可能となり，たとえば，北大西洋の深海底コアにおいては，同深度の試料の遺骸群で 1 万年の年代差，つまり時間的平均化が 1 万年間であることが判明した（図 2.8）(Lougheed et al., 2018)．つまり，これまでに深海底コア試料から復元した環境変動の描像は見直す必要がある．

2.1.2 非生物起源の気候代替記録

(1) 雪氷圏における代替記録

第 1 章の第四系・更新統の基底の定義を北半球高緯度における大規模な大陸氷床の形成の開始時期とした通り，第四紀は両極を中心に雪氷圏が分布する氷河時代である．雪氷圏とは，氷床，氷河，凍土，海氷などを含めた水が固体になっている地球表面の部分のことである．水は，氷や雪になると光の反射率（アルベド）が急激に増加するため，氷床，氷河，海氷の形成は，太陽光の宇宙空間への反射率を増加し，地球の放射エネルギーの収支を大きく変化させる．また，雪氷圏は

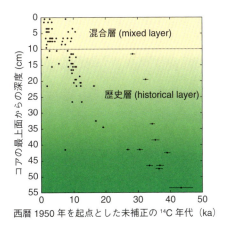

図 2.8　北大西洋中央部から採取した深海底コア T86-10P (37°8.13′N, 29°59.15′W; 深度 2,610 m) の底生有孔虫 *Cibicidoides wuellerstorfi* の 1 個体の ^{14}C 年代．暦年代への補正は行っていない．

動植物のほとんどにとって生息不適な環境であるから，その消長は生息空間サイズを大きく変化させる．したがって，第四紀の気候・環境・生態系変動や生物進化の理解には，雪氷圏の動態の復元は必須である．

(A)　氷床コア

　大陸を覆う 50,000 km² 以上の氷床で，基盤地形に影響されずに氷河自体が形態を作るものを大陸氷床という．現在，大陸氷床は南極とグリーンランドだけに分布し，氷床量としては，南極氷床が 81%，グリーンランドが 13% を占める．両極の大陸氷床では，1960 年代から氷床コアの掘削が始まり，グリーンランドの代表的な氷床コアは GRIP (Greenland Ice Core Project; コア長 3,028 m) や GISP2 (Greenland Ice Sheet Project; コア長 3,053 m) であり，南極の代表的な氷床コアは Vostok (コア長 3,623 m)，Dronning Maud Land (コア長 3,259 m)，日本のドームふじ (DF1: コア長 2,503 m，DF2: コア長 3,035 m) などがある (図 2.9)．

　氷床では，降雪が自重により押し固められ，雪粒間の空隙が徐々に狭まり，通気性を失い，氷へと変化する．この通気性のある層をフィルン層と呼び，氷となる深度を氷化深度という (庄子，1990)．氷化深度は，温度と涵養量に依存し，約 50〜120 m である．氷化深度を超え，気泡内部の圧力が 50 気圧を越える深さ (500〜1,000 m) に達すると，氷と空気が反応し，エアハイドレート (クラスレート・ハイドレート) を形成する (渡辺ほか，2002; 米山ほか，2007)．フィルン層では，

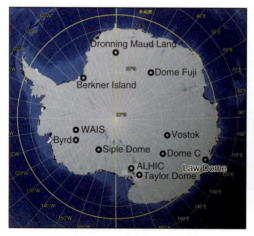
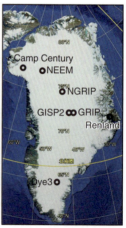

図 2.9　極域氷床の主な掘削点．写真は Google Earth©

空気や水蒸気などが深さ方向に移動するが，固体の移動は起きない．氷床コアの記録媒体は氷と気泡だが，フィルン層での気体の移動のため，気泡中とエアハイドレートの空気の時代はそれを包含する氷の年代よりも数千年若くなる（青木ほか，2002）．この年代差は間氷期よりも積雪量が減る氷期の方で大きくなり，5,000年にも達するため，特に氷の同位体から得られる気温データと空気から得られる CO_2 データの時間関係の検討には，氷と空気の年代差の補正は重要である．さらに，フィルン層では，通気が悪く，気体の移動は主に分子拡散によって起こるので，この間に重力や温度による同位体分別が起きる（川村，2009）．

　氷から得られるデータには，氷の $δ^{18}O$ 値・水素同位体比（$δD$ 値）による降雪時の気温（植村，2007），硫酸・火山灰物質による火山活動（河野，2000; 藤井，2005），Ca^{2+}・固体微粒子濃度による気候の乾湿状況や供給源の乾燥化の状況（藤井，2005; 本山，2010），宇宙線によって大気中で生成される宇宙線生成核種の ^{10}Be による宇宙線変動・太陽活動変動・地球磁場変動の復元（阿瀬，2010; 金井，2014）などがある（表 2.8）．なお，氷の $δ^{18}O$・$δD$ 値は，極域における年平均気温と水の $δ^{18}O$ 値との間に直線関係が見られるので，この関係を使って年平均気温を算出していたが，近年の掘削孔内温度や気泡の同位体分析から，氷の $δ^{18}O$・$δD$ 値は気温だけでなく，降雪量の季節変動や水蒸気が蒸発した海域の表面水温の影響を受けていることが判明した（植村，2007）．この問題を解消するために，Dansgaard (1964) の提唱した氷の $δ^{18}O$・$δD$ 値を組み合わせた過剰重水素 D-excess ($δD - 8 × δ^{18}O$) から水蒸気が蒸発した海域の表面水温を推定し，氷

2.1 気候の代替記録 43

表 2.8 氷床コアから得られる環境データ.

分析・測定対象	分析・測定成分	推定する環境因子	主な参考文献
氷	酸素同位体比($\delta^{18}O$ 値)	気温，降雪量の季節変動，水蒸気が蒸発した海域の表面水温	Dansgaard (1964), 植村 (2007, 2019), Uemura *et al.* (2018)
	水素同位体比 (δD)		
	過剰重水素 (d-excess)	水蒸気が蒸発した海域の表面水温	
空気	CO_2 濃度	温室効果ガス	Petit *et al.* (1999), 青木ほか (2002), 渡辺ほか (2002), Siegenthaler *et al.* (2005), Lüthi *et al.* (2008), 川村 (2009), 中澤 (2011)
	CH_4 濃度	温室効果ガス，両極の対比	Nakazawa *et al.* (1993), 青木ほか (2002), Loulergue *et al.* (2008), 川村 (2009)
	N_2O 濃度	温室効果ガス	Spahni *et al.* (2005)
	O_2/N_2	アイスコアの年代	Kawamura *et al.* (2007), 川村 (2009)
	酸素同位体比($\delta^{18}O$ 値)	低緯度地域の水循環	Extier *et al.* (2018)
	N_2 同位体比	フィルン層の厚さ，氷床表面の温度変化	青木ほか (2002), 川村 (2018)
	Ar 同位体比	フィルン層の厚さ	川村 (2018)
氷中の含有物	Ca^{2+} イオン	陸域環境	藤井ほか (2002), 藤井 (2005)
	Na^+, Cl^- イオン	海塩の増減	藤井ほか (2002), 藤井 (2005), 飯塚 (2018)
	メタンスルホン酸	海洋一次生産，海氷面積変動	藤井 (2005), 飯塚 (2018)
	臭素 (Br)	海氷面積変動	飯塚 (2018)
	SO_4^{2-} イオン	火山活動の指標，降水の酸性化，石炭消費量	河野 (2000), 藤井 (2005)
	NO_3^- イオン	石炭消費量	藤井 (2005)
	^{10}Be	太陽活動・地球磁場変動	阿瀬 (2010), 金井 (2014)
	火山灰層	火山活動	河野 (2000), 渡辺ほか (2002), 藤井 (2005)
	ダスト	大気循環・大陸棚拡大の指標	藤井ほか (2002), 渡辺ほか (2002), 川幡 (2009)
孔内	掘削孔の温度	氷床表面の温度変化	植村 (2007)

の $\delta^{18}O$・δD 値からの水温換算の補正が行われている．この手法を使い，Uemura *et al.* (2018) は 72 万年間にわたる南極内陸と水蒸気起源域（南大洋中緯度）の表面温度を初めて同時に復元した．

44 第2章 第四紀の環境変動の代替記録

　気泡とエアハイドレートから得られるデータには，温室効果ガスの CO_2 と CH_4 濃度変化の復元，エアハイドレートからの O_2 濃度変化の復元 (O_2/N_2)，N_2 や Ar の安定同位体比による温度復元（川村，2009）などがある（表2.8）．なお，氷と空気の年代差の補正は向上しており，Monnin *et al.* (2001) では，最終退氷期における東南極の昇温開始は約 18 ka で，CO_2 濃度の上昇は 800 ± 600 年遅れると見積もっていたが，現在では，南極の気温と CO_2 濃度増加のタイミングは同時あるいは CO_2 濃度増加に数百年の遅れがあったとされている（川村，2009）．つまり，最終退氷期の期間の大部分において，CO_2 濃度増加は気温上昇と氷床崩壊に寄与したことは確実である（川村，2009）．

　氷床は固体だが低所にゆっくりと流動し，海洋に流出する．その過程で，基盤岩の凹凸によって氷床基底部では摺曲や断層が形成され，記録が断片化する．その例が，グリーンランド GRIP 氷床コアから検出された 115〜140 ka の最終間氷期における酸素同位体比の突然かつ急激な変動である．当初，間氷期にも急激な気候変動があるとされたが (Dansgaard *et al.*, 1993)，その後，約 30 km しか離れていない GISP2 氷床コアに見られないことから，摺曲や断層によることが判明した (Grootes *et al.*, 1993; 多田，1998; 東，2019)．このような氷床の流動による制約から，現時点での氷床コアの連続記録は約 0.8 Ma までで，それより古い時代では約 1.5，2.0，2.7 Ma の断片化した記録が南極の Allan Hills Blue Ice Area（ALHIC, 図2.9）から報告されている (Yan *et al.*, 2019)．なお，氷床コアから得られた最重要情報は，氷の酸素同位体比・水素同位体比変動から見つかった氷期の急激な気候変動（ダンスガード・オシュンガー振動）と気泡から得られた約 0.8 Ma の氷期・間氷期サイクルと人間活動に伴う温室効果ガス濃度の時系列データである．

(B)　氷河地形

　氷河は流動時に，基盤岩を削剥・運搬し，U字谷を形成するとともに，氷河の前方と側方に砕屑物の高まりを形成する．この地形をモレーンという．氷河が後退すると，U字谷やモレーンの背後の窪みに氷河湖が作られる．モレーンや氷河湖の堆積物中の材化石の ^{14}C 年代測定や火山灰層などにより，氷河の最大拡張期や後退速度を推定できる．これらの研究で，赤道の山岳では，雪線が氷期には現在よりも 900 m ほど低いことが判明した (Broecker, 1997)．雪線は積雪量と融雪量が等しくなる高度で，それより高所では氷河や万年雪があり，年平均気温 0 ℃に対応する．そこで，雪線と気温減率から海岸付近の年平均気温を推定する方法がある (Broecker, 1997; Porter, 2000)．

　世界の山岳氷河は，完新世前・中期から完新世後期にかけて，氷河の大きさは

北半球の多くの地域では増加傾向にあり，南半球では減少傾向にある (Solomina *et al.*, 2015)．これは氷河の大きさが夏期日射量の増減に影響されているためである．だが，地球温暖化で，20 世紀以降，世界的に氷河が後退している．日本では，最終氷期でも氷河は山岳地帯に限られ，氷河最大拡張期は LGM の約 20 ka ではなく，80〜60 ka である（三浦，2009; 苅谷，2019）．

(C)　漂流岩屑

　漂流岩屑とドロップストーンは氷山や海氷に運搬された岩屑である．ドロップストーンの大きさには定義はないが，おおむね直径 4 mm 以上を指すことが多い．一方，漂流岩屑の大きさは，南大洋では，一般的には 150 μm 以上の砕屑粒子とされており，これは風で運搬された粒子の影響を除去するためである（池原，2012）．北極海では，63 μm 径以上の砂および礫を漂流岩屑量と定義することが多い（山本，2018）．

　海洋堆積物中の漂流岩屑の増減の原因は，海域によって異なる．北大西洋では，ローレンタイド氷床などの崩壊イベント（ハインリッヒイベント）が原因であり，漂流岩屑の組成からは崩壊場所（氷山の供給源）も特定されている（多田，1998）．たとえば，炭酸塩岩の岩屑はローレンタイド氷床，赤鉄鉱で被覆された粒子はグリーンランド氷床，火山ガラスはアイスランド氷床の崩壊の代替記録となる．南大洋での漂流岩屑の増減の解釈には，(1) 南極氷床由来の氷山流出量（南極氷床の融解量）の増減，(2) 南極氷床の拡大縮小，(3) 氷山が融解する場所の移動がある（池原，2012）．

　日本周辺海域では，オホーツク海や北部日本海の堆積物に漂流岩屑が含まれており，その周辺に大陸氷床や山岳氷河が存在しないので，漂流岩屑は海氷の代替記録で，冬季モンスーンの強化を示唆すると考えられている (Ikehara, 2003; 池原・板木，2005; Sakamoto *et al.*, 2006)（図 2.10）．

(2)　非雪氷圏における代替記録

　ほとんどの人類と動植物は非雪氷圏に生息している．したがって，非雪氷圏の気候代替記録は，気候変動の人類と動植物への影響を解明するための重要な手掛かりとなる．そして，非生物起源の第四紀の気候代替記録としては，時間的分解能の高さと連続性の観点から，年縞堆積物と石筍があげられる．

(A)　年縞堆積物

　第 1 章で，日本の水月湖の年縞堆積物 (varve) について解説したので，ここでは他地域の年縞堆積物とその代替記録としての役割を述べる．

　年縞堆積物は世界各地の 143 の湖沼 (Zolitschka *et al.*, 2015) と 52 地点の海域

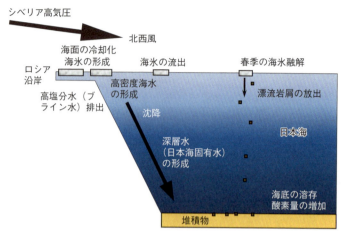

図 2.10 冬期の東アジアモンスーンと日本海北部の海況との関係. 池原・板木 (2005) を一部改変.

(Schimmelmann et al., 2016) から報告され，大陸氷床周縁の氷河湖沼，汽水湖，閉鎖性の高い縁辺海，生物生産性の高い海域などに分布する．年縞堆積物の形成には，異なる堆積環境が1年に2回以上発生し，堆積後には底生生物の活動や水流などによる擾乱が起きないことが必要となる．地球表層のほとんどの地域の気候には季節性があるので，年縞堆積物の形成の鍵を握るのは堆積後の擾乱が起きない環境の持続となる．そのような堆積環境としては，湖沼では，(1) 塩分躍層が形成されるのに十分な深さの汽水湖，(2) 比較的面積の小さく孤立したすり鉢状の内陸湖沼（単成火山の火口湖のマールなど）がある（福沢，1995；山田ほか，2014）．一方，海域では生物擾乱を阻害する酸素極小層（溶存酸素量が極端に少ない層）が発達しやすいフィヨルド，湾，エスチュアリー，シル（海底の小さい高まり）の背後の海盆，さらに，近年では人為起源の富栄養化で酸素極小層が発達した海域で年縞堆積物が形成されている．

湖沼の年縞堆積物は，化学組成から砕屑質年縞 (clastic varves)，生物源（有機質）年縞 (biogenic/organic varves)，内因性年縞 (endogenic varves) に分類され，これらが組み合わせることもある (Zolitschka et al., 2015)．砕屑質年縞は，貧栄養湖によく見られ，河川などからの懸濁粒子の流入時期と水温躍層出現時期との関係で形成される．生物源年縞は，藻類や花粉などの生物遺骸の堆積速度の季節変動によって形成され，代表的な生物種は珪藻である．内因年縞は，生物活動や水温変化に伴う溶存物質の溶解度の変化で，溶存物質が鉱物として化学的に沈殿することで形成される．鉱物種には，方解石 ($CaCO_3$)，黄鉄鉱 (FeS_2)，シデライト ($FeCO_3$) などがある．

海域の年縞堆積物は湖沼よりも多様なタイプがあるが，砕屑質年縞，生物源年縞およびそれらの組み合わせが普通である．生物源年縞の構成物は主に珪藻と円石藻である．内因性年縞には，現世では黒海の還元環境下で沈積する硫化物があるが，他地域からの報告はないようである (Schimmelmann *et al.*, 2016).

年縞堆積物の年縞を計数することで，堆積物の年代を年単位，すなわち絶対年代（暦年代）を求めることができ，これを年縞編年という．現在の年縞の形成まで連続した年縞堆積物から確立した編年を連続編年，攪拌や侵食で年縞堆積物の層位分布が不連続な年縞堆積物から確立した編年を不連続編年という．不連続編年の中で，現在の年縞まで連続していないものをフローティング (floating) といい，その中に火山灰や ^{14}C 年代等で絶対年代が入れられているものをアンカード年縞編年 (anchored varve chronology) という（山田ほか，2014）．なお，年縞の計数には人為的ミスと堆積物由来の欠損によって，誤差が生じる．また，砕屑質年縞より生物源年縞の方が誤差は大きくなる傾向にある．これは生物源年縞の方が微細堆積構造がより複雑なためである．

湖沼の年縞堆積物のデータは PAGES Varve Working Group (http://www.pastglobalchanges.org/ini/end-aff/varves-wg/intro) で公開されている．このデータと最新の研究成果を合わせて，表 2.9 に 1 万年間を超える年縞編年が確立された湖沼と日本国内の年縞堆積物のある湖沼を示す．2022 年時点で，福井県水月湖の年縞堆積物が最長の連続編年を有し，約 70 ka に及び (Nakagawa *et al.*, 2012)（図 2.11），第 2 位が秋田県一ノ目潟マールの約 2.8 万年間である．国内では他に 8 つの湖沼から年縞堆積物が報告されている．湖沼の年縞堆積物の研究は，最終氷期の大陸氷床が後退した北欧や北米北部の氷河湖において始まり，1990 年以降では日本や中国を含む世界各地で研究されている．表 2.10 に日本国内のフローティング・タイプの年縞堆積物と推定される細かい葉理（ラミナ）を持つ粘土層の分布地を示した．

海域の年縞堆積物では，ベネズエラ沖のカリアコ海盆の深海底堆積物が最も有名である．その年縞は 14.7 ka まで連続し，それ以前のものは不連続だが，年縞の色調と層厚に見られる 1,000 年スケールの変動がグリーンランド氷床コアの δ^{18}O 値の変動に対比できることから，絶対年代スケールが入れられている (Meese *et al.*, 1997).

年縞堆積物から得られるデータは，年単位の精度を有するが，データの得られる期間は多くの場合，数百年間から数千年間である．最も重要な貢献は，^{14}C 年代の較正モデルの改善にある．試料の ^{14}C 濃度から暦年代を算出するためには ^{14}C 較正曲線が必要であり，13.9〜50 ka の較正曲線の作成に水月湖の年縞堆積物に含まれる葉から測定された 565 点の ^{14}C 年代値が採用された (Reimer *et al.*, 2013;

表 2.9 1万年間を超える年縞年代が確立された湖沼と日本国内の年縞堆積物のある湖沼. 種類にある「生」は生物源,「砕」は砕屑質,「内」は内因性.

1万年間を超える年縞年代が確立された湖沼

地点	場所	緯度	経度	年数	種類	年縞の平均層厚 (mm)	文献
水月湖	福井県	35°35′N	135°53′E	70,000	生・砕	0.69	福沢 (1995), Nakagawa et al. (2012, 2021), 篠塚ほか (2017)
一ノ目潟マール	秋田県	39°57′N	139°44′E	28,000	生・砕	0.73	Yamada (2017)
ホルツマアー (Holzmaar)	ドイツ	50°07′N	06°53′E	23,220	生・砕・内	1.35	Zolitschka (1998)
ヴァン (Van) 湖	トルコ	38°32′N	43°00′E	14,615	内 (石灰質)	0.56	Landmann et al. (1996)
四海龍湾 (Sihailongwan) 湖	中国	42°17′N	126°36′E	13,759	砕・生	0.41	Schettler et al. (2006)
Erlongwan 湖	中国	41°18′N	126°21′E	12,766	生・砕	0.55	You et al. (2008)
メールフェルダー (Meel felder)・マール	ドイツ	50°06′N	06°45′E	12,700	砕・生	0.65	Brauer (1999), Steward et al. (2008)
エルク (Elk) 湖	アメリカ	45°52′N	95°48′W	10,400	生・砕・内	2.00	Bradbury & Dean (1993), Lamoureux (2000)
Alimmainen Savijärvi	フィンランド	61°45′N	24°24′E	10,295	砕・生	0.42	Ojala & Tiljander (2003)

日本国内の年縞堆積物のある湖沼（水月湖と一ノ目潟マールは除く）

地点	場所	緯度	経度	年数	種類	年縞の平均層厚 (mm)	文献
網走湖	日本	43°58′N	144°10′E	9,000	生・砕	3.00	許ほか (2012)
藻琴湖	北海道	43°56′N	144°18′E	>150	生・砕	1.00	Katsuki et al. (2019)
春採湖	日本	42°58′N	144°24′E	7,500	生	不明	Nanayama et al. (2003), 添田・七山 (2005)
小川原湖	日本	40°47′N	141°20′E	コア基底(深度8 m)～深度3.3 m	生・砕	3.00	福沢ほか (1998)
日向湖	福井県	35°36′N	135°53′E	>150	生・砕	0.30	Seto et al. (2022)
みくりが池	日本	35°35′N	137°36′E	265	砕	0.30	福井 (2004)
東郷池	日本	35°29′N	133°55′E	7,000	生	2.60	Kato et al. (2003)
深見池	日本	35°19′N	137°49′E	196	生	10.50	川上ほか (2003), Kawakami et al. (2004)

2.1 気候の代替記録　49

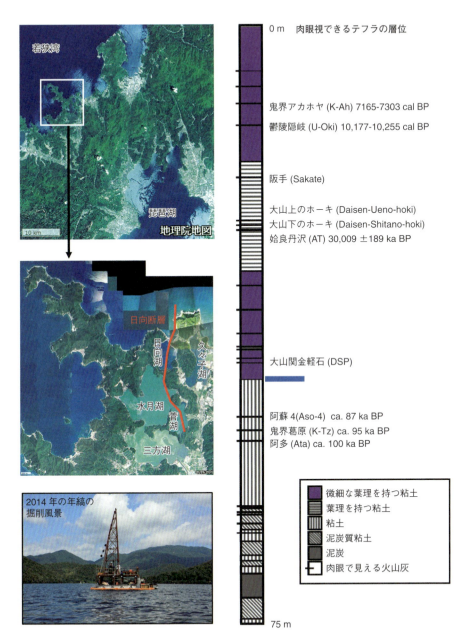

図 2.11　水月湖の位置と年縞堆積物の掘削風景と SG93 コアの柱状図．柱状図の大山関金軽石と阿蘇 4 テフラの間の青線より上が年縞堆積物．柱状図は Smith et al. (2013) を部分改変．年縞堆積物の掘削風景の出典は福井県年縞博物館．

表 2.10 日本国内のフローティング・タイプの年縞堆積物と推定される細かいラミナを持つ粘土層の分布地.

地点	緯度	経度	記載	文献
十三湖	41°01′N	140°21′E	1枚の層厚が1mm以下の明暗のラミナを持つ粘土層が5層準ある.	小岩ほか (2014)
霞ケ浦	36°02′N	140°23′E	細かい葉理を持つ泥層が複数層準に見られる.	斎藤ほか (1990)
加茂湖	38°04′N	138°26′E	アカホヤ火山灰層と約2.7kaの年代値の試料の産出層準との間の一部にラミナがある.	Nguyen *et al.* (1998)
河北潟	36°40′N	136°41′E	アカホヤ火山灰層を挟む4mの粘土層にラミナがある.	絈野ほか (1990), 北村ほか (1998)
大谷低地	34°57′N	138°25′E	アカホヤ火山灰層の直上の層厚1mの粘土層 (7〜4ka) にラミナが発達する.	北村ほか (2011), Kitamura *et al.* (2013)
浜名湖	34°44′N	137°34′E	細かい葉理を持つ泥層が複数層準見られる.	池谷ほか (1985, 1990)
中海層	35°20′N	132°42′E	アカホヤ火山灰層の直上の層厚2mの粘土層 (7〜4ka) にラミナが発達する.	山田ほか (2004), 山田・高安 (2006)
別府湾	33°20′N	131°30′E	別府湾最深部のコア試料には, 複数の層準で年縞に相当すると思われるラミナがある.	Kuwae *et al.* (2013), 加 (2018)
日本海			明色粘土層と暗色粘土層が互層し, 暗色粘土層に細かいラミナが発達する.	中嶋ほか (1996), 多田 (1997)

中川, 2023).

　年縞堆積物に含まれる微化石（花粉, 珪藻, 円石藻, 魚類の鱗など）からは, 動植物の種組成・個体数変化を年単位で復元でき, そのデータから詳細な気候・生態系変動が復元されている. たとえば, 水月湖の花粉化石のデータからは日本におけるヤンガー・ドリアス期の開始時期や完新世の開始時期が推定されている (Nakagawa *et al.*, 2003, 2021; 中川, 2023)（図 2.12）. また, サンタバーバラ海盆の年縞からは, ダンスガード・オシュンガー振動に伴う海底環境変動が検出され, さらに氷期・間氷期サイクルに同調した溶存酸素濃度変化に対する底生有孔虫群集の応答様式が解明されている (Cannariato *et al.*, 1999). サンタバーバラ海盆や別府湾の年縞からは, マイワシとカタクチイワシの魚種交替が復元されている（Baumgartner *et al.*, 1992; Kuwae *et al.*, 2013; 加, 2018）.

　年縞堆積物の層厚変化からは, 砕屑物の供給量の変動や地域差を解明することができ, 北半球高緯度の氷床周縁の氷河湖の年縞堆積物（氷縞粘土, glacial varve と呼ばれる）では, 最終退氷期の北米のローレンタイド氷床の後退速度などが復

2.1 気候の代替記録 51

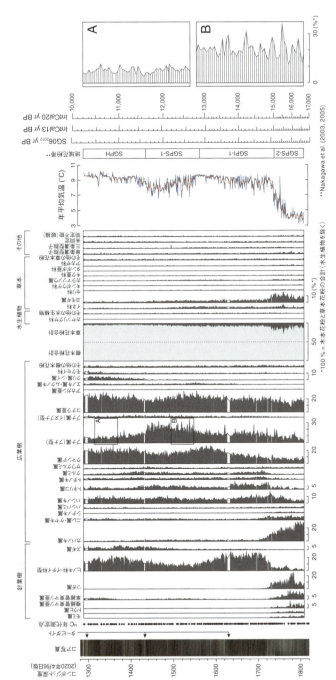

図 2.12 水月湖の晩氷期から完新世初期にかけての花粉ダイヤグラム。木本花粉と草本花粉の合計を基数とする（パーセンテージを 2020 年 4 月 6 日版のコンポジット深度に対してプロットした（コンポジット深度とそのバージョンについては、Nakagawa et al., 2012 を参照）。ハンノキ属とヤナギ属は基数に含めたが、水生植物とカヤツリグサ科は除外した。地域花粉帯の名称は、Nakagawa et al. (2003, 2005) を踏襲した。年平均気温の復元結果を示す青と赤の線は復元値と3点移動平均。ダイヤグラム中の四角い枠 A と B は、ダイヤグラム右端のパネル A と B に対応した拡大図であり、気候が安定した時代と不安定な時代それぞれについて、データの挙動を示している。不安定な時代の変動の多くは、複数の分析層準にまたがって傾向として表現されており、データのノイズではないことがわかる。中川 (2023)。

52　第 2 章　第四紀の環境変動の代替記録

元されている（Ridge *et al.*, 2012 など）．また，年縞堆積物に挟まれる火山灰層や乱泥流堆積物などのイベント堆積物の層位は，火山の噴火年代や地震の発生年代を算出でき，水月湖からは日本の広域テフラの降下年代が調べられている（福沢，1995; Smith *et al.*, 2013）．さらに，年縞堆積物の古地磁気強度の測定から年単位の地球磁場変動や ^{10}Be の含有率変動から太陽活動の変動が復元されている (Zolitschka *et al.*, 2015).

(B)　石筍

　第 1 章で，石筍の δ^{18}O 値は，洞窟内の気温は年間を通じて一定なので，雨水の δ^{18}O 変動の代替記録となると記したが，数千年から数万年間のスケールでは最終氷期にも及ぶので，洞窟内の気温は異なる可能性がある．そのため，石筍の形成時の水温を推定する 2 つの方法が検討されている．一つは，炭酸凝集温度計で，2.1.1 項 (2) の「(A) 酸素同位体比」に記したが，石筍を対象とした適用には肯定的な結果と否定的な結果の両方が報告されている（堀，2015）．

　もう一つの方法は石筍に含まれる流体包有物から滴下水の δ^{18}O を求める方法である．石筍内の流体包有物は，石筍形成時に結晶間にトラップされた滴下水で石筍重量の 0.05〜1.0％を占める（狩野，2012）．この流体包有物の δ^{18}O 値がわかれば，石筍の δ^{18}O 値から滴下水の δ^{18}O 値の影響を除去でき，石筍形成時の水温が換算できる．しかし，流体包有物の酸素同位体は周囲の $CaCO_3$（方解石）の酸素同位体と交換し変質する．そこで，流体包有物の水素同位体（δD 値）を測定し，その値と天水線から滴下水の δ^{18}O 値を算出する．天水線とは，天然水の δ^{18}O 値と δD 値の関係式であり，場所によって，係数と切片は異なる．日本の浅層地下水・河川水の一般的な δ^{18}O 値と δD 値の関係式は次式となる（町田・近藤，2003）．

$$\delta D = 7.03\,\delta^{18}O + 7.91$$

　石筍内の流体包有物の酸素同位体は周囲の $CaCO_3$ と交換はあるものの，氷期の気温推定には影響がないレベルであることが明らかにされ (Uemura *et al.*, 2016)，最終氷期の気温復元などが行われている (Asami *et al.*, 2021).

　石筍の炭素同位体比（δ^{13}C）の解釈は，酸素同位体比よりも複雑である（狩野，2012）．石筍の晶出するプロセスの最も単純な化学式は次の通りである．

$$H_2O + CO_{2\,(土壌)} + CaCO_{3\,(石灰岩)} \rightarrow Ca^{2+} + 2HCO_{3\,(溶存炭酸)}^- \rightarrow$$
$$CaCO_{3\,(石筍)} + CO_{2\,(脱ガス)} + H_2O$$

このように，炭素は気相（脱ガス）・液相（溶存炭酸）・固相（土壌，石灰岩，石

筍）の 3 態で存在し，気相–液相の間と液相–固相の間で，それぞれに同位体分別が生じ，この時の分別効果は温度と湿度の影響を受ける．また，$\delta^{13}C_{(溶存炭酸)}$ 値は土壌中の有機物と石灰岩の値の影響も受ける（狩野，2012）．土壌中の有機物の $\delta^{13}C$ 値は植生によって大きく異なり，2.1.1 項 (3) の「(C) ワックス脂質」の植生に記した通り，C3 植物は -37.1 ± 2.0‰，C4 植物は -19.5 ± 1.8‰である．さらに，石筍の $\delta^{13}C$ 値は，単位水量当たりの滴下水が石筍に到達するまでに沈殿させた方解石の量 (PCP: prior calcite precipitation) にも影響を受ける (Frisia *et al.*, 2011)．以上のことから，石筍の $\delta^{13}C$ 値の気候代替記録としての貢献は高いとはいえないが，植生変化の代替記録として用いられている（吉村ほか，2019）．

生物の形成する $CaCO_3$ 骨格の微量元素（Mg^{2+} や Sr^{2+}）は環境代替記録としての価値は高いが（2.1.1 項 (1) の「(C) 固溶体」），石筍の微量元素含有量も $\delta^{13}C$ 値と同様に，PCP に大きく依存するので，気候代替記録としての価値は低い (Fairchild & Treble, 2009)．

なお，一部の石筍には，可視光で識別できる年縞（可視性年縞）や蛍光顕微鏡で識別できる年縞（蛍光年縞）が見られる（狩野，2012; 吉村ほか，2019）．可視性年縞の形成は，方解石の結晶径や微小空隙の発達程度の季節変化による．蛍光年縞の形成は，滴下水中の蛍光性有機化合物（フミン酸・フルボ酸など）の含有量の季節変化による．フルボ酸は，波長 320 nm の紫外線で蛍光を発するので，石筍の薄片を蛍光顕微鏡で観察することで，蛍光の強弱による蛍光年縞を識別できる．なお，石筍の年縞は，安定した洞窟環境が維持されていた場合でも，著しく成長速度が大きい場合には年縞年代と実年代とのずれが生じやすいことが報告されている (Shen *et al.*, 2013)．

2.2 海水準変動代替記録

海水準変動は，陸地に対する海水準の昇降変動である．空間的規模の観点から，海水準変動は，汎世界的海水準変動と地域的な相対的海水準変動に区別される．汎世界的海水準変動の原因には，海水の総量の変動，海洋底の地形の変動がある．第四紀を対象とした場合には，海水の総量の変動の要因には，氷期・間氷期サイクルなどに伴う氷床量の変動（氷河性海水準変動）がある．海洋底の地形変動の要因には，氷床量や海水量の変動に起因するアイソスタシーに伴う固体地球の変形（図 2.13）などがある（横山，2012, 2019; 奥野，2018）．地域的な相対的海水準変動には，陸域の昇降運動や海水の移動などがある．第四紀を対象とした場合には，陸域の昇降運動の要因には，断層運動，火成活動，アイソスタシーに伴う固体地球の変形などがある．海水の移動の原因には，風・気圧・海流・潮汐などの変化がある．

第四紀の氷河性海水準変動は，臨海・浅海地域の気候・環境および地層の性状・分布，生物の分布や進化に強い影響を与える（図 2.14）（渡辺，2010；鈴木，2016；宮田，2019；北村，2021；百原，第 4 章など）．そのため，海水準変動の復元は重要な研究課題である．だが，海水準は，風，気圧，波浪，潮汐，海流，地殻変動などの様々な影響を受けるため，気温データに比べると補正が難しく，定量的評価の可能な測器記録は世界的に見ても 1880 年頃以降であり（Gornitz et al., 1982；Douglas, 1997），日本では 1955 年以降である（宇多ほか，1992）．さらに時代を遡ると，海水準変動の情報は，地震後の海没などの局地的かつ突発的現象が古文書に残るだけである（石橋，1984；宍倉，1999）．したがって，測定機器による観測値や歴史記録のない時代の海水準変動の復元は，様々な代替記録を使う以外の術はない．以下に主な代替記録を紹介する．

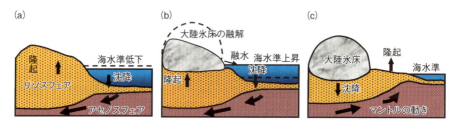

図 2.13　氷期・間氷期サイクルに伴う氷床量や海水量の変動に起因したアイソスタシーに伴う固体地球の変形．(a) 現在．海水量の増加による海洋底の沈降．(b) 海水準上昇期 (19〜7 ka)．氷床融解による海水量の増加．(c) LGM (30〜19 ka)．海水準は現在の −125 m．

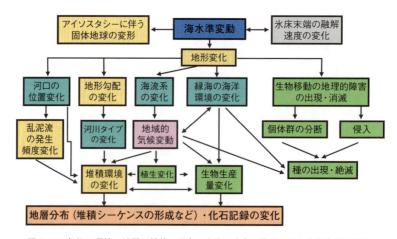

図 2.14　気候・環境，地層の性状・分布，生物の分布・進化への海水準変動の影響．

2.2.1 生物起源の海水準変動代替記録

2.1.1 項の「(1) 示相化石」で説明した通り，海洋生物は種ごとに深度分布が異なる．よって，解析対象と同一または近縁の現世種の深度分布から，解析対象とそれを産する地層の深度を推定でき，その後の地殻変動を補正することで，海水準変動を導き出せる．以下では，海水準変動代替記録の観点から理解が必要となる水生生物の生態・生活史に関する基礎知識を紹介し，その後，主な示相化石を紹介する．

(1) 水生生物の生態・生活史

生活の主たる場所に基づき，水生生物は底生（ベントス），遊泳生（ネクトン），浮遊生または漂泳生（プランクトン）に区分される．そして，生活様式に基づき，ベントスは自由生活 (vagile) と固着生活 (sessile) に区分される．さらに，自由生活者には，海底面に表在する表生生活者 (epifauna) と堆積物に潜入する内生生活者 (infauna) に区分される．固着生活者には，岩などの地物に固着（固着性）する様式と岩に穿孔（穿孔性）する様式がある．

ベントスの発生様式は，卵サイズと産卵数に密接に関連しており，プランクトン栄養型発生のベントスは小卵多産，直達発生型は大卵少産で，卵黄栄養型はその中間になる（仲岡，2003）．二枚貝では，直径 $40 \sim 85\,\mu m$ の卵はプランクトン栄養型で，$90 \sim 140\,\mu m$ の卵は卵黄栄養型，それより大きい卵は直達発生型である．そして，プランクトン栄養型幼生を経るベントスは，浮遊期間が長いので，分散能力が高く，環境変動に対する地理的応答は迅速である．一方，浮遊期間が短い種，あるいは浮遊幼生期間を持たない種（保育を含む）は分散能力が低い．示相化石の観点からは，生活史にプランクトン栄養型幼生を持つベントスのほうが適している．

ベントスの生態・生活史は環境要因を強く受け，その結果は各種の深度分布に反映される．環境要因の観点からは，海水準が位置する潮間帯 (intertidal zone)では，垂直方向に潮位，波浪，干出時間などの環境要因が大きく変化し，これを環境勾配という（奥田ほか，2010）．潮間帯から深海まで，環境勾配はあるが，海水準付近で勾配は最大となる．そのため，潮間帯やその直下の潮下帯 (infrittoral/subtidal/sublittoral zone) では，海水準に近い場所に生息する種ほど深度分布の範囲は狭くなる．たとえば，図 2.15 は静岡県下田湾の潮間帯の岩礁の固着動物の帯状分布の様子であり，平均海面から 30 cm 上の間で，ヤッコカンザシ，ケガキ，フジツボの 3 つの帯状分布構造が見られる．このような固着動物は，海水準変動代替記録としての価値が高い．

56　第 2 章　第四紀の環境変動の代替記録

図 2.15　海水準変動代替記録となる固着生活者および離水遺骸群集．(a) 静岡県下田湾の潮間帯の岩礁に見られるヤッコカンザシ，ケガキ，フジツボの帯状分布．最大潮位差は約 1.6 m．(b)〜(d) 新島沖の地内島に見られる離水したヤッコカンザシの群塊 (Kitamura et al., 2017)．(d) はヤッコカンザシの群塊の断面で，最内層の暦年代は 1726〜1950 年で，最外層の暦年代は 1724〜1950 年である．(e) 静岡県下田市の海岸に見られる離水した二枚貝ケガキの写真．離水年代は 1729 年と推定される（Kitamura et al., 2015a; 狩野・北村，2020）．

(2)　固着生活者

　海水準変動代替記録となる固着生活者は，潮間帯・潮下帯に生息する種であり，固着様式から，3 つのタイプに分けられる．第 1 は，$CaCO_3$ からなる殻や棲管を形成し，地物にセメント物質などで固着する群体サンゴ（図 2.2e, f），ヤッコカンザシ（ゴカイの一種），カキ（二枚貝），ムカデガイ（巻貝），フジツボなどである（図 2.15）．第 2 は，岩に穿孔する二枚貝である．第 3 は，主としてタンパク質からなる足糸で地物に付着する二枚貝のイガイ科，フネガイ科，イタヤガイ科などである．第 1 のタイプは，2 つ（第 1a，第 1b）に細分される．第 1a タイプは群体サンゴ，ヤッコカンザシ，ムカデガイで，固着部分の形を変えることで死んだ個体あるいは個体群にも固着できるので，多世代からなる群塊を形成できる（図 2.15b〜d）．一方，第 1b タイプはフジツボやカキなどで固着部分の形をそれほど変えることができないため，死んだ個体の上には固着できず，多世代からなる群塊を形成しない（図 2.15e）．

海水準変動代替記録としての適用年代の範囲の観点から見ると，群体サンゴだけがウラン系列核種年代測定が適用可能なので，理論的には隆起サンゴ礁段丘から0.6 Ma までのデータが得られるが，0.2 Ma 以前のデータはほとんどない (Hibbert *et al.*, 2016). 隆起サンゴ礁段丘としては，パプアニューギニアのヒョオン半島，バルバドス島，鹿児島県喜界島（図 2.16）などが世界的に重要な研究地であり，0.2 Ma 以降の氷河性海水準変動の高精度の復元が行われている（第 3 章）. また，他の分類群と異なり，隆起サンゴ礁段丘やサンゴ礁では掘削コアによって，氷期の海水準低位期の海水準変動も復元できる（本郷，2010; 横山，2019）.

群体サンゴを含め $CaCO_3$ からなる生物硬組織は ^{14}C 年代測定が可能なので，理論的には 50 ka まで遡れるが，中期完新世の海水準高位期（約 7 ka）以前の時代の潮間帯・潮下帯は，通常，現在の海水準よりも下位にあり，固着動物に被覆されている. 加えて，地殻変動によって，固着動物遺骸が離水していたとしても，それらの殻や棲管は $CaCO_3$ からなるので，離水後に雨水で徐々に溶解してしまう. 実際に，日本列島各地の離水生物遺骸群集（隆起サンゴ礁段丘を除外）の研究報告から，1.5 ka 以前の年代値が得られている調査地点における最古の年代値を抽出すると，6 ka 以前の年代値を示す離水生物遺骸群集は報告されていない（図2.17a）. また，これらの離水生物遺骸群集は，雨水の影響を受けにくい離水した海食洞内に保存されているが（図2.17b），通常，年代の古い遺骸（化石）ほど溶解と二次的晶出の程度が大きくなる. なお，2024 年 1 月 1 日 16 時 10 分頃に石川県能登地方で起きた令和 6 年能登半島地震（マグニチュード 7.6; 気象庁速報値）に伴う隆起現象を図 2.17c に示す（石山ほか，2024）.

海水準変動代替記録としての精度の点で，群体サンゴのマイクロアトール (micro-atoll)，ヤッコカンザシの群塊，ムカデガイ (*Dendropoma*) の群塊は非常に高精度である. マイクロアトールは，単一のサンゴ群落で，普通は塊状で円形の平面形をもち，上部の表面が平坦で死んだサンゴ，側面の周囲が生きたサンゴからできており，上部の平坦面は最低潮位に位置する（長谷川・長谷川，1999）（図 2.18）. そのため，マイクロアトールの高度と年代値から，海水準変動を復元できる. たとえば，Woodroffe *et al.* (2012) はオーストラリア・クリスマス島の 100 以上のマイクロアトールから過去 5,200 年間の海水準変動を復元し，この間の海水準は比較的安定しており，変動があったとしても現海水準に対して 0.25 m 以内にあったと推定している. また，インドネシアのスマトラ南方のサンゴ礁の離水マイクロアトールから復元された過去 700 年間の海水準変動から巨大地震サイクルが検出されていた (Sieh *et al.*, 2008).

ヤッコカンザシは青森県浅虫以南に生息し，その生息密度は平均海面付近で最高となり，その上下で急減する（図2.15a）（三浦・梶原，1983, 茅根ほか，1987）.

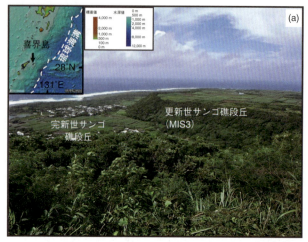

図 2.16　鹿児島県喜界島に発達する隆起サンゴ礁段丘（佐々木圭一氏提供）．(a) MIS5a に形成されたサンゴ礁段丘から見下ろした MIS3 および完新世のサンゴ礁段丘．(b) 志戸桶北海岸の侵食段丘の写真．

そのため，ヤッコカンザシの"密集帯"の上限高度は，平均海面からその上 20 cm の間に位置するが，潮位差などで場所によって多少のばらつきが見られる．ヤッコカンザシの群塊については，断面を切り出して（図 2.15b〜d），年代測定することによって，群塊の形成期間の海水準変動を復元でき，南海トラフの巨大地震のサイクルなどが検討されている（宍倉ほか，2008）．なお，日本産ヤッコカンザシは，従来，*Pomatoleios kraussii* または *Spirobranchus kraussii* と同定されていたが，同種は南アフリカの温帯・亜熱帯の潮間帯に限られた種で，それ以外の地域

図 2.17 日本列島各地の離水生物遺骸群集（隆起サンゴ礁段丘を除外）のうち，1,500 年前以前の年代値が得られている地点．ただし，2024 年 1 月 1 日に発生した令和 6 年能登半島地震の隆起を含む．(a) 各調査地点における最古の年代値（黒字：上は暦年代で，下は西暦 1950 年を起点とした年代）の分布と現生のヤッコカンザシの"密集帯"の上限高度（赤字）．1: 宍倉ほか (2020)，2: 山本・平井 (2019)，3: Kitamura *et al.* (2015b)，4: Kitamura *et al.* (2017a)，5: Kitamura *et al.* (2017b)，6: 宍倉ほか (2008)，7: 前杢 (2001)，8: 前杢 (1988)，9: Yokoyama *et al.* (2016)，10: 茅根ほか (1987)，11: Kitamura *et al.* (2014)，12: 西村 (1972)，13: 大野ほか (2021)，14: Shishikura *et al.* (2023)，15: 石山ほか (2024)．(b) 下田市の海食洞内の離水生物遺骸群集の写真．(c) 2024 年 1 月 1 日 16 時 10 分頃に石川県能登地方で起きた令和 6 年能登半島地震（マグニチュード 7.6；気象庁速報値）によって隆起した石川県鹿磯漁港．2024 年 1 月 3 日 11 時に撮影．貝・海藻類の分布高度から，約 3.9 m（潮位補正前の暫定値）の隆起があったと推定される（石山ほか，2024）．

で本種とされていたものは，*S*. cf. *kraussi* と表記すべきとされていた (Simon *et al*., 2019)．最近，同種は *S. akitsushima* と新種記載された (Nishi *et al*., 2022)．

　大西洋低・中緯度と地中海の岩礁地に生息するムカデガイ科の *Dendropoma petraeum* は，多数の個体が互いに固着して"礁"を形成する．その大きさは，高さ 40 cm，幅 10 m にまで達し，平均海面から 30〜40 cm に生息が限られ，その遺骸群から海水準変動が復元されている (Sisma-Ventura *et al*., 2020)．

(3) 二枚貝

　二枚貝はベントスのみで，多くの種が自由生活者で，一部が固着生活者である．固着生活者の二枚貝については，(2) の固着生活者で扱っている．

　二枚貝の海水準変動代替記録としての有意点は以下の通りである．

図 2.18　沖縄県与論島の礁池内に見られるマイクロアトールの写真（浅海竜司氏提供）．撮影時は満潮時近くで，マイクロアトールの頂部の水深は約 2 m，大潮の干潮時には干出する．

(1) 浅海成層から多産し，野外で同定可能である．
(2) 現地性産状か否かの識別が可能である．
(3) 現世種の地理分布や生態情報が豊富である．
(4) 分散速度が速い．

(1) については，現在の通常の浅海底（サンゴ礁を除く）に生息し，硬組織を有し化石に残るポテンシャルの高い分類群（節足動物，棘皮動物，腕足動物，二枚貝を含む軟体動物）の中で，二枚貝は最も個体密度が大きい．その上，多くの二枚貝は内生生活者なので，化石化保存度は高い．そのため，二枚貝は化石として最も多産する分類群であり，しかも野外で種同定が可能なので，野外で水深などの堆積環境を推定できる．したがって，その層位データは，微化石分析用や地球化学分析用の試料の採取層準の決定に役立つ．

(2) については，内生生活者の二枚貝は，呼吸・摂取に適した姿勢で生息している（図 2.19）．この生息姿勢が，洗い出されて堆積面に置かれた貝殻の姿勢と異なる場合には，二枚貝化石の姿勢から生息したまま化石化したかを判定できる（近藤，1989）．一方，内生二枚貝の潜入深度（堆積面から殻の最も浅い部分までの距離）は，種ごとに異なり，また同種でも殻サイズによっても異なる．そこで，潜入深度に殻サイズを考慮することで，内生二枚貝の洗い出しに要する深度（洗い出し深度）を推定できる（図 2.19）（北村，1992）．なお，表生生活者として代表的な二枚貝はホタテガイ類である．

(3) については，貝類は食用や工芸品やコレクションの対象になるので，地理・深度分布や生態情報が豊富であり，多数の図鑑が出版されている（奥谷編，2000,

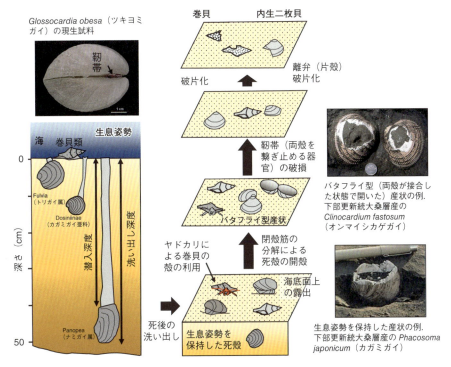

図 2.19 二枚貝と巻貝の化石化過程.

2017).

(4)については,海水準変動代替記録として有用な二枚貝は,浅海に生息する種である.それら二枚貝の多くは幼生期にプランクトン栄養型なので(Jablonski & Lutz, 1983),分散速度が速い.

更新統の二枚貝を含む浅海生貝化石群から氷河性海水準変動を復元した研究には,日本海沿岸の石川県金沢市の大桑層(北村・近藤,1990; Kitamura et al., 1994),太平洋岸の千葉県の下総層群(徳橋・近藤,1989; 鎌滝・近藤,1997)などがある.完新世の研究には,関東地方の内湾堆積物(松島・大嶋,1974)などがある.これらの研究は,貝化石群に現世種の深度分布データを適用し,最も重複する水深範囲を決定し,海水準を推定している.欧米では同様の概念を用いて統計学的手法で解析することが多い(Wittmer et al., 2014).

なお,日本列島は暖流と寒流の会合域に位置し,氷期と間氷期で海流系が大きく変化する.海洋では深度の増加とともに底水温が低下する.よって,氷期から間氷期への変換期(退氷期)には海水準上昇に伴って底水温は低下することもあ

る．一方，貝類の中には，分布の支配要因が深度よりも底水温のほうが強い種もある．たとえば，*Macoma calcarea*（ケショウシラトリガイ）は，四国以北からアメリカ西岸まで分布し，南方では水深 1,000 m に生息し，北方に向かって生息深度の下限は浅くなり，潮間帯付近に生息する（奥谷編，1986）．これは，中部地方の高山地帯の高山植物が，礼文島では海岸地帯に分布するのと同じ現象である．したがって，海流系が大きく変化する地域の沿岸性貝類化石から環境を復元するには，海流系の代替記録となる海洋表層に生息する分類群との比較検討が不可欠となる．たとえば，Kitamura *et al.* (1999) は，大桑層の貝化石群から水深などの環境を推定や貝類の動態を解釈する際に，対馬海流の指標種の浮遊性有孔虫 *Globigerinoides ruber*（図 2.2a, b）と貝類の層位分布を比較した（詳細は第 8 章を参照）．

(4) 生痕化石

生物活動で基質に残された形態的に再現性のある構造を生痕 (trace, lebensspur) といい，それらの化石が生痕化石 (trace fossil, ichnofossil) である（小竹，2010）．*Macaronichnus segregatis* は，海水準変動代替記録として最も有用な生痕化石であり，前浜・外浜の堆積環境を指標する（菊地，1972）．その形態は，カーブしたり伸長したり，層理に対してほぼ平行か低角で斜交して産する円筒状の構造をとる．その内部には砂粒大の石英や長石などの無色鉱物が濃集し，周囲には砂粒大の岩片や有色鉱物が濃集する（奈良，2010; 図 2.20）．この形態学的特徴から，*M. segregatis* はオフェリアゴカイ科多毛類が形成したと解釈されている（奈良，1994; 奈良・清家，2004）．

2.2.2 非生物起源の海水準変動代替記録

(1) 沈水鍾乳石

スキューバーダイビングの技術向上に伴い，世界的に沈水鍾乳洞の調査が進んでいる（北村ほか，2003）．沈水鍾乳洞の鍾乳石は，沈水前に形成されたものなので，沈水鍾乳石の最外層の年代は沈水年代とみなせる．地中海の沈水鍾乳洞では，しばしば，ゴカイの棲管に被覆された沈水鍾乳石が観察され，それらの鍾乳石の内側には，鍾乳石と沈水時の固着動物遺骸の層状構造が見られることがある (Bard *et al.*, 2002)（図 2.21）．このような沈水鍾乳石について，ウラン系列核種年代測定を行うことにより，MIS5 と 7 の海水準変動の復元や地中海の氷河性地殻均衡 (glacial isostatic adjustment; 奥野，2018) の評価が行われている (Antonioli *et al.*, 2021)．

2.2 海水準変動代替記録　63

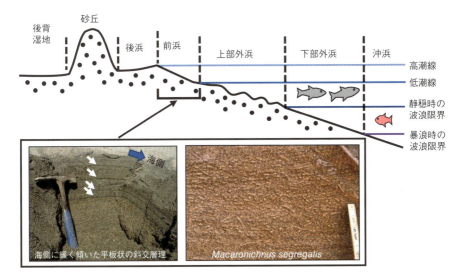

図 2.20 波浪卓越型海浜システムの海浜・陸棚域の地形断面図ならびに生痕化石 *Macaronichnus segregatis*（右）と前浜堆積物に見られる堆積構造（左）の写真．*M. segregatis* の写真は，千葉県銚子市に分布する上部更新統・下総層群香取層の前浜堆積物に見られるものを撮影（奈良正和氏提供）．前浜堆積物の写真は静岡県南伊豆町弓ヶ浜海岸で撮影．

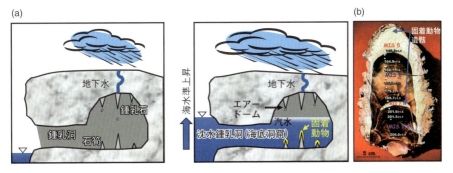

図 2.21 (a) 沈水鍾乳洞と沈水鍾乳石の概念図および (b) 鍾乳石と沈水時の固着動物遺骸の層状構造の写真 (Bard *et al.*, 2002).

(2) 海浜堆積物

波浪卓越型海浜システムの海浜・陸棚は，地形，営力と堆積相から，沖に向かって，後背湿地，浜堤（砂丘），後浜，前浜，外浜，沖浜に区分される（斎藤，1989；田村，2018）（図 2.20，表 2.11）．堆積相は，堆積物の粒度・粒子組成，組織，色，堆積構造，占有化石などの特徴に基づいた，ある厚さをもったユニットである．類似の用語に岩相があり，一般的に，未固結の堆積物には堆積相を，固結した堆積岩

64　第 2 章　第四紀の環境変動の代替記録

表 2.11　波浪卓越型海浜システムの海浜・陸棚域の地形，堆積相，堆積過程．

地形	堆積相	堆積過程
後浜 (backshore)	陸側に緩く傾く平行層理が見られる淘汰の悪い砂層	風成，暴浪時の運搬
前浜 (foreshore)	海側に緩く傾いた平板状の斜交層理をもつ淘汰の良い砂層	波浪．カスプの移動
上部外浜 (upper shoreface)	高角度の斜交層理を持つ砂礫層．斜交層理の傾斜方向は様々	沿岸州の移動
下部外浜 (lower shoreface)	ハンモック状斜交層理やスエール状斜交層理を持つ砂層	暴浪時の複合流
沖浜 (backshore)	化石を含む塊状泥層	静水中での沈殿．生物攪拌

には岩相を使う．後浜/前浜の境界は波浪の作用が及ぶ限界，前浜/上部外浜の境界は平均的低潮線，上部外浜/下部外浜の境界は静穏時の波浪限界 (5〜8 m)，外浜/沖浜の境界は暴浪時の波浪限界である．ただし，潮位と波浪限界は，地域的，局地的な海況で変わる．たとえば，潮位は太平洋側では約 1.9 m で，日本海側は約 0.2 m である．堆積相・岩相の中で，特に海水準変動代替記録に使用されるのは前浜堆積物であり，関東地方の下総層群や完新統の堆積深度の推定に使われている（増田ほか，2001）．

2.3　年代測定法

年代測定法の基本原理に関しては多くの詳細な解説があり，^{14}C 年代測定に関しては中村 (2001)，大河内 (2017)，横山 (2019)，ウラン系列核種年代測定に関しては大村・太田 (1992) や横山 (2005)，光ルミネッセンス (OSL) 年代測定に関しては塚本 (2018) や田村 (2021) などがある．これらの年代測定の対象試料と年代範囲を表 2.12 に示す．本節では，年代測定法の中でも環境変動の代替記録にも使われる ^{14}C 年代，すなわち ^{14}C 濃度について概説し，その後，^{14}C 年代測定に関する革新的開発を記す．

2.3.1　^{14}C 濃度

大気上空で窒素と宇宙線である中性子が核反応を起こして ^{14}C が生成され，その際に宇宙線の入射量は太陽活動や地磁気強度変化の影響を受ける（図 2.22，表 2.13）．したがって，^{14}C 濃度変動は，それらの代替記録となる（宮原，2010）．現在の ^{14}C の生成速度は地表面 1 cm^2 あたり毎秒 2 個程度で，その後，数ヵ月を経て，CO_2 となり，約 10 年で地球表層にほぼ均質に分布する．大気中の ^{14}C 濃度は，産業革命以降は，^{14}C を含まない化石燃料の消費によって減少していった

表 2.12　第四紀研究に関わる主な年代測定方法.

測定方法	測定対象	上限測定年代	備考
放射性炭素 (^{14}C) 年代測定	有機物, 石灰質の生物硬組織	5 万年前	^{14}C 濃度は炭素循環の速度や変動の影響を受ける.
ウラン系列核種年代測定	硬骨海綿, サンゴ骨格, 鍾乳石	60 万年前	^{238}U の崩壊によって生成される核種がウラン系列核種. 硬骨海綿とサンゴ骨格以外の生物硬組織はウランに対して閉鎖系を保持できないので, 測定対象には不適格とされる.
光ルミネッセンス (OSL) 年代測定	石英 長石	10 万年前 50 万年前	地層中の年間線量の定量評価が必要.

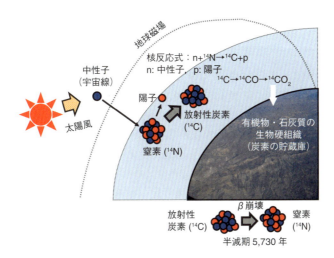

図 2.22　放射性炭素 (^{14}C) の生成から貯蔵, 崩壊の過程.

(Suess 効果). しかし, 1950 年以降の核実験による ^{14}C の形成で, 大気中に大量の ^{14}C が放出され, 通常の濃度の約 2 倍となった (Bomb 効果). これらの人為的影響に配慮して, ^{14}C 年代の基準年は 1950 年とし, それを表すために年代値の後に「BP (before present)」をつける. なお, ^{14}C の半減期は 5,730 ± 40 年だが, ^{14}C 年代測定の創始者の Libby (リビー) が用いた半減期 5,568 年を用いて計算する取り決めがあり, ^{14}C 年代は実際の年代 (暦年代) と等しくならない (北川, 2014). また, ^{14}C の生成速度は一定でない. そのため, 試料の ^{14}C 濃度から暦年代を算出するには, ^{14}C 年代データを較正する必要があり, その年代を較正年代 (calibrated age) といい, cal BP, あるいは cal AD/BC を付して記す. この

66 第 2 章 第四紀の環境変動の代替記録

表 2.13 ^{14}C 濃度変動の原因.

原因の区分	原因
宇宙線のフラックス変動による生成率変化	太陽活動・太陽風（弱体化→ ^{14}C の生成率増加） 地球磁場変動（弱体化→ ^{14}C の生成率増加） 超新星爆発などの宇宙現象
地球表層システム内での炭素循環の変化	気候変動に伴う海洋循環の変化→ローカルリザーバー効果
人為起源	Bomb 効果　核実験（^{14}C の大量放出） Suess 効果　化石燃料使用（^{14}C 濃度の希釈）

較正には，初期 ^{14}C 濃度の検討が必要であり，Stuiver *et al.* (1998) は西暦 1950
年を起点に 11.850 ka までの区間は樹木年輪を用いて ^{14}C 濃度を測定し，10 年ご
との平均値で較正モデルを作成した．このモデルを IntCal（イントカル）較正曲
線といい，2004，2009，2013，2020 年に改訂され，IntCal13 と IntCal20 では
水月湖の年縞堆積物に含まれる葉の ^{14}C 年代値が 565 点採用され，55 ka まで遡
られている．

　大気中で生成された ^{14}C は CO_2 となり，大気圏，水圏，地圏などの炭素リザー
バー（炭素貯蔵庫）間を循環する（一木ほか，2015）．陸上植物が大気中の CO_2
ガスを光合成により固定した有機物の ^{14}C 濃度は大気の濃度とほぼ同じなので，
その ^{14}C 年代値は，IntCal 較正曲線から暦年代に較正できる．また，Bomb 効果
が認められた場合には，西暦 1950 年以降であることもわかる．

　一方，大気圏と水圏，大気圏と地圏の炭素リザーバー間の交換は時間がかかる
ため，水圏・地圏のリザーバーの ^{14}C 濃度は，大気圏に比べ，低くなる．これをリ
ザーバー効果 (reservoir effect) と呼ぶ（一木ほか，2015）．淡水や海水に含まれ
る炭素を取り込んで形成された有機物や $CaCO_3$ からなる化学岩（鍾乳石やビー
チロックなど）や生物硬組織の ^{14}C 値を暦年代に変換するには，リザーバー効果
の補正が必要となる．淡水・地下水の場合には，後背地から有機物分解や石灰岩
の風化などで，^{14}C を含まないかほとんど含まない炭素が供給され，年代が古く
なる．これを硬水効果といい，その影響の評価をしないと暦年代への変換はでき
ない（一木ほか，2015）．

　一方，海水の場合には，次のような補正が行われている．海洋表層部の ^{14}C 濃
度は，大気中に比べて平均 5% 低い．これは，海洋への溶解に要するうちに，^{14}C
の放射壊変が起こるためである．したがって，見かけ上，大気よりも古い年代を
示すこととなり，海洋表層平均では約 400 年の「見かけ上の ^{14}C 年代」を持つ．
これを全球平均の海洋リザーバー効果（R 値）という（岡崎，2012, 2015; Alves
et al., 2018）．海洋リザーバー効果は海洋循環による地域的な偏りを持ち（地域的
な海洋リザーバー効果，ΔR 値）という（図 2.23）．ΔR 値がプラス（マイナス）

2.3 年代測定法　67

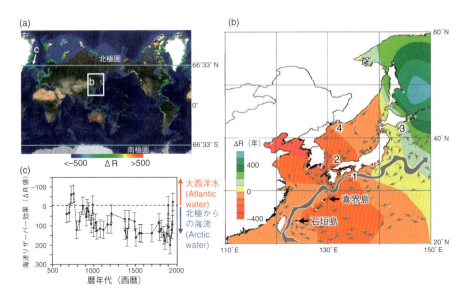

図 2.23 地域的な海洋リザーバー効果の分布．(a) 世界の分布．Reimer & Reimer (2001) を改変．(b) 日本列島周辺の分布．1: 黒潮，2: 対馬海流，3: 親潮，4: リマン海流．Nakanishi et al. (2022) を改変．(c) 北大西洋に生息する二枚貝アイスランドガイの貝殻から復元した 675～1950 年までの ΔR 値の変動．Wanamaker et al. (2012) をもとに作成．

の値では年代値は若く（古く）なる．

　1950 年以降の海洋試料の ^{14}C 値も Bomb 効果の影響を受けているので（Konishi et al., 1981；窪田，2022），生体試料からは ΔR 値を求められない．そのため，(1) 1950 年以前に生体で採取され，その採取年と採取場所が記録された海洋試料，(2) 陸上植物試料と同層準から産する海洋試料，(3) 発生年が判明している火山噴火や地震性隆起などのイベントに伴う海洋試料，(4) 群体サンゴやアイスランドガイ（図 2.2g～i）などの年輪を遡った ^{14}C 値，(5) 群体サンゴのウラン系列核種年代測定値，などから ΔR 値は算出され，約 5 万年間の較正曲線 Marine13 が作成された（Reimer et al., 2013；一木ほか，2015）．その後，2020 年に公表された較正曲線 Marine20 は，IntCal20 の大気の ^{14}C 値と氷床コアの CO_2 濃度記録を制約条件として，炭素循環モデルを用いて作成された（Reimer et al., 2020）．その結果，IntCal13 と Marine13 との差，すなわち海洋リザーバー効果（ΔR 値）は，5 万年間を通じてほぼ 400 年であるのに対して，IntCal20 と Marine20 では後氷期はほぼ 400 年だが，最終氷期では 800～1,000 年と増大し，41～42 ka のラシャンプ地磁気エクスカーションの時に 1,400 年に達する．地磁気エクスカーションは，仮想的地磁気極（VGP）の緯度が永年変動の範囲を超えて，北極あるいは南極

68　第 2 章　第四紀の環境変動の代替記録

から 45° を超えて変動する現象であり，その間の地球磁場強度は低下する（小田，2005; 阿瀬，2010）．その結果，宇宙線の入射量が増大し，^{14}C の生成速度が増大することになる．ただし，ΔR 値のピークとラシャンプ地磁気エクスカーションは一致するが，^{14}C の生成速度のピークは 3,000 年後であり，このずれの原因は未解明である (Heaton *et al.*, 2020)．なお，Marine20 を適用する海域について，Heaton *et al.* (2020) は大西洋では北緯 50° から南緯 40°，太平洋では北緯 40° から南緯 40° までであり，それよりも高緯度海域では海洋リザーバー効果が海氷の影響を受けるので，Marine20 の使用を推奨しないとしている．

　ΔR 値は，同じ場所でも，海洋循環の変化で時代によって異なる．たとえば，北大西洋に生息する二枚貝アイスランドガイの貝殻から 675〜1950 年までの ΔR 値の変動（−65〜200 年）が明らかにされている (Wanamaker *et al.*, 2012)（図 2.2g〜i; 図 2.23）．この二枚貝は，多細胞動物の個体としては最長寿命を持ち，503 齢の個体が発見されており (Butler *et al.*, 2013)（表 2.3），性成熟後も殻成長は続き，年輪が形成される (Schöne, 2013)．Wanamaker *et al.* (2012) は，この年輪の幅の変動パターンを使い，現生個体の貝殻と死殻について年輪記録を照合し，貝殻に暦年代を入れ，測定した殻の ^{14}C 値から ΔR 値を算出したのである．調査海域は大西洋水 (Atlantic water) と北極からの海流 (Arctic water) の影響下にあり，大西洋水の影響が強まると ΔR 値は小さくなり，北極からの海流が強まると ΔR 値は大きくなる (Wanamaker *et al.*, 2012)（図 2.23）．このように ΔR 値は海洋循環の代替記録となる．日本列島では，喜界島・石垣島の群体サンゴ骨格から 1950〜1990 年の ΔR 値の変動（−136〜62 年）が報告され，西太平洋の ENSO と太平洋十年規模振動 (PDO: Pacific Decadal Oscillation) の影響によると解釈されている (Hirabayashi *et al.*, 2017)．なお，海産物を食べた人の人骨のコラーゲンの ^{14}C 年代の暦年代への較正にも ΔR 値が必要となる（米田，2018）．

2.3.2　^{14}C 年代測定に関する革新的開発

　最近の日本で開発された ^{14}C 年代測定に関する 2 つの技術，花粉濃縮法とセメンタイト法について紹介する．

　第 1 の花粉濃縮法ではセルソーターを用いる．セルソーターは選別対象粒子にレーザーを照査し，得られた蛍光特性や形状をもとに，粒子を選別する装置である．その改良と試料調製法の最適化により，花粉化石の濃縮に成功した（大森ほか，2019; Kasai *et al.*, 2021）．この開発によって，花粉群集の ^{14}C 年代を測定でき，水月湖の年縞堆積物コアに適用され始めた (Yamada *et al.*, 2021)．

　第 2 のセメンタイト法は，^{14}C 年代測定のターゲットにセメンタイト・ターゲットを用いる方法である．加速器質量分析で ^{14}C 年代を測定する際には，測定試

料から炭素を抽出し，固形炭素のグラファイトターゲットに変換し，その表面に Cs の陽イオンを照射して炭素の負イオンを作る必要がある．グラファイト・ターゲットを用いた分析手法では通常 1 mgC 程度を要するが，セメンタイト・ターゲットでは 0.1 mgC 程度でも十分測定が可能である（大森ほか，2017; 工藤ほか，2021）．セメンタイトは，炭素を鉄の金属組織へ浸透させて合成される鉄カーバイド (Fe_3C) で，その物理的性質から，安定したイオン出力での長時間測定や低バックグラウンド測定を阻害する分子イオンの低減といった効用をもたらす（大森ほか，2017）．その結果，加速器質量分析における微量分析の成功率を大きく向上させた．

　これらに加えて，^{14}C 測定の試料として，堆積物中の微量の脂肪酸や各種ステロールなどの化合物を用いる研究が行われている（大河内，2009, 2017）．

おわりに

　第四紀の気候変動の復元の精度は "ある代替指標" の欠落により根幹的な制約を受けている点に注意を払う必要がある．それは，大気中の水蒸気量である．水蒸気は広い波長域で赤外線を吸収するため，温室効果への寄与は48％で，CO_2 の寄与の21％の2倍である．大気中の CO_2 濃度は氷床コアの気泡から復元できるが，気泡には水蒸気が含まれていないのである．つまり，既存の代替記録を使っても，古気候の変動システムの詳細な復元はできない．しかし，この制約を考慮しながら，今後も，新規の代替記録の発見や開発，代替記録の測定精度の向上，さらには新たな記録媒体の発見や採取から，第四紀の気候・海水準変動と生態系などの動態を詳細に復元することは，未来予測の精度向上に極めて重要な貢献を果たす．

引用文献

Alves, E. Q., Macario, K. *et al.* (2018) The worldwide marine radiocarbon reservoir effect: Definitions, mechanisms, and prospects. *Rev. Geophys.*, **56**, 278-305

Antonioli, F., Furlani, S. *et al.* (2021) The use of submerged speleothems for sea level studies in the Mediterranean Sea: a new perspective using glacial isostatic adjustment (GIA). *Geosciences*, **11**, 77

青木周司・川村賢二 他 (2002) 氷床コアによる過去の大気組成変動の再現．雪氷，**64**，365-374

Aragón-Noriega, E. A., Calderon-Aguilera, L. E. *et al.* (2015) Modeling growth of the Cortes Geoduck *Panopea globosa* from unexploited and exploited beds in the Northern Gulf of California. *J. Shellfish Res.*, **34**, 119-127

Aubert, A., Lazareth, C. *et al.* (2009) The tropical giant clam *Hippopus hippopus* shell, a new archive of environmental conditions as revealed by sclerochronological and $\delta^{18}O$ profiles. *Coral Reefs*, **28**, 989-998

浅海竜司・山田 努 他 (2004) サンゴ骨格の Mg/Ca 比，Sr/Ca 比を用いた古水温復元法の現状と問題点．第四紀研究，**43**，231-245

Asami, R., Kinjo, A. *et al.* (2020) Evaluation of geochemical records as a paleoenvironmental proxy in the hypercalcified demosponge *Astrosclera willeyana*. *Prog Earth Planet Sci.*, **7**, 15

Asami, R., Hondo, R. *et al.* (2021) Last glacial temperature reconstructions using coupled isotopic analyses of fossil snails and stalagmites from archaeological caves in Okinawa, Japan. *Sci. Rep.*, **11**, 21922

Asami, R., Matsumori, T. *et al.* (2021) Reconstruction of ocean environment time series since the late nineteenth century using sclerosponge geochemistry in the northwestern subtropical Pacific. *Prog Earth Planet Sci.*, **8**, 38

阿瀬貴博 (2010) 氷床コアから復元される地磁気イベント時の宇宙線変動. 地学雑誌, **119**, 527-533

東 久美子 (2019) 北極域のアイスコアによる古環境研究：歴史と今後の展望. 地球化学, **53**, 133-148

Bard, E., Antonioli, F. & Silenzi, S. (2002) Sea-level during the penultimate interglacial period based on a submerged stalagmite from Argentarola Cave (Italy). *Earth Planet. Sci. Lett.*, **196**, 135-146

Baumgartner, T. R., Soutar, A. *et al.* (1992) Reconstruction of the history of Pacific sardine and northern anchovy populations over the past two millennia from sediments of the Santa Barbara basin, California. *CalCOFI Reports*, **33**, 24-40

Barkera, S., Cacho, I., Benway, H. *et al.* (2005) Planktonic foraminiferal Mg/Ca as a proxy for past oceanic temperatures: a methodological overview and data compilation for the Last Glacial Maximum. *Quat. Sci. Rev.*, **24**, 821-834

Bemis, B., Spero, H. J. *et al.* (1998) Reevaluation of the oxygen isotopic composition of planktonic foraminifera: Experimental results and revised paleotemperature equations. *Paleoceanography*, **13**, 150-160

Bendif, E. M., Probert, I. *et al.* (2014) Genetic delineation between and within the widespread coccolithophore morpho-species *Emiliania huxleyi* and *Gephyrocapsa oceanica* (Haptophyta). *J. Phyco.*, **50**, 140-148

Bendif, E. M., Probert, I. *et al.* (2015) Morphological and phylogenetic characterization of new Gephyrocapsa isolates suggests introgressive hybridization in the Emiliania/Gephyrocapsa Complex (Haptophyta). *Protist*, **66**, 323-336

Bennett, M. R. *et al.* (2021) Evidence of humans in North America during the Last Glacial Maximum. *Science*, **373**, 1528-1531

Benway, H. M., Haley, B. A. *et al.* (2003) Adaptation of a flow-through leaching procedure for Mg/Ca paleothermometry. *Geochem. Geophys. Geosyst.*, **4**, 8403

Bradbury, J. P. & Dean, W. E. eds. (1993) Elk Lake, Minnesota: Evidence for Rapid Climate Change in the North-Central United States, pp. 336, The Geological Society of America

Brassell, S. C., Eglinton, G. *et al.* (1986) Molecular stratigraphy: A new tool for climatic assessment. *Nature*, **320**, 129-133

Brauer, A., Enders, C. *et al.* (1999) Late glacial calendar year chronology based on annually laminated sediments from Lake Meerfelder Maar, Germany. *Quat. Inter.*, **61**, 17-25

Broecker, W. S. (1997) Mountain glaciers: Recorders of atmospheric water vapor content? *Global Biogeochem Cycles*, **11**, 589-597

Broecker, W. S. & Peng, T.-H. (1982) Tracers in the Sea, pp. 689, Eldigio Press

Butler, P. G., Wanamaker, Jr. A. D. *et al.* (2013) Variability of marine climate on the North Icelandic Shelf in a 1357-year proxy archive based on growth increments in the bivalve *Arctica islandica*. *Palaeo. Palaeo. Palaeo.*, **373**, 141-151

Cannariato, K. G., Kennett, J. P. *et al.* (1999) Biotic response to late Quaternary rapid climate switches in Santa Barbara Basin: Ecological and evolutionary implications. *Geology*, **27**, 63-66

Carré, M., Bentaleb, I. *et al.* (2005) Stable isotopes and sclerochronology of the bivalve *Mesodesma donacium*: potential application to Peruvian paleoceanographic reconstructions. *Palaeo. Palaeo. Palaeo.*, **228**, 4-25

千葉 崇・澤井祐紀 (2014) 環境指標種群の再検討と更新. *Diatom*, **30**, 17-30

Clark, P. U., Dyke, A. S. *et al.* (2009) The last glacial maximum. *Science*, **325**, 710-714

CLIMAP Project Members (1976) The surface of the ice-age earth. *Science*, **191**, 1131-1137

Corrége, T. (2006) Sea surface temperature and salinity reconstruction from coral geochemical tracers. *Palaeo. Palaeo. Palaeo.*, **232**, 408-428

Cramer, B. S., Miller, K. G. *et al.* (2011) Late Cretaceous-Neogene trends in deep ocean temperature and continental ice volume: Reconciling records of benthic foraminiferal geochemistry ($\delta^{18}O$ and Mg/Ca) with sea level history. *J. Geophys. Res.*, **116**, C12023.

Dansgaard, W. (1964) Stable isotopes in precipitation. *Tellus*, **16**, 436-468

Dansgaard, W., Johnsen, S. J. *et al.* (1993) Evidence for general instability of past climate from a 250-kyr ice-core record. *Nature*, **364**, 218-220

Darling, K. F., Kucera, M. *et al.* (2004) Molecular evidence links cryptic diversification in polar planktonic protists to Quaternary climate dynamics. *Proc. Natl. Acad. Sci.*, **101**, 7657-7662.

Darling, K. F., Kucera, M. *et al.* (2006) A resolution for the coiling direction paradox in *Neogloboquadrina pachyderma*. *Paleoceanography*, **21**, PA2011

Dettman, D. L., Reische, A. K. *et al.* (1999) Controls on the stable isotope composition of seasonal growth bands in aragonitic fresh-water bivalves (unionidae). *Geochim. Cosmochim. Acta* **63**, 1049-1057

Douglas, B. C. (1997) Global sea rise: a redetermination. *Surv. Geophys.*, **18**, 279-292

Duplessy, J. C., Labeyrie, L. *et al.* (2002) Constraints on the ocean oxygen isotopic enrichment between the Last Glacial Maximum and the Holocene: Paleoceanographic implications. *Quat. Sci. Rev.*, **21**, 315-330

Elderfield, H., Vautravers, M. *et al.* (2002) The relationship between shell size and Mg/Ca, Sr/Ca, $\delta^{18}O$, and $\delta^{13}C$ of species of planktonic foraminifera. *Geochem. Geophys. Geosyst.*, **3**, 1-13

Emiliani, C. (1955) Pleistocene temperatures. *J. Geo.*, **63**, 538-578

Erez, J. & Luz, B. (1983) Experimental paleotemperature equation for planktonic foraminifera. *Geochim. Cosmochim. Acta*, **47**, 1025-1031

Ericson, D. B. (1959) Coiling direction of Globigerina pachyderma as a climatic index. *Science*, **130**, 219-220

Extier, T., Landais, A. *et al.* (2018) On the use of $\delta^{18}O_{atm}$ for ice core dating. *Quat. Sci. Rev.*, **185**, 244-257

Fairchild, L. & Treble, P. (2009) Trace elements in speleothems as recorders of environmental change. *Quat. Sci. Rev.*, **28**, 449-468

藤原 治・鎌滝孝信 (2003) ^{14}C 年代測定による堆積年代の推定における堆積学的時間平均化の重要性. 第四紀研究, **42**, 27-40

藤井理行 (2005) 極域アイスコアに記録された地球環境変動. 地学雑誌, **114**, 445-459

藤井理行・渡邉興亜 他 (2002) 南極ドームふじ深層コアに記録された氷期サイクルにおける気候および陸海域環境変動. 雪氷, **64**, 341-349

福沢仁之 (1995) 天然の「時計」・「環境変動検出計」としての湖沼の年縞堆積物. 第四紀研究, **34**, 135-149

福沢仁之 (2004) 立山みくりが池年縞堆積物による過去 2,850 年間の環境変動. 日本地質学会第 111 年学術大会講演要旨, 154

福沢仁之・塚本すみ子 他 (1998) 年縞堆積物を用いた白頭山—苫小牧火山灰 (B-Tm) の降灰年代の推定. *LAGUNA* (汽水域研究), **5**, 55-62

Ghosh, P., Adkins, J. *et al.* (2006) ^{13}C-^{18}O bonds in carbonate minerals: a new kind of paleothermometer. *Geochim. Cosmochim. Acta*, **70**, 1439-1456

Gornitz, V., Lebedeff, S. *et al.* (1982) Global sea level trend in the past century. *Science*, **215**, 1611-1614

Grootes, P. M., Stuiver, M. *et al.* (1993) Comparison of oxygen isotope records from the GISP2 and GRIP Greenland ice cores. *Nature*, **66**, 552-554

Grossman, E. & Ku, T. (1986) Oxygen and carbon isotope fractionation in biogenic aragonite: temperature effects. *Chem. Geol.*, **59**, 59-74

Haase-Schramm, A., Böhm, F. *et al.* (2003) Sr/Ca ratios and oxygen isotopes from sclerosponges: Temperature history of the Caribbean mixed layer and thermocline during the Little Ice Age. *Paleoceanography*, **18**, No. 3, 1073

半澤浩美・杉原奈央子 他 (2017) 茨城県鹿島灘産チョウセンハマグリの年齢形質と年齢推定法. 日本水産学会誌, **83**, 191-198

長谷川均・長谷川明雄 (1999) 琉球列島石垣島白保サンゴ礁でみられるマイクロアトールの特徴—米原サンゴ礁との比較をもとに—. 国士舘大学地理学報告, **7**, 1-24

Heaton, T., Köhler, P. *et al.* (2020) Marine20—the marine radiocarbon age calibration curve

(0–55,000 cal BP). *Radiocarbon*, **62**, 779-820

Hibbert, F. D., Rohling, E. J. *et al.* (2016) Coral indicators of past sea-level change: A global repository of U-series dated benchmarks. *Quat. Sci.Rev.*, **145**, 1-56

Hirabayashi, S., Yokoyama, Y. *et al.* (2017) Short-term fluctuations in regional radiocarbon reservoir age recorded in coral skeletons from the Ryukyu Islands in the north-western Pacific. *J. Quat. Sci.* **32**, 1-6

一木絵理・辻 誠一郎 他 (2015) 青森県八戸市の縄文時代早期貝塚出土試料の ^{14}C 年代と海洋リザーバー効果. 第四紀研究, **54**, 271-284

堀部純男・大場忠道 (1972) アラレ石―水および方解石―水系の温度スケール. 化石, **23・24**, 69-79

本郷宙軌 (2010) サンゴ礁と造礁サンゴを用いた完新世の高精度海面変動復元にむけて. 地学雑誌, 119, 1-16

堀 真子 (2015) 炭酸塩試料を用いた陸域での物質循環と第四紀気候研究. 地球化学, **49**, 115-129

許 成基・船木淳悟 他 (2012) 網走湖底質とその縞状構造について. 地球科学, **66**, 17-33

飯塚芳徳 (2018) アイスコアによる海水面積変動の復元. 低温科学, **76**, 153-168

Ikehara, K. (2003) Late Quaternary seasonal sea-ice history of the northeastern Japan Sea. *J.. Oceanogr.*, **59**, 585-593

池原 研・板木拓也 (2005) 日本海堆積物に記録された東アジア冬季モンスーン変動のシグナル. 地質学雑誌, **111**, 633-642

池原 実 (2012) 南大洋における海洋フロントの南北シフト―現代および第四紀後期の海氷分布, 南極前線, 南極周極流の移動と気候変動のリンケージ―. 地学雑誌, **121**, 518-535

Ikeya, N. & Cronin, T. (1993) Quantitative analysis of Ostracoda and water masses around Japan: application to Pliocene and Pleistocene paleoceanography. *Micropaleontology*, **39**, 263-281

池谷仙之・大浦 毅 他 (1985) 浜名湖東岸完新続の層序・層相とその年代. 静岡大学地球科学研究報告, **11**, 171-179

池谷仙之・和田秀樹 他 (1990) 浜名湖の起源と地史的変遷. 地質学論集, **36**, 129-150

井上麻夕里 (2002) サンゴ骨格を用いた古海洋環境の復元. 地質ニュース, **575**, 26-33

井上麻夕里 (2012) 環境指標としてのサンゴ骨格中の微量元素とその変動メカニズムの解明に向けて. 海の研究, **21**, 159-175

IPCC (2014) 気候変動 2014 https://www.ipcc.ch/site/assets/uploads/2018/03/ar5-wg2-spm-1japan.pdf

IPCC 第 6 次評価報告書 (2021) https://www.env.go.jp/earth/ipcc/6th/index.html

石橋克彦 (1984) 駿河湾地域の地震時地殻上下変動. 第四紀研究, **23**, 105-110

石村豊穂 (2021) 極微量炭酸塩の高精度安定同位体比分析の実現：ナノグラム領域の新たな環境解析. 地球化学, **55**, 63-86

石山達也・松多信尚 他 (2024) 2024 年 1 月 1 日令和 6 年能登半島地震 (M7.6) で生じた海岸隆起（速報）. 東京大学地震研究所. https://www.eri.u-tokyo.ac.jp/eq/20465/ 2024 年 1 月 4 日確認

Ishiwa, T., Yokoyama, Y. *et al.* (2016) Reappraisal of sea-level lowstand during the Last Glacial Maximum observed in the Bonaparte Gulf sediments, northwestern *Australia. Quat. Int.*, **397**, 373-379

Itaki, T., Taira, Y *et al.* (2020a) Automated collection of single species of microfossils using a deep learning-micromanipulator system. *Prog. Earth Planet. Sci.* **7**, 19

Itaki, T., Taira, Y. *et al.* (2020b) Innovative microfossil (radiolarian) analysis using a system for automated image collection and AI-based classification of species. *Sci. Rep.*, **10**, 21136

Jablonski, D. & Lutz, R. A. (1983) Larval ecology of marine benthic invertebrates: paleobiological implications. *Bio. Rev.*, **58**, 21-89

Jasper, J. P. & Hayes, J. M. (1990) A carbon isotope record of CO_2 levels during the late Quaternary. *Nature*, **347**, 462-464

梶田展人・中村英人 (2020) アルケノン生産種の多様性―陸水域における温度プロキシとしての発展について―. 地球化学, **54**, 79-96

鎌滝孝信・近藤康生 (1997) 中・上部更新統の地蔵堂層にみいだされた氷河性海水準変動による約 2 万年または約 4 万年周期の堆積シーケンス. 地質学雑誌, **103**, 747-762

Kamikuri, S., Motoyama, I. *et al.* (2008) Radiolarian assemblages in surface sediments along longitude 175°E in the Pacific Ocean. *Mar. Micropal.*, **69**, 151-172

狩野彰宏 (2012) 石筍古気候学の原理と展開. 地質学雑誌, **118**, 157-171

狩野彰宏・森 大器 他 (2014) 炭酸凝集同位体温度計の原理と実態. 地球社会統合科学. **21 (1/2)**, 83-92

狩野謙一・北村晃寿 (2020) 静岡周辺の直下型地震と断層運動．静岡の大規模自然災害の科学（岩田孝仁 他編），pp. 67-93，静岡新聞社

金井 豊 (2014) ベリリウム同位体を用いる堆積学的研究．堆積学研究，**73**，19-26

苅谷愛彦 (2019) 寒冷地域の第四紀地表プロセスに関する研究動向と課題．第四紀研究，**58**，29-56

Kasai, Y., Leipe, C. *et al.* (2021) Breakthrough in purification of fossil pollen for dating of sediments by a new large-particle on-chip sorter. *Sci. Advan.*, **7**, 16

粕野義夫・小島和夫 他 (1990) 石川県河北潟の形成史と変貌—歴史的変遷と地盤特性，ならびに干拓後の残存水域の環境—．地質学論集，**36**，35-45

Kato, M., Fukusawa, H. *et al.* (2003) Varved lacustrine sediments of Lake Tougou-ike, Western Japan, with reference to Holocene sea-level changes in Japan. *Quat. Inter.*, **105**, 33-37

Katsuki, K., Seto, K. *et al.* (2019) Relationship between regional climate change and primary ecosystem characteristics in a lagoon undergoing anthropogenic eutrophication, Lake Mokoto, Japan. *Estuar. Coast Shelf Sci.*, **222**, 205-213

川幡穂高 (2009) 風送塵の地球環境に与える影響—氷期・間氷期，完新世，現代—．第四紀研究，**48**，163-177

川幡穂高・鈴木 淳 (1999) サンゴ年輪を用いた高時間解像の環境解析：アジアモンスーン，ENSO に伴う海洋表層環境の復元．海の研究，**8**，141-156

川上郁夫・松尾政規 他 (2003) 深見池における湖沼年縞堆積物に記録された過去約 200 年間の湖水環境．堆積学研究，**57**，13-25

Kawakami, I., Matsuo, M. *et al.* (2004) Chronology and sedimentation process of varved lacustrine sediment in Lake Fukami, central Japan. *Quat. Inter.*, **123-125**, 27-34

川村賢二 (2009) 氷床コアから探る第四紀後期の地球システム変動．第四紀研究，**48**，109-129

川村 賢二 (2018) 南極のアイスコアから復元する過去の気候変動．低温科学，**76**，145-152

Kawamura, K., Parrenin, F. *et al.* (2007) Northern Hemisphere forcing of climatic cycles in Antarctica over the past 360,000 years. *Nature*, **448**, 912-916

茅根 創・山室真澄 他 (1987) 房総半島南東岸における旧汀線の指標としてのヤッコカンザシ．第四紀研究，**26**，47-57

菊地隆男 (1972) 成田層産白斑状化石生痕とその古地理学的意義．地質学雑誌，**78**，137-144

Kim, S.-T. & O'Neil, J. R. (1997) Equilibrium and nonequilibrium oxygen isotope effects in synthetic carbonates. *Geochim. Cosmochim. Acta*, **61**, 3461-3475

Kim, S.-T., O'Neil, J. R. *et al.* (2007) Oxygen isotope fractionation between synthetic aragonite and water: Influence of temperature and Mg^{2+} concentration. *Geochim. Cosmochim. Acta*, **71**, 4704-4715

木元克典 (2009) 浮遊性有孔虫骨格の Mg/Ca 古水温計を用いた北西太平洋の高精度古環境復元にむけて．化石，**86**，20-33

木元克典 (2011) 浮遊性有孔虫の骨格の化学が示す環境シグナル．日本プランクトン学会報，**58**，65-73

近都浩之・鈴木道生 (2019) 炭酸カルシウムの結晶成長を制御するバイオミネラルタンパク質．日本結晶成長学会誌，46-3-03

北川浩之 (2014) 炭素 14 代法による高精度年代決定と編年モデル構築．ぶんせき，**2**，52-57

Kitagawa, H. & van der Plicht, J. (1998) A 40,000 year varve chronology from Lake Suigetsu, Japan: extension of the ^{14}C calibration curve. *Radiocarbon*, **40**, 505-515

北村晃寿 (1992) 貝化石による古環境解析の時間的分解能（前期更新世大桑層中部の場合）．地質学雑誌，**98**，1031-1039

北村晃寿 (1995) 下部更新統大桑層における二枚貝 *Dosinia* 属と *Anadara* 属の層序的産出範囲．化石，**59**，14-22

北村晃寿 (2009) 軟体動物（更新世）．（日本第四紀学会電子出版編集委員会 編）デジタルブック最新第四紀学，日本第四紀学会

北村晃寿 (2018) 海生二枚貝類の貝殻を用いた成長線解析・酸素同位体比分析—完新世環境変動の高分解能解析—．第四紀研究，**57**，19-29

北村晃寿 (2021) 貝化石・有孔虫化石の複合群集解析による日本本島の島嶼化過程・東海地震の履歴の研究．第四紀研究，**60**，47-70

北村晃寿・近藤康生 (1990) 前期更新世の氷河性海水準変動による堆積サイクルと貝化石群集の周期的変化 —模式地の大桑層中部の例—．地質学雑誌，**96**，19-36

Kitamura, A., Kondo, Y. *et al.* (1994) 41,000-year orbital obliquity expressed as cyclic changes in lithofacies and molluscan content, early Pleistocene Omma Formation, central Japan. *Palaeo. Palaeo. Palaeo.*, **112**, 345-361

74　第 2 章　第四紀の環境変動の代替記録

Kitamura, A., Kimoto, K. *et al.* (1997) Reconstruction of the thickness of the Tsushima Current in the Sea of Japan during the Quaternary from molluscan fossils. *Palaeo. Palaeo. Palaeo.*, **135**, 51-70

北村晃寿・東野外志男 他 (1998) 加賀平野で発見された白山起源の火山灰層. 第四紀研究, **37**, 131-138

Kitamura, A., Matsui, H. *et al.* (1999) Change in the thickness of the warm Tsushima Current at the initiation of its flow into the Sea of Japan. *Palaeo. Palaeo. Palaeo.*, **152**, 305-318

Kitamura, A., Kawakami, I. *et al.* (2002) Distribution of mollusc shells in the Sea of Okhotsk, off Hokkaido. *Bull. Geol. Surv. Japan*, **53**, 483-558

北村晃寿・加瀬友喜 他 (2003) 沖縄のサンゴ礁にある海底洞窟堆積物の堆積相と堆積速度. 第四紀研究, **42**, 99-104

Kitamura, A., Tominaga, E. *et al.* (2008) Reconstruction of sea-surface temperatures in Suruga Bay (central Japan) during oxygen isotope 6.5, using planktonic foraminiferal transfer functions. *The Quat. Res.*, **47**, 187-195

北村晃寿・藤原 治 他 (2011) 静岡県静岡平野南東部における完新統のボーリングコアによる遡上した津波堆積物の調査 (速報). 静岡大学地球科学研究報告, **38**, 3-19

Kitamura, A., Tada, K. *et al.* (2011) Age and growth of *Glossocardia obesa*, a "large" bivalve in a submarine cave within a coral reef, as revealed by oxygen isotope analysis. *The Veliger*, **51**, 59-65

Kitamura, A., Yamamoto, N. *et al.* (2012) Growth of a submarine cave-dwelling micro-bivalve *Carditella iejimensis. Venus*, **70**, 41-45

Kitamura, A., Fujiwara, O. *et al.* (2013) Identifying possible tsunami deposits on the Shizuoka Plain, Japan and their correlation with earthquake activity over the past 4000 years. *The Holocene*, **23**, 1682-1696

Kitamura, A., Koyama M. *et al.* (2014) Abrupt Late Holocene uplifts of the southern Izu Peninsula, central Japan: Evidence from emerged marine sessile assemblages. *Island Arc*, **23**, 51-61

Kitamura, A., Mitsui, Y. *et al.* (2015a) Examination of an active submarine fault off the southeast Izu Peninsular, central Japan, using field evidence for co-seismic uplift and a characteristic earthquake model. *Earth Planets Space*, **67**, 197

Kitamura, A., Ohashi, Y. *et al.* (2015b) Holocene geohazard events on the southern Izu Peninsula, central Japan. *Quat. Inter.*, **397**, 541-554

Kitamura, A., Imai, T. *et al.* (2017a) Late Holocene uplift of the Izu Islands on the northern Zenisu Ridge off Central Japan. *Prog Earth Planet Sci.*, **4**, 30

Kitamura, A., Imai, T. *et al.* (2017b). Radiocarbon dating of coastal boulders from Kouzushima and Miyakejima Islands off Tokyo Metropolitan Area, Japan: implications for coastal hazard risk. *Quat. Inter.*, **456**, 28-38

河野美香 (2000) 氷床コアに保存された火山起源物質. 雪氷, **62**, 197-213

Kohno, M. & Fujii, Y. (2002) Past 220 year bipolar volcanic signals: Remarks on common features of their source volcanic eruptions. *Ann. Glaciol.*, **35**, 217-223

小池裕子 (1982) 日本海北陸地域産ハマグリ類の貝殻成長分析. 第四紀研究, **21**, 273-282

小岩直人・葛西未央 他 (2014) 青森県十三湖における完新世の湖水成層化と地形環境. 第四紀研究, **53**, 21-34

Koizumi, I. (2008) Diatom-derived SSTs (Td′ ratio) indicate warm seas off Japan during the middle Holocene (8.2-3.3 ka BP). *Mar. Micropaleontol.* **69**, 263-281

Koizumi, I., Irino, T. *et al.* (2004) Paleoceanography during the last 150 kyr off central Japan based on diatom floras. *Mar. Micropal.*, **53**, 293-365

近藤康生 (1989) 二枚貝化石の産状観察法 現生二枚貝の堆積物内における生息位置と化石二枚貝の地層中における方向性との比較観察法. 日本ベントス研究会誌, 73-82

Konishi, K., Tanaka, T. *et al.* (1981) Secular variation of radiocarbon concentration in seawater: Sclerochronological approach. *in* Proc. Fourth Inter Coral Reef Sympo (Vol. 1) (eds. Gomez *et al.*), pp. 181-185, Marine Science Center, Univ. of the Philippines

小杉正人・片岡久子 他 (1991) 内湾域における有孔虫の環境指標種群の設定とその古環境復元への適用. 化石, **50**, 37-55

小竹信宏 (2010) 生痕化石. 古生物学事典第 2 版 (日本古生物学会 編). pp. 279-282, 朝倉書店

香月興太 (2012) 珪藻化石群集に基づく最終氷期極大期以降の南大洋における海氷と基礎生産力の変動史. 地学雑誌, **121**, 536-554

Kroopnick, P. M. (1985). The distribution of ^{13}C of CCO_2 in the world oceans. *Deep-Sea Res.*, **32**, 57-84

窪田 薫 (2020) 生物源炭酸塩に対する地球化学分析技術を駆使した海洋炭素循環研究. 地球化学, **54**, 61-78

窪田 薫 (2022) 長寿二枚貝ビノスガイの殻の地球化学分析を通じた古環境復元〜海流から津波まで〜. 化石, **111**, 5-16

Kubota, K., Shirai, K. *et al.* (2018). Bomb-^{14}C peak in the North Pacific recorded in long-lived bivalve shells (*Mercenaria stimpsoni*). *J. Geophys. Res: Oceans*, **123**, 2867-2881

Kucera, M. & Kennett, J. P. (2002) Causes and consequences of a middle Pleistocene origin of the modern planktonic foraminifer *Neogloboquadrina pachyderma sinistral*. *Geology*, **30**, 539-542

工藤雄一郎・米田 穣 他 (2021) 百人町三丁目西遺跡出土隆起線文土器付着炭化物の年代と同位体分析. 第四紀研究, **60**, 75-85

加 三千宣 (2018) 沿岸域堆積物の過去数百〜数千年間を対象としたパレオ研究——豊後水道・別府湾を例として. 第四紀研究, **57**, 175-195

Kuwae, M, Yamamoto, M. *et al.* (2013) Stratigraphy and wiggle-matching-based age-depth model of late Holocene marine sediments in Beppu Bay, southwest Japan. *J. Asian Earth Sciences*, **69**, 133-148

Labeyrie, L. D., Duplessy, J. C. *et al.* (1987) Variations in mode of formation and temperature of oceanic deep waters over the past 125,000 years. *Nature*, **327**, 477-482

Lambeck, K., Rouby, H. *et al.* (2014) Sea level and global ice volumes from the Last Glacial. *Proc. Natl. Acad. Sci.*, **111**, 15296-15303

Lamoureux, S. (2000) Five centuries of interannual sediment yield and rainfall-induced erosion in the Canadian High Arctic recorded in the lacustrine varves. *Water Resour. Res.*, **36**, 309-318

Landmann, G., Reimer, A. *et al.* (1996) Dating late glacial abrupt climate changes in the 14,570 yr long continuous varve record of Lake Van, Turkey. *Palaeo. Palaeo. Palaeo.*, **122**, 107-118

Lighty, R. G., Macintyre, I. G. *et al.* (1982) *Acropora palmata* reef framework: A reliable indicator of sea level in the western Atlantic for the past 10,000 years. *Coral Reefs*, **1**, 125-130

Lisiecki, E. L & Raymo, E. R. (2005) A Pliocene-Pleistocene stack of 57 globally distributed benthic δ^{18}O records. *Paleoceanography*, **20**, PA1003

Liu, Z. & Herbert, T. (2004) High-latitude influence on the eastern equatorial Pacific climate in the early Pleistocene epoch. *Nature*, **427**, 720-723

Lougheed, B. C., Metcalfe, B. *et al.* (2018) Moving beyond the age-depth model paradigm in deep-sea palaeoclimate archives: dual radiocarbon and stable isotope analysis on single foraminifera. *Clim. Past*, **14**, 515-526

Loulergue, L., Schilt, A. *et al.* (2008) Orbital and millennialscale features of atmospheric CH_4 over the past 800,000 years. *Nature*, **453**, 383-386

Lüthi, D., Le Floch, M. *et al.* (2008) High-resolution carbon dioxide concentration record 650,000-800,000 years before present. *Nature*, **453**, 379-382

Lynch-Stieglitz, J., Curry, W. B. *et al.* (1999) A geostrophic transport estimate for the Florida current from the oxygen isotopic composition of benthic foraminifera. *Paleoceanography*, **14**, 360-373

町田 功・近藤昭彦 (2003) わが国の天然水における酸素・水素安定同位体比. ——環境同位体データベースを用いた解析——. 水文・水資源学会誌, **16**, 556-569

Maeda, A., Fujita, K. *et al.* (2017) Evaluation of oxygen isotope and Mg/Ca ratios in high-magnesium calcite from benthic foraminifera as a proxy for water temperature, *J. Geophys. Res. Biogeosci.*, **122**, 185-199

前杢英明 (1988) 足摺岬周辺の離水波食地形と完新世地殻変動. 地理科学, **43**, 231-240

前杢英明 (2001) 隆起付着生物の AMS^{14}C 年代からみた室戸岬の地震性隆起に関する再検討. 地学雑誌, **110**, 479-490

増田富士雄・藤原 治 他 (201) 房総半島九十九里浜平野の海浜堆積物から求めた過去 6000 年間の相対的海水準変動と地震隆起. 地学雑誌, **110**, 650-664

松島義章・大嶋和雄 (1974) 縄文海進期における内湾の軟体動物群集. 第四紀研究, **13**, 135-159

Medina-Elizalde, M. & Lea, D. W. (2005) The Mid-Pleistocene Transition in the Tropical Pacific.

Science, **310**, 1009-1012

Meese, D. A., Gow, A. J. *et al.* (1997) The Greenland Ice Sheet Project 2 depth-age scale: Methods and results. *J. Geophys. Res.*, **102**, 26411-26423

Milker, Y., Wilken, M. *et al.* (2013) Sediment transport on the inner shelf off Khao Lak (Andaman Sea, Thailand) during the 2004 Indian Ocean tsunami and former storm events: evidence from foraminiferal transfer functions. *Nat. Hazards Earth Syst. Sci.*, **13**, 3113-3128

三浦英樹 (2009) 第四紀後期の気候変動と地球システムの挙動—その原因とメカニズムの解明に向けて—. 第四紀研究, **48**, 103-108

三浦知之・梶原 武 (1983) カンザシゴカイ類の生態学的研究. 日本ベントス研究会誌, **25**, 40-45

宮原ひろ子 (2010) 過去 1200 年間における太陽活動および宇宙線変動と気候変動との関わり. 地学雑誌, **119**, 510-518

宮田真也 (2019) 日本の第四紀淡水魚類化石研究の現状. 化石, **105**, 9-20

Monnin, E., Indermühle, A. *et al.* (2001) Atmospheric CO_2 Concentrations over the Last Glacial Termination, *Science*, **291**, 112-114

森下知晃・山口龍彦 他 (2010) 貝形虫の殻の Mg/Ca 比, Sr/Ca 比による古環境推定の現状と問題点. 地質学雑誌, **116**, 523-543

Moss, D. K., Ivany, L. C. *et al.* (2016) Lifespan, growth rate, and body size across latitude in marine Bivalvia, with implications for Phanerozoic evolution. *Proc. R. Soc.* **B283**, 20161364

本山秀明 (2010) 氷床コアに記録された気候・環境変動. エアロゾル研究, **25**, 247-255

Mulitza, S., Boltovskoy, D. *et al.* (2003) Temperature: $\delta^{18}O$ relationships of planktonic foraminifera collected from surface waters. *Palaeo. Palaeo. Palaeo.*, **202**, 143-152

Müller, P. J., Kirst, O. *et al.* (1998) Calibration of alkenone paleotemperature index UK'37 based on core-tops from the eastern South Atlantic and the global ocean (60°N-60°S). *Geochim. Cosmochim. Acta*, **62**, 1757-1772

中川 毅 (2022) 水月湖年縞堆積物の花粉分析と精密対比によって復元された, 晩氷期から完新世初期にかけての気候変動の時空間構造—その古気候学的および考古学的意義—. 第四紀研究, **62**, 1-31

中川 毅 (2023) 水月湖年縞堆積物の花粉分析と精密対比によって復元された, 晩氷期から完新世初期にかけての気候変動の時空間構造—その古気候学的および考古学的意義—. 第四紀研究, **62**, 1-31

Nakagawa, T., Gotanda, K. *et al.* (2012) SG06, a fully continuous and varved sediment core from Lake Suigetsu, Japan: stratigraphy and potential for improving the radiocarbon calibration model and understanding of late Quaternary climate changes. *Quat. Sci. Rev.*, **36**, 164-176

中川 毅・Tarasov, P. E. 他 (2002) 日本海沿岸, 北陸地方における最終氷期—完新世変動に伴う気温と季節性の変動の復元. 地学雑誌, **111**, 900-911

Nakagawa, T., Kitagawa, H. *et al.* (2003) Asynchronous Climate Changes in the North Atlantic and Japan During the Last Termination. *Science*, **299**, 688-691

Nakagawa, T., Tarasov, P. *et al.* (2021) The spatio-temporal structure of the Late glacial to early Holocene transition reconstructed from the pollen record of Lake Suigetsu and its precise correlation with other key global archives: Implications for palaeoclimatology and archaeology. *Global Planet. Change*, **202**, 103493

中嶋 健・吉川清志 他 (1996) 日本海南東部における海底堆積物と後期第四紀層序：特に暗色層の形成時期に関連して. 地質学雑誌, **102**, 125-138

中村俊夫 (2001) 放射性炭素年代とその高精度化. 第四紀研究, **40**, 445-459

Nakanishi, T., Kitamura, A. *et al.* (2022) The spatio-temporal change of the radiocarbon marine reservoir effect in the East Asia: A case study of Holocene sediments from the Shimizu Plain, Pacific coast of Central Japan. *in* Island Civilizations (eds. Sugawara, D. & Yamada, K.), Springer Nature

中岡雅裕 (2003) 個体群動態と生活史. 海洋ベントスの生態学 (日本ベントス学会 編), pp. 33-116, 東海大学出版会

中塚 武 (2006) 樹木年輪セルロースの酸素同位体比による古気候の復元を目指して. 低温科学, **65**, 49-56

Nakatsuka, T., Sano, M. *et al.* (2020) A 2600-year summer climate reconstruction in central Japan by integrating tree-ring stable oxygen and hydrogen isotopes. *Clim. Past*, **16**, 2153-2172

中澤高清 (2011) 過去数十万年にわたる温室効果ガス変動の復元. 計測と制御, **50**, 869-876

Nakazawa, T., Machida, T. *et al.* (1993) Differences of the atmospheric CH$_4$ concentration between the Arctic and Antarctic regions in pre-industrial/pre-agricultural era. *Geophys. Res. Lett.*, **20**, 943-946

Nanayama, F., Satake, K. *et al.* (2003) Unusually large earthquakes inferred from tsunami deposits along the Kuril Trench. *Nature*, **424**, 660-663

奈良正和 (1994)"ヒメスナホリムシの生痕化石"の形成者は何か？一生痕化石 *Macaronichnus segregatis* の形成メカニズム. 化石, **56**, 9-20

奈良正和 (2010) マカロニクヌス. 古生物学事典第 2 版（日本古生物学会 編）, pp. 469-470, 朝倉書店

奈良正和・清家弘治 (2004) 千葉県九十九里浜の現世前浜堆積物に見られる *Macaronichnus segregatis* 様生痕とその形成者. 地質学雑誌, **110**, 545-551

Nguyen, L. V., Tateishi, M. *et al.* (1998) Reconstruction of sedimentary environments for late Pleistocene to Holocene coastal deposits of Lake Kamo, Sado Island, central Japan. *The Quat. Res.*, **37**, 77-94

Nishi, E., Abe, H. *et al.* (2022) A new species of the *Spirobranchuskraussii* complex, *S.akitsushima* (*Annelida, Polychaeta, Serpulidae*), from the rocky intertidal zone of Japan. *Zookeys*, **1100**, 1-28

西田 梢 (2020) 貝類の炭素・酸素安定同位体比研究—生物源炭酸塩を活用した古生物研究への応用に向けて. 化石, **107**, 5-20

西田 梢 (2022) 生物源炭酸塩の同位体地球化学・実験生物学の高度化による環境生態指標の評価研究. 地球化学, **56**, 1-17

西村三郎 (1972). 海洋における生物群集の構造・分布・維持. 海の生態学（時岡 隆 他著）, pp. 187-295, 築地書館

野村美加・東江 栄 他 (1998) C3 植物から C4 植物への進化. イネの光合成回路改良の可能性. 化学と生物, **36**, 89-94

乗木新一郎・角皆静男 (1986) セジメントトラップの形状比較実験. 細長いセジメントトラップに捕捉される軽い粒子の存在. 日本海洋学会誌, **42**, 119-123

野崎義行 (1977) 生物混合の影響をうけた堆積物中の放射性核種の分布. 地質学雑誌, 83, 699-706

小田啓邦 (2005) 頻繁に起こる地磁気エクスカーション—ブルネ正磁極期のレビュー—. 地学雑誌, 114, 174-193

大出 茂・Zuleger E. (1999) 海洋におけるホウ素同位体と pH. 地球化学, **33**, 115-122

大野顕大・後藤憲央 他 (2021) 越前海岸におけるヤッコカンザシの生息深度についての浸漬板調査. 日本ベントス学会, **76**, 92-102

大河内直彦 (2009) 化合物レベル放射性炭素年代法の原理と南極縁辺海堆積物への応用. 第四紀研究, 48, 131-142

大河内直彦 (2017) 化合物レベル放射性炭素年代法. 地球化学, **51**, 135-152

大河内直彦・河村公隆 (1998) 古環境を復元する指標としてのバイオマーカー—太平洋における深海底堆積物を例として—. 地学雑誌, **107**, 189-202

Ojala, A. E. K. & Tiljander, M. (2003) Testing the fidelity of sediment chronology: Comparison of varve and paleomagnetic results from Holocene lake sediments from central Finland. *Quat. Sci. Rev.*, **22**, 1787-1803

岡田尚武 (1977) 氷河時代の環境復元—CLIMAP 計画—. 科学, **47**, 602-606

岡崎裕典 (2012) 北太平洋における古海洋環境復元研究—最終氷期以降の海洋循環変化—. 海の研究, **21**, 51-68

岡崎裕典 (2015) 氷期の海洋深層炭素レザバーについて. 地球化学, **49**, 131-152

奥田昌明・中川 毅 他 (2010) 花粉による琵琶湖など長期スケールの湖沼堆積物からの古気候復元の現状と課題. 第四紀研究, **49**, 133-146

奥田武弘・野田隆史 他 (2010) 群集構造決定機構に対する環境と空間の相対的重要性：岩礁潮間帯における生物群間比較. 日本生態学会誌, **60**, 227-239

奥野淳一 (2018) 南極氷床変動と氷河性地殻均衡. 低温科学, **76**, 205-225

奥谷喬司 編 (1986) 決定版 生物大図鑑貝類, pp. 399, 世界文化社

奥谷喬司 編 (2000) 日本近海産貝類図鑑. pp. 1173, 東海大学出版会

奥谷喬司 編 (2017) 日本近海産貝類図鑑 第二版. pp. 1382, 東海大学出版会

大森貴之・山﨑孔平 他 (2017) 微量試料の高精度放射性炭素年代測定. 第 20 回 AMS シンポジウム予稿集

大森貴之・山田圭太郎 他 (2019) 湖底堆積物の花粉化石から高精度 ^{14}C 年代を抽出する. 日本地球惑星科学連合 2019 年大会, MIS19-12

大村明雄・太田陽子 (1992) サンゴ礁段丘の地形層序と構成層の ^{230}Th/^{234}U 年代測定からみた過去 30 万年間の古海面変化. 第四紀研究, **31**, 313-327

O'Neil, J. R., Clayton, R. N. *et al.* (1969) Oxygen isotope fractionation in divalent metal carbonates. *J. Chem. Phys.*, **51**, 5547-5558

Patterson, W. P., Smith, G. R. *et al.* (1993) Continental paleothermometry and seasonality using the isotopic composition of aragonitic otoliths of freshwater fishes. *Geophys. Mono.*, **78**, 191-202

Petit, J. R., Jouzel, J. *et al.* (1999) Climate and atmospheric history of the past 420,000 years from the Vostok ice core, Antarctica. *Nature*, **399**, 429-436

Porter, S. C. (2000) Snowline depression in the tropics during the Last Glaciation. *Quat. Sci. Rev.*, **20**, 1067-1091

Prahl, F. G., Muehlhausen, L. A. *et al.* (1988) Further evaluation of long-chain alkenones as indicators of paleoceanographic conditions. *Geochim. Cosmochim. Acta*, **52**, 2303-2310

Reimer, P. J. & Reimer, R. W. (2001) A marine reservoir correction database and on-line interface. *Radiocarbon*, **43**, 461-463

Reimer, P. J., Bard, E. *et al.* (2013) IntCal13 and Marine13 Radiocarbon Age Calibration Curves 0-50,000 Years cal BP. *Radiocarbon*, **55**, 1869-1887

Reimer, P. J., Austin, W. E. N. *et al.* (2020) The IntCal20 northern hemisphere radiocarbon age calibration curve (0-55 cal kBP). *Radiocarbon*, **62**, 725-757

Ridge, J. C., Balco, G. *et al.* (2012) The new North American Varve Chronology: A precise record of southeastern Laurentide Ice Sheet deglaciation and climate, 18.2-12.5 kyr BP, and correlations with Greenland ice core records. *Am. J. Sci.*, **312**, 685-722

斎藤文紀 (1989) 陸棚堆積物の区分と暴風型陸棚における堆積相. 地学雑誌, **98**, 350-365

斎藤文紀・井内美郎 他 (1990) 霞ヶ浦の地史：海水準変動に影響された沿岸湖沼環境変遷史. 地質学論集, **36**, 103-118

佐川拓也 (2010) 浮遊性有孔虫 Mg/Ca 古水温計の現状・課題と古海洋解析への応用例. 地質学雑誌, **116**, 63-84

Sakamoto, T., Ikehara, M. *et al.* (2006) Millennial-scale variations of sea-ice expansion in the southwestern part of the Okhotsk Sea during 120 kyr: Age model, and ice rafted debris in IMAGES Core MD01-2412. *Global Planet. Change*, **53**, 58-77

Sato, S. (1994) Analysis of the relationship between growth and sexual maturation in *Phacosoma japonicum* (Bivalvia: Veneridae). *Mar. Bio.*, **118**, 663-672

Sato, S. (1999) Temporal change of life-history traits in fossil bivalves: an example of *Phacosoma japonicum* from the Pleistocene of Japan. *Palaeo. Palaeo. Palaeo.*, **154**, 313-323

佐藤慎一 (2010) 成長線. 古生物学事典第 2 版（日本古生物学会 編）, pp. 288-289, 朝倉書店

Sawada, K., Handa, N, *et al.*, (1996) Long-chain alkenones and alkyl alkenoates in the coastal and pelagic sediments of the northwest North Pacific, with special reference to the reconstruction of *Emiliania huxleyi* and *Gephyrocapsa oceanica* ratios. *Org. Geoch.*, **24**, 751-764

Sawai, Y., Horton, B. P. *et al.* (2004) The development of a diatom-based transfer function along the Pacific coast of eastern Hokkaido, northern Japan-an aid in paleoseismic studies of the Kuril subduction zone. *Quat. Sci. Rev.*, **23**, 2467-2483

澤井祐紀 (2007) 珪藻化石群集を用いた海水準変動の復元と千島海溝南部の古地震およびテクトニクス. 第四紀研究, **46**, 363-383

Schettler, G., Liu, Q. *et al.* (2006) East-Asian monsoon variability between 15000 and 2000 cal. yr BP recorded in varved sediments of Lake Sihailongwan (northeastern China, Long Gang volcanic field). *The Holocene*, **16**, 1043-1057

Schimmelmann, A., Lange, C. B. *et al.* (2016) Varves in marine sediments: A review, Earth-Science Rev., **159**, 215-246

Schöne, B. R. (2013) *Arctica islandica* (Bivalvia): A unique paleoenvironmental archive of the northern North Atlantic Ocean. *Global Planet. Change*, **111**, 199-225

Schrag, D. P., Hampt, G. *et al.* (1996) Pore fluid constraints on the temperature and oxygen isotopic composition of the glacial ocean. *Science*, **272**, 1930-1932

関 宰 (2014) バイオマーカーを用いた古気候研究. 地球化学, **48**, 67-79

Seki, O. & Bendle, J. (preprint) Revised alkenone ^{13}C based CO_2 estimates during the Plio-Pleistocene. Clim. Past Discuss. [preprint] https://doi.org/10.5194/cp-2021-62, 2021.

Seki, O., Foster, G. L. *et al.* (2010) Alkenone and boron-based Pliocene pCO$_2$ records. *Earth. Planet. Sci. Lett.*, **292**, 201-211

Selin, N. I. (2010) The Growth and Life Span of Bivalve Mollusks at the Northeastern Coast of

Sakhalin Island. Russian *J. Mar. Bio.*, **36**, 258-269

Seto, K., Katsuki, K. *et al.* (2022) Records of environmental and ecological changes related to excavation in varve sediment from Lake Hiruga in central Japan. *J. Paleolim.*, **68**, 329-343

Shackleton, N. (1967) Oxygen isotope analyses and Pleistocene temperatures re-assessed. *Nature*, **215**, 15-17

Shen, C. C., Lin, K. *et al.* (2013) Testing the annual nature of speleothem. *Sci. Rep.*, **3**, 2633

篠塚良嗣・山田和芳 他 (2017) 三方五湖における年縞の有無と水月湖に年縞を形成した古環境の復元—湖で採取したコアから探る—. 環太平洋文明研究, **1**, 3-104

白井厚太朗 (2014) 微小領域分析法を用いた生物起源炭酸塩骨格の微量元素変動メカニズムに関する研究. 地球化学, **48**, 147-167

宍倉正展 (1999) 房総半島南部保田低地の完新世海岸段丘と地震性地殻変動. 第四紀研究, **38**, 17-2

宍倉正展・越後智雄 他 (2008) 紀伊半島南部沿岸に分布する隆起生物遺骸群集の高度と年代—南海トラフ沿いの連動型地震の履歴復元. 活断層・古地震研究報告, **8**, 267-280

宍倉正展・越後智雄 他 (2020) 能登半島北部沿岸の低位段丘および離水生物遺骸群集の高度分布からみた海域活断層の活動性. 活断層研究, **55**, 33-49

Shishikura, M., Namegaya, Y. *et al.* (2023) Late Holocene tectonics inferred from emerged shoreline features in Higashi-Izu monogenetic volcano field, Central Japan. *Tectonophysics*, **864**, 229985

庄子 仁 (1990) 氷床コア解析. 雪氷, **52**, 99-112

Siegenthaler, U., Stocker, T. F. *et al.* (2005) Stable carbon cycle-climate relationship during the late Pleistocene. *Science*, **310**, 1313-1317

Sieh, K., Natawidjaja, D. H. *et al.* (2008) Earthquake supercycles inferred from sea-level changes recorded in the corals of west Sumatra. *Science*, **322**, 1674-1678

Simon, C. A., van Niekerk, H. H. *et al.* (2019) Not out of Africa: *Spirobranchus kraussii* (Baird, 1865) is not a global fouling and invasive serpulid of Indo-Pacific origin. *Aquatic Invasions*, **14**, 221-249

Sisma-Ventura, G., Antonioli, F. *et al.* (2020) Assessing vermetid reefs as indicators of past sea levels in the Mediterranean. *Mar. Geo.*, **429**, 106313

Smith, V. C., Staff, R. A. *et al.* (2013) Identification and correlation of visible tephras in the Lake Suigetsu SG06 sedimentary archive, Japan: chronostratigraphic markers for synchronizing of east Asian/west Pacific palaeoclimatic records across the last 150 ka. *Quat. Sci. Rev.*, **67**, 121-137

Smolkova, O. V. (2021) Linear growth and yield of bivalve mollusks *Mya arenaria* linnaeus, 1758 in the conditions of the littoral of the barents and white seas. *Earth Environ. Sci.*, **937** 022078

添田雄二・七山 太 (2005) 北海道東部太平洋沿岸, 春採湖コア中に認められる急激な古環境変化と巨大地震津波との関係. 地学雑誌, **114**, 626-630

Solomina, O., Bradley, R. S. *et al.* (2015) Holocene glacier fluctuations. *Quat. Sci. Rev.*, **67**, 121-137

Spahni, R., Chappellaz, J. *et al.* (2005) Atmospheric methane and nitrous oxide of the Late Pleistocene from Antarctic ice cores. *Science*, **310**, 1317-1321

Spero, H. J., Mielke, K. M. *et al.* (2003) Multispecies approach to reconstructing eastern equatorial Paci∮c thermocline hydrography during the past 360 kyr. *Paleoceanography*, **18**, 1022

Steward, K. A., Lamoureux, S. F. *et al.* (2008) Multiple ecological and hydrological changes recorded in varved sediments from Sanagak Lake, Nunavut, Canada. *J. Paleolim.*, **40**, 217-233

Stuiver, M., Reimer, P. J. *et al.* (1998) INTCAL98 radiocarbon age calibration, 24,000-0 cal BP. *Radiocarbon*, **40**, 1041-1083

鈴木 淳 (2012) サンゴ骨格分析による過去の気候変遷の復元—生体鉱物を用いた地球化学的手法による地球環境研究—. *Synthesiology*, **5**, 80-88

鈴木 淳・井上麻夕里 (2012) 造礁サンゴ類の石灰化機構と地球環境変動に対する応答. 海の研究, **21**, 177-188

鈴木 淳・川幡穂高 (2007) サンゴなどの生物起源炭酸塩および鍾乳石の酸素・炭素同位体比にみる反応速度論的効果. 地球化学, **41**, 17-33

鈴木 仁 (2016) 日本産小型哺乳類の自然史学への誘い. 哺乳類科学, **56**, 259-271

多田隆治 (1997) 最終氷期以降の日本海および周辺域の環境変遷. 第四紀研究, **36**, 287-300

多田隆治 (1998) 数百年～数千年スケールの急激な気候変動—Dansgaard-Oeschger Cycle に対する地球システムの応答—. 地学雑誌, **107**, 218-233

Takagi, H., Moriya, K. *et al.* (2016) Individual migration pathways of modern planktic foraminifers: Chamber-by-chamber assessment of stable isotopes *Paleont. Res.*, **20**, 268-284

Takemoto, A. & Oda, M. (1997) New Planktic Foraminiferal transfer functions for the Kuroshio: Oyashio current region off Japan. *Paleont. Res.*, **1**, 291-310

田村 亨 (2018) 古環境記録としての日本列島の波浪卓越海岸. 第四紀研究, **57**, 197-210

田村 亨 (2021) 光ルミネッセンス (OSL) 年代測定法. *Radioisotopes*, **70**, 107-116

Tanabe, K. & Oba, T. (1988) Latitudinal variation in shell growth patterns of *Phacosoma japonicum* (Bivalvia: Veneridae) from the Japanese coast. *Mar. Eco. Prog. Ser.*, **47**, 75-82

Tanabe, K., Mimura, T. *et al.* (2017) Interannual to decadal variability of summer sea surface temperature in the Sea of Okhotsk recorded in the shell growth history of Stimpson's hard clams (*Mercenaria stimpsoni*). *Global Planet. Change*, **157**, 35-47

Tanaka, Y. (1991) Calcareous nannoplankton thanatocoenoses in surface sediments from seas around Japan. *Sci. Rep. Tohoku Univ., 2nd ser(Geol.)*, **61**, 127-198

田中裕一郎 (1993) 海洋微化石による生物温度計への試み—鮮新世石灰質ナンノ化石を例に. 化石, **55**, 65-76

谷村好洋 (2014) 海洋環境の指標としての珪藻化石. *Diatom*, **30**, 41-56

Thébault, J., Chauvaud, L. *et al.* (2007) Reconstruction of seasonal temperature variability in the tropical Pacific Ocean from the shell of the scallop, *Comptopallium radula*. *Geochim. Cosmochim. Acta*, **71**, 918-928

Thorrold, S. R., Campana, S. E. *et al.* (1997) Factors determining $\delta^{13}C$ and $\delta^{18}O$ fractionation in aragonitic otoliths of marine fish. *Geochim. Cosmochim. Acta*, **61**, 2909-2919

徳橋秀一・近藤康生 (1989) 下総層群の堆積サイクルと堆積環境に関する一考察. 地質学雑誌, 95, 933-951

Torres, M. E., Zima, D. *et al.* (2011) Hydrographic changes in Nares Strait (Canadian Arctic archipelago) in recent decades based on $\delta^{18}O$ profiles of bivalve shells. *Arctic*, **64**, 45-58

Toyofuku, T., Kitazato, H. *et al.* (2000) Evaluation of Mg/Ca thermometry in foraminifera: comparison of experimental results and measurements in nature. *Paleoceanography*, **15**, 456-464

豊福高志・長井裕季子 (2019) 海に住む単細胞性石灰化生物 有孔虫の殻形成. 日本結晶成長学会誌, 46-3-02

土屋正史・豊福高志 他 (2016) 有孔虫の生物学的プロセス研究の進展—微化石生物の古生態を理解するための現生有孔虫生態学—. 化石, **100**, 81-108

Tudhope, A. W., Chilcott, C. P. *et al.* (2001) Variability in the El Niño-Southern Oscillation through a glacial-interglacial cycle. *Science*, **291**, 1511-1517

塚原東吾・財城真寿美 他 (2005) 日本の機器観測の始まり：誰が, どのような状況で始めたのか. 月刊地球, **27**, 713-720

塚本すみ子 (2018) 光ルミネッセンス (OSL) 年代測定法の最近の発展と日本の堆積物への更なる応用の可能性. 第四紀研究, **57**, 157-167

宇多高明・伊藤弘之 他 (1992) 日本沿岸における 1955 年以降の海水準変動. 海岸工学論文集, **39**, 1021-1025

植村 立 (2007) 水の安定同位体比による古気温推定の研究—極域氷床コアからの数千年スケールの気候変動の復元—. 第四紀研究, **46**, 147-164

植村 立 (2019) 南極アイスコアの安定同位体比解析による周辺海域の温度復元. *Isotope News*, **762**, 18-21

Uemura R., Nakamoto, M. *et al.* (2016) Precise oxygen and hydrogen isotope determination in nanoliter quantities of speleothem inclusion water by cavity ring-down spectroscopic techniques. *Geochim. Cosmochim. Acta*, **172**, 159-176

Uemura R., Motoyama, H. *et al.* (2018) Asynchrony between Antarctic temperature and CO_2 associated with obliquity over the past 720,000 years. *Nat. Commun.*, **9**, 961

Waelbroeck, C., Labeyrie, L. *et al.* (2002) Sea-level and deep water temperature changes derived from benthic foraminifera isotopic records. *Quat. Sci. Rev.*, **1-3**, 295-305

Wanamaker, A. D. Jr., Butler, P. G. *et al.* (2012) Surface changes in the North Atlantic meridional overturning circulation during the last millennium. *Nat. Commun.*, **3**, 899

渡辺勝敏 (2010) 新生代淡水魚類化石から見る日本列島の淡水魚類相の変遷. (渡辺勝敏 他編) 淡水魚類地理の自然史, pp. 185-202, 北海道大学出版会

渡辺興亜・藤井理行 他 (2002) 南極氷床, ドームふじコアから読む地球気候・環境変動. 地学雑誌, **111**, 856-867

Watanabe, T., Suzuki, A. *et al.* (2011) Permanent El Niño during the Pliocene warm period not supported by coral evidence. *Nature*, **471**, 209-211

渡邊 剛・山崎敦子 (2019) サンゴのバイオミネラリゼーションと炭素循環. 日本結晶成長学会誌, 46-3-06

Wittmer, J. M., Dexter, T. A. *et al.* (2014) Quantitative bathymetric models for Late Quaternary transgressive-regressive cycles of the Po Plain, Italy. *J. Geo.*, **122**, 649-670

Woodroffe, C. D., McGregor, H. V. *et al.* (2012) Mid-Pacific microatolls record sea-level stability over the past 5000 yr. *Geology*, **40**, 951-954

山本博文・平井祐太朗 (2019) 越前海岸沿い活断層の最新活動時期と隆起量の再検討. 福井大学地域環境研究教育センター研究紀要 「日本海地域の自然と環境」, **25**, 23-33

Yamada, K. (2018) Lake varves and environmental history. *in* Multidisciplinary Studies of the Environment and Civilization (eds. Yamada, Y. & Hudson, M. J.), pp. 24-42, Taylor & Francis

山田和芳・高安克己 (2006) 出雲平野——宍道湖地域における完新世の古環境変動——ボーリングコア解析による検討——. 第四紀研究, **45**, 391-405

山田和芳・高田裕行 他 (2004) 島根県神西湖堆積物の層序と完新世環境変遷史. LAGUNA （汽水域研究）, **11**, 135-145

Yamada, K., Omori, T. *et al.* (2021) Extraction method for fossil pollen grains using a cell sorter suitable for routine ^{14}C dating. *Quat. Sci. Rev.*, **272**, 107236

山本正伸 (1999) アルケノン古水温計の現状と課題. 地球化学, **33**, 191-204

山本正伸 (2009) 古水温変動からみた北太平洋の軌道強制力に対する応答. 化石, **86**, 45-58

山本正伸 (2018) 北極海の古海洋研究：現状と課題. 地質学雑誌, **124**, 3-16

Yamamoto, M., Clemens, S. C. *et al.* (2022) Increased interglacial atmospheric CO_2 levels followed the mid-Pleistocene Transition. *Nature Geo.*, **15**, 307-313

Yamaoka, Y., Kondo, Y. *et al.* (2016) Rate and pattern of shell growth of *Glycymeris fulgurata* and *Glycymeris vestita* (Bivalvia: Glycymerididae) in Tosa Bay as inferred from oxygen isotope analysis. *Venus*, **74**, 61-69

Yan, Y., Bender, M. L. *et al.* (2019). Two-million-year-old snapshots of atmospheric gases from Antarctic ice. *Nature*, **574**, 663-666

横山哲也 (2005) ウラン系列短寿命核種の精密分析法の開発とマグマプロセス解明への応用. 地球化学, **39**, 27-46

横山祐典 (2007) 放射性炭素を用いた気候変動および古海洋研究. 真空, **50**, 486-493

横山祐典 (2012) 最終氷期のグローバルな氷床量変動と人類の移動. 地学雑誌, 111, 883-899

横山祐典 (2019) 高精度年代測定による過去のイベント復元とメカニズム解明：多点高精度放射性炭素分析・ウラン系列核種分析・宇宙線生成核種分析. 第四紀研究, **58**, 265-286

Yokoyama, Y., Lambeck, K. *et al.* (2000) Timing of the last glacial maximum from observed sea-level minima. *Nature*, **406**, 713-716

Yokoyama, Y., Maeda, Y. *et al.* (2016) Holocene Antarctic melting and lithospheric uplift history of the southern Okinawa trough inferred from mid- to late-Holocene sea level in Iriomote Island, Ryukyu, Japan. *Quat. Inter.*, **397**, 342-348

米田 穣 (2018) 千葉県茂原市下太田貝塚の多数遺骸集積土坑人骨群における同時代性の検証. 国立歴史民俗博物館研究報告, **208**, 269-280

米山明男・竹谷 敏 他 (2007) 位相コントラスト X 線イメージング法による南極氷コア中のエアハイドレートの三次元観察. 放射光 Sept., **20**, 315-321

吉村和久・石原与四郎 他 (2019) 鍾乳洞に記録された大規模地震と津波. 第四紀研究, **58**, 195-209

吉村寿紘・井上麻夕里 (2016) 海洋におけるカルシウムの地球科学と安定同位体指標. 海の研究, **25**, 81-99

You, H., Liu, J. *et al.* (2008) Study of the varve record from Erlongwan maar lake, NE China, over the last 13 ka BP. *Chinese Sci. Bull.*, **53**, 262-266

財城真寿美・塚原東吾 他 (2002) 出島（長崎）における 19 世紀の気象観測記録. 地理学評論, **75**, 901-912

Wanamaker, Jr. A. D., Kreutz, K. J. *et al.* (2007) Experimental determination of salinity, temperature, growth, and metabolic effects on shell isotope chemistry of *Mytilus edulis* collected from Maine and Greenland. *Paleoceanography*, **22**, PA2217

Zolitschka, B. (1998) A 14,000 year sediment yield record from western Germany based on annually laminated lake sediments. *Geomorphology*, **22**, 1-17

Zolitschka, B., Francus, P. *et al.* (2015) Varves in lake sediments – a review. *Quat. Sci. Rev.*, **117**, 1-41

第 **3** 章

第四紀の気候・海水準変動

　近代科学の手法は実験的な手法と数学的な手法を使い，自然現象の法則を数学的に公式化するもので，Galilei（ガリレイ，ユリウス暦 1564-グレゴリオ暦 1642）や Newton（ニュートン，グレゴリオ暦 1643-1727）などが確立した．一方，化石記録や地質記録などを扱う歴史科学では実験できない事象もあり，それらの科学的解釈のために，1700 年後半に 2 つの手法が提唱された．一つは斉一説(uniformitarianism) であり，Hutton（ハットン，1726-1797）が 1788 年に提唱したもので，過去の現象も現在の現象と同様の過程であるとみなす．その後，この考え方を Lyell（ライエル，1797-1875）が「地質学原理」として高め，同名の本『地質学原理』を 1830 年代に出版した（矢島，2010）．もう一つは，天変地異（激変）説 (catastrophism) であり，Cuvier（キュビエ，1769-1832）が 1812 年に提唱したもので (Sweatman, 2017)，急激な天変地異（環境変動）で生物は各時代で絶滅し，その後，新しい生物が移動してくるという考えである．この説では，過去には現在の自然現象とは異なる様相・規模の現象が起きたことを想定している．

　西欧で近代科学と歴史科学の手法が確立した時代は小氷期に当たり，その直前の950～1250 年は中世温暖期と呼ばれる．ただ，両期間ともその年代の定義は確定していない．中世温暖期は北欧や北大西洋は温暖で，グリーンランドにヨーロッパ人が定住していた．だが，1315～1319 年の大雨から始まり，1845～1849 年のアイルランドのジャガイモ飢饉にかけては西欧の気候は非常に不安定だった．この期間を小氷期と呼び，その期間の定義は確定していないが，上記は最も長めにとった期間である（表 3.1）．

　小氷期の後半，アルプス周辺の山地や丘陵の斜面や尾根に散在する遠来の巨礫（迷子石）や，河川の侵食作用では説明できない湖（氷河湖）の解釈が問題になっていた（岡，1995）（図 3.1）．これらの事象は，調査・議論の末，氷河作用によって説明できることがわかった．これは氷河説と呼ばれ，年代測定法が未確立の時

表 3.1　中世温暖期から 1914 年の Milankovitch が天文学説を提唱するまでの西ヨーロッパで起きた主な気候変動に関する事象.

西暦（年）	事項	太陽活動
1914	Milankovitch が天文学説を提唱	
1864	Croll が天文学説を提唱	
1845–49	アイルランドのジャガイモ飢饉（100 万人死亡）1846・1848 年の厳冬	
1842	Adhémar が天文学説を提唱	
1837	Agassiz が氷河説を提唱	
1816	夏が来なかった年　農作物壊滅的被害	ダルトン極小期
1815	インドネシアのタンボラ火山の大噴火	(1790–1820)
1812	Cuvier が天変地異説を提唱	
1788	Hutton が斉一説を提唱	
1740–41	厳冬でアイルランドで深刻な食糧難	
1730 頃	気温データの記録開始	
1703	イギリスに大嵐襲来（950 hPa）	マウンダー極小期
1600	海水温低下による北西ヨーロッパ沖でのタラ漁衰退（1830 年まで）	(1645–1715)
1587–89	北米東部で日照り	
15 世紀後半	冬期の暴風雨の発生頻度急増	
1580 以降	アルプス氷河の前進	
1492	Columbus がバハマ諸島に上陸	シュペーラー極小期
1469	イギリスでブドウ栽培が断念	(1450–1550)
1350 頃	グリーンランドの植民地の放棄	ウォルフ極小期
1348 頃	ペスト流行	(1280–1350)
1315–19	春から夏にかけての大雨で大飢饉	
1000	グリーンランドに植民地建設	中世極大期
950–1250 頃	中世温暖期	1100–1250

図 3.1　イングランドの Yorkshire Dales National Park に見られる迷子石（矢部淳氏提供）.

代だったので，"比較的最近"まで，西欧は氷河に覆われていたことが判明した．折しもアルプス氷河の拡大や厳冬の多発で，西欧では再び氷河に覆われるのではないかという不安が増し，氷河作用の消長の原因究明は喫緊の研究課題となった．

84　第 3 章　第四紀の気候・海水準変動

この研究の進展が，今日の第四紀の気候・海水準変動の知見をもたらした．そこで，本章では，研究史として，氷河説の確立，氷期と間氷期の周期性の原因としての天文学説の展開，ミランコビッチ仮説の検証を概説する．その後，第四紀の気候変動の実態と発生機構を紹介する．研究史は主に Imbrie, J. & Imbrie, K. P.『Ice Ages Solving the Mystery』(1979) を小泉 格が訳した『氷河時代の謎をとく』(1982) に基づく．

3.1　研究史

3.1.1　氷河説の確立

　1820 年代，Buckland（バックランド，1784-1856）は，イギリスの洞窟で，現在の欧州にはいない哺乳類の化石群を発見し，これらはノアの大洪水で死んだと解釈するとともに，比較的新しい侵食地形・段丘を形成する砂礫層・漂礫や迷子石は洪水で運搬されたと解釈した（岡，1995）．これを洪水説という．だが，大洪水は強欲な人間を根絶するために起こされたものであるはずなのに，"洪水堆積物" は人骨を産しないなどの理由で洪水説は消えていった．

　一方，Lyell は，斉一説に則り，1837 年より，迷子石は氷山の中に氷漬けになって流されてきたとする氷山説を提唱した．これを南極・北極圏の探検者たちも支持したが，付近に海岸の痕跡がないなどの理由で消えていった．

　これらの学説の提唱と同時期に，スイスの古生物学者の Agassiz（アガシ，1807-1873）は，1837 年のスイス自然科学協会で，会長として，当初の講演「ブラジルで発見された魚類化石」を変更して，氷河説を述べた．この説は，ジャン・ピエール・ペローダンやジャン・ド・シャルパンティ，イグナス・ベネッツなどの先駆者がアルプス氷河の観察に基づく考察を総括・発展したものである．氷河説では，フランスのジュラ山中に散在する迷子石は過去の氷河作用の証拠であり，この氷河は極地の巨大な氷床の一部で，北米の大部分だけでなく，南は地中海まで覆っていたとし，この期間を氷河時代と表現した．

　Buckland は，1838 年に Agassiz の氷河説を聴くため，ドイツで開かれた会合に出席した後，Agassiz からアルプスの氷河で説明を受けたが，氷河説を受諾しなかった．だが，1840 年にイギリスで開かれた会合で Agassiz が氷河説を講演した後，Buckland は Agassiz とともにスコットランドの "洪積層" を観察し，氷河説を受諾した．その後，Lyell も氷河説へ転向し，イギリスでは 1874 年に『The Great Ice Age （大氷河時代）』(Geikie, 1874) の出版をみるに至り，氷河説が受け入れられた（岡，1995）．同書には，氷河作用による堆積層（氷河性堆積物）が，温暖な気候の下で生育する植物化石を含む地層を挟むことが記されており，氷期・

3.1　研究史　85

表 3.2　氷期・間氷期サイクルの原因に関する学説.

学説名	内容
天文学説	地球公転の軌道要素の永年変化に伴う, 地球表面での日射量分布の周期変動.
太陽放射説	氷河時代は太陽放射量の減少で起きた. 検証方法がなく, 理論もない.
塵説	宇宙空間には微粒子が存在し, 地球がその高濃度の微粒子の領域を通過する時に, 太陽エネルギーが遮られて氷河時代となった. 検証方法がなく, 理論もない.
火山噴火説	火山噴火で放出された塵が太陽光を反射した結果, 氷河時代となった. 証拠は見出されなかった.
地殻活動説	Lyell が提唱し, 地殻変動で隆起した場所が寒冷化し, 氷河時代となる. 地殻変動の速度が速すぎるし, 証拠もなかった.
サージ説	南極氷床から海に大量流入した海氷が太陽光を反射したので, 氷河時代となる. サージは急激な氷床の流れである. 氷河時代の開始前に, 海水準が上昇するはずだが, その痕跡は検出されていない.

間氷期サイクルの存在が判明した.

　Agassiz の氷河説の受け入れが遅れた原因は 2 つある. 第 1 は当時の地質学者が氷河の知識がほとんどなかったので, 氷河作用を想定しなかったためである. これは斉一説の弱点である. 第 2 は Agassiz の主張が行き過ぎていたことにある. たとえば, 迷子石もないのに, 地中海沿岸まで氷床が広がったとか, 欧州と北米を覆っていた氷床が南米まで広がった, と主張していた.

3.1.2　天文学説の展開

　氷河説により氷河の拡大・縮小 (氷期・間氷期) が周期的に起きたことが判明し, その原因に様々な学説が提案されたが, 説明できる仮説は天文学説だけである (表 3.2).

　天文学説の最初の提唱者はフランスの Adhémar (アデマール, 1797-1862) で, 1842 年に『Revolutions of the Sea (海の大変動)』を刊行し, 氷河時代をもたらす第一の原動力は地球の公転にあると提唱した. すなわち, 春分点 (3 月 20 日) から秋分点 (9 月 22 日) までの期間は, 秋分点から春分点までの期間よりも 7 日間多い. そのため, 北半球の昼の時間は, 夜の時間よりも 168 時間長く, 南半球ではその分夜の時間が長い. そのため南極氷床が形成された. 4 つの分点 (春分点, 夏至点, 秋分点, 冬至点) は歳差運動と地球軌道面の回転で, 21,700 年で一周する (図 3.2). したがって, Adhémar は, 氷期は 21,700 年周期で起き, 冬の期間が長い方の半球で氷期となると考えた. つまり, 北半球で氷河が拡大 (縮小) した時には, 南半球では氷河が縮小 (拡大) した (南北半球逆位相) という考えである. だが, この説は, 1852 年に Humboldt (フンボルト) により, それぞれの半球の平均気温は, 昼夜の時間数ではなく, 年間に受ける太陽エネルギーの総

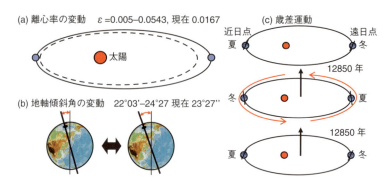

図 3.2　ミランコビッチサイクルの 3 つの地球の軌道要素. (a) 約 10 万年周期の公転軌道の離心率変動, (b) 約 4 万年周期で変動する地軸傾斜角, (c) 約 2 万年周期で変動する地軸の歳差運動.

量（以下では日射量）に支配され，その熱量は両半球とも同じであると指摘され，説得力を失った．

次に，天文学説を提唱したのは，スコットランドの James Croll（ジェームス・クロール，1821-1890）である．1864 年に『On the Physical Cause of the Change of Climate During Geological Epochs』を刊行し，フランスの Le Verrier（ルヴリエ）が確立した地球の公転軌道の離心率の計算式を用いて，過去 300 万年間のいくつかの年代における離心率を計算し，変化曲線を示した．軌道の離心率は 0.005〜0.0543 で，現在は 0.0167 である（図 3.2）．Le Verrier は年間日射量は離心率の変化に影響されないことを示していた．一方，Croll は季節ごとの日射量は離心率の変化に影響されることを示し，冬季日射量の減少が，正のフィードバックで寒冷化を加速し，氷期をもたらすと考えた．すなわち，雪は太陽放射を反射するため（アルベド効果），雪に覆われた面積が増えると，それによって太陽放射の反射量が増えるので，ますます雪に覆われた面積が増えるというものである．Croll が，このフィードバックシステム（アイス・アルベド・フィードバック，Ice-albedo feedback）を導入した理由は，大規模な氷床の発達をもたらすには，日射量の減少量が少なすぎると考えたからである．

以上のように正のフィードバックシステムも加わり，氷河時代への移行は冬季日射量の減少が決定するとし，Croll は歳差運動を考慮に入れて，離心率と氷河時代のタイミングについて次の説を提唱した．

離心率が小さい期間には冬至点が遠日点に来ても，氷河時代を招くほどには寒冷にはならない．一方，離心率が大きくかつ冬至点が遠日点にくると，太陽と地球間の距離が最大になるので，寒冷な冬となり，ある臨界値を超えると南北半球のどちらかが氷河時代となる．そして，個々の氷河時代は約 1 万年間続く．Adhémar

と同様に氷河の拡大は南北半球で逆位相になり，Croll は氷河時代が起きた期間を氷期とし，氷期と氷期を隔てている期間を間氷期とし，1 番最後の氷期から 10 万年以上経過しているとした (Sugden, 2014)．

　その後，Croll は 1875 年に『Climate and Time（気候と時間）』を刊行し，Le Verrier の計算した地軸傾斜角の変動も取り入れ，自説を補強した．Le Verrier の計算では，地軸傾斜角は約 22〜25°までの範囲内を動くとしたので（図 3.2），Croll は地軸傾斜角が小さい期間では極地域の受ける日射量の総量はより減少するので，その期間に氷河時代は起こりやすいと提唱した．だが，Le Verrier が地軸傾斜角の変化の時期を算定していなかったので，議論を展開できなかった．後述する氷期・間氷期サイクルの原因論から見ると，Croll はサイクルのタイミングを支配する軌道要素のすべて，すなわち歳差運動，地軸傾斜角，離心率の変動を示しており，さらに気候システムの「正のフィードバックシステム」を導入し，天文学説の根幹部分の理論を築いたといえる．

　Croll の理論の検証には，(1) 氷河時代の南北半球での交互発生，(2) 最後の氷河時代の終了年代（約 100 ka; ka = 1,000 年前）を実証する必要があり，30 年余り調査が行われた．結論からいうと，絶対年代測定法の確立前だったので，無理だった．しかし，1841 年には，すでに Lyell などが斉一説を用いて，ナイアガラ滝の後退速度の推定から，氷河が約 30 ka に後退し始めたことを解明していた．ナイアガラ河は氷河性堆積物で作られた台地を侵食しており，台地の縁で滝が誕生した（図 3.3）．滝は氷河性堆積物を侵食し，上流側に後退し，滝の下流側には峡谷が形成される．ナイアガラ滝は，誕生した場所から直線距離で 9 km，道のりで約 11 km 上流にある（図 3.3）．一方，住民の観察から滝の後退速度は年間 0.3 m と推定されるので，Lyell は滝の後退，つまり氷河の後退の開始時期を約 30 ka と算出した．このような推定と Croll の天文学説との相違によって，19 世紀末には Croll の天文学説は廃れていった．

3.1.3　ミランコビッチ仮説

　Croll の死後，14 年後の 1904 年にドイツの数学者 Pilgrim が，過去 100 万年間の歳差運動，地軸傾斜角，離心率に関する変動を計算した．これを使い，セルビアの Milutin Milanković（ミランコビッチ，Milankovitch の表記が一般的，1879-1958）は，天文学説を発展させ，1912 年より各緯度の太陽日射量を計算し始めた．複雑な計算のため，30 年を要し，その途上の 1914 年にセルビア語で，「About the issue of the astronomical theory of ice ages（氷河時代に関する天文学説問題について）」を発表した．ここには，離心率と歳差運動の変動が，氷床の拡大・縮小を引き起こすほど大きいことを，数式を用いて証明し，さらに地軸傾斜角の変動

図 3.3　ナイアガラ滝の後退の様子．画像は Google earth から複写．

が気候にもたらす影響の重要性を論じた．しかし，セルビア語でありかつ第一次世界大戦勃発前であったので，科学界には知られなかった．

　第一次世界大戦勃発の直後，Milankovitch はオーストリア・ハンガリー軍に捕らえられ，1914 年末にブタペストに移送されたが，週に 1 度警察に出頭する条件で市内に解放された．そして，戦争終了までの 4 年間，ハンガリー科学アカデミーの図書館で計算した．そして，1920 年に『Mathematical Theory of Heat Phenomena Produced by Solar Radiation（太陽放射によって生じる熱現象に関する数学理論）』を刊行し，地球，火星，金星の気候に関する数学的記述，軌道要素の変動に伴う日射量の地理的・季節的変化が氷河時代の原因になること，過去の地球に到達する日射量を計算できることを示した．

　この著書は，ドイツの気候学者 Köppen（ケッペン，1846-1940）と地球物理学者 Wegener（ウェゲナー，1880-1930）から支持を得た．そして，Milankovitch は Köppen に，氷床の成長を決定するのはどの緯度でどの季節かを問い合わせた．これに対して，Köppen は，現在の北半球の冬季ですら積雪があるので，冬季日射量が減少しても氷河への影響はほとんどないが，夏季には氷河は融けるので，北半球の夏季日射量の増減が氷床の成長を決定すると回答した．これを受け，Milankovitch は 60 万年間の北緯 55，60，65°の夏季日射量変動を計算し，変動曲線で図示した．これは Köppen と Wegener が 1924 年に出版した『Climates of the Geological Past（地質学的過去の気候）』に紹介され，広く知られることとなった（図 3.4）．

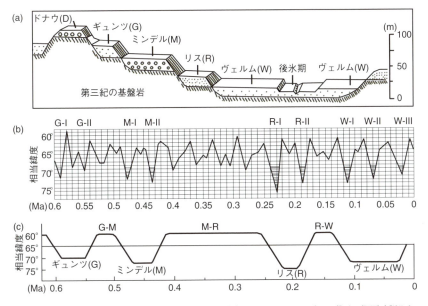

図 3.4 ヨーロッパアルプスの段丘と夏季日射量変動. (a) ヨーロッパアルプスの段丘の概要 (Glückert, 1974). (b)(c) 相当緯度によって表現された日射量変動曲線と 4 つの氷期 (Milankovitch, 1941). 柏谷 (1992) をもとに作成.

変動曲線の図では，夏季日射量の絶対値は不明だったので，相当する緯度に換算して表していた．この後，ミランコビッチは，北緯 5° から 75° までの 8 つの緯度の夏季日射量変動の計算を進め，初期のグラフよりも計算点数を増やして，なめらかな曲線形にしていった．

この変動曲線には，60 万年間に 9 回の極小期（相当する緯度は 70° を超える）がある．1924 年の出版物で，Köppen と Wegener は，最後の氷期は 3 つの日射量の極小部，25 ka（ka＝1,000 年前），72 ka，115 ka，でまとめられ，それ以前の 3 つの氷期では 2 つの日射量の極小部のセットからなることを強調するとともに，これらの期間はドイツの地理学者 Penck（ペンク，1858-1945）と Brückner（ブルックナー，1862-1927）が 1909 年に発表したアルプス氷河の前進した期間と良く一致すると結論した．アルプスの河川谷には 4 段の砂礫段丘が発達し，それらの下流域は，河川の浸食が砂礫層にまで及んでいる（図 3.4）．ペンクとブルックナーは，これらの段丘から 60 万年間に 4 回の氷期が起きたとし，古い方から，アルファベット順に，ギュンツ (Günz)，ミンデル (Mindel)，リス (Riß)，ウルム (Würm) と名づけた．また，各氷期の年代は次のように算出した．まず，スイスの湖堆積物の後氷期堆積物の層厚から，後氷期の継続時間を約 2 万年間と算出

し，後氷期の河川の浸食速度を求めた．次に，この浸食速度と，河川谷の下流域に見られる河川による浸食の深さから，間氷期の継続時間を算出したのである．ウルムとリス氷期の間の間氷期は約6万年間，リスとミンデル氷期の間の間氷期は約24万年間，ミンデルとギュンツ氷期の間の間氷期は約6万年間である．なお，Milankovitch は0.6 Ma（Ma = 100万年前）以降の夏季日射量変動曲線の特徴として，0.25〜0.45 Ma までの日射量が高い状態が長期間継続する点に注目していた．そして，この長期間の状態は，PenckとBrücknerの示したリスとミンデル氷期の間の間氷期に非常に良く一致した．

　なお，同時期に，北米でも氷河作用に伴う堆積物の調査が行われ，欧州と同様に，4つの氷期があったことが明らかにされ，古い方からネブラスカ (Nebraskan)，カンサス (Kansan)，イリノイ (Illinoian)，ウィスコンシン (Wisconsin) 氷期と名づけられている．また，欧州では，ギュンツよりも古いドナウ氷期が追加された．なお，現在の氷期・間氷期の名称は海洋酸素同位体ステージ (MIS: Marine Isotope Stage) を使うのが主流である．

3.1.4　ミランコビッチ仮説の検証

　1924年の『Climates of the Geological Past』出版後，Milankovitch の提唱した天文学説の検証が始まった．これを読解するうえで必須の2つの用語を記す．

　1つ目は，ミランコビッチサイクル (Milankovitch cycle) で，「地球公転の軌道要素である歳差運動 (precession index)，地軸傾斜角の変動 (obliquity variation)，離心率 (orbital eccentricity) の変動が複合してもたらす地球表面での日射量分布の周期変動」を意味する．歳差運動の周期は約1.9万年と2.3万年，地軸傾斜角の変動の周期は約4.1万年，離心率の変動の周期は約10万年と40万年の周期である．歳差運動と地軸傾斜角の変動は，各緯度と季節の日射量分布を変えるが，年間日射量は変化しない．前述の通り，これは1852年に Humboldt が指摘している．離心率の変動に伴う年間日射量の変動は，1 Ma 以降では0.3%に過ぎない（川幡，2011）．地球公転の軌道要素の永年変化は，太陽，月，木星などの惑星の引力で起きるので，地球誕生から現在まで，ミランコビッチサイクルは地球表層環境に影響を与えている．実際に，古・中生界・第三系からもミランコビッチサイクルに伴う堆積サイクルや堆積リズムが検出されている．これらの堆積記録にミランコビッチサイクルを使って，年代値を推定する研究と方法をそれぞれ軌道要素年代学と天文較正（astronomical (orbital) calibration あるいは orbital tuning）という．天文較正は，1930〜1950年まで欧州の地質学者により，第四紀の地質記録の年代決定に利用された．

　2つ目は，ミランコビッチ仮説である．これは，ミランコビッチが提唱した「北

緯 65° の夏期日射量の増減が氷床の消長を引き起こした」という考えである. 過去 100 万年における北緯 65° の 7 月の日射量は約 20% の変動量である. なお, 軌道要素ならびに日射量の各緯度・各月の値は, 以下の URL などからダウンロードできる. http://vo.imcce.fr/insola/earth/online/earth/online/index.php

1949 年に Libby (リビー, 1908-1980) が放射性炭素 (^{14}C) 年代測定の結果を公表するまで, Croll の時と同様に地質記録には絶対年代を入れることができなかった. そのため, 上述したアルプスの砂礫段丘の研究との対比によって, ミランコビッチ仮説は支持され, 1940 年代後半には北半球の夏季日射量変動曲線を使って, 堆積物の年代を推定することも行われた.

^{14}C 年代測定により, ローレンタイド氷床の最大拡大期が 18 ka で, 10 ka になると急速に消滅したことがわかった. ミランコビッチ仮説では, 最後の日射量最小期は 25 ka である. 7,000 年の不一致は, 動きの遅い氷床が夏季日射量変動に応答するのにかかるラグタイムとして説明できるので, この年代値はミランコビッチ仮説を支持した. だが, 北アメリカ, 欧州各地で約 25 ka の泥炭層が発見された. 泥炭層は比較的温暖な気候の下で堆積するが, ミランコビッチ仮説では日射量の極小期に当たる. さらに, Croll や Milankovitch の考えでは, 両半球で交互に氷期になったというものだが, 実際は両半球同時であったことが判明した. これらのことからミランコビッチ仮説の支持者はかなり減ってしまった. なお, 現在では ^{14}C 年代測定との乖離の原因は ^{14}C 生成量変化などによる年代較正の問題にあることがわかっている. Intcal 13 (Reimer *et al.*, 2013) に基づくと, 25,000 ^{14}C BP は暦年代では 29 ka である. また, 1,000 年間隔の計算では, 30 ka 以降の期間における北半球の夏季日射量極小期は約 22 ka なので, 泥炭層の堆積時代と夏季日射量極小期との間には 7,000 年のずれがあったことになる.

陸上の地質・化石記録から, ミランコビッチ仮説に不利な知見が得られていたが, 陸上記録の不完全性は Croll がすでに指摘し, さらに彼は海底堆積物から天文学説を裏づける連続的な地質・化石記録が得られると予期していた. 1872 年のイギリス海洋調査船チャレンジャー号の調査開始以降, 深海底堆積物中の微化石分析とともに試料採取用コアラーの開発により, 1947 年にはピストン式コアラーにより 10～15 m 長のコア試料が採取できるようになった.

天文学説の妥当性を裏づける古海洋学研究は, 第二次世界大戦後のアメリカで飛躍的に進んだ. 当初の研究は浮遊性有孔虫を対象とした古水温復元であり, 2 つの方法から行われた. 一つは示相化石に基づく方法で, もう一つは酸素同位体比 (δ^{18}O) に基づく方法である.

示相化石に基づく方法は, Ericson (エリクソン) らが推進し, 温暖な海域に生息する浮遊性有孔虫 *Globorotalia menardii* の産出頻度を用いた研究である. ド

イツの Schott (1935) は，赤道大西洋の長さ 1 m の深海底コアを解析し，浮遊性有孔虫群集から，上部層（第一層），中部層（第二層），下部層（第三層）に区分し，*G. menardii* は第一・三層に産するが，第二層にはまったく産出しないことから，第一層は後氷期で，第二相は最終氷期で，第三層は最終氷期に先立つ間氷期の堆積物と解釈した．Ericson *et al.* (1956) は，*G. menardii* や *Globigerina inflata*（寒冷種）の相対比を求め，さらに浮遊性有孔虫から求めた ^{14}C 年代値から，約 11 ka に最終氷期から後氷期に移行したとしている．

δ^{18}O に基づく方法は，1955 年の Emiliani（エミリアーニ，1922-1995）による大西洋，カリブ海，太平洋の 8 本の深海コア（長さ 7 m に達する）に含まれる浮遊性有孔虫の δ^{18}O の測定である．これらのコアには，Ericson の提供した 3 本のコアも含まれていた．^{14}C 年代値から算出した表層堆積物の堆積速度を外挿し，過去 30 万年間に 7 回の氷期・間氷期サイクルがあったことを解明し，若い方から海洋酸素同位体ステージ (MIS) 1〜13 とつけた．亜間氷期的な MIS3 を除き，奇数は後氷期または間氷期で，偶数は氷期である．Emiliani は，大西洋とカリブ海の赤道域における氷期・間氷期サイクルの表層水温の変動量を約 6 ℃ と推定し，最も古い氷期は約 0.28 Ma と推定した．これらの氷期を示す水温の極小期と，北半球高緯度の夏季日射量の極小期が対応したので，Emiliani はミランコビッチ仮説を支持した．さらに，水温と日射量のサイクルの間には約 5,000 年の遅れがあるとした．

示相化石と δ^{18}O に基づく推定では，MIS1〜5 までは両方の結果は比較的一致したが，それより古い時代については一致しなかった．この問題を解決するため，Imbrie（インブリー，1925-2016）は，Kipp（キップ）と浮遊性有孔虫群集から水温や塩分を変換関数 (transfer function) を用いて求める手法を提案し，Imbrie & Kipp (1971) に公表した．これは重回帰分析により，浮遊性有孔虫群集の組成と環境パラメータとの回帰関係から回帰式（変換関数）を導くもので，主に大西洋の表層堆積物から採取した 61 の遺骸群集と，1 本のカリブ海コアから取り出した 110 の化石群集を用いた（谷村，2014）．1969 年には，彼らは，Ericson が用いた *G. menardii* の産出頻度は表層水温以外の要因（ただし，しばしば表層水温と相関する）の影響を受けていること，一方，Emiliani の推定した表層水温の変動曲線とはパターンは一致するが，変動量はより小さいことを明らかにした．たとえば，氷期・間氷期サイクルの水温差の推定値については，Emiliani は 6 ℃で，Imbrie と Kipp は 2 ℃であったのだ．これは，δ^{18}O 変動の大部分は，海水温の変化によるものではなく，氷床量の変化によることを示唆するものであった．

この解釈は，1967 年に，Shackleton（シャクルトン，1937-2006）により示されている．彼は質量分析計を改良し，従来の 10 分の 1 のサンプル重量でもほぼ同

精度で $\delta^{18}O$ 値を測定できるようにして，Emiliani と Ericson が分析したカリブ海の深海底コアを対象に，2 回の氷期とその間の間氷期（あるいは亜間氷期）の堆積物から底生有孔虫（産出密度は浮遊性有孔虫よりもかなり低い）の $\delta^{18}O$ を測定した．そして，同層準から Emiliani が測定した浮遊性有孔虫 *Globigerinoides sacculifer* の $\delta^{18}O$ 値と比較し，両方の値がほぼ同じであることを見出したのである (Shackleton, 1967).

　さて，^{14}C 年代測定はミランコビッチ仮説に不利な結果をもたらしたが，ミランコビッチサイクルは数万年スケールの変動である．そのため，仮説の検証には ^{14}C 年代測定範囲の 50 ka よりも遡れる絶対年代の測定技術の開発が必要である．そこで，Broecker（ブロッカー，1931-2019）らは，ウラン系列核種年代測定法を開発し，カリブ海のバルバドス島の 3 段の隆起サンゴ礁段丘の群体サンゴの年代を測定し，地形的上位から下位の段丘の形成年代を約 122，103，82 ka であることを明らかにした (Broecker *et al.*, 1968). 隆起サンゴ礁段丘は高海水準期が長期間持続したことを示す．そして，これらの年代値が北半球の夏季日射量の極大期に一致することからミランコビッチ仮説を支持すると述べた．Broecker らの明らかにした 122 ka の高海水準期は，Konishi *et al.* (1970) が鹿児島県喜界島の隆起サンゴ礁段丘（図 2.9）のウラン系列核種年代測定から裏づけた．

　Broecker のウラン系列核種年代測定法の開発と同時期に，古地磁気層序学が確立した．この研究は，フランスの地球物理学者 Brunhes（ブルン，1867-1910[1]）が焼いたレンガを冷やすと，磁性鉱物が磁化を獲得することを発見したことから始まる．その後 Brunhes は，溶岩が同様に地球磁場を獲得することを発見し，多数の溶岩の磁化方位を測定した．そして 1905 年に現在の磁場と逆方向に磁化した溶岩の存在を明らかにし，過去に地球磁場の方向が反転したと結論した．この結論は Brunhes の生前には認められなかったが，京都帝国大学の松山基範 (1884-1958) が，1926 年に兵庫県玄武洞の溶岩が逆帯磁していることを見出し，さらに，日本，朝鮮，中国東北部の岩石の磁化方位を測定し，地球磁場が更新世に 1 度は逆転したことを明らかにした（Matuyama, 1929; 山崎，2005）．

　このように地球磁場の逆転現象が実証されたので，1950〜60 年代に古地磁気層序学が進展した．カリウム-アルゴン (K-Ar) 法で溶岩の絶対年代が測定され，逆転境界の年代が決定されていった．現在では，第四系の基底はガウス正磁極期 (Gauss normal polarity chron) と松山逆磁極期 (Matuyama reverse polarity chron) の境界の直上にあり（第 1 章），第四紀は約 0.773 Ma を境に，それ以降のブルン正磁極期 (Brunhes normal polarity chron) とそれ以前の松山逆磁極期に 2 分され

---

[1] 発音はブルンのほかにブルンズ，ブルーンなどがある.

る．松山逆磁極期の中には，現在と同じ磁場の状態が数万年間持続したことが判明し，古い方をオルドバイ正磁極亜期 (Olduvai normal polarity subchron)，新しい方をハラミヨ正磁極亜期 (Jaramillo reverse polarity subchron) と命名された．さらに，オルドバイ正磁極亜期とハラミヨ正磁極亜期の間から，コブ・マウンテン (Cobb Mountain) 正磁極亜期が，オルドバイ正磁極亜期以前にレユニオン (Reunion) 正磁極亜期が発見されている．

1960 年代には，堆積残留磁化の測定によって深海堆積物のコア試料から松山／ブルン地磁気境界が確認された．堆積残留磁化とは，磁性粒子（マグネタイトなど）が堆積物中で地磁気方向に向いた状態で力学的に固着・残留したものである．深海堆積物に含まれるマグネタイトは，主に走磁性細菌が形成した $0.05 \sim 0.1\,\mu m$ の微粒子である（山崎ほか，2017）．なお，火山岩の残留磁化は熱残留磁化といい，強磁性体が磁場中で高温状態から冷え，キュリー温度を通過時に獲得する磁場である．

1970 年代になると，松山／ブルン地磁気境界から得た知見を参考に，Broecker と van Donk（バン・ドンク）は，カリブ海の深海底コアの有孔虫殻の測定により，45 万年間の $\delta^{18}O$ 変動を明らかにした (Broecker & Van Donk, 1970)．その結果，後氷期より前に 10 万年周期の第 1 次の氷期サイクルが 6 回あり，曲線の山と谷とは対称的でなく，のこぎりの歯型 (sawtoothed pattern) を示すことを明らかにした．すなわち，約 9 万年をかけて徐々に氷床量が増大し，約 1 万年以下の期間で氷床量が急減するのである．彼らは，これらの氷床量の急減，すなわち氷期から間氷期への移行をターミネーション (termination) と呼び，新しい方から I～VI と番号をつけた．なお，現在は XII までの番号がつけられている (Railsback $et\ al.$, 2015)（図 3.5）．これらの第 1 次の氷期サイクルには，より振幅の小さい第 2 次の氷期サイクルが見られ，その期間は氷床量の増大期では平均 2 万年，縮小期では約 1,000 年である．彼らは，4 つの新しい氷期では，ターミネーションは離心率が大きくなった時期に起きているが，2 つの古い氷期では一致しなかったので，第 1 次の氷期サイクルの原因は未解明とした．

1950 年以降の天文学説の検証に関しては，主に海成堆積物に関する研究がリードしていた．陸成堆積物は，Kukla（ククラ，1930-2014）が，チェコスロバキアの黄土堆積物と土壌層の互層に関して研究していた (Kukla, 1970)．この地域は氷期にも氷床に覆われず，極砂漠となり，風による運搬で黄土層が堆積した．一方，現在や間氷期には，湿潤な気候の下で広葉樹林が拡大し，土壌層が形成された．黄土層と土壌層の累重様式から Kukla は，ブルン正磁極期に少なくとも 8 回の氷期・間氷期サイクルがあり，その周期は 10 万年で，寒冷期が温暖期よりも長く続き，氷期から間氷期への移行は急激であることを明らかにした．そして，

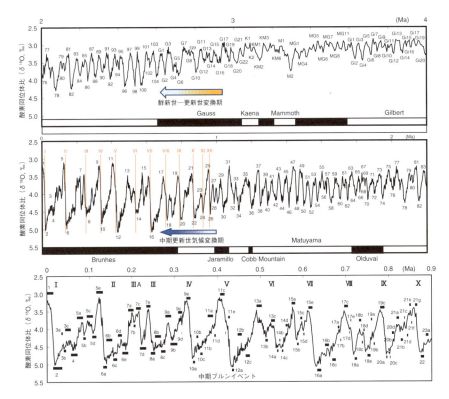

図 3.5　400万年間の深海底生有孔虫殻の $\delta^{18}O$ (Lisiecki & Raymo, 2005). アラビア数字・英文字は MIS の番号を示し，ローマ数字はターミネーションの番号を示す．上の2つの図の白黒帯は地磁気層序．

Broecker & Van Donk (1970) と比較して，黄土層と土壌層の互層と深海底コア堆積物との対比を行った．

ミランコビッチ仮説の妥当性に関しては，1976年に公表されたHays (ヘイズ)，Imbrie, Shakleton による深海底コアの解析からの検証は大変重要である．彼らは，インド洋（南緯40°）で採取したコア RC11-120（深度 3,135 m, 長さ 9.54 m）とE49-18（深度 3,256 m, 長さ 14.6 m）を用いて，0.45 Ma 以降の (1) 放散虫群集から変換係数を使って算出した古水温，(2) 放散虫 *Cycladophora davisiana* の産出頻度，(3) 浮遊性有孔虫 *Globigerina bulloides* の $\delta^{18}O$ 値の時系列データを得た．試料の採取間隔は 10 cm で，時間間隔では 3,000 年間である．これらのデータを比較するとともに，データにスペクトル解析を適用した．

(1) と (2) は南半球の夏季表層水温の代替記録で，(3) の *G. bulloides* は深い所に生息するので，その $\delta^{18}O$ 値の変動は海水の $\delta^{18}O$ 値の変動による．彼らは海

水の $\delta^{18}O$ 値の変動の主因を北半球の氷床量変動とした．これらの代替記録の比較は，南半球の夏季表層水温と北半球の氷床量変動のタイミングの比較であり，Croll の提唱以来の「南半球の気候変動は北半球のそれと同時か否か」を解くことができる．その結果，氷期・間氷期サイクルは南北両半球で同時であることがわかった．さらに，彼らは 3 つのデータについてスペクトル解析を行った．スペクトル解析は，波動や信号を様々な周波数の周期的成分に分解して各成分の強さを定量的に求める手法である．$\delta^{18}O$ 記録に関しては，10 万年，4.3 万年，2.4 万年，1.9 万年の周期が検出され，南半球の夏季表層水温の記録に関しては，9.4 万年，4.0 万年，2.3 万年の周期が検出された．ミランコビッチサイクルでは公転軌道の離心率変動は 10 万年，地軸傾斜角の変動の周期は約 4.1 万年，歳差運動の周期は約 2.3 万年と 1.9 万年であるから，上記の周期はミランコビッチサイクルと一致している．さらに彼らはフィルター解析を使い，気候曲線の 4.1 万年と 2.3 万年の周波数成分を分離し，4.1 万年の気候周期は地軸傾斜角の変動より約 8,000 年遅れることを明らかにした．一方，2.3 万年の気候周期は部分的には歳差運動の変動よりも系統的に遅れて現れることを明らかにした．Hays *et al.* (1976) は，4.2 万年周期の気候変動は地軸傾斜角の変動と位相は一致し，2.3 万年周期の気候変動は歳差運動に一致するとした．一方，10 万年周期の気候変動は，公転軌道の離心率変動と位相は近いが，その変動の気候システムへの影響は極めて小さいので，両者の関係は非線形であるとした．そして，第四紀の氷期・間氷期サイクルの原因は，地球の天文学的運動にあると結論した．

Hays *et al.* (1976) は「地球軌道の変化が氷期のペースメーカー」という天文学説に基づき，地球の軌道要素との対比から，MIS13/12 までの各ステージの境界年代を算出した．これは天文較正の復活であり，その後，Imbrie *et al.* (1984)，Martinson *et al.* (1987)，Shackleton *et al.* (1990)，Berger *et al.* (1994) などが海洋酸素同位体層序編年を改訂し，2005 年には，Lisiecki & Raymo が 57 本の深海底コアの $\delta^{18}O$ 記録（LR04 スタックカーブ）をスタックして，約 5.3 Ma までの境界年代値を較正した（図 3.5）．$\delta^{18}O$ 値は氷床量変動の代替記録であり，氷床量変動は日射量変動よりも遅れる．Lisiecki & Raymo (2005) は，この遅れ（時定数：time constant）に関して，5.3〜3.0 Ma では 5,000 年で，その後，時間とともに増加し，1.5 Ma までに 15,000 年となり，1.5 Ma 以降は一定であったとし，これらの値を補正に用いている．

MIS では，各ステージの境界は，氷期から間氷期へ，または間氷期から氷期へ，同位体比が急変する中間点に設定する．また，ステージの中を細分する場合は，特徴的なピークに 5.5，5.4 などの番号をつけ，小数点下 1 桁の数字にも温暖なピークに奇数を，寒冷なピークに偶数をつける．

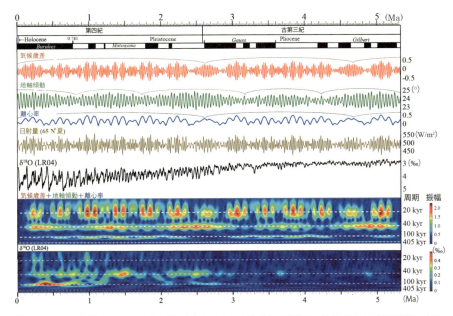

図 3.6 500 万年間のミランコビッチサイクルの 3 つの地球の軌道要素,北緯 65° の夏季日射量,深海底生有孔虫殻の δ¹⁸O (Lisiecki & Raymo, 2005) の変動および地球の軌道要素と δ¹⁸O の周期性の変動.周期性の解析はウェーブレット解析による.池田昌之氏提供.

第四紀の気候変動については,DSDP (Deep Sea Drilling Project) や ODP (Ocean Drilling Project) などにより世界各地から得た深海底コア試料の解析によって,氷期・間氷期サイクルが顕著になったのはガウス/松山 (Gauss/Matuyama) 地磁気境界前後(約 2.7〜2.6 Ma, MIS G10 から MIS100)であり,その時代から約 0.9 Ma までは 4.1 万年周期が卓越し,0.6 Ma 以降は 10 万年周期と 2.3 万年周期が卓越し,1.25〜0.6 Ma は卓越周期が変換することが判明した(図 3.5, 図 3.6).これらの期間を 4 万年世界 (41k world), 10 万年世界 (100k world) といい,移行期を中期更新世気候変換期 (MPT: Mid-Pleistocene Climatic Transition) という.氷期・間氷期サイクルの卓越周期の変化の原因は,ミランコビッチ仮説では説明できないので,重要な研究課題である.また,わずかな日射量変動が,全球気候を変化させる仕組みも重要な研究課題である.これらの解決には,代替記録からの復元精度の向上に加え,2021 年ノーベル物理学賞を受賞した真鍋淑郎氏が開発した大気海洋結合大循環モデルなどのシミュレーション研究が重要な役割を果たしている.

3.2 鮮新世–更新世変換期 (PPT)

第四系と更新統の基底の GSSP は，北半球高緯度の氷河作用が強化された約 2.6 Ma に設定されている．この気候変動に先立ち，約 3 Ma にグリーンランドに大陸氷床が現れた (Bartoli *et al.*, 2005)．この時から約 2.5 Ma までを北半球高緯度の氷河作用の強化期間 (Northern Hemisphere glaciation (NHG) interval) または鮮新世–更新世変換期 (PPT: Pliocene-Pleistocene Transition) といい，その原因にはパナマ仮説や CO_2 仮説などがある．

3.2.1 パナマ仮説

この仮説は，南北米大陸の接続が氷河作用を強化したというものである．両大陸の接続の前は，パナマに中央アメリカ水路 (Central American Seaway) があり，貿易風に駆動され，熱帯大西洋から高塩分・温暖な海水が太平洋に流入していた（図 3.7）．3.2〜2.7 Ma に水路が閉鎖し，パナマ地峡が形成されたため，熱帯大西洋の高塩分・温暖な表層水からなるメキシコ湾流が北米大陸沿いに北上し，北大西洋に達した．この場所は北大西洋深層水 (NADW) の生産場所であり，以前よりも高密度の海水が供給されたので，深層水の生産速度が増大した（図 3.7）．

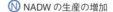

図 3.7　パナマ地峡の形成前後の北大西洋の海洋循環．Soligo (2005) をもとに作成．

その結果，全球海洋間の深層循環が強化され，メキシコ湾流の流入量が増大し，北米大陸北部に運搬される水蒸気量が増加した．そのため，冬季の降雪量が増加し，大陸氷床が形成され始めた．さらにアイス・アルベド・フィードバックも強化されて，大陸氷床の拡大が促進し，氷期・間氷期サイクルが顕著化した (Maslin *et al.*, 1996)．

この仮説の最重要点は，パナマ地峡の形成時期である．Keller *et al.* (1989) は，パナマ地峡は 6.2 Ma に現れ始め，最終的に中央アメリカ水路は 1.8 Ma に閉鎖したとしている．近年，パナマ地峡の出現あるいは中央アメリカ水路の閉鎖は数百万年間遡るとする研究が報告され，水路が 15～13 Ma までには消滅したとする研究もある (Montes *et al.*, 2015)．一方，O'Dea *et al.* (2016) は，(1) 約 3.2 Ma 以降，太平洋と大西洋の浅海性動物の個体間で遺伝的浮動は起きていないこと，(2) 海生プランクトン群集と表層海洋塩分の比較から，2.76 Ma に両海洋間の表層水の交換が終了したこと，(3) 2.7 Ma の直前に大陸間の陸生哺乳類の分散速度が加速されたこと，を確認した．さらに，これらのイベントは，最初にグリーンランド，次にユーラシア大陸の北極地域，北東アジア，アラスカで氷河が形成され，海面が大きく低下した時期と一致することから，パナマ弧の隆起と汎世界的海水準低下が連動して，約 2.8 Ma にパナマ地峡が形成されたとしている．

上記の汎世界的海水準低下に関して，Woodard *et al.* (2014) は北西太平洋の深海底生有孔虫の $\delta^{18}O$ 値が 3.15 Ma から 2.75 Ma にかけて 0.21 ± 0.04‰ 増加したことを明らかにし，この値に 10 m の海水準変動量当たりの $\delta^{18}O$ 値の変動値を 0.1 ± 0.02‰ と仮定して，21 ± 10 m の海面低下があったと推定した．そして，海面低下は南極大陸の大陸氷床の拡大によるもので，それが深海循環の強化（北大西洋への温かい表層海水の流入増大）を引き起こし，北半球高緯度での大規模氷床の形成を促進したという仮説を提示した (Woodard *et al.*, 2014)．このような氷河作用の強化促進の事象として，Horikawa *et al.* (2015) はアラスカ氷河融解による低塩分水のベーリング海から北極海への流入を提唱している．低塩分水の流入量の増大は海氷の形成を促進し，その結果，アイス・アルベド・フィードバックによって寒冷化が促進される．低塩分のベーリング海の水が 3.3 Ma までに北極海に流入され，北半球高緯度の寒冷化に向かう前段階を導いたという (Horikawa *et al.*, 2015)．

3.2.2　CO_2 仮説

新生代を通じて大気の CO_2 濃度は長期的減少傾向にある．その原因はヒマラヤ-チベットの隆起による風化作用に伴う CO_2 ガスの除去などがある (Raymo *et al.*, 1988)．PPT 前後の CO_2 濃度のデータがないので，大気海洋結合モデルで

CO$_2$濃度の減少の影響が検討されている．たとえば，PPT 前後の CO$_2$ 濃度を，Lunt *et al.* (2008) は 400 ppm，280 ppm とし，Willei *et al.* (2015) は 375〜425 ppm，275〜300 ppm とした．それぞれの値を使い大気海洋結合モデルを用いたシミュレーションでは，CO$_2$ 濃度の減少で急速な氷河作用の強化が起こることが示された．また，Willei *et al.* (2015) は CO$_2$ 濃度は徐々に減少するが，氷床の応答は閾値的な挙動を示すとした．閾値（しきいち，または，いきち）とは，その値を境に，反応が大きく変わる値であり，たとえば，水は 0 ℃で氷になり，100 ℃で水蒸気になり，物性が突然変化する．CO$_2$ 仮説の検証には，確度の高い CO$_2$ 濃度の復元が必要である．

3.3　更新世の氷期・間氷期サイクル

3.3.1　4 万年世界

　北半球高緯度の夏季日射量は歳差運動の約 2 万年周期が卓越している（図 3.8）．一方，前期更新世の氷期・間氷期サイクルの卓越周期は地軸傾斜角の変動に対応する 4.1 万年周期である．この不一致を，Huybers (2006) は北緯 65° の氷点 0 ℃を超える期間の総日射量で説明した（図 3.8a, b）．夏のある 1 日の日射量変動は歳差運動の影響を強く受けるが，0 ℃を超える期間の総日射量の変動は地軸傾斜角の影響を強く受けるのである．ミランコビッチ仮説の論点は夏季の氷河の融解量にあるので，彼の提案はミランコビッチ仮説の精度を向上させたものである．具体的には，北緯 30〜70° の各地点における「現在の 1 日の平均気温の分布」と「現在の 1 日の総日射量の分布」を比較し，平均気温が 0 ℃の時の日射量を 275 W/m^2 とみなせるとした．この値を閾値として，北緯 65° の過去 200 万年間において 275 W/m^2 以上の日の日射量の総量（積算日射量）の変動を求めた．この積算日射量をスペクトル解析し，4.1 万年周期が卓越していることを確認した（図 3.8a）．なお，閾値が 340 W/m^2 を超えると，地軸傾斜角の変動と歳差運動の変動の強度が等しくなることから（図 3.8b），Huybers (2006) は更新世の気候が寒冷化し，閾値が大きくなることで，歳差運動の周期変動や氷河変動の振幅が大きくなることを説明できるとしている．

　Huybers (2009) は前期更新世の積算日射量変動曲線と δ^{18}O 変動を比較し，しばしば氷期（間氷期）になるタイミングにもかかわらず氷期（間氷期）にならなかった時代（スキップ）があることと，氷床量変動の時間変化の軌跡がカオスの状態を示すことを見出した．したがって，地球気候が地軸傾斜角の変動に対して，カオス的に応答（応答はある範囲内に留まるが，非周期性であり，決定論的である）しているとした．スキップの代表例は MIS35（約 1.2 Ma）であり（図 3.5），

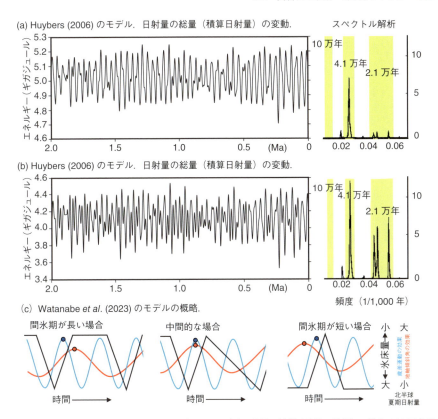

図 3.8 Huybers (2006) の提案による北緯 65° の夏季日射量の総量（積算日射量）の過去 200 万年間の変動とスペクトル解析．(a) 平均気温が 0 ℃の時の日射量を 275 W/m² にした条件での総量．(b) 平均気温が 0 ℃の時の日射量を 350 W/m² にした条件での総量．(c) Watanabe et al. (2023) の氷床–気候モデルの概略．

Shackleton et al. (1990) が 2 つの地軸傾斜角のサイクルからなるとした．実際，石川県金沢市の大桑層の堆積シーケンス[2]と化石群集の変遷も Shackleton et al. (1990) の考えを支持し，MIS35 に対応する堆積シーケンスの層厚は上下の堆積シーケンスの 2 倍である (Kitamura & Kimoto, 2007)．

最近，Watanabe et al. (2023) は，後述する 10 万年世界の氷期・間氷期サイクルを再現した氷床–気候モデル (Abe-Ouchi et al., 2013) を使い，深海底有孔虫の δ¹⁸O 記録を参照として，1.6〜1.2 Ma の 4.1 万年周期の氷期・間氷期サイクルの再現を行った．その結果，地軸傾斜角の増加期（北半球夏期日射量の増加期）に歳差運動のパラメーターの減少期（北半球の夏季日射量の増加）が位置するタイ

---

[2] 堆積シーケンス：1 回の海進・海退で形成された地層．

102 第3章 第四紀の気候・海水準変動

ミングで退氷が開始すること，両者の前後関係で間氷期の長さが決まること（図3.8c），10万年周期の氷期・間氷期サイクルと比べて大気中の CO_2 の気候変動への寄与がかなり小さかったことが明らかになった．

3.3.2 中期更新世気候変換期 (MPT)

MPT の期間は，研究者間で若干の相違があるが，1.25〜0.7 Ma（Clark *et al.*, 2006 など）を使うことが多い．この期間には，卓越周期が4.1万年周期から10万年周期と2.3万年周期に変化するとともに，δ^{18}O 値から20〜30 m の平均海水準の低下をもたらした氷床量増加が起きたと推定されている (Mudelsee & Schulz, 1997)．この海水準低下量は，石川県金沢市の大桑層の堆積相（堆積物の特徴）と化石群集から復元した相対的海水準変動からも支持される (Kitamura & Kawagoe, 2006)．また，地球気候がより乾燥したことが判明している (Raymo *et al.*, 1997)．

2024年時点では，MPT をまたぐ連続的な氷床コアからの CO_2 濃度のデータはないが，南極の Allan Hills Blue Ice Area (ALHIC) から，2 Ma よりも古い不連続な氷床コアが回収され，MPT の0.95 Ma，4万年世界の1.5 Ma，2.0 Ma の CO_2, CH_4 濃度，氷の水素同位体比，気泡中の δ^{18}O 値が得られた（図3.9a）(Yan *et al.*, 2019)．これらの氷床コアの年代値の算出には気泡中の ^{40}Ar 濃度が使われている．その原理は，大気中の Ar のほとんどは，^{40}K の崩壊により生成された ^{40}Ar であり，その増加率はモデルなどから $1.1 \pm 0.1 \times 10^8$ mol/yr と算出されている．そして，この値は，氷床コアの気泡から得た0.8 Ma 以降の ^{40}Ar 濃度の変化から妥当なものと評価された (Bender *et al.*, 2008)．この値を使って，ALHIC の氷床コアの年代が算出されている．なお，Yan *et al.* (2019) は氷床コアが不連続であり，かつ年代値の精度に考慮し，測定値を0.95 Ma，1.5 Ma，2.0 Ma の年代値として図には表している．図3.9の (a) は，Yan *et al.* (2019) のデータを含む氷床コアから得られた過去200万年間の CO_2 濃度の変動曲線である．4万年世界の CO_2 濃度の最低値（氷期の値とみなす）は，0.8 Ma 以降の氷期の値よりも24 ppm 高く，MPT に氷期の最盛期の CO_2 濃度の減少があったと推定されている．一方，間氷期の CO_2 濃度は，MPT 前後でほぼ同じである．この結果は，浮遊性有孔虫殻のホウ素同位体比測定から求めた CO_2 濃度の復元結果を支持した (Hönisch *et al.*, 2009)．なお，Yan *et al.* (2019) によると，CO_2 濃度と同様に，4万年世界の CH_4 と南極温度の最低値は，0.8 Ma 以降の氷期の値よりも高い．

第2章で述べた通り，Yamamoto *et al.* (2022) は，インドのベンガル湾堆積物に含まれる植物葉起源のワックス成分脂肪酸の δ^{13}C 値から1.46 Ma までの大気の CO_2 濃度変動を復元した（図3.9）．この結果は，間氷期の CO_2 濃度に関しては，0.8 Ma 以降の間氷期よりも低く，氷期には差がないというもので，氷床コア

3.3 更新世の氷期・間氷期サイクル

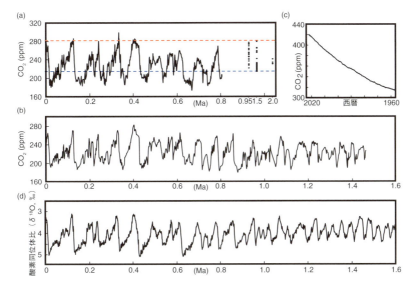

図 3.9 大気中の CO_2 濃度の変動. (a) 南極の氷床コア記録に基づく CO_2 の変動. National Centers for Environmental Information の Paleo Data Search の Antarctic Ice Cores Revised 800KYr CO_2 Data をもとに作成 (https://www.ncei.noaa.gov/access/paleo-search/study/17975). 0.95, 1.5, 2.0 Ma のデータは Allan Hills Blue Ice Area の氷床コア (Yan et al., 2019). 青破線は 0.95, 1.5, 2.0 Ma の氷期の値, 赤破線は 0.95, 1.5, 2.0 Ma の間氷期の値. (b) 植物葉起源のワックス成分脂肪酸の $\delta^{13}C$ 値に基づく CO_2 濃度変動. Yamamoto et al. (2022) をもとに作成. (c) 西暦 1958 年以降の CO_2 濃度変動. National Oceanic and Atmospheric Administration (NOAA) のデータ (https://gml.noaa.gov/webdata/ccgg/trends/co2/co2_mm_mlo.txt) に基づく. (d) 深海底生有孔虫殻の $\delta^{18}O$ 変動 (Lisiecki & Raymo, 2005).

(Yan et al., 2019) とは異なっている. 以上のように MPT の前後での CO_2 濃度の復元は見解の一致をみていない. したがって, MPT に関する複数の仮説を評価できないが, 主な仮説としてレゴリス–氷河ダイナミクス (regolith-ice-dynamic) と CO_2 濃度の低下を略述する.

レゴリス–氷河ダイナミクス (regolith-ice-dynamic) 仮説は, Clark et al. (2006) が提唱し, 北半球の氷床の厚さが MPT の後にかなり増加したことの説明に重点をあてている. レゴリスは岩石を覆う軟らかい堆積層の総称であり, 氷床に次の 2 つの効果を与える (Willeit et al., 2019).

(1) 氷床がその圧力融点にある領域では, レゴリスのある状態はない状態よりも氷床滑動速度が 5 倍に増加する.
(2) レゴリスは, 氷床周縁部の氷河性ダスト (風送塵) の生産を増加させ, 氷河性ダストがアルベド効果に影響を与え, 表面融解を促進する.

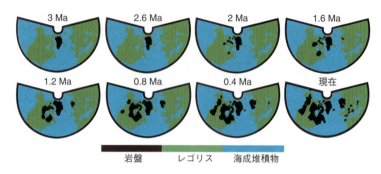

図 3.10 過去 300 万年間の岩盤，レゴリス，海成堆積物の分布の変化．Willeit et al. (2019) をもとに作成．

堆積物の厚さが 100 m 以上の地域をレゴリスに覆われた地域と定義すると，レゴリスに覆われていない地域は北アメリカ北部とスカンジナビアの大部分であり，そこには火成岩・変成岩が露出している．だが，これらの地域も 3 Ma まではレゴリスで覆われており，その後に氷河がレゴリスを削剥した（図 3.10）(Willeit et al., 2019)．火成岩・変成岩が露出した北アメリカ北部とスカンジナビアでは，0.9 Ma 以降に，氷床の移動速度が低下したため，氷床の厚さが増大した．氷床の厚さの増大は，氷床表面の高度の増加をもたらすので，その場所の気温は低下する．このフィードバック効果を高度・質量収支フィードバックという（伊藤．阿部，2007）．また，氷床周辺の風系を変化させ，全球規模で気温の空間分布が変化し，結果的に氷床の成長を促進する．このフィードバック効果を定在波・温度フィードバックという（伊藤・阿部，2007）．さらに，氷床の荷重に伴うアイソスタシーの効果も変化する．これらが複合し，氷床の軌道要素外力への応答が変化した．

火成岩・変成岩の露出により，石英を除く珪酸塩鉱物などの風化速度が速まり，MPT に大気中の CO_2 濃度が 7〜12 ppm 減少したと推定されている (Clark et al., 2006)．寒冷化に伴った氷床の厚さの増大は結果的に氷床量の増大をもたらし，MPT 以前よりも海水準低下量が増大した．そのため，陸棚・大陸斜面上部が離水・露出し，海洋へ栄養塩や有機炭素が流入した．

CO_2 濃度の低下の原因を，Chalk et al. (2017) は，南大洋における塵 (dust) を媒介とした鉄の供給の開始に求めた．これは，MPT 後に南大洋へのダスト供給量が増加したというデータ (Martínez-Garcia et al., 2011) に基づく．さらに，彼らは MPT は氷床ダイナミクスの変化によって開始され，その後のより長く強い氷期は，より大きな氷床の結果として南大洋のダストの供給に関連した炭素循環のフィードバックによって維持されたと考えている．なお，彼らは氷床ダイナミク

スの変化として，レゴリス–氷河ダイナミクス仮説と南北半球間の氷床のフェーズロックを挙げている．後者は，東南極氷床が成長し，その基底が海水準より下に沈み，北半球の氷床融解に伴う海水準上昇で，東南極氷床でも大規模な融解が起き，両半球の氷床の挙動が一致するという考えである (Raymo & Huybers, 2008).

以上の2つを含め，MPT の原因を背景条件の変化に帰すものが多数ある．一方，氷期・間氷期サイクルはカオス的なので，MPT も確率的であり，その原因を背景条件の変化に求める必要はないという考えもある (Huybers, 2009)

3.3.3　10 万年世界

10 万年世界の氷期・間氷期サイクルの特徴は，氷床の形成は約9万年間を要するのに対して，氷床の融解は約1万年以下（ターミネーションのこと）という著しい非対称性を示すことである (Broecker & Van Donk, 1970). 約10万年周期は公転軌道の離心率変動と位相は近いが，その変動の気候システムへの影響は極めて小さいことから，Hays *et al.* (1976) は両者の関係は非線形であるとし，それ以降，様々なモデルが提唱された（Raymo, 1997 など）．日本の研究者では，Abe-Ouchi *et al.* (2013) が大気–氷床–地殻にわたる非線形な相互作用に基づくモデルを提唱している．これらの経緯を踏まえると，10万年世界の氷期・間氷期サイクルの理解の核心は，ターミネーションの発生のメカニズムとなり，そのタイミングとしては次の3つの仮説が提示されている．

(1) 4 あるいは5回目の歳差サイクルに発生（Raymo, 1998 など）．
(2) 2 あるいは3回目の地軸傾斜角の変動サイクルに発生 (Huybers & Wunsch, 2005; Drysdale *et al.*, 2009 など)．
(3) 歳差サイクルと地軸傾斜角の変動サイクルが複合して発生 (Huybers, 2011 など)．

(1) と (2) については，Hays *et al.* (1976) が検出した約10万年の周期は，複数回のターミネーションのタイミングが平均化された見かけ上のものということである．現在のところでは，「4 あるいは5回目の歳差サイクルに発生」が優勢で，その根拠となるのは，中国の石筍から得られた64万年間の $\delta^{18}O$ 変動曲線である (Cheng *et al.*, 2016)（図 3.11a）．

洞窟内の気温が数十万年間を通じてほぼ一定であれば，石筍の $\delta^{18}O$ 値は雨水の $\delta^{18}O$ 変動の代替記録となる．中国では，雨水の $\delta^{18}O$ 変動は夏季アジアモンスーンの強度に最も強い影響を受けているので，石筍の $\delta^{18}O$ 値はその代替記録となる (Wang *et al.*, 2008). 夏季アジアモンスーンの強度は，熱帯収束帯 (ITCZ: intertropical convergence zone) の位置と低緯度地域の降水パターンに影響を与

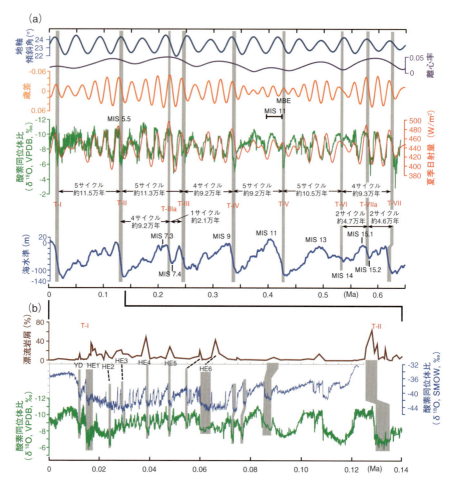

図 3.11 (a) 過去 65 万年間のアジアモンスーンの変動と地球軌道パラメータ・夏季日射量との比較．酸素同位体比（緑線）は中国の石筍の $\delta^{18}O$ で，Cheng et al. (2016) に基づく．地球軌道パラメータと北緯 65° 7 月の日射量（赤線）は Berger (1978) に基づく．海水準変動曲線は Spratt & Lisiecki (2016) に基づく．T-I~VII はターミネーションの番号．MBE は中期ブルンイベント (Mid-Brunhes Event)．MIS は海洋酸素同位体ステージ．(b) 過去 14 万年間の北大西洋の海洋堆積物 (ODP 980) の漂流岩屑の占有率 (McManus et al., 1999)，グリーンランドの氷床コア (NGRIP) の酸素同位体比（青線；Wolff et al., 2010）と中国の石筍の $\delta^{18}O$ との比較．YD はヤンガー・ドリアス．HE1~6 はハインリッヒイベントの番号．

える夏季日射量変動に支配されている．石筍の炭酸塩鉱物にはウラン系列核種年代法が適用できるので，$\delta^{18}O$ 値に時間軸が与えられる．その結果，$\delta^{18}O$ 変動曲線が 2.3 万年周期が卓越する北半球の夏季日射量変動と非常に良く一致していることが判明した．さらに，石筍の $\delta^{18}O$ 値の異常に高い時期（アジアモンスーンの弱体

期）は，グリーンランドの氷床コアの $\delta^{18}O$ 変動記録に見られるハインリッヒイベント 1 (3.4.1 項) に対比された（図 3.11b）(Wang *et al.*, 2001). 北大西洋の海洋堆積物において，ハインリッヒイベント 1 に対比される層準は，漂流岩屑を含み，有孔虫殻の $\delta^{18}O$ 変動記録は急に軽く（小さく）なり (Bond *et al.*, 1993)，ターミネーション I(T-I: termination-I) にあたる．より古いターミネーション II〜VII（図 3.11a の T-II から T-VII）も漂流岩屑を含む層準で，石筍の $\delta^{18}O$ 値の異常に高い時期に一致している．そして，7 回のターミネーション (I〜VII) の間隔が，4 あるいは 5 回の歳差サイクルであることが判明し，ターミネーションのタイミングは，北半球の夏季日射量変動の増加期にあたることが裏づけられた（図 3.11）．また，T-I，V，VI は離心率変動が小さい時にあたり，他のターミネーションは大きい時にあたることから，離心率変動に由来する夏季日射量変動は関係していないことが判明した．一方，地軸傾斜角の変動についても系統的な傾向は見出されないが，平均値以下ではターミネーションが起きていないことから，地軸傾斜角の変動もターミネーションのタイミングに関与している可能性があるとされた (Cheng *et al.*, 2016).

なお，ターミネーションのタイミングに関しては，Past Interglacials Working Group of Past Global Changes Project（2016）は，Cheng *et al.* (2016) と同じ見解，すなわち，歳差運動のパラメーターの減少（北半球の夏季日量の増加）が必要としているが，それだけでは不十分であると述べている．加えて，ターミネーションの正確なタイミングは，数千年規模の気候変動によって調整されている可能性を指摘している．ターミネーションの原因については，3.3.6 項の T-II と 3.3.7 項の T-I で解説する．

3.3.4 中期ブルンイベント

中期更新世の MIS13〜11 の間の約 0.43 Ma に，間氷期の状態が変化し，より後の間氷期は，それ以前より氷床量が小さく，海水準 (Lambeck *et al.*, 2002)，南極の気温 (EPICA community member, 2004)，深海の水温 (Elderfield *et al.*, 2012) が高くなり，CO_2 濃度も 30 ppm 高い (Lüthi *et al.*, 2008)．一方，アジアモンスーンの挙動には変化はない (Cheng *et al.*, 2016).

Barth *et al.* (2018) は，中期ブルンイベント (Mid-Brunhes Event) は，MIS15 における夏季アジアモンスーンの強度の上昇から始まる一連のイベントの連鎖したものであり，MIS14 から 13 にかけて持続したと述べた（図 3.5，3.11a）．強化された夏季アジアモンスーンにより，MIS14 には氷床量が比較的少なかった．その結果，同期間の北半球の陸上バイオマスの蓄積が促進された．MIS13 の夏季ア

ジアモンスーンの強化と降水量の増加は，陸上バイオマスをさらに陸上に蓄積していったため，深海底コアの有孔虫殻の $\delta^{13}C$ 値は異常に重く（大きく）なった．MIS12 では大規模な氷床が復活し，夏季アジアモンスーンが弱体化した．この状態で，0.43 Ma になった MIS11 における日射量のパターンは，MIS17, 15, 13 に比べて，海氷の発達が弱い状態にとどまり，さらに南極底層水（AABW: Antarctic Bottom Water）の生産量がより低く，大西洋における AABW の赤道方向への張り出しと南大洋の循環の強度がより低くなり，深層水の水温がより高くなった（Yin, 2013）．これらの海洋の状態が間氷期の CO_2 濃度を増加させた．Yin (2013) は，中期ブルンイベントはその時に何らかの原因があったというよりは，MIS17, 15, 13 の日射量のパターンはそれぞれ異なるものの，結果的に南極周辺の風系や海氷の変動，AABW の高い生産量をもたらし，深海を比較的低温に保っていたと提唱している．なお，各ステージで日射量のパターンが異なるのは，歳差運動，地軸傾斜角の変動，離心率が周期，振幅が異なるからである．

3.3.5　海洋酸素同位体ステージ 11 (MIS11)

　中期ブルンイベント以降の間氷期の中で，MIS11c は完新世の日射量変動パターンと最も類似するパターンを持つ（Loutre & Berger, 2000, 2003）（図 3.12）．そのため，MIS11c の期間の復元は，現在の状態の持続期間の予測に役立つと考えられた．この類似性は，40 万年周期の離心率の周期が歳差運動に影響を与えることに起因している．MIS11c と完新世は，ともに低離心率のために歳差運動が低振幅となり，季節的な日射量変動が抑制された．だが，完新世は北半球の夏季日射量のピークが 1 つで，歳差運動の最小値と地軸傾斜角の最大値が同期するが，MIS11c は 2 つの日射量ピークにまたがり，歳差運動と地軸傾斜角の位相はほぼ逆である（図 3.12）．これらの相違で，MIS11c は異常な間氷期であり，現在の温暖期の継続期間の予測には適していないことが判明した．

　MIS11c の期間は約 0.426〜0.396 Ma の約 3 万年間に及び（Tzedakis *et al.*, 2022），海水準は現在（西暦 1400〜1800 年の平均値）よりも 6〜13 m 高く（Raymo & Mitrovica, 2012; Dutton *et al.*, 2015），CO_2 濃度が 265〜280 ppm (Nehrbass-Ahles *et al.*, 2020) が持続する異常な間氷期だった（図 3.12）．軌道要素的には，離心率が最小で，歳差運動と地軸傾斜角の変動がほぼ逆位相だったので，北半球の夏季日射量は少ない状態だった．MIS11c の直前の MIS12 は，第四紀において氷床量が最大となった氷期である．この氷期は，長期にわたる氷山の流出と南北半球間の熱移動で終了した．その終焉は，氷期の継続期間と氷床量が，弱い日射強制にもかかわらず，退氷の引き金となる重要な閾値を超えたことを意味する．弱い日射強制により氷床はゆっくりと融解したので，海洋から大気への CO_2 排

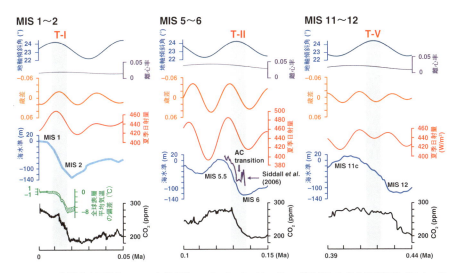

図 3.12 海洋酸素同位体ステージ (MIS) 1~2, 5~6, 11~12 の退氷期における地球軌道パラメータと夏季日射量 (Berger, 1978), 海水準 (Spratt & Lisiecki, 2016), CO_2 濃度 (NOAA のデータ; https://gml.noaa.gov/webdata/ccgg/trends/co2/co2_mm_mlo.txt) の変動パターン. MIS5~6 の海水準変動曲線 (紫色) は Siddall et al. (2006) に基づく. MIS1~2 の全球表層平均気温は Osman et al. (2021) に基づく.

出は十分あったが, 最初の歳差運動の周期の中で海水準を上昇させるには不十分だった. そのため, 80 万年間の中で唯一, CO_2 濃度が高い状態にもかかわらず, 大規模な氷床が存在する期間 (0.426~0.405 Ma) が続いた. この間の約 0.42 Ma は, 北半球の夏季日射量は歳差運動の要素では減少期だが, 地軸傾斜角の要素では増加期であり, 北半球の夏季日射量はほとんど減らなかった. そのため, 氷期の始まりをスキップし, 海水準上昇が続いた. そして, 2 度目の歳差運動の周期中に完全な間氷期を迎えた. この間の CO_2 濃度の高い状態の持続により, 他の間氷期よりもグリーンランドと南極の氷床が融解したと考えられている.

3.3.6 ターミネーション II (T-II)

T-II は MIS6~5.5(5e) に至る融氷期である. T-II の海水準・気候変動については横山 (2010) を参照とし, さらに最近の研究動向を加えて, 解説する.

Thomas et al. (2009) は, 統合国際深海掘削計画 (IODP: International Ocean Discovery Program) の Exp. 310 によりタヒチ島沖のサンゴ礁でコアを掘削し, 続成を受けていないサンゴ (Porites sp. など) のウラン系列核種年代測定を行った. そして, サンゴ試料の年代値と深度から, T-II の海水準変動を復元した. その結果, 約 153.4~152.7 ka の海水準は, 現海水準より 103~109 m 低かった. 海

110 第 3 章 第四紀の気候・海水準変動

水準が上昇に転ずるタイミングは 142 ka であり，南極のドームふじ (Kawamura *et al.*, 2007) などの氷床コアから得られた CO_2 濃度の上昇のタイミングにほぼ一致する．その後，137 ka の海水準は，現海水準より 85 m まで上昇しており，さらに海水準が上昇したが，133 ka までに 20 m 以上低下した後，再び上昇した．

T-II の一時的な海水準低下に関する最初の報告は，Esat *et al.* (1999) によるパプアニューギニアのフォン (Huon) 半島のアラジン洞窟 (Aladdin's cave) で発見された群体サンゴ化石 (*Porites, Favites, Goniastrea* など) に基づくものである．約 130 ka に 70〜90 m 低下したと推定しており，この一時的な海水準低下を近隣のシアラム村 (Sialum) にちなんで HS イベントと名づけた．H は Huon 半島の頭文字で，S は Sialum 村の頭文字である．同様の現象は，バルバドス島 (Gallup *et al.*, 2002)，オランダ (Beets & Beets, 2003) やギリシャ (Andrews *et al.*, 2007) から報告されている．また，Siddall *et al.* (2006) は紅海の堆積コアから得た浮遊性有孔虫 *Globigerinoides ruber* 殻の $\delta^{18}O$ 変動に基づき，約 132〜130 ka に 40 ± 12 m の海水準低下があったと推定している (図 3.12)．その後，このイベントは，Thomas *et al.* (2009) の解析したコア試料を使った底生有孔虫の群集解析からも検出されている (Fujita *et al.*, 2010)．なお，Yokoyama & Esat (2011) では HS イベントを示唆したサンゴ化石を発見した Aladdin's cave にちなみ，HS イベントを AC transition と名づけた (図 3.12)．HS イベントという表記は，ハインリッヒ亜氷期の略語の HS と重複するので，本書では AC transition を用いる．横山 (2010) は，AC transition に関して，海水準の変動量が最終氷期最盛期 (LGM: Last Glacial Maximum，約 30〜19 ka) に存在した北欧氷床の総量よりも大きく，また，この規模の変化が比較的短期間で起こることによる全球気候への影響も大きかったと考えられるため，さらなる研究が必要であると述べている．

前述の Thomas *et al.* (2009) がタヒチのサンゴから求めた海水準上昇 (氷床融解) のタイミング (142 ka) は，北半球の夏季日射量変動のタイミングより 7,000 年も早く，北半球の夏季日射量が低下して最小値を示す時期にあたる (図 3.12)．一方，南半球の夏季日射量は最大に近い時期なので，Thomas *et al.* (2009) は，南半球の日射量変化の融氷期における重要性や，融氷期の気候変化の日射量変化に対する確率論的反応など，日射量変化に対する気候システムの複雑な応答過程の存在を指摘した．一方，T-II の開始時期が地軸傾斜角の増加期にあたるので，地軸傾斜角の変動が関与したとする研究もある (Drysdale *et al.*, 2009)．

T-I では，氷床融解・海水準上昇が 19 ka に開始し，18〜15 ka に北半球は一時的に寒冷化した (図 3.13)．この期間をハインリッヒ亜氷期 1(HS1: Heinrich stadial 1) という．同様の寒冷化は T-II でも起きており，HS11 といい，その期

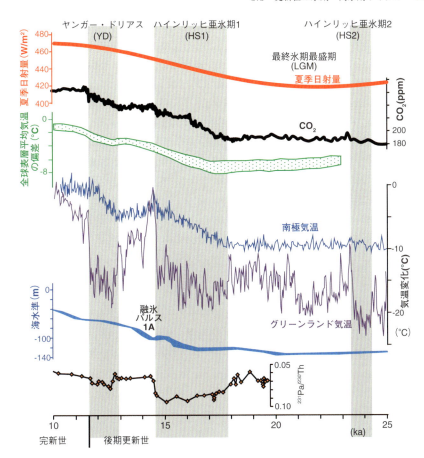

図 3.13 最終退氷期の北緯 65°7 月の日射量（Berger, 1978），CO_2 濃度（NOAA のデータ；https://gml.noaa.gov/webdata/ccgg/trends/co2/co2_mm_mlo.txt），大気全球表層平均気温（Osman et al., 2021），南極とグリーンランドの気温（Severinghaus, 2009），海水準（Lambeck et al., 2014），北大西洋深海堆積物中の $^{231}Pa/^{230}Th$（McManus et al., 2004）の変動パターン．

間は 135 ± 1 から 130 ± 2 ka である．前述の AC transition は，HS11 の後半に起きており，アラジン洞窟から採取した *Porites* の Sr/Ca 比分析から，生息時の水温は 22 ± 2 °C であり，最終間氷期と現在の水温 29 ± 1 °C より 6〜7 °C 低いことが確かめられている（McCulloch et al., 1999）．

T-II に続く MIS5.5 は，0.8 Ma 以降の間氷期 1〜19 の中で最も温暖で（Past Interglacials Working Group of PAGES, 2016），南極大陸を除く陸域は，現在より 0.5 °C（Crowley & Kim, 1994），北極の大部分では夏季気温が現在より 2〜

4 ℃ (Otto-Bliesner *et al.*, 2006), 南北両極の気温は現在より 3～5 ℃高かったと推定されている (Jansen *et al.*, 2007). 123.5～119 ka は, 現在 (西暦 1400～1800 年の平均値) よりも海水準が 4～6 m 高かったとされるが (Jansen *et al.*, 2007; Rohling *et al.*, 2008; Dutton *et al.*, 2015) (図 3.11), 9 m という推定もある (Dutton & Lambeck, 2012). この高い海水準にはグリーンランド氷床の融解が寄与している (Cuffey & Marshall, 2000; Otto-Bliesner *et al.*, 2006). CO_2 濃度が 2 倍になると気候感度が 2～4.5 ℃上昇すると仮定した場合, 現在の CO_2 濃度 (2023 年の地上での世界平均濃度 419 ppm) の平衡状態で 1.4～3.2 ℃の温暖化を起こすのに十分である. よって, MIS5.5 の環境変動は, 今後の全球気候・環境の類似物となる点で注目される (Kopp *et al.*, 2009 など). たとえば, Rohling *et al.* (2008) は, 現在の海水準よりも高い期間 (123.5～119 ka) の海水準上昇速度を 1 世紀当たり平均 1.6 m と算出しており, これは 2100 年までに海水準が 1.0 ± 0.5 m 上昇するという予測 (Rahmstorf, 2007) を裏づける.

3.3.7　ターミネーション I (T-I)

T-I は最終退氷期と呼ばれる. 最近 3 万年間の北緯 65° の 7 月の日射量は, 30～22 ka に 434w/m^2 から 418w/m^2 へ減少した後, 増加に転じ, 10 ka に 469w/m^2 に達し, その後減少に転じ, 現在は 427w/m^2 である (図 3.12, 図 3.13). この日射量の値は, Berger (1978) に基づく. なお, Laskar *et al.* (2004) に基づく計算プログラムは次の URL から計算できる (http://vo.imcce.fr/insola/earth/online/earth/online/index.php).

LGM の 31～29 ka の 2,000 年間に約 40 m の急激な海水準の低下が起きた. その後, 海水準はゆっくりと低下し, 氷床量が最大となったのは 22～19 ka で, 現在の氷床量よりも 52.5×10^6 km^3 も上回っており (Yokoyama *et al.*, 2000), 海水準は −134 m である (図 3.12, 図 3.13). この値は, アイソスタシーによる地殻変動の影響を補正しない観測から推定した海水準の −125 m よりも大きな値である. LGM の全球表面温度は, 1000～1850 年の平均値に対して, 6～8 ℃低かったと推定されている (Osman *et al.*, 2021) (図 3.12). LGM の全球規模の地表状態の定量復元は, CLIMAP Project Members (1976) から開始されており, そのデータをもとに作成した景観図を図 3.14 に示し (北村・夏目, 1988), 北半球の大陸氷床の分布を図 3.15a に示す.

北半球の巨大な氷床は大陸棚まで拡大し, さらにアイソスタシーのため氷床底面が海面下に沈下した. この状態の氷床を marine-based ice sheet という (図 3.15b). 氷床末端が海水と接しているため, 海水準上昇の影響を直接受け, 短期間で大量の融水を周辺海域に供給できるので, ターミネーションの発生にとって

3.3 更新世の氷期・間氷期サイクル 113

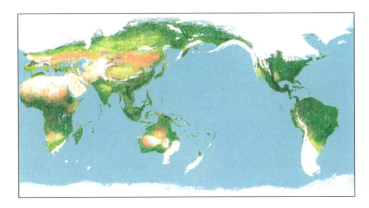

図 3.14 LGM の全球規模の地表状態の景観図．CLIMAP Project Members (1976) をもとに北村・夏目 (1988) が作成．

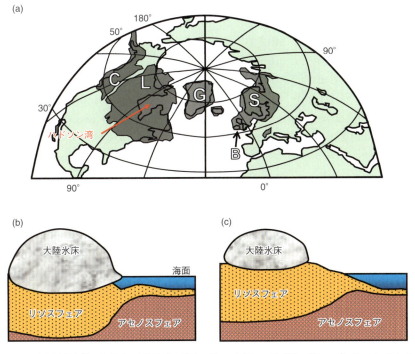

図 3.15 (a) 最終氷期の北半球の大陸氷床の分布．C: コルディエラ (Cordilleran), L: ローレンタイド (Laurentide), G: グリーンランド (Greenland), B: ブリティッシュ (British), S: スカンジナビアン (Scandinavian). Clark & Mix (2002) をもとに作成．(b) 氷床底面が海面下にある大陸氷床．(c) 氷床底面が陸上にある大陸氷床．

marine-based ice sheet は必要な条件となる．marine-based ice sheet は，現在の南極の西南極氷床が該当する．一方，氷床底面が陸上にある氷床を land-based ice sheet といい，東南極氷床，グリーンランド氷床が該当する（図 3.15c）．

　北半球高緯度の夏季日射量は 22 ka から増加に転ずる（図 3.12, 図 3.13）．21～20 ka より北半球の氷床が融解・不安定化して，海水準上昇が始まり（Yokoyama et al., 2000），18 ka までに 10～15 m の海水準上昇が起こった．18～16.5 ka の期間は，海水準上昇速度はほぼ一定で，16.5～15 ka に約 25 m 上昇した（図 3.13）．大量の融水と氷が北大西洋へ流入したため，大西洋の子午線方向への深層循環（北大西洋子午面海洋循環，AMOC: Atlantic Meridional Overturning Circulation）の停滞（McManus et al., 2004）（図 3.16c），北大西洋の冬季の海氷の拡大（Denton et al., 2005），表面水温の低下が起きた（Bard et al., 2000）．この大量の融水と氷の流入は，深海堆積物中の漂流岩屑の分布に示され，Heinrich (1988) が発見した 6 層の漂流岩屑を多く含む層のうち最上位の層をハインリッヒ層 1 (H1) といい，そのイベントをハインリッヒイベント 1 (HE 1) という（Broecker et al., 1992）．ハインリッヒ層に含まれる漂流岩屑は，主に LIS 北部のハドソン湾周辺の氷床から流出した氷山によって運搬されたものである（Bond et al., 1992, 1993）．その後，H1 層の漂流岩屑の産出密度は 2 つのピークを持つことが判明し，H1.1 と 1.2 に区分され，それぞれの継続期間とピークの年代は，H1.1 が 15.5～17.1 ka で約 16.2 ka であり，H1.2 が 14.3～15.9 ka で約 15.1 ka である（Hodel et al., 2017）．

　H1 の寒冷期はハインリッヒ亜氷期 1 (HS1) と名づけられ（Barker et al., 2009），その期間は約 18～15 ka である（図 3.13）．北大西洋への融水と氷山の流入の供給源は，HS1 の前半は欧州の氷床で，後半は LIS に由来すると考えられている（Hodel et al., 2017）．HS1 における北大西洋の冬季の海氷の拡大，気温低下と気温の季節性の増大は，夏季アジアモンスーンの弱体化（Denton et al., 2010），ITCZ の南下（Chiang & Bitz, 2005），両極の偏西風の南下をもたらした（Denton et al., 2005）．また，AMOC の停滞（McManus et al., 2004）（図 3.16c）と両極の偏西風の南下により，熱分配の両極シーソー現象が働き，南大洋と南極が温暖化した（Stocker et al., 1992; Severinghaus, 2009）．一方，北太平洋では塩分が増加し，水深 2,500 m まで深層水が沈み込み，熱塩循環（3.3.10 項で詳しく解説）の起点が北大西洋から北太平洋へと移り，北太平洋に熱が輸送された可能性が提案されている（Okazaki et al., 2010）．海氷が広がると大気と海洋間の交換が停止し，CO_2 は海に溶け込めなくなる．また，風が当たる海面が広がったため，南極前線南側で湧昇流が増加し，海氷を融かすのに十分な水温の深層水が表層にもたらされ，海氷面積をさらに減少させたと考えられる．湧昇流の増加で深海に隔離されていた大量の CO_2 が大気中に放出され（Anderson et al., 2009），HS1 の期

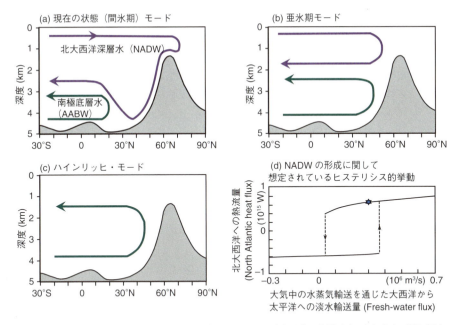

図 3.16 北大西洋の子午面海洋循環 (AMOC) のパターン．(1) 現在の状態 (a)．(2) 北大西洋深層水 (NADW) の生産量が低下し，形成域が南下するとともに浅くなった状態で循環し，その下では南極底層水 (AABW) が循環する状態 (b)．(3) 大量の氷山が流出し，海水より低密度の淡水が海洋表層を覆うことで，NADW が完全に停止し，AABW が循環する状態 (c)．(a)〜(c) は Rahmstorf (2002) に基づく．(d) は NADW の形成に関して想定されているヒステリシス的挙動．✦は現在の状態．Stocker & Wright (1991) をもとに作成．

間に CO_2 濃度は 190 から 240 ppm に増加した (EPICA community members, 2004)（図 3.13）．大西洋に流入した融氷水は，海洋全体の海水量に比べれば少量であるため，時間とともに海水に混合していくので，その影響力は弱まり，またその間に増加した CO_2 濃度による温室効果の増加もあり，寒冷化は終息する．

HS1 終了の約 15〜12.9 ka の期間は，北半球は温暖化し，夏季アジアモンスーンは強まり，AMOC は復活した．一方，南半球では一定もしくは寒冷化し，南極前線南側での湧昇流は減少した．その結果，この間の CO_2 濃度は 240 ppm で安定だった．海水準変動に関しては，約 14.5〜14 ka の 500 年間に約 20 m 上昇した．速度にすると年間 4 cm であり，この急速な海水準上昇を融氷パルス 1A (MWP1A: meltwater pulse 1A) という (Fairbanks, 1989)（図 3.13）．その後，約 14〜12.5 ka までの海水準は 1,500 年間で約 20 m 上昇した (Lambeck *et al.*, 2014)．そして，約 12.5〜11.5 ka に，海水準上昇は停滞する．この期間を含む約 12.9〜11.7 ka は，北半球高緯度を中心に寒冷化が起き，ヤンガー・ドリアス (YD:

Younger Dryas) という．寒冷期に焦点を当てる際にはヤンガー・ドリアス亜氷期 (YDS: Younger Dryas stadial)，イベントに焦点を当てる際にはヤンガー・ドリアス・イベント (YDE: Younger Dryas event) という．なお，Dryas は，北半球の極地や高山に生育する被子植物のことで，学名は *Dryas octopetala*，和名はチョウノスケソウである．日本では南アルプス以北の高山に生息するが，欧州産の一変種 (var. *asiatica*) とみなされている（和田，2008）（図 4.6）．

　YDS 後は温暖化し，海水準が約 60 m 上昇した．そして，7〜6 ka には，産業革命（1750 年頃）前の年平均気温を基準とすると，北半球中・高緯度の陸域は 0.5〜2 ℃ 高い状態になった．この時期を完新世温暖極相期 (Holocene Climatic Optimum) あるいはヒプシサーマル期 (Hypsithermal) という．海水準は約 4 ka までに，ほぼ現在の海水準に達した．また，完新世を通じて，中国の石筍の $\delta^{18}O$ 値は増加しており，これは北半球夏季日射量の低下に伴なう夏季モンスーンの弱化を示す (Wang *et al.*, 2001)（図 3.11）．

　T-I の前の 60〜23 ka に 5 回の HS があり（図 3.10），HS1 と同様な変化が南半球でも起きた．たとえば，南極の温暖化とそれに伴う大気中 CO_2 の上昇 (Ahn & Brook, 2008)，南大洋の湧昇流の増加 (Anderson *et al.*, 2009)，南大洋の温暖化 (Kaiser *et al.*, 2005; Barrows *et al.*, 2007) などである（3.4 節で詳しく解説する）．だが，これらの HS はターミネーションまでには至らなかった．その原因は，気候システムが重要な閾値を超えなかったためと考えられている (Lamy *et al.*, 2007; Barker *et al.*, 2009; Wolff *et al.*, 2009)．この閾値は，北半球の夏季日射量の上昇と，不安定になりやすい大きな北半球の氷床 (marine-based ice sheet) に関係すると考えられる (Denton *et al.*, 2010)．そして，亜氷期の状態 (Liu *et al.*, 2009) と南半球の偏西風の南下を維持するために必要な北大西洋への淡水の供給が，地球全体を温暖な状態に維持するために必要な大気中の CO_2 のレベルまで上昇させるのに十分な期間続いたことが重要であると考えられる．T-I の完了には，HS1 は地球気候を閾値にほぼ到達させたが，ターミネーションを達成するために必要なレベル以上の CO_2 の量に達するには YDS が必要であった．間氷期の気候状態の安定性には，それに対応した大気の CO_2 濃度が必要なのである．Ganopolski *et al.* (2016) はモデルに基づき，CO_2 濃度が 240 ppm の場合には，今頃は氷期に入りつつあったが，産業革命前の 280 ppm の CO_2 濃度ならば，氷期の開始は 2 万年後以降と予測している．YDS 終了時の CO_2 濃度は 265 ppm なので，この値は YDS の寄与の重要性を裏づける．

　なお，YDS に類似した寒冷化は T-III では起きたが，T-II と IV では起きていない (Carlson, 2008, 2010; Broecker *et al.*, 2010)．また，T-I と II での AMOC の変動の相違に関しては，Obase *et al.* (2021) の気候シミュレーションの研究が

ある．T-II のタイミングは軌道離心率が大きかったので，退氷期の後半に北半球の夏季日射量と気温が高くなり，氷床融解が促進され，大西洋深層循環の弱い状態が続き，AMOC の変化が 1 ℃しか起きなかったとしている．

上記の環境復元の代替記録の中で，第 2 章で扱っていないものを次に概説する．AMOC の変動は，堆積物の $^{231}Pa/^{230}Th$ 比から復元できる．^{230}Th と ^{231}Pa は，それぞれ ^{234}U と ^{235}U の壊変で生成される．海洋中の U 濃度と $^{234}U/^{235}U$ 比は一定なので $^{231}Pa/^{230}Th$ 比も一定の割合で生成される．一方，海洋での滞留時間は，^{230}Th は 20〜40 年で，^{231}Pa は 100〜200 年である．大西洋盆地における深層水の通過時間は，^{231}Pa の滞留時間に近いため，大西洋で生成された ^{231}Pa の約半分は大西洋の堆積物に除去されずに NADW とともに南極海へ輸送される．一方，^{230}Th は現在の大西洋から南大洋への輸送は最小限に抑えられている．そのため，大西洋から南大洋への輸送が停止すると，^{231}Pa が堆積物中に除去され，堆積物の $^{231}Pa/^{230}Th$ は増加するため（最大値は 0.093），その値の変動から深層循環の強弱を復元できる (McManus *et al.*, 2004)（図 3.13）．

南極前線南側における湧昇流の増加の根拠は，南極前線南側の深海堆積物の生物源オパール（珪藻殻）の生産量変化に基づく (Anderson *et al.*, 2009)．湧昇流は深海に蓄積されていた栄養塩を海面表層に供給し，珪藻の増殖を促すのである．また，HS1 の CO_2 の主な供給源が深海であることの根拠は，大気の $^{14}C/^{12}C$ 比の 190‰の減少に基づき，^{14}C に乏しい大量の炭素が大気へ放出されたことを意味する (Hughen *et al.*, 2004; Reimer *et al.*, 2009; 岡崎，2012)．

3.3.8　ミランコビッチ仮説の妥当性

前述のように，ミランコビッチサイクルに伴う日射量変化に対して，様々な気候システムが応答し，相互作用することで，氷期・間氷期サイクルが生じる．それらの気候システムは，気圏–水圏–雪氷圏–地圏–生物圏–岩石圏（地殻・マントル上部）まで及ぶ．そして，各気候システムの応答速度は媒体の粘性率に依存し，氷床と地殻・マントル上部のアイソスタシーに伴うシステムの応答では，ミランコビッチサイクルに対して数万年の遅れが生じる．たとえば，スカンジナビア半島ボスニア湾奥では，10 ka 以降，200 m 隆起しており，現在の隆起速度は 1 cm/年で，さらに 100 m 隆起すると予測されている (Steffen & Wu, 2011)．つまり，氷床消滅後，3 万年間かけて隆起することになり，歳差運動の 1 周期を超える．さらに，気候システムは，温度変化量に応じてゆっくりと反応するが，ある臨界閾値 (tipping point; Gladwell, 2000) を超えると急激に変化し，容易には元に戻らない事象である．この臨界閾値を通過する可能性のある気候システムの大規模な構成要素をティッピングエレメント (tipping element) と呼び (Lenton *et al.*,

2008), AMOC を含む深層循環はティッピングエレメントである. また, 深層循環はヒステリシス (Hysteresis) 的な挙動もとる (Stocker & Wright, 1991). この挙動は, ある系の現象が, 現在加えられている力だけでなく, 過去に加わった力に依存して変化することであり, 履歴現象または履歴効果と呼ばれる. たとえば, 北大西洋の塩分と AMOC の生成量の関係では, 大気中の水蒸気輸送を通じた大西洋から太平洋への淡水輸送量の増加時と減少時では, NADW の生産量は別ルートを辿り, 特徴的なループを描く曲線になる (図 3.16d).

Abe *et al.* (2013) によると, 日射量に対する氷床の応答にもヒステリシス的な挙動が見られ, 同じ日射量でも, 氷床がまったくない状態から始まった場合には小さい氷床の状態になり, ある程度大きい氷床の状態から始まった場合は大きい氷床の状態を保つという性質が見られるという.

つまり, これらの気候システムの性質から, ミランコビッチサイクルに対する地球気候の応答である氷期・間氷期サイクルは, 線形的応答と非線形的応答が共存しており, カオス的応答といえる. よって, ミランコビッチ仮説では, 気候システムはミランコビッチサイクルに対して線形的に応答するとしたが, 単純な数式化はできない. 現在では, コンピュータを使い, 代替記録による復元を参照とし, 氷期・間氷期サイクルを含む気候変動をシミュレーションし, 復元と比較することが行われている.

3.3.9 氷期・間氷期サイクル間の大気中の CO_2 濃度変動のメカニズム

0.8 Ma 以降の氷期・間氷期サイクルにおける CO_2 濃度は, 気候・海水準変動よりも若干遅れて変動し, 氷期は約 180 ppm, 間氷期は約 280 ppm である (Petit *et al.*, 1999; EPICA community members, 2004; Bereiter *et al.*, 2015). CO_2 濃度変動は, T-I では氷床の融解のトリガーではなかったが, その後の融氷には温室効果によるフィードバックとして働いたので, 氷期・間氷期サイクルを増幅させる効果がある. したがって, 氷期・間氷期サイクルの気候変動の理解には, 数万年スケールの大気中の CO_2 濃度変動のメカニズムの理解が必要である.

巨視的には, 炭素の貯蔵庫 (リザーバー) における炭素量を大気:海洋:陸上植生・土壌で比較すると 1:52:3 となり, 海洋が大気中の CO_2 濃度変動に大きな役割を果たす. そのうえ, 氷期は大陸氷床の拡大で植生面積が減少するため, 陸上は CO_2 の放出源となり, 45 ppm を大気中に付加したと推定されている. つまり, 海洋は 145 ppm (氷期と間氷期の差 100 ppm と 45 ppm の合計) 分の CO_2 を吸収する必要がある.

海洋が大気中の CO_2 を吸収する過程は次の 3 つである. (1) 溶解ポンプ, (2)

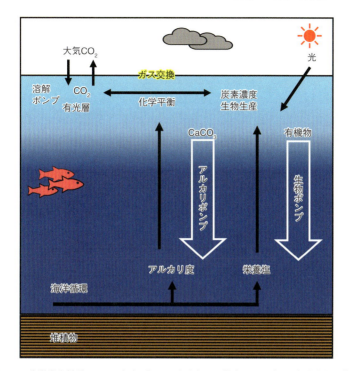

図 3.17　海洋炭素循環モデルで扱うプロセスをまとめた模式図．岡 (2018) をもとに作成．

生物ポンプ，(3) アルカリポンプである（図 3.17）．

　溶解ポンプは海面水温の低下に伴う CO_2 溶解の増加によるもので，LGM の海水温低下（低緯度では 5℃ の低下，高緯度では結氷点までの低下）を仮定した場合の増加量は 30 ppm と推定されている (Sigman & Boyle, 2000; 阿部・山中, 2007)．一方，LGM には氷床形成で海面塩分が増加するため，海洋から大気に CO_2 が放出され，CO_2 濃度が 6.5 ppm 増える (Cronin, 2009)．よって，生物ポンプとアルカリポンプは 121.5 ppm の CO_2 を吸収したことになる．

　生物ポンプは，海洋表層の有光層で植物プランクトンの光合成で生産された有機物が沈降し，海洋リザーバーに CO_2 を送り込む過程のことである．有機物の 99% は海底に至る前に酸化分解し，発生した CO_2 が深層水に貯蔵される．生物ポンプが氷期に活発化する原因として次の過程がある (Martin, 1990)．

　現在の南大洋，北太平洋亜寒帯域，東赤道太平洋には主要栄養塩が十分であるにもかかわらず，それに見合った一次生産が行われていない海域があり，高栄養塩低葉緑素 (HNLC: high nutrient low chlorophyll) 海域と呼ばれている．Martin

(1990) は，HNLC 海域の光合成の抑制は鉄の欠乏によると考えた．鉄は光合成，呼吸，窒素固定などを含む多くの酵素システムに使われるが，海水中ではスカベンジングなどによって速やかに除去されるので，他の栄養塩よりも欠乏する（川幡，2009）．一方，LGM にはダストの供給量の増加で鉄の供給量は 50 倍となり光合成が促進されたので，HNLC 海域が CO_2 を吸収したという仮説を提案した．彼の仮説は，2000 年代に HNLC 海域で鉄を散布する実験によって裏づけられた（Boyd & Law, 2001; Tsuda *et al.*, 2003 など）．なお，南極の氷床コアや南大洋の海底コアの記録から，0.8 Ma 以降の氷期には南米や豪州からのダスト供給量が増大したことが判明している（たとえば，Ikehara *et al.*, 2000; Lambert *et al.*, 2008; Martínez-Garcia *et al.*, 2011）．

生物ポンプの活発化は中深層水中の溶存酸素量を減少させるが，日本海のような縁海を除くと，LGM でも深海底堆積物に年縞堆積物が見られないので，無酸素化までには至っていない．一方，南大洋全体でも，一次生産量が完新世後期よりも有意に増加した海域は南極前線以北に限定される（Kohfeld *et al.*, 2013; 池原，2018）．これは，南極前線以南では，氷期には冬季海氷分布域が拡大するとともに，氷山の流出と融解の効果も大きくなったので，表層の成層化が強化された．その結果，周極深層水の湧昇が制限されて一次生産量が低下したためと推定されている（池原，2018）．この南大洋の成層化は，中深層水から大気への CO_2 の放出を抑制したと考えられている（Anderson *et al.*, 2009）．

最近の研究では，鉄の供給源としてダストの他に大陸棚や熱水噴出孔があげられ（Tagliabue *et al.*, 2014; Resing *et al.*, 2015），また鉄の循環過程や炭素・窒素循環との関係も解明されつつある（Tagliabue *et al.*, 2017）．さらに，生物ポンプの担い手として，中深層のバクテリアによる難分解性溶存有機物の生成が明らかになった（岡ほか，2021）．これを微生物炭素ポンプというが，定量的評価には至っていない（Jiao *et al.*, 2010; Robinson *et al.*, 2018）．

アルカリポンプとは，次のプロセスである．深海では，次式の通り，炭酸（H_2CO_3）と石灰（$CaCO_3$）が反応し，カルシウムイオンと重炭酸イオン（HCO_3^-，炭酸水素イオンともいう）が生成される．

$$H_2CO_3 + CaCO_3 \rightarrow Ca^{2+} + 2HCO_3^-$$

重炭酸イオンは弱アルカリなので，反応により海水のアルカリ度は増大する．一方，重炭酸イオンとして，海水中に CO_2 が固定される．海水がアルカリの場合，深層水が湧昇流で海洋表層にもたらされると，CO_2 を吸収する．このようにしてアルカリポンプは大気の CO_2 を海洋に吸収する．なお，炭酸は次式での通りに CO_2 と水の反応から生成され，CO_2 は生物ポンプで送り込まれた有機物の分

解により生成される.

$$CO_2 + H_2O \rightarrow H_2CO_3$$

アルカリポンプで使われる石灰は,円石藻や浮遊性有孔虫などにより形成され,次式の通り,アルカリポンプとは逆向きの反応で,炭酸塩ポンプという.

$$Ca^{2+} + 2HCO_3^- \rightarrow CaCO_3 + H_2CO_3$$

この反応で生成された H_2CO_3 は大気中に CO_2 を放出する.つまり,生物の石灰化では,生物ポンプと炭酸塩ポンプの両方が働いているので,CO_2 はバランスしており,大気の CO_2 にはほとんど影響しない.一方,珪藻などの珪質プランクトンは生物ポンプだけを担う.したがって,氷期に珪質プランクトンの生産量が石灰質プランクトンよりも多くなれば,大気の CO_2 を海洋に送り込める.しかし,アルカリポンプで石灰質プランクトンの遺骸が溶解するので,その動態を復元できないため,氷期の CO_2 の低下に対する生物ポンプとアルカリポンプの貢献度を定量的に評価するまでには至っていない.

上記のプロセスで深海に CO_2 が蓄積されても,深層循環で海水が表層に上がると,CO_2 を大気に放出してしまう.そのため,氷期には海洋の成層強化により,高密度深層水が炭素リザーバーとなっていたという仮説が提唱されている (Broecker et al., 2004).深海底の底生有孔虫殻の $\delta^{18}O$ 値・Mg/Ca 比,堆積物の間隙水の $\delta^{18}O$ 値・塩化物イオン濃度に基づくと,最終氷期の深層水温は北大西洋と太平洋で約 0℃,南大洋では −1℃ 以下で,塩分は現在よりも 1‰ 以上高い (岡崎, 2015).この低温・高塩分の高密度深層水が氷期の海洋深層を満たしたため,海洋の成層化が強化され,深層水が孤立したことがわかった (Adkins & Schrag, 2003).これに基づき,深層水が炭素リザーバーとなったという仮説が提案された.孤立深層水の存在は,浮遊性–底生有孔虫殻の ^{14}C 年代の差で検討できる.前者と後者の ^{14}C 値はそれぞれ,表層水と底層水の ^{14}C 濃度を反映しているからである.深層水の孤立は,大気との交換から隔離された状態にあるので,底生有孔虫殻の ^{14}C 年代が,浮遊性有孔虫の年代よりも古ければ古いほど,孤立していることになる.孤立の度合いは,換気を意味するベンチレーション (ventilation) で表現され,日本周辺では,年代値の判明している火山灰層と,そこに含まれる底生有孔虫の年代値からベンチレーションが復元されている (Ikehara et al., 2013).

最近,深層水が炭素リザーバーか否かを調べる方法が,日本人研究者によって実用化された.海洋に吸収された炭素の大部分は,炭酸イオン,炭酸などの溶存無機炭素として保存される.そのため,炭酸イオン濃度を復元し,海水 pH の情報と組み合わせることで,海水中の溶存無機炭素量を復元できる (岩崎, 2014).そこ

で，Iwasaki *et al.* (2022) は深海堆積物中の浮遊性有孔虫化石をマイクロフォーカス X 線 CT 装置で殻の厚さと密度を測定し，殻の溶解度から深層水の炭酸イオン (CO_3^{2-}) 濃度を定量的に復元する手法を実用化したのである．この手法を使い，T-I 初期（19〜15 ka）にチリ沖の深度約 3,000 m の深層水の炭酸イオン濃度が 20 μmol/kg 上昇していることを発見し，ここの深層水が CO_2 を大量に放出していたと解釈している．

3.3.10 深層循環

パナマ仮説や T-I や CO_2 ガス濃度変動のメカニズムで深層循環の役割を記したので，ここでは深層循環そのものについて解説する．

海洋の深度 2,000 m 以深は水温が常に 3℃ 以下で，2℃ 程度の変化しかなく均質であり，この海水を深層水という（大河内，2015）．現在の地球には，グリーンランド沖の北大西洋北部と南極縁辺海域に深層水の生産場所があり，前者で NADW，後者で AABW が生産されている（図 3.18）．NADW の生産過程には，北大西洋中緯度の表層海水の塩分が高いことが深く関わっている（図 3.18）．北米大陸西部のロッキー山脈と南米大陸西部のアンデス山脈の上空では偏西風が吹き，太平洋から大量の水蒸気を運ぶが，山脈を超える時に水蒸気は雨・雪となって除去され，風は乾燥する．この状態で，風が山脈斜面を吹き下るとフェーン現象が発生する．この風をロッキー山脈ではチヌーク (Chinook)，アンデス山脈ではゾンダ (Zonda) という．一方，大西洋から偏西風が運ぶ水蒸気は，欧州やアフリカ大陸西部に南北方向の山脈がないので，偏西風とともに東進する．熱帯上空では貿易風が吹き，大西洋の熱帯で蒸発した大量の水蒸気は，南北米大陸の熱帯地域には山脈がないので，そのまま太平洋に運ばれる．つまり，大西洋からは水蒸気が流出するので，他の海域より表層海水の塩分が高くなる．

パナマ地峡の形成後，メキシコ湾流は北米大陸東岸を北上し，グリーンランド沖に達する（図 3.7）．冬季のグリーンランド氷床から吹き下ろす乾燥した風で海面から大量の水蒸気が運びさられ塩分が増加し，さらに海氷形成時の高塩分水の排出 (brine rejection) によって塩分が増加する．その結果，表層海水の密度が増加し，深海に沈んでいく．NADW の形成に伴う大西洋の子午面循環は 1 秒間に約 1,600 万 m^3 である．海洋循環の流量にはスベルドラップ (Sv: Sverdrup) という単位があり，$1 \text{ Sv} = 10^6 m^3/s$ である．

AABW は，ウェッデル海，ロス海，アデリーランド沖，ケープダンレーにおいて，海氷形成時の高塩分水の排出で 8〜14 Sv 程度が形成されている（纐纈，2017；大島，2019）．

NADW は，北米大陸東岸を南下し，南極海に達し，AABW を混合し，その

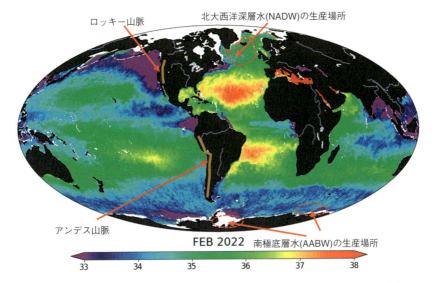

図 3.18　海洋表層の塩分の分布図．塩分の単位は PSU (practical salinity units). https://salinity.oceansciences.org/smap-salinity.htm より．AABW の形成場所は大島 (2019) をもとに作成．

後，太平洋を北上する．一方，海洋表層では，深層水の流れを補償する流れが形成されることで，深層流と表層流とが結合した一つの循環をなす．深層循環の駆動力は海水の塩分と水温に伴う密度差であることから，熱塩循環 (thermohaline circulation) と呼ばれる．

深層循環は，Stommel (1958) が理論的に予測したが，深層水の流速は 1 cm/s 以下と極めて遅く，かつ海洋は直径数十〜数百 km の中規模渦に覆われているので調査が難しく，実証されたのは 1970 年代の ^{14}C 濃度などの化学トレーサーの分布調査による（大河内，2015）．この結果から，Broecker (1987) は深層流と表層流が一体となって海洋全体をつなぐ 1 本のループを提示し，それをコンベヤーベルトと名づけた．コンベヤーベルトは，塩を北大西洋から他の海洋へ運び，熱を他の海洋から北大西洋に運ぶ．深層循環の速度は遅いが，大気の 1,000 倍以上の熱容量を持つので，深層循環による熱輸送は地球気候に大きな影響をもたらす．

Broecker (1990) は，T-I の YDS などの気候変動は，大陸氷床からの大量の融水流入に伴う AMOC の急激な停滞によるという仮説を提唱した．そこで，Manabe & Stouffer (1995) は，深層循環への淡水流入の影響について，コンピューター・シミュレーション（通称，水まき実験）を行った．その結果，淡水流入後に深層循環は急激に弱まり，再び強まって弱まり，その後，徐々に回復するという結果

124 第3章 第四紀の気候・海水準変動

を得た．なお，Manabe は，2021 年ノーベル物理学賞「地球の気候の物理的モデリング，気候変動の定量化，地球温暖化の確実な予測」を受賞した真鍋叔郎氏である．真鍋氏の研究を契機に，深層循環に関する水まき実験が進み，NADW の生産場所への氷山の流出量に応じて，次の 3 つの安定状態があることが判明した (Rahmstorf, 2002)．上記をまとめると図 3.16 のようになる．

NADW の生産場所では，淡水流入が停止すると，蒸発で表層海水の塩分は増加し，やがて深層循環が再開される．

3.4 数千年で繰り返す気候変動

第四紀の気候変動には，氷期・間氷期サイクルよりも短い数千年で繰り返すダンスガード・オシュンガー振動や HE あるいは周期性のない YDE などがある．これらの突発的な気候変動の理解には，次の 4 つの要素，(1) トリガー機構，(2) フィードバック機構，(3) 伝播機構，(4) 新しい気候状態を維持する機構が不可欠である (Cronin, 2009)．これらの要素に留意して，突発的気候変動について解説する．

3.4.1 ダンスガード・オシュンガー振動とハインリッヒイベント

グリーンランド氷床の氷の $\delta^{18}O$ の測定から，最終氷期の 110〜23 ka に約 1470 年間隔で 21 回の急激な温暖化が起きたことが判明し，新しい方から 1〜24 の番号（現在では 25）がつけられ (Dansgaard *et al.*, 1993)，ダンスガード・オシュンガーサイクル（Dansgaard/Oeschger（略語は次がある，DO, D/O, D-O) cycles）と名づけられた．その後，サイクルというほどの周期性があるわけでないことがわかり，現在ではダンスガード・オシュンガー振動 (DO oscillations) あるいはイベントと呼ばれている（図 3.19）．DO 振動では，$\delta^{18}O$ 値が 5〜6‰変動し，最も大きく変動した DO-19（約 70 ka）と DO-12 (50〜47 ka) におけるグリーンランド上空の気温変化量は 16℃ と 12.5℃ に達したとされる (Schwander *et al.*, 1997; Jouzel, 1999; Lang *et al.*, 1999)．そして，温暖化は平均で数十年，最短で 3 年で起きるのに対して，寒冷化は，数百年から数千年かけて徐々に起きる（図 3.19）．

この気温変化に連動して CH_4 濃度が温暖期に上昇し，寒冷期に低下したことが判明し (Chappellaz *et al.*, 1993)（図 3.19），その後の詳細な年代決定により，CH_4 濃度の上昇は気温上昇の開始から 25〜70 年遅れることが判明した (Huber *et al.*, 2006)．この CH_4 濃度は，熱帯域と北半球中・高緯度の湿地の環境変化によるとされている (Chappellaz *et al.*, 1993; Huber *et al.*, 2006)．なお，グリーンランドの氷床コアの CO_2 濃度は，石灰質ダストの影響を受けた可能性があり，大気の CO_2 濃度の代替記録には適さないとされている．

3.4 数千年で繰り返す気候変動　125

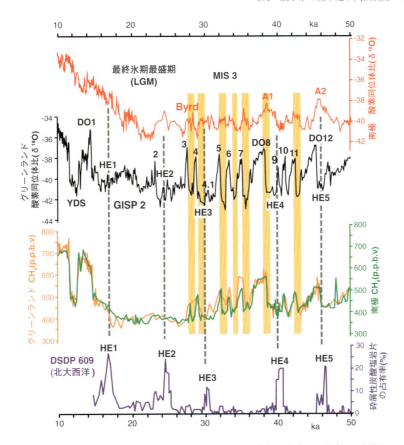

図 3.19　最終氷期の高緯度地域の気候・海洋変動. Byrd は南極の氷床コア記録で GISP 2 はグリーンランドの氷床コア記録. 南極の気温はピークに達し（これらの温暖期イベントは新しい方から A1, 2 は南極の温暖期イベント. DO1〜12 はダンスガード・オシュンガー振動の番号, HE1〜5 はハインリッヒイベントの番号. 氷床コアの $\delta^{18}O$ と CH_4 濃度は https://www.ncei.noaa.gov/access/paleo-search/?dataTypeId=7 に基づく. 砕屑性炭酸塩岩片の占有率は, https://www.ncei.noaa.gov/sites/default/files/2021-11/2%20Heinrich%20and%20Dansgaard%E2%80%93Oeschger%20Events%20-%20Final-OCT%202021.pdf に基づく.

　あらかじめ述べておくが, 次に示す通り, DO 振動の情報はかなり得られてはいるが, 現時点では, 原因解明には至っていない. DO 振動の変化パターンには, 特徴的なリズムが見られ, 何回かに一度の変動量が大きく継続期間の長い温暖期があり, それに続く 2 回目, 3 回目の温暖期は徐々に変動量は小さくなり継続期間も短くなり, その後, 再び, 変動量が大きく継続期間の長い温暖期が起きる. この変動量が大きい温暖期に, ハインリッヒイベント (HE: Heinrich event) が起き

ている（図3.19）．HEは，北東大西洋深海堆積物に見られる漂流岩屑の多産層準と浮遊性有孔虫 *Neogloboquadrina pachyderma* の左巻き個体の占有率のピークの層準（寒冷化を示す，第2章）とが一致した層準で示され (Heinrich, 1988)，Broecker *et al.* (1992) が新しい方から HE1〜6 の番号をつけた（図3.19）．

　HE は DO 振動の温暖化の前に起きたとされている (Rahmstorf, 2002)．だが，DO 振動は氷床コアの記録で，一方，HE は深海底堆積物の記録なので，直接的に両現象の前後関係を決定できない．しかも，深海底堆積物の年代決定は ^{14}C 年代測定によるが，測定誤差があるうえに，海洋リザーバー効果の値の不確実性も加わるので（第2章），年代値には数十年から数百年の誤差が伴う．したがって，数十年で温暖化してしまう DO 振動と HE の時間関係を正確に評価できない．そのうえ，^{14}C 年代測定の誤差は，古くなるほど大きくなるので，暦年代への較正式の誤差も大きくなる．そして，氷床コアについても年層の計数で年代を決定するが，古くなるほど年層が薄くなり計数の間違いが増えていく．つまり，前後関係の逆転で，原因と結果の解釈が代わることになる．

　ハインリッヒ (H) 層に含まれる漂流岩屑は石灰岩が多いことから，漂流岩屑を運搬した氷山はハドソン湾にあった LIS 北部から流出した (Bond *et al.*, 1992)．*N. pachyderma* の左巻き個体の占有率の増加が，漂流岩屑の多産よりも前から始まっているので，HE の発生前に北大西洋の表層水温は低下していた．これらのことから，HE は次のプロセスで起きたと推定されている．

　まず，寒冷化による氷床の厚さの増加で，地熱（地球内部から表面に向かう熱の流れ）が逃げ場を失い，氷床底面の温度が上昇する．氷床底面と基盤岩の間には氷河が削った岩片と氷の混合層（ティル：till）があり，ティル内の氷が融け，氷床底面と基盤岩の間の摩擦係数が低下し，氷床の大規模な流出が起きた（MacAyeal, 1993a, b; 多田，1998, 2013）．この現象をサージ (surge) という．サージによって供給された淡水の量は，$0.1 \sim 7 \times 10^6 \mathrm{km}^3$ (Roche *et al.*, 2004) で，LIS 全体の10〜15％に及ぶという推定もある（横山，2007）．淡水流入に伴う海水準上昇量は 3〜15 m と推定されている (Dowdeswell *et al.*, 1995; Yokoyama *et al.*, 2001; Hemming, 2004; Rohling *et al.*, 2004)．南氷洋では，HE に対応した漂流岩屑の多産層準が発見されており，LIS の部分崩壊に伴う海水準上昇が南極氷床の部分崩壊をもたらした可能性がある (Kanfoush *et al.*, 2000)．

　サージが起きると，氷床は薄くなり，氷床底面の温度が融点より低くなるため，再び氷床が成長する．そして，再びサージが発生する．この現象を自励振動システムといい，降雪速度，氷床の流動速度，地殻熱流量，海抜 0 m の気温から，LIS 北部については 7,000〜8,000 年周期と計算され，HE の発生間隔とよく合っている (MacAyeal, 1993a, b)．

一方，Oppo & Lehman (1995) は，底生有孔虫の δ^{13}C が HE5 の直後に軽くなることから，NADW の生産速度が低下したことを明らかにした．また，δ^{13}C 値が HE2〜4 で変化しなかったことを，LGM に向かって NADW の生産速度がすでにかなり低下した状態にあったためとしている．前述図 3.16 に示した AMOC のパターンでは，(3) の NADW の完全な停止状態が HE で（図 3.16c），(2) の NADW の生産量の低下が DO 振動の HE 以外の亜氷期（図 3.16b）で，(1) の現在と同じ状態が DO 振動の亜間氷期に対応する（図 3.16a）．

Bond & Lotti (1995) は，HE 層の間から少量の漂流岩屑を含む層を発見し，それらが DO 振動に対応することと，供給源がアイスランドやスカンジナビアの氷床であることを明らかにした．したがって，DO 振動と北大西洋周辺の大陸氷床の挙動には強い関連性があることは確実だが，両者の前後関係が不明なので，関連性には複数の考えが示されている．たとえば，多田 (1998) は HE をもたらした大規模な氷床崩壊による LIS の厚さの半減が北半球の大気循環に影響を与え，DO 振動の振幅変調を引き起こしたと述べている．

DO 振動に同調する降水量の増加や湧昇流の強化などの気候・環境変動は，日本海 (Tada *et al.*, 1995, 1999; 中嶋ほか，1996)，オホーツク海 (Sakamoto *et al.*, 2006)，中国南部 (Wang *et al.*, 2001)，アラビア半島沖 (Altabet *et al.*, 2002)，カリフォルニア沖 (Peterson *et al.*, 2000)，南極 (Voelker & Workshop Participants, 2002) までの各地から報告されている．数千キロメートルの遠隔地でほぼ同時に気候・環境変動が伝わる現象をテレコネクション (teleconnection) といい，偏西風や ITCZ の位置の変動などの大気循環パターンの再編によって伝わる（大河内，2015）．ただし，気候・環境変動の変動量は北大西洋で大きいので，NADW の生産速度の増加が DO 振動に深く関与したと推定されている．

南極とグリーンランドの氷床コアの記録は，CH_4 濃度の変動パターンから詳細に対比できる．DO 振動と位相が逆転するパターン，すなわち，グリーンランドが寒冷化する間に南極は徐々に温暖化し，グリーンランドが急激に温暖化する時に南極の気温はピークに達し（これらの温暖期イベントは新しい方から A1〜A7 と番号がつけられている），その後，南極の気温は急激に低下することがわかった (Blunier & Brook, 2001)（図 3.19）．この気候変動の対称的なパターンをバイポーラ・シーソー (Bipolar Seesaw) 現象という (Stocker & Johnsen, 2003)．これは，氷山の流出によって，NADW の生産速度が低下ないし停止したことで，海洋による北大西洋への熱輸送が減少し，その海洋の熱で南極が温暖化する．一方，NADW の生産速度が回復すると，北大西洋が温暖化し，南極が寒冷化するというメカニズムである．

128　第 3 章　第四紀の気候・海水準変動

　ハドソン湾から供給された漂流岩屑を含む HE 層の初産出は，MIS16 (0.65 Ma) からである．それ以前の後期鮮新世から見られる漂流岩屑を多産する層準の漂流岩屑は，主にグリーンランドとフェノスカンジア氷床および，北米とイギリス氷床からの局所的な氷床によると推定されている (Naafs *et al.*, 2013)．このことから，HE に伴う DO 振動も MIS16 から始まったと推定される．

3.4.2　ヤンガー・ドリアスイベントと 8.2 ka イベント

　最終退氷期の全般的に温暖化傾向にある中で，2 回の一時的な寒冷化イベントがあり，YDE と 8.2 ka イベント（8,200 年前イベント）と呼ばれる．

(1)　ヤンガー・ドリアスイベント (YDE)

　Hartz & Milthers (1901) は，デンマークの化石記録から，温暖なアデレート期 (Allerød) から寒冷な YDS への気候変動を検出し，アデレート振動と呼んだ．その後，北大西洋両岸の各地から YDS が検出され，ヤンガー・ドリアスイベント (YDE) と呼ばれることになる．Godwin (1961) は，^{14}C 年代測定から，YDS の期間を 10,750〜10,250 yrs BP（BP は西暦 1950 年を起点とする）と推定している．その後，グリーンランドの氷床コアの δ^{18}O から，YDS は 12.9 ka に始まって，11.7 ka に終わり（第 1 章で説明した完新統／世の基底・下限 GSSP），終了時の温暖化はわずか数年で起きたことが判明した（Steffensen *et al.*, 2008; 大河内，2015）（図 3.13）．YDE は，DO 振動の発見前から認識されていた唯一のミランコビッチ仮説では説明できない気候変動であったので，盛んに調査・議論されている．

　世界各地の報告から，寒冷化はグリーンランドと北西大西洋では 7〜8℃で，西欧は 2〜3℃であり，一部の地域では 1〜2℃の温暖化が起き，また南半球では温暖化した場所の方が多いことがわかった（Shakun & Carlson, 2010; 平林・横山，2020）（図 3.20）．この傾向は，YDE の原因がグリーンランドと北西大西洋の周辺にあることを示す．なお，YDS の開始について，Nakagawa *et al.* (2021) は福井県水月湖の年縞堆積物中の花粉分析から，水月湖とグリーンランドでは誤差の範囲内で同時だったことを明らかにしている（中川，2023）．大局的には，YDS の全球気候は，北半球の寒冷化により極域ジェットが強化・南下した後，LIS の縮小に伴ってジェット気流が北上し YDS が終了した，という大気循環の変動で説明される（平林・横山，2020）．

　2.3.7 項の T-I で解説した通り，YDE は，後退する LIS の南西前線に形成されたアガシ湖からの淡水の大量放出で，AMOC が弱体化ないし停止したことによると考えられている (Johnson & McClure, 1976; Rooth, 1982; Broecker *et al.*,

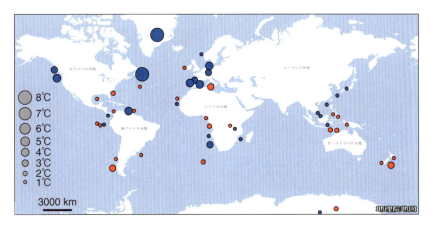

図 3.20　ヤンガー・ドリアス亜氷期 (YDS) の気温偏差．Shakun & Carlson (2010) をもとに作成．

1989)（図 3.21）．この解釈は深海堆積物の ^{231}Pa/^{230}Th 比が YDS に減少することからも支持される (McManus et al., 2004)（図 3.13）．

アガシ湖は，氷河説を唱えた Agassi にちなんだ氷河湖で，約 14 ka までに出現し (Lepper et al., 2007)，8.2 ka 頃に消滅した (Clarke et al., 2004)．湖岸の汀線 (strandline) 地形の標高と，堆積物中の植物の ^{14}C 年代値や堆積物粒子の光ルミネッセンス (OSL) 年代値から，湖面変動が復元されている．融氷水の供給と大規模洪水を含む排水を繰り返し，湖の規模は増減し，最大時には面積 263,000 km^2，水量 22,700 km^3 に達した (Fisher, 2020; Leverington et al., 2000)．この面積は本州と九州を合わせた面積の 264,720 km^2 に匹敵する．その後，約 9 ka に東隣のオジブウェー (Ojibway) 湖と接合し，面積 841,000 km^2，水量 163,000 km^3 に達した (Fisher, 2020)．氷河湖では，氷床が湖を堰き止めている場所があり，そこの氷床が融けると淡水が流下し，大洪水を起こし，海洋へ流出する．アガシ湖では，約 13 ka に約 65 m の湖面低下が起きており，このタイミングが YDS の開始のタイミングと一致する．この大洪水のルートには次の 4 つがある（大河内，2015）（図 3.21）．

(1) 現在のミシシッピ川を経由し，メキシコ湾に流入，
(2) 現在のセントローレンス (Saint Lawrence) 川を経由し，北大西洋北部に流入，
(3) 現在のハドソン湾付近にあった氷床の窪みからラブラドル海を経由し，北大西洋北部に流入，
(4) 現在のマッケンジー (Mackenzie) 川を経由し，北極海に流入．

(a) 最終氷期最盛期 (LGM) 22 ka

(b) 暦年 11.7～11.3 ka (BP)

(c) 暦年 9.0～8.7 ka (BP)

(d) 暦年 8.3～8.1 ka (BP)，8.2 ka イベント

図 3.21　最終氷期最盛期 (LGM) から 8.2 ka イベントまでのローレンタイド氷床の融解過程．LGM の氷床の等高線は Dyke et al. (2002) に基づく．ローレンタイド氷床の融解過程は Törnqvist & Hijma (2012) に基づく．(b) の 1～4 は融氷水の流出ルートで，1 はミシシッピ川，2 はセントローレンス川，3 はハドソン湾，4 はマッケンジー川．

　この淡水の大規模流入イベントは，HE と共通するので，HE-0 と呼ばれる．だが，HE は北半球高緯度の夏季日射量の低下期に発生し，YDE は北半球高緯度の夏季日射量の増加期に発生した点で異なる．そのため，HE では氷山の流出による漂流岩屑の堆積があり，氷山の供給源を推定できた．一方，YDE は，融氷水の流入によるので，漂流岩屑を用いた融氷水の供給ルートの推定はできない．漂流岩屑に代わる融氷水の代替記録は，浮遊性有孔虫殻の $\delta^{18}O$ 値である．融氷水の $\delta^{18}O$ 値は約 $-30‰$ なので（大河内，2015），それが流入した海域に生息する浮遊性有孔虫殻の $\delta^{18}O$ 値は異常に軽くなる．
　実際に，Kennett & Shackleton (1975) は YDS 直前の MWP 1A (14 ka) の時に（図 3.13），メキシコ湾の堆積物コア中の浅海に生息する浮遊性有孔虫 *Globigerinoides ruber* や *Globigerinoides sacculifer* の殻の $\delta^{18}O$ 値が $1.6‰$ 軽くなったの

に対して，両種より深所に生息する浮遊性有孔虫の $\delta^{18}O$ 値は 0.3‰ しか軽くならなかったことを明らかにした．彼らはこの結果から，ミシシッピ川を経由し，メキシコ湾に大量の融氷水が流出したと解釈した．しかし，メキシコ湾への淡水の大量放出では，大西洋北部の深層循環に影響を与えるまでには至らなかった．

この状況を踏まえて，Rooth (1982) は，アガシ湖からの融氷水の流入ルートがミシシッピ川からセントローレンス川へ移り，北大西洋に大量の淡水が供給され（図 3.21），AMOC を弱体化したと提唱した．Broecker *et al.* (1989) はメキシコ湾の堆積物コアの浮遊性有孔虫の $\delta^{18}O$ 値と ^{14}C 年代値をもとに，ミシシッピ川からメキシコ湾への融氷水の流出は約 11.2〜10 ka に大きく減ったことを解明し，Rooth (1982) の仮説を支持した．だが，大規模洪水のもたらした地形や堆積物はセントローレンス川流域では未発見で，セントローレンス川沖でも淡水流入のシグナルが検出されていない．

一方，アガシ湖の淡水がマッケンジー川を通じて北極海に流入したことで YDE が起きた可能性も指摘されている (Murton *et al.*, 2010)（図 3.21）．だが，セントローレンス川と同様に決定的な証拠が得られていない．

なお，隕石が北米北部で爆発し，LIS の不安定化をもたらし，YDE が起きたという説が提唱されている (Firestone *et al.*, 2007)．その根拠の一つは，北米の複数の湖成層で YDS 開始期の堆積物が高濃度のイリジウム (Ir) を含むことである．一方，Nakagawa *et al.* (2021) は水月湖の YDS の開始を含む堆積物を分析したが，有意と見なされる Ir の濃集層は検出されなかったので，YDE に隕石爆発が関与した可能性を否定はしないが，爆発によって飛び散った Ir を含むダストは，水月湖とその集水域には到達しなかったとしている（中川，2023）．なお，T-III でも YDE に類似した一時的寒冷化が見られることから，隕石説に反対する研究者もいる (Broecker *et al.*, 2010 など)．YDE の解明を阻んでいるのは，アガシ湖の湖面変動や大規模洪水の発生や北大西洋表層水の変動の年代を決定する ^{14}C 年代測定の誤差にある．

(2) 8.2 ka イベント

第 1 章で説明したが，ノースグリッピアン階／期の基底・開始は約 8,200 年前に起きた短期的寒冷化イベント（通称，8.2 ka イベント）により定義された．このイベントでは，グリーンランドの年平均気温は 6 ± 2 ℃ 低下し，継続期間は約 160 年間で，最寒期は 69 年間と推定されている（Alley *et al.*, 1997; Thomas *et al.*, 2007; 平林・横山，2020）．また，北大西洋だけでなく低緯度〜中緯度地域からも寒冷化が報告されており（図 3.22），その気候変動の伝播は次のように説明

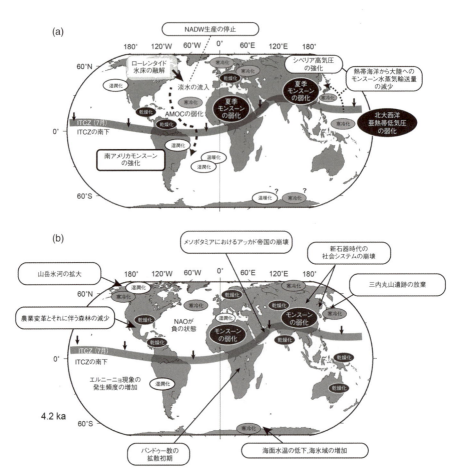

図 3.22 (a) 8.2 ka イベントの各地域の気候変動. (b) 4.2 ka イベントに関する各地域の気候変動と人間社会への影響の例. 平林・横山 (2020) から転載 (ⓒ日本第四紀学会). AMOC：大西洋子午面循環, ITCZ：熱帯収束帯, NADW：北大西洋深層水, SST：海面水温.

されている (平林・横山, 2020). 北大西洋の寒冷化によるシベリア高気圧の強化で，北半球の気温勾配が変動し，ITCZ は南下する．この南下によって夏季モンスーンが弱化し，モンスーン地域で乾燥化が進んだ．

8.2 ka イベントは，現象の類似性から YDE と同様に LIS の融解に伴う大量の融氷水の流入による AMOC の弱化と考えられており (Alley et al., 1997), その検証が行われている．

ハドソン湾南東部のジェームズ湾周辺では，アガシ・オジブウェー湖にたまった

堆積物が海成層に覆われており，海成層に含まれる海生貝類化石の ^{14}C 年代から，暦年代で 8,330〜8,160 年前 BP（以降は cal BP と表記）にアガシ・オジブウェー湖の大量の融氷水が海洋へ流出し，入れ替わりに海水が侵入したことが判明している (Barber *et al.*, 1999)．一方，ハドソン湾と北大西洋を結ぶハドソン海峡では厚さ 5〜80 cm の赤色層が 700 km に渡って分布する．この赤色層は赤鉄鉱と炭酸塩岩に富む堆積物で，供給源はハドソン湾北西部の先カンブリア界の Dubawnt 層群である (Kerwin, 1996)．この赤色層の堆積年代は 8,650〜8,320 cal BP と推定されている (Barber *et al.*, 1999)．これらから，Barber *et al.* (1999) はアガシ・オジブウェー湖からの最後の大量の淡水が，約 8,450 cal BP にハドソン海峡を経てラブラドル海に流出したと結論づけた（図 3.21）．

淡水流出は，ラブラドル海の深海底堆積物中の浮遊性有孔虫の δ^{18}O 測定から，海水の δ^{18}O 値が 8.2 ka に 0.7〜1.3‰軽くなったことで裏づけられている (Hoffman *et al.*, 2012)．また，Kleiven *et al.* (2008) は，北西大西洋の深海底生有孔虫の δ^{13}C 値が 8.2 ka に一時的に 0.6‰軽くなったことから，AMOC の弱化を報告している．

気候モデルを用いたシミュレーションでは，前述の短期間の淡水流出量による北大西洋の深層循環の弱化では，寒冷化の持続期間は数十年以下となり，160〜400 年続いた寒冷化を説明できないため，アガシ・オジブウェー湖以外の氷河湖からも淡水流入があり，その結果，数百年間にわたって淡水流入が起きたという考え（平林・横山，2020）や他の気候変動（たとえば，太陽活動）の影響も加わったという考えもある (Bond *et al.*, 2001)．

3.4.3 4.2 ka イベント

約 4,200 年前に起きた中・低緯度地域の乾燥化イベント（通称，4.2 ka イベント）により，メガラヤン階／期の基底・開始が定義された（第 1 章）．このイベントの発生時には，LIS やその周辺の氷河湖もすでに消滅している．また，4.2 ka イベントと同時期に，中・低緯度地域で一時的な降水量の増加が起き，南極周辺では表層水温が低下，海氷が増加した（平林・横山，2020）（図 3.22）．しかしグリーンランド氷床コアからは 4.2 ka イベントに相当する顕著な変動は検出されていない (Vinther *et al.*, 2006)．これらのことから，4.2 ka イベントの発生原因は北半球高緯度にはなく（Walker *et al.*, 2012; 平林・横山，2020），ITCZ の南下 (Mayewski *et al.*, 2004) と北大西洋表層水の寒冷化 (Bond *et al.*, 1997)，エルニーニョ・南方振動 (ENSO: El Niño-Southern Oscillation) 変動 (Gomez *et al.*, 2004) が関連していると考えられている．なお，4.2 ka イベントに関連して，

ナイル川流域のエジプト古王国の衰退，メソポタミアのアッカド帝国の崩壊，インダス文明や長江文明の衰退などが報告されている（Ran & Chen, 2019; 平林・横山，2020; 篠田，2021）（図 3.22）．日本でも，4.2 ka 頃に青森県の三内丸山遺跡が放棄されている．これは水温と気温が 2.0 ℃急激に低下し，クリなどの陸域の実りが急減したためとされている（Kawahata *et al.*, 2009; 川幡，2011）（図 3.22）．

3.4.4 太陽活動に伴う気候変動

小氷期の直前の 950〜1250 年頃の西欧は温暖で，中世温暖期と呼ばれる．小氷期の年平均気温は中世温暖期と比べると，全球では約 0.4 ℃低く，西欧から北米北部では約 0.6 ℃低く，赤道太平洋は約 0.2 ℃高く，地域差がある（Mann *et al.*, 2009; 多田，2013）．この期間の西欧における異常な気候については表 3.1 にまとめた．日本では，Nakatsuka *et al.* (2020) が年輪セルロースの $\delta^{18}O$ 値から，中世温暖期は小氷期よりも温暖で乾燥していたことを明らかにしている．

北大西洋周辺の小氷期の気候は，現在の北大西洋に見られる北大西洋振動 (NAO: North Atlantic Oscillation) という気候変動パターンに似た状態にあったとされる (Keigwin, 1996)（図 3.23）．NAO は，アイスランド周辺の低気圧（アイスランド低気圧）とアゾレス諸島周辺の高気圧（アゾレス高気圧）が同時に強弱を繰り返す変動である．両者の気圧差を北大西洋振動指数 (NAO index) と定義し，平年値を基準 (0) とし，指数が正 (+) の場合は気圧差が大きくなり，負 (−) の場合は気圧差が小さくなる．高気圧から低気圧へ向かって風が吹き込むので，指数が

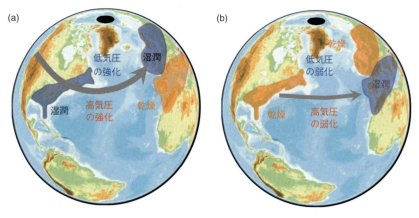

図 3.23　北大西洋振動の 2 つのモード．(a) 北大西洋振動の指数が正 (+) の状態．中世温暖期が相当する．(b) 北大西洋振動の指数が負 (−) の状態．小氷期が相当する．

3.4 数千年で繰り返す気候変動　135

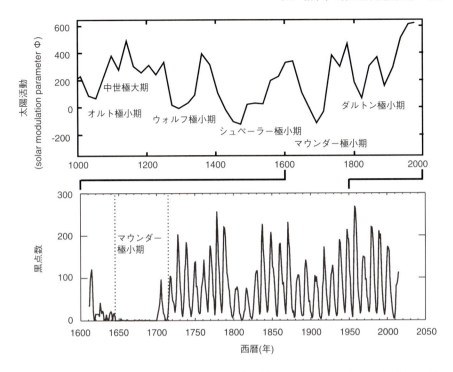

図 3.24　過去 1000 年間の太陽活動の動向．上図は年輪の ^{14}C 値や氷床コアの ^{10}Be から復元した太陽活動．Miyahara et al. (2021) に基づく．下図は黒点数の変動．https://solarscience.msfc.nasa.gov/images/ssn_yearly.jpg に基づく．

正の場合には，偏西風と AMOC が強化され，熱と水蒸気が北欧に流入し，降水の多い暖冬となる．逆に，指数が負の場合には，偏西風と AMOC が弱まり，北欧は乾燥・寒冷化する（図 3.23）．

　Eddy (1976) は，Spörer と Maunder が 1889 年と 1890 年代に示した黒点数 (sunspot number) の時系列データから，西暦 1645〜1715 年は黒点がなかった期間 (Maunder にちなみマウンダー極小期，Maunder Minimum という) と小氷期の最寒期が一致することから，太陽活動 (solar activity) が小氷期に関係すると唱えた（図 3.24）．地上観測では，黒点数の約 11 年周期は明らかにされていたが，大気と水蒸気などの影響で，黒点数の周期変動に伴う太陽総放射照度の変動を正確に測定できなかった．しかし，1979 年以降の衛星観測により，黒点数が多いほど太陽総放射照度が強くなり，黒点数の 11 年周期に伴う太陽総放射照度の変動量は 0.1%程変化し，紫外線領域では 4%程変化することが判明した（多田，2013）．
　これらの観測結果をもとに，太陽活動の気候変動への影響のメカニズムには，

136 第 3 章 第四紀の気候・海水準変動

次の 3 つの仮説が提唱されている.

(1) 紫外線の増減によるオゾンの多い大気上層での気温変化
(2) 宇宙線の到来量の増減に伴う低層雲（高度 3.2 km 未満）の量の変化
(3) 太陽放射の増減による赤道太平洋域における水温変化とそれに伴うエルニーニョ・ラニーニャ現象の変化

黒点数の時系列データは，西暦 1610 年の望遠鏡の発明以前は，肉眼観察によるので，データはほとんどない．そのため，それ以前の太陽活動の代替記録は，^{14}C と ^{10}Be の生産速度である．第 2 章で述べた通り，太陽活動の変動に伴い太陽磁場の活動も変動し，それは宇宙線の到来量を増減させる．その結果，太陽活動の活発期には ^{14}C と ^{10}Be の生産速度が増加する．したがって，年輪や氷床コアの ^{14}C 濃度と ^{10}Be 濃度の時系列データから太陽活動を復元できる．その結果，シュペーラー極小期（Spörer Minimum, 1450〜1550 年）やウォルフ極小期（Wolf Minimum, 1280〜1350 年）の存在が判明し（Stuiver & Quay, 1980; 宮原，2010）．さらに，9〜12 世紀に太陽活動極大期と呼ばれる太陽活動の活発期（中世極大期：Medieval Maximum Period または Grand Maximum）があったことも判明した（Eddy, 1976; 宮原，2010）（図 3.24）．ウォルフ極小期は 14 世紀前半の冬季の寒冷化が起きた期間に一致する（Pfister *et al.*, 1996）．Eddy（1976）は，中世温暖期は太陽活動の中世極大期にほぼ対応し，シュペーラー極小期は小氷期の中で比較的寒冷な時期に対応するとした．1790 年代から 1820 年代にかけても黒点数が減少しており，ダルトン極小期（Dalton Minimum）と呼ばれている．

なお，Bond *et al.*（2001）は北大西洋の深海底コア試料を分析し，完新世を通じて漂流岩屑の一時的増加が 8 回あり，それらのピークの年代は 400, 1,400, 2,800, 4,300, 5,900, 8,100, 9,400, 10,300, 11,100 cal BP であることを明らかにした．これらはボンドイベント（Bond events または Bond cycles）と呼ばれ，最初のイベントは YDE で，最後のイベントは小氷期である（図 3.25）．これらのイベントと同時期に中国では乾燥化した（Wang *et al.*, 2005）．寒冷化イベントの原因は，融氷水の流入や太陽活動の低下など複数あるとされている（Wanner & Bütikofer, 2008）．

3.5 海水準変動

氷河性海水準変動は，ウラン系列核種年代測定の適用範囲内である 0.45 Ma 以降に関しては，造礁性サンゴの相対的位置とウラン系列核種年代値から間氷期の海水準変動を復元できるが，氷期の海水準は最終氷期を除くとほとんどデータがない（Hibbert *et al.*, 2016）．サンゴのデータのない期間の氷河性海水準変動は，

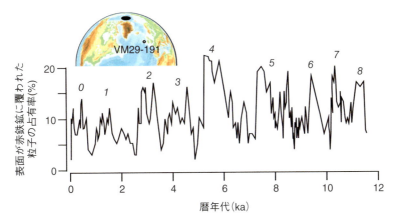

図 3.25　北大西洋の深海底コア試料 (VM29-191) から得られた 12,000 年間の漂流岩屑の占有率の変化．0〜8 はボンドイベントの番号．Bond *et al.* (2001) をもとに作成．

有孔虫殻の $\delta^{18}O$ 値から復元する．第 2 章で述べたように有孔虫殻の $\delta^{18}O$ 値は，海水の $\delta^{18}O$ 値の変動と水温変動を記録する．氷河性海水準変動をもたらす大陸氷床の体積の増減は，海水の $\delta^{18}O$ 値を変動させる．したがって，有孔虫殻の $\delta^{18}O$ 値から水温の影響を除去することで，氷河性海水準変動を復元できる．水温の影響を除去するには，有孔虫殻の Mg/Ca 比やアルケノン古水温計などによる水温復元がある．また，0.45 Ma 以降では，有孔虫殻の $\delta^{18}O$ 値の変動曲線を造礁性サンゴから復元した海水準変動と比較することで，水温の影響度を算出し，補正する方法もある (Waelbroeck *et al.*, 2002)．

一方，0.45 Ma 以前，特に MPT 以前の海水準変動は，Bintanja *et al.* (2005)，Bintanja & van de Wal (2008), Sosdian & Rosenthal (2009), Elderfield *et al.* (2012), Rohling *et al.* (2014) が，有孔虫殻の Mg/Ca 比やアルケノン古水温計などから水温を推定し，有孔虫殻の $\delta^{18}O$ 値から海水の $\delta^{18}O$ 値の変動を抽出して，海水準変動曲線を示しているが，研究者間で異なる．

そこで，Kitamura (2015) は，これらの海水準変動曲線を評価するため，石川県金沢市の下部更新統大桑層の堆積相と貝化石群集解析から古水深を復元し，MIS56〜20 の氷期の海水準について，次の評価基準を得た．(1) MIS22 が最も低く，(2) MIS34 と 26 の海水準は，MIS22 を除く他の氷期よりも低く，(3) MIS22 の海水準は MIS34 と 26 より 20 m 以上低い，である．これらの基準をほぼ満すのは Bintanja *et al.* (2005) であったので，前期更新世の海水準変動曲線に関しては，Bintanja *et al.* (2005) や Bintanja & van de Wal (2008) の海水準変動曲線を提示した（図 3.26）．それによると 3 Ma 以降，間氷期の海水準は現在とほぼ

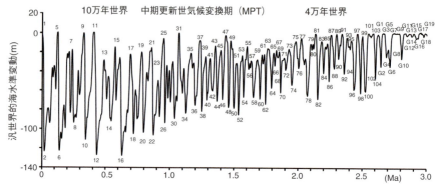

図 3.26 過去 300 万年間の海水準変動曲線. Bintanja & van de Wal (2008) に基づく.

同じだが，氷期の海水準は 3〜1.6 Ma は現海水準から約 −60 m で，0.7 Ma 以降は約 −120 m となり，MPT に氷期の海水準は低下した.

最近，3,154 人の現生人類のゲノムデータの解析から，0.93〜0.813 Ma に人類の祖先の繁殖個体数が約 10 万人から 1280 人まで減少し，その原因は氷期の強化にあるという説が提唱された (Hu *et al.*, 2023). この個体数の減少の開始期は MIS 23〜22 に対応し，上記の MIS56〜20 の氷期で MIS22 の海水準が最低（氷床量が最大）であったこと (Kitamura, 2015) と符合する.

海水準変動は，^{14}C 年代測定の適用範囲の約 50 ka 以降に関しては，潮間帯や潮上帯の堆積物中の植物片などの標高と ^{14}C 年代値から世界各地で復元されている．また，海水準変動は，氷床量の増減に加えて，氷床量や海水量の変動に起因するアイソスタシーに伴う固体地球の変形や地域的な地殻運動などの影響を受ける（2.2 節を参照）．そのため，各地で相対的海水準変動を復元する必要がある．図 3.27 は，東京低地と中川低地のボーリングコア試料から復元された過去 1.4 万年間の海水準変動である（田辺，2019）．ここの海水準は，7,000〜4,000 cal BP まで，現在の海水準よりも 2〜3 m 高い位置を維持しており，これを縄文海進という．その後，3,000 cal BP までに現在の海水準よりも約 2 m 低下して，2,000 cal kyr BP までに現在の海水準まで上昇した．この短期間の海水準低下を弥生の小海退と呼び，利根川低地や富山湾周辺でも認められる（田辺ほか，2016）．しかし，世界の他地域では，同時期に海水準は低下していないので (Woodroffe *et al.*, 2012)，堆積物荷重などの地域的な影響によると考えられている（田辺ほか，2016）．

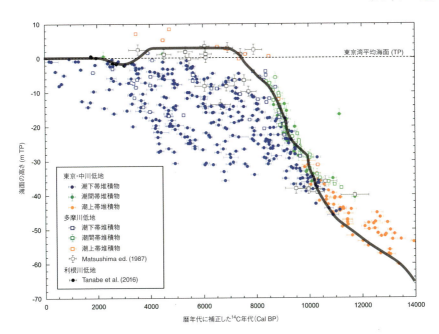

図 3.27　東京低地と中川低地のボーリングコア試料から復元した過去 1.4 万年間の海水準変動曲線．田辺 (2019) に基づく．潮間帯の上限と下限はそれぞれ高潮線，低潮線．

3.6　人為起源の気候・海水準変動

　産業革命前の CO_2 濃度は 280 ppm であるが，その後の化石燃料の使用や森林伐採などによる人間活動で CO_2 濃度は 2023 年 2 月の段階で 419 ppm に達している（図 3.9，図 3.28）．氷期–間氷期の変動量は 100 ppm なので，その値以上の CO_2 を人類はわずか 250 年で放出したのである．その結果，西暦 1980 年以降，2020 年までに全球年間平均気温は 1 ℃ 上昇し，西暦 1880 年以降海面は 25 cm 上昇している（図 3.28）．

おわりに

　以上の通り，過去の気候・海水準・環境変動とそれに伴う生態系変動は詳細に解明されており，その科学的知見は人為的な CO_2 濃度の増加による気候変動や気象災害のリスクを軽減するためのカーボンニュートラル (carbon neutral) の教育・啓発に絶大な貢献を果たす．一方，鮮新世–更新世変換期，中期更新世気候変換期，T-II の AC transition，DO 振動と HE の詳細な関連性，YDE，4.2 ka イベントのトリガー機構については議論が続いている．議論の原因は代替記録の欠

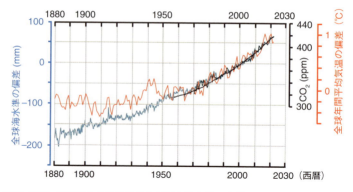

図 3.28 西暦 1880 年以降の全球年間平均気温と海水準の変動および西暦 1958 年以降の CO_2 濃度の変動. 全球年間平均気温変動は, 1951〜1980 年の平均値を基準とした偏差（℃）で表示し, 全球海水準変動は 1993〜2008 年の平均値を基準とした偏差 (mm) で表示. 気温データは NASA の GISS Surface Temperature Analysis (v4) の https://data.giss.nasa.gov/gistemp/graphs_v4/に基づく. 海水準のデータは NOAA の Global Climate Dashboard の https://www.climate.gov/media/14659 に基づく. CO_2 濃度は NOAA のデータ (https://gml.noaa.gov/webdata/ccgg/trends/co2/co2_mm_mlo.txt) に基づく.

落, 時間分解能の限界, 大気・海洋・氷床・地圏・生物圏間の相互作用の非線形性などである. これらの問題を解決するには, 代替記録の開発, 試料採取技術や分析技術の向上, 炭素循環の解明, 代替記録からの復元と気候シミュレーションとの統合などが必要である. 今後得られる新知見もまたカーボンニュートラルの取り組みや将来予測やリスク評価に重要な貢献をもたらす.

引用文献

阿部彩子・山中康裕 (2007) 古気候モデリング. 天気, **54**, 995-998

Abe-Ouchi, A., Saito, F. *et al.* (2013) Insolation-driven 100,000-year glacial cycles and hysteresis of ice-sheet volume. *Nature*, **500**, 190-193

Adkins, J. F. & Schrag, D. P. (2003) Reconstructing Last Glacial Maximum bottom water salinities from deep-sea sediment pore fluid profiles. *Earth Planet. Sci. Lett.*, **216**, 109-123

Ahn, J. & Brook, E. J. (2008) Atmospheric CO_2 and climate on millennial time scales during the Last Glacial Period. *Science*, **322**, 83-85

Alley, R. B., Mayewski, P. A. *et al.* (1997) Holocene climatic instability: A prominent, widespread event 8200 yr ago. *Geology*, **25**, 483-486

Altabet, M.A., Higginson, M.J. *et al.* (2002) The effect of millennial-scale changes in Arabian Sea denitrification on atmospheric CO_2 -. *Nature*, **415**, 159-162

Anderson, R. F., Ali, S. *et al.* (2009) Wind-driven upwelling in the Southern Ocean and the deglacial rise in atmospheric CO_2. *Science*, **323**, 1443-1448

Andrews, J. E., Portman, C. *et al.* (2007) Sub-orbital sea-level change in early MIS 5e: new evidence from the Gulf of Corinth, Greece. *Earth Planet. Sci. Lett.*, **259**, 457-468

Barber, D.C., Dyke, A. *et al.* (1999) Forcing of the cold event of 8,200 years ago by catastrophic drainage of Laurentide lakes. *Nature*, **400**, 344-348

Bard, E. *et al.*, (2000) Hydrological impact of Heinrich events in the Subtropical Northeast Atlantic. *Science*, **289**, 1321-1324

Barker, S., Diz, P. *et al.* (2009) Interhemispheric Atlantic seesaw response during the last deglaciation. *Nature*, **457**, 1097-1102

Barrows, T. T., Juggins, S. *et al.* (2007) Long-term sea surface temperature and climate change in the Australian-New Zealand region. *Paleoceanography*, **22**, PA2215

Barth, A. M., Clark, P. U. *et al.* (2018) Climate evolution across the Mid-Brunhes Transition. *Clim. Past*, **14**, 2071-2087

Bartoli, G. Sarnthein, M. *et al.* (2005) Final closure of Panama and the onset of northern hemisphere glaciation. *Earth Planet. Sci. Lett.*, **237**, 33-44

Beets, C. J. & Beets, D. J. (2003) A high resolution stable isotope record of the Penultimate deglaciation in lake sediments below the city of Amsterdam, The Netherlands. *Quat. Sci. Rev.*, **22**, 195-207

Bender, M. L., Barnett, B. *et al.* (2008) The contemporary degassing rate of ^{40}Ar from the solid Earth. *Proc. Natl. Acad. Sci.*, **105**, 8232-8237

Bereiter, B., S. Eggleston, J. *et al.* (2015) Revision of the EPICA Dome C CO_2 record from 800 to 600 kyr before present. *Geophys. Res. Lett.*, **42**, 542-549

Berger, A. (1978) Long-term variations of caloric insolation resulting from the Earth's orbital elements. *Quat. Res.*, **9**, 139-167

Berger, W.H., Yasuda, M.K. *et al.* (1994) Quaternary time scale for the Ontong Java Plateau: Milankovitch template for Ocean Drilling Program Site 806. *Geology*, **22**, 463-467

Bintanja, R. & van de Wal, R. (2008) North American ice-sheet dynamics and the onset of 100,000-year glacial cycles. *Nature*, **454**, 869-872

Bintanja, R., van de Wal, R.S.W. *et al.* (2005) Modelled atmospheric temperatures and global sea levels over the past million years. *Nature*, **437**, 125-128

Blunier, T. & Brook, E. J. (2001) Timing of millennial-scale climate change in Antarctica and Greenland during the last glacial period. *Science*, **291**, 109-112

Bond, G., Heinrich, H. *et al.* (1992) Evidence for massive discharges of icebergs into the North Atlantic Ocean during the last glacial period. *Nature*, **360**, 245-249

Bond, G. C., Kromer, B. *et al.* (2001) Persistent solar influence on North Atlantic climate during the Holocene., *Science*, **294**, 2130-2136

Bond, G. & Lotti, R. (1995) Iceberg discharges into the North Atlantic on millennial time scales during the last glaciation. *Science*, **267**, 1005-1010

Bond, G., Broecker, W. *et al.* (1993) Correlations between climate records from North Atlantic sediments and Greenland ice. *Nature*, **365**, 143-147

Bond, G., Showers, W. *et al.* (1997) A pervasive millennial-scale cycle in North Atlantic Holocene and glacial climates. *Science*, **278**, 1257-1266

Bond, G., Kromer, B. *et al.* (2001) Persistent solar influence on North Atlantic climate during the Holocene. *Science*, **294**, 2130-2136

Boyd, P. W. & Law, C. S. (2001) The Southern Ocean Iron release experiment (SOIREE) introduction and summary. *Deep-Sea Research II*, **48**, 2425-2438

Broecker, W. S., Thurber, D. L. (1968) Milankovitch hypothesis supported by precise dating of coral reefs and deep-sea sediments. *Science*, **159**, 297-300

Broecker, W. S. & Van Donk, J. (1970) Insolation changes, ice volumes, and the O^{18} record in deep-sea cores. *Rev. Geophys.*, **8**, 169-198

Broecker, W. S. (1987) The biggest chill. *Natural History Magazine*, 74-82

Broecker, W.S., Kennett, J. P. *et al.* (1989) Routing of meltwater from the Laurentide Ice Sheet during the Younger Dryas cold episode. *Nature*, **341**, 318-321

Broecker, W. S. (1990) Salinity history of the northern Atlantic during the last deglaciation. *Paleoceanography*, **5**, 459-467

Broecker, W. S., Bond, G. C. *et al.* (1992) Origin of the northern Atlantic's Heinrich events, *Clim. Dyn.*, **6**, 265-273

Broecker, W. S., Barker, S. *et al.* (2004) Ventilation of the glacial deep Pacific Ocean. *Science*, **306**, 1169-1172

Broecker, W. S., Denton, G. H. *et al.* (2010) Putting the Younger Dryas cold event into context. *Quat. Sci. Rev.*, **29**, 1078-1081

Carlson, A. E. (2008) Why there was not a Younger Dryas-like event during the Penultimate Deglaciation. *Quat. Sci. Rev.*, **27**, 882-887

Carlson, A. E. (2010) What Caused the Younger Dryas Cold Event? *Geology*, **38**, 383-384

Chalk, T. B., Hain, M, P. *et al.* (2017) Causes of ice age intensification across the Mid-Pleistocene Transition. *Proc. Natl. Acad. Sci.*, **114**, 13114-13119

Chappellaz, J., Blunier, T. *et al.* (1993) Synchronous changes in atmospheric CH_4 and Greenland climate between 40 and 8 kyr BP. *Nature*, **366**, 443-445

Cheng, H., Edwards, L. *et al.* (2016) Corrigendum: The Asian monsoon over the past 640,000 years and ice age terminations. *Nature*, **534**, 640-646

Chiang, J. C. H. & Bitz, C. M. (2005) Influence of high latitude ice cover on the marine Intertropical Convergence Zone. *Clim. Dyn.* **25**, 477-496

Clark, P. U. & Mix, A. C. (2002) Ice sheets and sea level of the Last Glacial Maximum. *Quat. Sci. Revs.*, **21**, 1-7.

Clark, P. U., Archer, D. *et al.* (2006) The middle Pleistocene transition: characteristics, mechanisms, and implications for long-term changes in atmospheric pCO_2. *Quat. Sci. Revs.*, **25**, 3150-3184

Clarke, G. K. C., Leverington, D. W. *et al.* (2004) Paleohydraulics of the last outburst flood from glacial Lake Agassiz and the 8200 BP cold event. *Quat. Sci. Revs.*, **23**, 389-407

CLIMAP Project Members (1976) The surface of the ice-age earth. *Science*, **191**, 1131-1137

Cronin, T. M. (2009) Paleoclimates: Understanding Climate Change Past and Present, pp. 448, Columbia Univ. Press

Crowley, T. & Kim, K. (1994) Milankovitch forcing of the Last Interglacial sea level. *Science*, **265**, 1566-1568

Cuffey, K. M. & Marshall, S. J. (2000) Substantial contribution to sea-level rise during the last interglacial from the Greenland ice sheet. *Nature*, **404**, 591-594

Dansgaard, W., Johnsen, S. J. *et al.* (1993) Evidence for general instability of past climate from a 250-kyr ice-core record. *Nature*, **364**, 218-220

Denton, G. H., Alley, R. B. *et al.* (2005) The role of seasonality in abrupt climate change. *Quat. Sci. Rev.*, **24**, 1159-1182

Denton, G. H., Anderson, R. F. *et al.* (2010) The last glacial termination. *Science*, **328**, 1652-1656

Dowdeswell, J. A., Maslin, M. A. *et al.* (1995) Iceberg production, debris rafting, and the extent and thickness of Heunrich layers (H-1, H-2) in North Atlantic sediments. *Geology*, **23**, 301-304

Drysdale, R. N., Hellstrom, J. C. *et al.* (2009), Evidence for obliquity forcing of glacial Termination II. *Science*, **325**, 1527-1531

Dutton, A. & Lambeck, K. (2012) Ice volume and sea level during the last interglacial. *Science*, **337**, 216-219

Dutton, A., Carlson, A. E. *et al.* (2015) Sea-level rise due to polar ice-sheet mass loss during past warm periods. *Sciece*, **349**, aaa4019

Dyke A. S., Andrews, J. T. *et al.* (2002) The Laurentide and Innuitian ice sheets during the Last Glacial Maximum. *Quat. Sci. Rev.*, **21**, 9-31

Eddy, J. A. (1976) The Maunder minimum. *Science*, **192**, 1189-1202

Elderfield, H., Ferretti, P. *et al.* (2012) Evolution of ocean temperature and ice volume through the mid-Pleistocene climate transition. *Science*, **337**, 704-709

Emiliani (1955) Pleistocene temperatures. *J. Geo.*, **63**, 538-578

EPICA community members (2004) Eight glacial cycles from an Antarctic ice core. *Nature*, **429**, 623-628

Ericson, D. B., Broecker, W. S. *et al.* (1956) Late-Pleistocene climates and deep-sea sediments. *Science*, **124**, 385-389

Esat, T. M., McCulloch, M. T. *et al.* (1999) Rapid fluctuations in sea level recorded at Huon Peninsula during the penultimate deglaciation. *Science*, **283**, 197-201

Fairbanks, R. G. (1989) A 17 000-year glacio-eustatic sea-level record: Influence of glacial melting rates on the younger dryas event and deep ocean circulation. *Nature*, **342**, 637-642

Firestone, R. B., West, A. *et al.* (2007) Evidence for an extraterrestrial impact 12,900 years ago that contributed to the megafaunal extinctions and the Younger Dryas cooling. *Proc. Natl. Acad. Sci.*, **104**, 16016-16021

Fisher, T. G. (2020) Megaflooding associated with glacial Lake Agassiz. *Earth-Science Rev.*, **201**, 102974

Fujita, K., Omor, A. *et al.* (2010) Sea-level rise during Termination II inferred from large benthic foraminifers: IODP Expedition 310, Tahiti Sea Level. *Mar. Geo.*, **1-2**, 149-155

Gallup, C. D., Cheng, H. *et al.* (2002) Direct determination of the timing of sea level change during Termination II. *Science*, **295**, 310-313

Ganopolski, A., Winkelmann, R. *et al.* (2016) Critical insolation-CO_2 relation for diagnosing past and future glacial inception. *Nature*, **529**, 200-203

Geikie, J. (1874) The Great Ice Age, pp. 431, Dalby & Ibster

Gladwell, M. (2000) The Tipping Point: How Little Things Can Make a Big Difference, pp. 279, Little Brown

Glückert, G. (1974) On Pleistocene glaciations in the German Alpine foreland. *Bull. Geol. Soc. Finland*, **46**, 117-131

Godwin, H. (1961) Radiocarbon dating and Quaternary history in Britain. *Proc. Roy. Soc., Ser. B*, **153**, 287-320

Gomez, B., Carter, L. *et al.* (2004) El Niño-Southern Oscillation signal associated with middle Holocene climate change in intercorrelated terrestrial and marine sediment cores, North Island, New Zealand. *Geology*, **32**, 653-656

Hartz, N. & Milthers, V. (1901) Det senglaciale Ler i Allerød Teglvaersgrav. Meddelelser fra Dansk Geologisk. Forening, **2**, 31

Hays, J. D., Imbrie, J. *et al.* (1976) Variations in the Earth's orbit: pacemaker of the ice ages. *Science*, **194**, 1121-1132

Heinrich, H. (1988) Origin and consequences of cyclic ice rafting in the northeast Atlantic Ocean during the past 130,000 years. *Quat. Research*, **29**, 142-152

Hemming, S. R. (2004) Heinrich events: Massive late Pleistocene detritus layers of the North Atlantic and their global climate imprint. *Rev. Geophys.*, **42**, 1-43

Hibbert, F. D., Rohling, E. J. *et al.* (2016) Coral indicators of past sea-level change: A global repository of U-series dated benchmarks. *Quat. Sci.Rev.*, **145**, 1-56

平林頌子・横山祐典 (2020) 完新統/完新世の細分と気候変動. 第四紀研究, **59**, 129-157

Hodel, D. A., Nicholl, J. A. *et al.*, (2017) Anatomy of Heinrich Layer 1 and its role in the last deglaciation. *Paleoceanography*, **32**, 284-303

Hoffman, J. S., Carlson, A. E. *et al.* (2012) Linking the 8.2 ka event and its freshwater forcing in the Labrador Sea. *Geophys. Res. Lett.*, **39**, L18703

Hönisch, B., Hemming, N. G. *et al.* (2009) Atmospheric carbon dioxide concentration across the mid-Pleistocene transition. *Science*, **324**, 1551-1554

Horikawa, K., Martin, E. E. *et al.* (2015) Pliocene cooling enhanced by flow of low-salinity Bering Sea water to the Arctic Ocean. *Nat. Commun.*, **6**, 7587

Hu, W., Hao, Z. *et al.* (2023) Genomic inference of a severe human bottleneck during the Early to Middle Pleistocene transition. *Science*, **381**, 979-984

Huber, C., Leuenberger, M. *et al.* (2006) Isotope calibrated Greenland temperature record over Marine Isotope Stage 3 and its relation to CH_4. *Earth Planet. Sci. Lett.* **3-4**, 504-519

Hughen, K., Lehman, S. *et al.* (2004) C-14 activity and global carbon cycle changes over the past 50,000 years. *Science*, **303**, 202-207

Huybers, P. (2006) Early Pleistocene glacial cycles and the integrated summer insolation forcing. *Science*, **313**, 508-511

Huybers, P. (2009) Pleistocene glacial variability as a chaotic response to obliquity forcing, *Clim. Past*, **5**, 481-488

Huybers, P. (2011) Combined obliquity and precession pacing of late Pleistocene deglaciations. *Nature*, **480**, 229-232

Huybers, P. & Wunsch, C. (2005) Obliquity pacing of the late Pleistocene glacial terminations. *Nature*, **434**, 491-494

Ikehara, K., Ohkushi, K. *et al.* (2013) A new local marine reservoir correction for the last deglacial period in the Sanriku region, northwestern North Pacific, based on radiocarbon dates from the Towada-Hachinohe (To-H) tephra. *The Quat. Res.*, **52**, 127-137

Ikehara, M., Kawamura, K. *et al.* (2000) Variations of terrestrial input and marine productivity in the Southern Ocean (48°S) during the last two deglaciations. *Paleoceanography*, **15**, 170-180

池原 実 (2018) 全球気候変動を駆動する南大洋海洋循環—アガラスリーケージとウェッデルジャイヤ—. 低温科学, **76**, 121-134

Imbrie, J. & Kipp, N. G. (1971) A new micropaleontological method for quantitative paleoclimatology ; Application to a late Pleistocene Caribbean core. *in* The Late Cenozoic Glacial Ages (ed. Turekian, K. K.) pp. 71-181, Yale Univ. Press

Imbrie, J. & Imbrie, K. P. (小泉 格訳) (1982) 氷河時代の謎をとく, pp. 263, 岩波書店

Imbrie, J., Hays, J. D. *et al.* (1984) The orbital theory of Pleistocene climate: support from a revised chronology of the marine δ^{18}O record. *in* Milankovitch and Climate, Part 1 (eds. Berger, A. l. *et al.*), pp.269-305, Springer

伊藤孝士・阿部彩子 (2007) 第四紀の氷期サイクルと日射量変動. 地学雑誌, **116**, 768-782

岩崎晋弥 (2014) 海洋の炭酸塩溶解に関する古海洋研究の現状と今後の課題. 地球化学, **48**, 319-335

Iwasaki, S., Lembke-Jene, L. *et al.* (2022) Evidence for late-glacial oceanic carbon redistribution and discharge from the Pacific Southern Ocean. *Nat. Commun.*, **13**, 6250

Jansen, E., Overpeck, J. *et al.* (2007) Palaeoclimate. *in* Climate Change 2007: The Physical Science Basis. Contribution of Working Group I to the Fourth Assessment Report of the Intergovernmental Panel on Climate Change. (eds. Solomon, S. *et al.*), pp. 433-497, Cambridge Univ. Press

Jiao, N., Herndl, G. *et al.* (2010) Microbial production of recalcitrant dissolved organic matter: long-term carbon storage in the global ocean. *Nat. Rev. Microbiol.*, **8**, 593-599

Johnson, R. G. & McClure, B. T. (1976) A model for northern hemisphere continental ice sheet variation. *Quat. Res.*, **6**, 325-353

Jouzel, J. (1999) Calibrating the Isotopic Paleothermometer. *Science*, **286**, 910-911

Kaiser, J., Lamy, F. *et al.* (2005) A 70-kyr sea surface temperature record off southern Chile (Ocean Drilling Program Site 1233). *Paleoceanography*, **20**, PA4009

Kanfoush, S. L., Hodell, D. A. *et al.* (2000) Millennial-scale instability of the Antarctic Ice Sheet during the Last Glaciation. *Science*, **288**, 1815-1818

柏谷健二 (1992) 地形形成営力の変動とミランコヴィッチ・サイクル. 地球環境変動とミランコヴィッチ・サイクル (安成哲三 他編), pp. 53-67, 古今書院

川幡穂高 (2009) 風送塵の地球環境に与える影響—氷期・間氷期, 完新世, 現代—. 第四紀研究, **48**, 163-177

川幡穂高 (2011) 地球表層環境の進化—先カンブリア時代から近未来まで, pp. 292, 東京大学出版会

Kawahata, H., Yamamoto, H. *et al.* (2009) Changes of environments and human activity at the Sannai-Maruyama ruins in Japan during the mid-Holocene Hypsithermal climatic interval. *Quat. Sci. Rev.*, **28**, 964-974

川村賢二 (2009) 氷床コアから探る第四紀後期の地球システム変動. 第四紀研究, **48**, 109-129

Kawamura, K., Parrenin, F. *et al.* (2007) Northern Hemisphere forcing of climatic cycles in Antarctica over the past 360,000 years. *Nature*, **448**, 912-916

Keigwin, L. D. (1996) The little ice age and medieval warm period in the Sargasso Sea. *Science*, **274**, 1504-1508

Keller, G., Zenker, C. E. *et al.* (1989) Late neogene history of the Pacific- Caribbean gateway. *J. South Am. Earth Sci.*, **2**, 73-108

Kennett, J. P. & Shackleton, N. J. (1975) Laurentide Ice Sheet meltwater recorded in Gulf of Mexico deep-sea cores. *Science*, **188**, 147-150

Kerwin, M. W. (1996) A regional stratigraphic isochron (ca. 8000 ^{14}C yr B.P.) from final deglaciation of Hudson Strait. *Quat. Res.*, **46**, 89-98

Kleiven, H. F., Kissel, C. *et al.* (2008) Reduced North Atlantic Deep Water coeval with the glacial Lake Agassiz freshwater outburst. *Science*, **319**, 60-64

気象庁 (2022) WMO 温室効果ガス年報の和訳.
  https://www.data.jma.go.jp/env/info/wdcgg/wdcgg_bulletin.html
Kitamura, A. (2015) Constraints on eustatic sea-level changes during the Mid-Pleistocene Climate Transition: Evidence from the Japanese shallow-marine sediment record. *Quat. Inter.*, **397**, 417-421
北村晃寿・夏目義一 (1998) 暖かい地球と寒い地球, pp. 31, 福音館書店
Kitamura, A. & Kawagoe, T. (2006) Eustatic sea-level change at the mid-Pleistocene climate transition: New evidence from the Japan shallow-marine sediment record. *Quat. Sci. Rev.*, **25**, 323-335
Kitamura, A. & Kimoto, K. (2007) Eccentricity cycles shown by early Pleistocene planktonic foraminifers of the Omma Formation, Sea of Japan. *Glob. Planet. Change*, **55**, 273-283
Kohfeld, K. E., Graham, R. M. *et al.* (2013) Southern Hemisphere westerly wind changes during the Last Glacial Maximum: Paleo-data synthesis. *Quat. Sci. Rev.*, **68**, 76-95
纐纈慎也 (2017) 北太平洋の中・深層循環とその変化・変動の観測的研究. 海の研究. **26**, 189-201
Konishi, K., Schlanger, S.O. *et al.* (1970) Neotectonic rates in the central Ryukyu Islands, derived from 230-Th coral age. *Marine Geol.*, **9**, 225-240
Kopp, R., Simons, F. *et al.* (2009) Probabilistic assessment of sea level during the last interglacial stage. *Nature*, **462**, 863-867
Kukla, J. (1970) Correlations between loesses and deep-sea sediments. *Geol. Fören. Stockh. Förh.*, **92**, 148-180
Lambeck, K., Esat, T. M. *et al.* (2002) Links between climate and sea levels for the past three million years. *Nature*, **419**, 199-206
Lambeck, K., Rouby, H. *et al.* (2014) Sea level and global ice volumes from the Last Glacial. *Proc. Natl. Acad. Sci.*, **111**, 15296-15303
Lambert, F., Delmonte, B. *et al.* (2008) Dust-climate couplings over the past 800,000 years from the EPICA Dome C ice core. *Nature*, **452**, 616-619
Lamy, F., Kaiser, J. *et al.* (2007) Modulation of the bipolar seesaw in the Southeast Pacific during Termination 1. *Earth Planet. Sci. Lett.*, **259**, 400-413
Lang, C., Leuenberger, M. *et al.* (1999) $16°C$ rapid temperature variation in central Greenland 70,000 years ago. *Science*, **286**, 934-937
Laskar, J., Robutel, P. *et al.* (2004) A long term numerical solution for the insolation quantities of the Earth. *Astro & Astro*, **428**, 261-285
Lenton, T. M., Held, H. *et al.* (2008) Tipping elements in the Earth's climate system. *Proc. Natl. Acad. Sci.*, **105**, 1786-1793
Lepper, K., Fisher, T. G. *et al.* (2007) Ages for the Big Stone moraine and the oldest beaches of glacial Lake Agassiz: Implications for deglaciation chronology. *Geology*, **35**, 667-670
Leverington, D. W., Mann, J. D. *et al.* (2000) Changes in the bathymetry and volume of glacial Lake Agassiz between 11,000 and 9300 ^{14}C yr B.P. *Quat. Res.*, **54**, 174-181
Lisiecki, E. L & Raymo, E. R. (2005) A Pliocene-Pleistocene stack of 57 globally distributed benthic δ^{18}O records. *Paleoceanography*, **20**, PA1003
Liu, Z., Otto-Bliesner, B. L. *et al.* (2009)Transient simulation of last deglaciation with a new mechanism for Bølling-Allerød warming. *Science*, **325**, 310-314
Loutre, M. F. & Berger, A. (2000) Future climatic changes: Are we entering an exceptionally long interglacial? *Climatic Change*, **46**, 61-90
Loutre, M. F. & Berger, A. (2003) Marine isotope stage 11 as an analogue for the present interglacial. *Global Planet. Change*, **36**, 209-217
Lunt, D. J., Foster, G. L. *et al.* (2008) Late Pliocene Greenland glaciation controlled by a decline in atmospheric CO_2 levels. *Nature*, **454**, 1102-1105
Lüthi, D., Le Floch, M. *et al.* (2008) High-resolution carbon dioxide concentration record 650,000-800,000 years before present. *Nature*, **453**, 379-382
MacAyeal, D. R. (1993a) A low order model of the Heinrich events cycle. *Paleoceanography*, **8**, 767-775
MacAyeal, D. R. (1993b) Binge/purge oscillations of the Laurentide Ice Sheet as a cause of the North Atlantic Heinrich events. *Paleoceanography*, **8**, 775-784

Manabe, S. & Stouffer, R. J. (1995) Simulation of abrupt climate change induced by freshwater input to the North Atlantic Ocean. *Nature*, **378**, 165-167

Mann, M. E., Zhang, Z. *et al.* (2009) Global signatures and dynamical origins of the Little Ice Age and Medieval Climate Anomaly. *Science*, **326**, 1256-1260

Martínez-Garcia, A., Rosell-Melé, A. *et al.* (2011) Southern Ocean dust-climate coupling over the past four million years. *Nature*, **476**, 312-315

Martin, J. H. (1990) Glacial-interglacial CO_2 change: The Iron Hypothesis. *Paleoceanography*, **5**, 1-13

Martinson, D. G., Pisias, N. G. *et al.* (1987) Age dating and the orbital theory of the Ice Ages: Development of a high-resolution 0 to 300,000-year chronostratigraphy 1. *Quat. Res.*, **27**, 1-29

Maslin, M. A., Haug, G. H. *et al.* (1996) The progressive intensification of Northern Hemisphere glaciation as seen from the North Pacific. *Geol. Rundsch*, **85**, 452-465

Matuyama, M. (1929) On the direction of magnetization of basalt in Japan, *Tyosen and Manchuria, Proc. Imp. Acad. Japan*, **5**, 203-205

Mayewski, P. A., Rohling, E. E. *et al.* (2004) Holocene climate variability. *Quat. Res.*, **62**, 243-255

McCulloch, M. T., Tudhope, A. W. *et al.* (1999) Coral record of equatorial sea-surface temperatures during the penultimate deglaciation at Huon Peninsula. *Science*, **283**, 202-204

McManus, J. F., Oppo, D. W. *et al.* (1999) 0.5-million-year record of millennial- scale climate variability in the North Atlantic. *Science*, **283**, 971-975

McManus, J., Francois, R. *et al.* (2004) Collapse and rapid resumption of Atlantic meridional circulation linked to deglacial climate changes. *Nature*, **428**, 834-837

Milankovitch, M. (1941) Kanon der Erdbestrahlung und seine Andwendung auf das Eiszeitenproblem. pp. 633, Königlich Serbische Akademie

宮原ひろこ (2010) 過去 1200 年間における太陽活動および宇宙線変動と気候変動との関わり. 地学雑誌, **119**, 510-518

Miyahara, H., Tokanai, F. *et al.* (2021) Gradual onset of the Maunder Minimum revealed by high-precision carbon-14 analyses. *Sci. Rep.*, **11**, 5482

Montes, C., Cardona, A. *et al.* (2015) Middle Miocene closure of the Central American Seaway. *Science*, **348**, 226-229

Mudelsee, M. & Schulz, M. (1997) The mid-Pleistocene climate transition: onset of 100 ka cycle lags ice volume build-up by 280 ka. *Earth Planet. Sci. Lett.*, **151**, 117-123

Murton, J. B., Bateman, M. D. *et al.* (2010) Identification of Younger Dryas outburst flood path from Lake Agassiz to the Arctic Ocean. *Nature*, **464**, 740-743

Naafs, B. D. A., Stein, J. H. R. *et al.* (2013) Millennial-scale ice rafting events and Hudson Strait Heinrich (-like) events during the late Pliocene and Pleistocene: a review. *Quat. Sci. Rev.*, **80**, 1-28

Nakagawa, T., Tarasov, P. *et al.* (2021) The spatio-temporal structure of the Late glacial to early Holocene transition reconstructed from the pollen record of Lake Suigetsu and its precise correlation with other key global archives: Implications for palaeoclimatology and archaeology. *Global Planet. Change*, **202**, 103493

中川 毅 (2023) 水月湖縞堆積物の花粉分析と精密対比によって復元された, 晩氷期から完新世初期にかけての気候変動の時空間構造—その古気候学的および考古学的意義—. 第四紀研究, **62**, 1-31

中嶋 健・吉川清志 他 (1996) 日本海南東部における海底堆積物と後期第四紀層序：特に暗色層の形成時期に関連して. 地質学雑誌, **102**, 125-138

Nakatsuka, T., Sano, M. *et al.* (2020) A 2600-year summer climate reconstruction in central Japan by integrating tree-ring stable oxygen and hydrogen isotopes. *Clim. Past*, **16**, 2153-2172

Nehrbass-Ahles, C., Shin, J. *et al.* (2020) Abrupt CO_2 release to the atmosphere under glacial and early interglacial climate conditions. *Science*, **369**, 1000-1005

Obase, T., Abe-Ouchi, A. *et al.* (2021) Abrupt climate changes in the last two deglaciations simulated with different Northern ice sheet discharge and insolation. *Sci. Rep*, **11**, 22359

O'Dea, A., Lessios, H. A. *et al.* (2016) Formation of the Isthmus of Panama. *Sci. Advan.*, **2**, 8

大島慶一郎 (2019) 第四の南極底層水生成域の発見. 学術の動向, **24**, 66-68

大河内直彦 (2015) チェンジグ・ブルー気候変動の謎に迫る. pp. 479, 岩波書店

岡 顕・大林由美子 他 (2021) 海洋学の 10 年展望 2021：深層. 海の研究, **30**, 179-198

岡 顕 (2018) 海洋炭素循環モデルの考え方と基礎. 低温科学, **76**, 43-55

岡 義記 (1995) 斉一説に関する学説史的考察——その変容, 謬説, 現代的意義——. 地理評, **68A-8**, 527-549

岡崎裕典 (2012) 北太平洋における古海洋環境復元研究——最終氷期以降の海洋循環変化——. 海の研究, **21**, 51-68

岡崎裕典 (2015) 氷期の海洋深層炭素レザバーについて. 地球化学, **49**, 131-152

Okazaki, Y., Timmermann, A. *et al.* (2010) Deepwater formation in the North Pacific during the last glacial termination. *Science*, **329**, 200-204

Oppo, D. W. & Lehman, S. J. (1995) Suborbital timescale variability of North Atlantic Deep Water during the past 200,000 years. *Paleoceanography*, **10**, 901-910

Osman, M. B., Tierney, J. E. *et al.* (2021) Globally resolved surfacetemperatures since the Last Glacial Maximum. *Nature*, **599**, 239-244

Otto-Bliesner, B., Marshall, S. *et al.* (2006) Simulating Arctic climate warmth and icefield retreat in the Last Interglaciation. *Science*, **311**, 1751-1753

Past Interglacials Working Group of PAGES (2016), Interglacials of the last 800,000 years. *Rev. Geophys.*, **54**, 162-219

Peterson, L. C., Haug, G. H. *et al.* (2000) Rapid changes in the hydrologic cycle of the tropical Atlantic during the last glacial. *Science*, **290**, 1947-1951

Petit, J. R., Jouzel, J. *et al.* (1999) Climate and atmospheric history of the past 420,000 years from the Vostok ice core, Antarctica. *Nature*, **399**, 429-436

Pfister, C., Schwarz-Zanetti, G. *et al.* (1996) Winter severity in Europe: The fourteenth century. *Clim. Change*, **34**, 91-108

Rahmstorf, S. (2002) Ocean circulation and climate during the past 120,000 years. *Nature*, **419**, 207-214

Rahmstorf, S. (2007) A semi-empirical approach to projecting future sea-level rise. *Science*, **315**, 368-370

Railsback, L. B., Gibbard, P. L. *et al.* (2015), An optimized scheme of lettered marine isotope substages for the last 1.0 million years, and the climatostratigraphic nature of isotope stages and substages, *Quat. Sci. Rev.*, **111**, 94-106

Ran, M. & Chen, L. (2019) The 4.2 ka BP climatic event and its cultural responses. *Quat. Inter.*, **521**, 158-167

Raymo, M. E. (1997) The timing of major climate terminations. *Paleoceanography*, **12**, 577-585

Raymo, M. E. (1998) Glacial puzzles. *Science*, **281**, 1467-1468

Raymo, M. E. & Huybers, P. (2008) Unlocking the mysteries of the ice ages. *Nature*, **451**, 284-285

Raymo, M. E. & Mitrovica, J. (2012) Collapse of polar ice sheets during the stage 11 interglacial. *Nature*, **483**, 453-456

Raymo, M. E., Ruddiman,W. F. *et al.* (1988) Influence of late Cenozoic mountain building on ocean geochemical cycles. *Geology*, **16**, 649

Raymo, M. E., Oppo, D. W. *et al.* (1997) The Mid-Pleistocene climate transition: A deep sea carbon isotopic perspective. *Paleoceanography*, **12**, 546-559

Reimer, P. J., Baillie, M. G. L. *et al.* (2009) IntCal09 and Marine09 radiocarbon age calibration curves, 0-50,000 years cal BP. *Radiocarbon*, **51**, 1111-1150

Reimer, P. J., Bard, E. *et al.* (2013) IntCal13 and Marine13 Radiocarbon Age Calibration Curves 0-50,000 Years cal BP. *Radiocarbon*, **55**, 1869-1887

Resing, J., Sedwick, P., *et al.* (2015) Basin-scale transport of hydrothermal dissolved metals across the South Pacific Ocean. *Nature*, **523**, 200-203

Robinson, C., Douglas, W. *et al.* (2018) An implementation strategy to quantify the marine microbial carbon pump and its sensitivity to global change. *Nat. Sci. Rev.*, **5**, 474-480

Roche, D., Paillard, D. *et al.* (2004) Constraints on the duration and freshwater release of Heinrich event 4 through isotope modeling. *Nature*, **432**, 379-382

Rohling, E. J., Marsh, R. *et al.* (2004) Similar meltwater contributions to glacial sea level changes from Antarctic and northern ice sheets. *Nature*, **430**, 1016-1021

Rohling, E. J., Grant, K. *et al.* (2008) High rates of sea-level rise during the last interglacial period. *Nature Geo.*, **1**, 38-42

Rohling, E. J., Foster, G. L. *et al.* (2014) Sea-level and deep-sea-temperature variability over the past 5.3 million years. *Nature*, **508**, 477-482

Rooth, C. (1982) Hydrology and ocean circulation. *Prog. Oceanogr.*, **11**, 131-149

Ruddiman, W. F. & Kutzbach, J. E. (1989) Forcing of Late Cenozoic Northern Hemisphere climate by plateau uplift in southern Asia and the American West. *J. Geophys. Res.*, **94**, 18409-18427

Rooth, C. (1982) Hydrology and ocean circulation. *Prog. Ocean.*, **11**, 131-149

Sakamoto, T., Ikehara, M. *et al.* (2006) Millennial-scale variations of sea-ice expansion in the southwestern part of the Okhotsk Sea during 120 kyr: Age model, and ice rafted debris in IMAGES Core MD01-2412. *Global Planet. Change*, **53**, 58-77

Schott, W. (1935) Die Foraminiferen in dem àquatorialen Teil desAtlantischen Ozeans. *Deut. Atlant. Exped. Meteor* 1925-1927, **3**, 43-134

Schwander, J., Sowers, T. *et al.* (1997) Age scale of the air in the summit ice: Implication for glacial-interglacial temperature change. *J. Geophy. Res.*, **102**, 19, 483-19, 493

Severinghaus, J. (2009) Southern see-saw seen. *Nature*, **457**, 1093-1094

Shackleton, N. (1967) Oxygen isotope analyses and Pleistocene temperatures re-assessed. *Nature*, **215**, 15-17

Shackleton, N., Bergeret, A. *et al.* (1990) An alternative astronomical calibration of the lower Pleistocene timescale based on ODP Site 677. *Trans. Roy. Soc. Edinburgh, Earth Sci.*, **81**, 251-261

Shakun, J. D. & Carlson, A. E. (2010) A global perspective on Last Glacial Maximum to Holocene climate change. *Quat. Sci. Rev.*, **29**, 1801-1816

Siddall, M., Bard, E. *et al.* (2006) Sea-level reversal during Termination II. *Geology*, **34**, 817-820

Sigman, D. M. & Boyle, E. A. (2000) Glacial/interglacial variations in atmospheric carbon dioxide. *Nature*, **407**, 859-869

篠田雅人 (2021) 人類と砂漠化. 沙漠研究, **31**, 45-61

Soligo, C. (2005) Tertiary to present / Pliocene. Encyclopedia of Geology, 486-493

Sosdian, S. & Rosenthal, Y. (2009) Deep-sea temperature and ice volume changes across the Pliocene-Pleistocene climate transitions. *Science*, **325**, 306-310

Spratt, R. M. & Lisiecki, L. E. (2016) A Late Pleistocene sea level stack. *Clim. Past*, **12**, 1079-1092

Steffen, H. & Wu, P. (2011) Glacial isostatic adjustment in Fennoscandia—A review of data and modeling. *J. Geodyn*, **52**, 169-204

Steffensen, J. P., Andersen, K. K. *et al.* (2008) High resolution Greenland ice core data show abrupt climate change happens in few years. *Science*, **321**, 680-684

Stocker, T. F. & Wright, D. G. (1991) Rapid transitions of the ocean's deep circulation induced by changes in surface water fluxes. *Nature*, **351**, 729-732

Stocker, T. E., Wright, D. G. *et al.* (1992) High latitude surface forcing on the global thermohaline circulation. *Paleoceanography*, **7**, 529-541

Stocker, T. F. & Johnsen, S. J. (2003) A minimum thermodynamic model for the bipolar seesaw. *Paleoceanography*, **18**, 4

Stommel, H. (1958) The abyssal circulation. *Deep Sea Res.* (Letters), **5**, 80-82

Stuiver, M. & Quay, P. D. (1980) Changes in atmospheric carbon-14 attributed to a variable Sun. *Science*, **207**, 11-19

Sweatman, M. B. (2017) Catastrophism through the ages, and a cosmic catastrophe at the origin of civilization. *Arch & Anthropol Open Acc.* 1 (2). AAOA.000506.

多田隆治 (1998) 数百年〜数千年スケールの急激な気候変動 Dangsaard-Oeschger Cycle に対する地球システムの応答. 地学雑誌, **107**, 218-233

多田隆治 (2013) 気候変動を理学する, pp. 287, みすず書房

Tada, R., Irino, T. *et al.* (1995) Possible Dansgaard-Oeschger oscillation signal recorded in the Japan Sea sediments. *in* Global Fluxes of Carbon and its Related Substances in the Coastal Sea-oceanatmosphere System (Tsunogai, S. *et al.*), pp. 577-601, M & J International

Tada, R., Irino, T. *et al.* (1999) Land-ocean linkage in association with Dansgaard-Oeschger cycles recorded in the late Quaternary sediments of the Japan Sea. *Paleoceanography*, **14**, 236-247

Tagliabue, A., Aumont, O. *et al.* (2014) The impact of different external sources of iron on the global carbon cycle. *Geophys. Res. Lett.*, **41**, 920-926

Tagliabue, A., Bowie, A. *et al.* (2017) The integral role of iron in ocean biogeochemistry. *Nature*, **543**, 51-59

田辺 晋 (2019) 東京低地と中川低地における沖積層の形成機構. 地質学雑誌, **125**, 55-72

田辺 晋・堀 和明 他 (2016) 利根川低地における「弥生の小海退」の検証. 地質学雑誌, **122**, 135-153

谷村好洋 (2014) 海洋環境の指標としての珪藻化石. *Diatom*, **30**, 41-56

Thomas, E. R., Wolff, E. W. *et al* (2007) The 8.2ka event from Greenland ice cores. *Quat. Sci. Rev.*, **26**, 70-81

Thomas, A. L., Henderson, G. M. *et al.* (2009) Penultimate deglacial sea-leveltiming from uranium/thorium dating of Tahitian corals. *Science*, **324**, 1186-1189

Törnqvist, T. & Hijma, M. (2012) Links between early Holocene ice-sheet decay, sea-level rise and abrupt climate change. *Nat. Geosc.*, **5**, 601-606

Tsuda, A., Takeda, S. *et al.*(2003) A mesoscale iron enrichment in the western subarctic Pacific induces a large centric diatom bloom. *Science*, **300**, 958-961

Tzedakis, P. C., Hodell, D. A. *et al.* (2022) Marine Isotope Stage 11c: An unusual interglacial. *Quat. Sci. Rev.*, **284**, 107493

Vinther, B. M., Clausen, H. B. *et al.* (2006) A synchronized dating of three Greenland ice cores throughout the Holocene. *J. Geophys. Res., Atmospheres*, **111**, D13102

Voelker & Workshop Participants (2002) Global distribution of centennial-scale records for Marine Isotope Stage (MIS) 3: a database. *Quat. Sci. Rev.*, **21**, 1185-1212

Waelbroeck, C., Labeyrie, L. *et al.* (2002) Sea-level and deep water temperature changes derived from benthic foraminifera isotopic records. *Quat. Sci. Rev.*, **1-3**, 295-305

Walker, M. J. C., Berkelhammer, M. *et al.* (2012) Formal subdivision of the Holocene Series/Epoch: A Discussion Paper by a Working Group of INTIMATE (Integration of ice-core, marine and terrestrial records) and the Subcommission on Quaternary Stratigraphy (International Commission on Stratigraphy). *J. Quat. Sci.*, **27**, 649-659

和田直也 (2008) 北アルプス立山に遺存するチョウノスケソウの生態：中緯度高山と極地ツンドラ個体群間の比較. 日本生態学会誌, **58**, 205-212

Wang, Y. J., Cheng, H. *et al.* (2001) A high-resolution absolute-dated late Pleistocene monsoon record from Hulu Cave, China. *Science*, **294**, 2345-2348

Wang, Y. J., Cheng, H. *et al.* (2005) The Holocene Asian monsoon: Links to solar changes and North Atlantic climate. *Science*, **308**, 854-857

Wang, Y. J., Cheng, H. *et al.* (2008) Millennial- and orbital-scale changes in the East Asian monsoon over the past 224,000 years. *Nature*, **451**, 1090-1093

Wanner, H. & Bütikofer, J. (2008) Holocene bond cycles - real or imaginary? *Geografie*, **113**, 338-349

Watanabe, Y., Abe-Ouchi, A. *et al.* (2023) Astronomical forcing shaped the timing of early Pleistocene glacial cycles. *Commun. Earth Environ*, **4**, 113

Willei, M., Ganopolski, A. *et al.* (2015) The role of CO_2 decline for the onset of Northern Hemisphere glaciation. *Quat. Sci. Rev.*, **19**, 22-34

Willeit, M., Ganopolski, A. *et al.* (2019) Mid-Pleistocene transition in glacial cycles explained by declining CO_2 and regolith removal. *Sci. Adv.*, **5**, eaav7337

Wolff, E. W., Fischer, H. *et al.* (2009) Glacial terminations as southern warmings without northern control. *Nat. Geosci.* **2**, 206

Wolff, E. W., Chappellaz, J. *et al.* (2010) Millennial-scale variability during the last glacial: The ice core record. *Quat. Sci. Rev.*, **29**, 2828-2838

Woodard, S. C., Rosenthal, Y. *et al.* (2014) Antarctic role in Northern Hemisphere glaciation. *Science*, **346**, 847-851

Woodroffe, C. D., McGregor, H. V. *et al.* (2012) Mid-Pacific microatolls record sea-level stability over the past 5000 yr. *Geology*, **40**, 951-954

矢島道子 (2010) ライエル. 古生物学事典第 2 版 (日本古生物学会 編), p. 505, 朝倉書店

Yamamoto, M., Clemens, S. C. *et al.* (2022) Increased interglacial atmospheric CO_2 levels followed the mid-Pleistocene Transition. *Nat. Geo.*, **15**, 307-313

山崎俊嗣 (2005) 地磁気の逆転. 地質ニュース, **615**, 45-48

山崎俊嗣・山本裕二 他 (2017) 深海掘削による古地磁気・岩石磁気学の最近の進歩. 地質学雑誌, **123**, 251-264

Yan, Y., Bender, M. L. *et al.* (2019). Two-million-year-old snapshots of atmospheric gases from Antarctic ice. *Nature*, **574**, 663-666

Yin, Q. (2013) Insolation-induced mid-Brunhes transition in Southern Ocean ventilation and deep-ocean temperature. *Nature*, **494**, 222-225

横山祐典 (2007) 放射性炭素を用いた気候変動および古海洋研究. 真空, 50, 486-493.

横山祐典 (2010) ターミネーションの気候変動. 第四紀研究. **49** (6), 337-356

Yokoyama, Y., Lambeck, K. *et al.* (2000) Timing of the last glacial maximum from observed sea-level minima. *Nature*, **406**, 713-716

Yokoyama, Y., Esat, T. M. *et al.* (2001) Coupled climate and sea-level changes deduced from Huon Peninsula coral terraces of the last ice age. *Earth Planet. Sci. Lett.*, **193**, 579-587

Yokoyama, Y., Esat, T. M. (2011) Global climate and sea level: enduring variability and rapid fluctuations over the past 150,000 years. *Oceanography*, **24**, 54-69

第 **4** 章

気候変動に伴う植生変化と植物の絶滅過程

　後期鮮新世以降に北半球の高緯度に大陸氷床が発達し，第四紀には氷期と間氷期の気候変動が繰り返されることで，寒さと乾燥という陸上植物の生育にとって厳しい環境が世界各地で卓越するようになった．その結果，新第三紀の温暖・湿潤な気候下で繁栄していた植物群の分布は縮小し，寒冷気候や乾燥気候に適応した植物群が分布拡大した．氷期と間氷期の気候変化は大陸氷床が発達した北太西洋北部周辺や乾燥気候が卓越した大陸内陸部でもっとも大きく，これらの地域で植物の地域絶滅 (extermination) と分布域の移動が起こることで，地域間の植物相や植生の差が顕著になった．この植物相と植生の変遷は，堆積物中の花粉化石や種実類，葉，木材などの大型植物化石 (plant macrofossil) の分析結果だけではなく，植生変化の影響を受けたレス・古土壌 (loess-paleosol) などの堆積物の層相変化や哺乳動物相の変化，現在の植物個体群の遺伝子組成にも現れている．

　本章では，後期鮮新世以降の気候変動に伴う植物相や植生の変遷について述べる．ここでは，もっとも古くから植物相変遷の研究が行われてきた中西部ヨーロッパの事例を中心に，後期鮮新世以降の植生変化と植物群の絶滅過程が連続的に追跡されている，南部ヨーロッパとアジア北部バイカル湖周辺での植生の変遷を取り上げる．

4.1　中西部ヨーロッパ

4.1.1　鮮新世から前期更新世への植生変化

　中西部ヨーロッパでは，新第三紀以降の花粉化石や大型植物化石を用いた植物相と植生の変化の研究が 19 世紀後半から行われてきた．その結果，新第三紀の温暖・湿潤な気候下で生育していた植物群が，鮮新世後半の気候の寒冷・乾燥化に伴って中西部ヨーロッパから絶滅していく過程と，氷期–間氷期の気候変動に伴う植生の変化が詳細に明らかになってきた．

152　第4章　気候変動に伴う植生変化と植物の絶滅過程

　新第三紀から第四紀への植物相の変遷の研究に最初に取り組んだのは，Clement
Reid (1853-1916) である．Reid (1890) はイギリス東南部の北海沿岸の地質層
序と動植物化石の検討を行い，中期更新世前半に形成されたクローマー化石林
Cromer Forest Bed（図4.4-1）の植物化石相を記載した．その後，オランダ東
南部のブルンスム (Brunssum)，ルーファー (Reuver)，テーヘレン (Tegelen) の
3地域（図4.4-2）の植物化石相を調べ，クローマー化石林の植物化石相と比較し
た（Reid & Reid, 1915）．鮮新世前期のブルンスムの植物化石相は，中西部ヨー
ロッパの植物化石相のうち植物の多様性が最も高く，外地生植物 (exotic plants)，
すなわち，現在のヨーロッパに分布しない植物種が極めて多い．外地生植物には，
コウヨウザン属 (*Cunninghamia*)，スイショウ属 (*Glyptostrobus*)，イヌカラマツ
属 (*Pseudolarix*)，コウヤマキ属 (*Sciadopytis*)，トチュウ属 (*Eucommia*) といっ
た東アジアの固有属やセコイア属 (*Sequoia*)，ヌマスギ属 (*Taxodium*) といった
北米固有属などがある．このうち，コウヤマキ属は1科1属1種のコウヤマキ
(*Sciadopitys verticillata*) からなる日本の固有属で，トチュウ属も1科1属1種
のトチュウ (*Eucommia ulmoides*) からなる中国の固有属である．これらの植物
は，北半球の広い地域の古第三紀や白亜紀の地層からの化石記録があることで，第
三紀要素 (Tertiary elements) と呼ばれた．外地生植物の種数は，後期鮮新世の
後半にあたるルーファー，第四紀初頭のテーヘレン，さらに中期更新世のクロー
マーの植物化石相へと減少する．

　Reid & Reid (1915) によって検討されたオランダ東南部の一連の堆積物は，van
der Vlerk & Florschütz (1953) によって再検討され，ルーファーとテーヘレンの
化石群にそれぞれ対応する時代，すなわちリューヴェリアン (Reuverian) とティ
グリアン (Tiglian) の間にプレティグリアン (Praetiglian) という寒冷期の存在が
明らかになった．さらに，Zagwijn (1957) はプレティグリアン前後の植物相の変
遷を，オランダ東南部のマインヴェフ (Meinweg) で採取されたボーリング試料を
用いて詳細に検討し，第四紀の開始を特徴づける氷期の植生の存在を明らかにし
た（図4.1）．マインヴェフの花粉ダイアグラム（各花粉分類群の産出割合の時系
列変化を示す図）では，後期鮮新世のリューヴェリアンでセコイア型，ヌマスギ
型，コウヤマキ属，トチュウ属のほか，ヌマミズキ属 (*Nyssa*)，ツガ属 (*Tsuga*)，
サワグルミ属 (*Pterocarya*) を含む外地生植物群の花粉が，樹木花粉の数10％を占
めていた．これらは，現在の中西部ヨーロッパの落葉広葉樹林の主要構成種であ
るコナラ属 (*Quercus*)，カエデ属 (*Acer*)，ニレ属 (*Ulmus*)，シナノキ属 (*Tilia*)，
トネリコ属 (*Fraxinus*) とともに落葉広葉樹林を構成していたが，リューヴェリア
ン末期からプレティグリアンにそれらが激減する（図4.1; Zagwijn, 1957）．

　リューヴェリアン末期にはマツ属 (*Pinus*) 花粉が急増し，プレティグリアンに

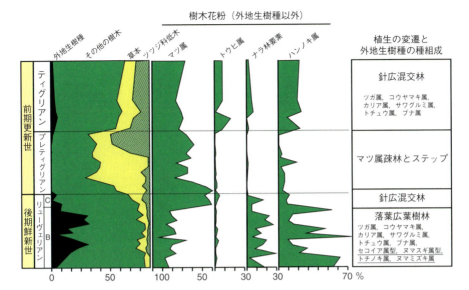

図 4.1 マインヴェフ粘土層（オランダ）の鮮新・更新世境界の花粉ダイアグラムと植生，植物相の変化．Zagwijn (1957) をもとに作成．ナラ林要素はコナラ属コナラ亜属，カエデ属，ニレ属，シナノキ属，トネリコ属など，現在の中西部ヨーロッパに分布する落葉広葉樹．外地生樹種は Zagwijn (1957) の「第三紀要素」．下線の外地生樹種は，リューヴェリアンを最後に見られなくなる花粉分類群を示す．

なると草本花粉が大半を占め，プレティグリアンの末期にはツツジ科 (Ericaceae) 花粉が優勢になる．さらに，ハンノキ属 (*Alnus*) 花粉は，亜寒帯を中心に分布する低木のミヤマハンノキ (*Alnus viridis*) とされる小型の花粉が優勢になる．この花粉組成の変化は，顕著な寒冷・乾燥化によってオランダとその周辺から森林が消滅し，現在では大陸内陸部の乾燥地域に分布する草原（ステップ）や，北極圏に見られるような低木群落が広がる景観に変化したことを示している．プレティグリアンの後，温暖期のティグリアンでは樹木花粉が増加するが，外地生植物群の産出割合は低くなる．リューヴェリアンで見られたセコイア属型とヌマスギ属型のヒノキ科や，トチノキ属 (*Aesculus*)，ヌマミズキ属などの樹木花粉は産出しなくなり，種構成も貧弱になる（図 4.1）．外地生植物群の産出割合は，この後の間氷期では，時代を追うごとに低くなっていく．このことから，Zagwijn (1957, 1974) は，氷期の寒冷・乾燥気候の出現を示すプレティグリアンが鮮新・更新世境界とすべきだと考えた．

Zagwijn はその後，外地生植物群と温帯性樹木の花粉の増減と古地磁気層序に基づいて，オランダとその周辺の前期鮮新世以降の花粉層序を確立し (Zagwijn,

154　第 4 章　気候変動に伴う植生変化と植物の絶滅過程

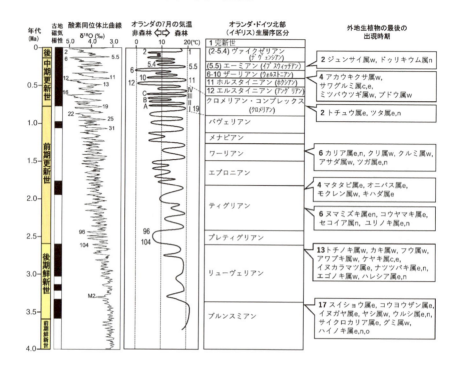

図 4.2　中西部ヨーロッパの鮮新・更新世の時代区分と植物の消滅過程．時代区分と花粉分析に基づく 7 月の平均気温曲線は，van der Hammen et al. (1971)，de Jong (1988)，Zagwijn (1992) により作成．オランダ・ドイツ北部の生層序 (Zagwijn, 1992) とイギリスの中後期更新世生層序 (括弧書き，West, 1980) の MIS への対比は Popescu et al. (2010) と Cohen & Gibbard (2019) に基づく．A, B, C はそれぞれクロメリアン・コンプレックスの Glacial A, B, C を示す．外地生植物のリストには各時代を最後にオランダ～ドイツ北部から消滅した植物の属の数と，代表的な属を van der Hammen et al. (1971) により記載．属名の後ろの小文字は現在の分布域を示す：e（東～南アジア），c（中央アジア），n（北米），w（アルプス山脈以北の中西部ヨーロッパを除く広域分布），o（オーストラリア）．

1985)，外地生植物群の絶滅過程を明らかにした（図 4.2; van der Hammen et al., 1971)．前期更新世の寒冷期は，プレティグリアンと同様に草本や低木，マツ属の花粉が卓越することで特徴づけられる．それは，約 1.75～1.50 Ma（Ma = 100 万年前）のエブロニアン (Eburonian) と，より寒冷だったとされる約 1.25～1.1 Ma のメナピアン (Menapian) である．エブロニアンを境にモクレン属 (*Magnolia*) やキハダ属 (*Phellodendron*) などの 4 属が，メナピアンを境にカリア属（*Carya*, クルミ科），ツガ属などの 6 属の樹木がオランダとその周辺から消滅した．

メナピアンに続くバヴェリアン (Bavelian; 1.1～0.8 Ma) 以降では，約 10 万年周期の氷期・間氷期サイクルが花粉組成の変化に明瞭に現れるようになる（図

4.2). それと共に, 寒冷期の後の温帯性樹木花粉の出現・増加のパターン, すなわち間氷期での樹木個体群の回復の様子が, それまでとは違うものになる (Zagwijn, 1992). メナピアンまでは温帯性樹種が間氷期の初期に一斉に出現・増加したのに対し (図 4.1 のティグリアンでのパターン), バヴェリアン以降の間氷期では最終間氷期 (MIS5.5; 約 0.126~0.11 Ma) の花粉ダイアグラム (図 4.3) のように, 樹種によって出現時期が異なり, 優占種が入れ替わるように変化する. この変化の要因として Zagwijn (1992) は, メナピアンを境に氷期の寒冷気候が一段と厳しくなったことをあげ, それに伴う間氷期開始期の樹木の定着過程の変化を 2 つ指摘している. 一つは, 温帯性樹種の氷期のレフュージア (refugia; その生物にとって不利な環境に支配された時代の, 制限された分布域) がより南の地域へと移ったため, レフュージアの位置と, そこから移動・定着する時間に, 樹種による差異が生じたことによる. もう一つは, 氷期の周氷河環境での表層の風化・浸食と, 間氷期の気候変化と植生の変遷に伴う, 土壌の性質の変化 (Iversen, 1954; Birks & Birks, 2004) による. メナピアン以降の氷期では, 氷期に土壌の肥沃度と酸性度が低下するために間氷期の開始期には土壌が未発達になり, 間氷期の気候変化と植生変化に伴って土壌の性質が変化し, その影響で定着・優占できる樹種が交代していく. 一方, メナピアンよりも前の氷期は, 間氷期後半の土壌条件が次の間氷期の開始期にまで維持されたことで, 間氷期開始期に多くの樹種の定着が可能だったというものである.

4.1.2 中期更新世の植生変化

中期更新世 (約 0.78~0.13 Ma) は約 10 万年周期の氷期・間氷期の気候変動が顕著になった時代である. イギリス南部からライン川流域にかけての地域では, 間氷期に外地生植物を含む落葉広葉樹林や針広混交林が発達したが, 氷期には最終氷期最盛期 (LGM: Last Glacial Maximum) と同様に, スカンジナビア氷床とヨーロッパ・アルプスの山岳氷河が広がり, その周辺には非森林植生が広がるようになった (図 4.5). 現在のツンドラで見られるようなツツジ科などの矮性低木群落と, イネ科 (Gramineae) などの草本からなる草原がモザイク状に分布するステップ・ツンドラ (steppe-tundra) や, 植被の発達が乏しい極域砂漠である. 中期更新世の前半から後半へと氷期の寒冷・乾燥気候が顕著になるにつれて, 外地生植物の数は一段と減少していった (図 4.2). 中期更新世の植物相は, 前述のクローマー化石林での Reid (1890) の研究の後, Jessen & Milthers (1928) がユトランド半島からドイツ北部にかけての中期・後期更新世の間氷期の地層の大型植物化石を詳細に検討し, 明らかになってきた.

イギリス東南部のクローマー化石林を含む地層の時代であるクロメリアン

156　第 4 章　気候変動に伴う植生変化と植物の絶滅過程

(Cromerian) は，現在では海洋酸素同位体ステージ (MIS) 13，（約 0.5 Ma）よりも下位の中期更新世のいずれかの間氷期に相当する（図 4.2; West, 1980; Cohen & Gibbard, 2019）．その後の氷期アングリアン (Anglian) が MIS12，その次の間氷期ホクスニアン (Hoxnian) は中期更新世で最も温暖な気候下にあったとされている MIS11 に相当する（Grün & Schwarcz, 2000）．ホクスニアンの花粉化石群集を構成する樹種はクロメリアンよりも多様で，現在では，ユーラシア大陸域には分布するがイギリスには自生しないモミ属 (*Abies*) やトウヒ属 (*Picea*) が含まれる．コーカサス地方や東アジアに分布が限られるサワグルミ属，常緑広葉樹のキヅタ属 (*Hedera*) やモチノキ属 (*Ilex*) が含まれることから，イギリス東南部の中期更新世の間氷期の中では，最も温暖で海洋的な気候だったとされている (West, 1980)．サワグルミ属とモミ属は，ホクスニアンでの産出を最後にイギリスから消滅した．

　一方，ライン川下流域の中期更新世の花粉化石層序は，平野地下のボーリング試料の検討に基づいて詳細に検討されてきた．オランダのクロメリアンは堆積物の古地磁気層序により，MIS19 から MIS13 までの 4 つの間氷期 (Interglacial I-IV) とそれに挟まれる 3 つの氷期 (Glacial A-C) によって構成され，クロメリアン・コンプレックス (Cromerian complex) と呼ばれている（図 4.2; Zagwijn, 1985）．このうち，間氷期 I (Interglacial I) は松山逆磁極期からブルン正磁極期への地層の古地磁気極性の変化から前期・中期更新世境界 (MIS19) に対比されている．この間氷期 I を最後に，トチュウ属やエノキ属 (*Celtis*)，ツタ属 (*Parthenocissus*) が中西部ヨーロッパから絶滅した．

　ライン川下流域のクロメリアン・コンプレックスの次の氷期，エルステリアン (Elsterian) は，イギリスのアングリアン，すなわち MIS12 に相当する．この氷期の堆積物は，それ以前の氷期とは異なり，周氷河性の風成堆積物で構成されるようになる．これは，氷期の気候が一段と厳しくなったことで，植被の乏しい極域砂漠が中部ヨーロッパに拡大したことを示している．一方，オランダ北部のボーリングコアの MIS11（約 0.43 Ma）の間氷期，ホルスタイニアン (Holsteinian) の花粉ダイアグラム (Zagwijn, 1992) では，間氷期全体にわたってマツ属とハンノキ属が多い．間氷期初期のマツ属花粉の増加の後，ハンノキ属とコナラ属，続いてニレ属とハシバミ属が出現し，中盤にイチイ属，後半にトウヒ属，クマシデ属，モミ属が出現する．この出現・増加過程は，後述の最終間氷期エーミアン (Eemian) と類似するが，後半にブナ属 (*Fagus*) とサワグルミ属が出現することが異なる．ドイツ北西部の花粉ダイアグラム（Koutsodendris *et al.*, 2010）では，間氷期の終盤になってコナラ属が増加し，サワグルミ属，ブナ属に加え，他の間氷期にはあまり見られないエノキ属と，常緑広葉樹種のモチノキ属，ツゲ属 (*Buxus*)，キ

ヅタ属が出現・増加する．気温年較差の小さい海洋的な気候を好む常緑広葉樹種が，間氷期の終末期に近い時期にピークを作ることから，イギリス東南部のホクスニアン (MIS11) と同様に，比較的温暖な気候が間氷期を通して継続したとされている．ホルスタイニアンを最後に，サワグルミ属を含む 4 属の植物が中西部ヨーロッパから絶滅した (図 4.2; van der Hammen *et al.*, 1971)．そこには，北米大陸の自生種で，現在では人為によって世界中に分布拡大したニシノオオアカウキクサ (*Azolla filiculoides*) が含まれる．

フランス中央山塊 (Massif Central) (図 4.4-12) では，複数の火口湖 (マール) の堆積物の花粉分析により，MIS11 以降の植生変遷が明らかになっている (Beaulieu *et al.*, 2001; Reille & Beaulieu, 1995)．この地域の氷期の花粉ダイアグラムは，イネ科とヨモギ属からなる草本花粉とマツ属花粉が高率を占め，マツ属花粉の産出割合は中部ヨーロッパの他地域よりも高い．一方，間氷期にはマツ属以外の針葉樹と，落葉広葉樹花粉が大半を占めるようになる．MIS11 では落葉性のコナラ属とハシバミ属が最初に増加した後で，モミ属が増加して高率を占めるようになり，次にブナ属が増加した後，間氷期の後半にはトウヒ属とマツ属が優勢になる．MIS9 の開始期以降は，カバノキ属，コナラ属，ハシバミ属，イチイ属，イヌシデ属，モミ属，ブナ属，トウヒ属の順で，それぞれが短い時期に増減のピークを作りながら優占樹種が置き換わっていく (Reille & Beaulieu, 1995)．ブナ属花粉は MIS7.5 では極めて低率になり，エーミアンの堆積物からは産出しなくなる．

4.1.3 最終間氷期の植生変化

後期更新世は，最終間氷期 (MIS5.5) (約 126〜110 ka; ka = 1,000 年前) の後に亜氷期 (MIS5.4, MIS5.2) と亜間氷期 (MIS5.3, MIS5.1) の寒暖が繰り返され，氷期の MIS4 と間氷期の MIS3 を経て氷期の MIS2 (約 30〜11.7 ka) の前半 (約 30〜19 ka) に LGM を迎える．約 14.7 ka 以降の晩氷期 (late glacial) には，急激な温暖化に始まるベーリング・アレレード (Bølling-Allerød) 期 (約 14.7〜12.9 ka) の後に寒冷化が起こり (ヤンガードリアス (Younger Dryas) 期; 約 12.9〜11.7 ka)，急激な温暖化と共に完新世 (MIS1; 約 11.7 ka〜現在) が始まる．中西部ヨーロッパの最終間氷期の温暖系植生の最盛期は，エーミアン (Eemian) と呼ばれており，その後の最終氷期，ヴァイクセリアン (Weichselian) とは区別されている (図 4.2)．エーミアンは，リスボン沖の海洋底コアから得られた花粉組成と酸素同位体比曲線との比較から，MIS5.5 開始期から約 6,000 年後に始まり，MIS5.4 の一部を含むとされている (Shackleton *et al.*, 2003)．

デンマーク・ユトランド半島よりも南の地域のエーミアンでは，樹木花粉が花粉総数に占める割合が 90 % 以上になり，森林が広がっていたことを示している．

第 4 章　気候変動に伴う植生変化と植物の絶滅過程

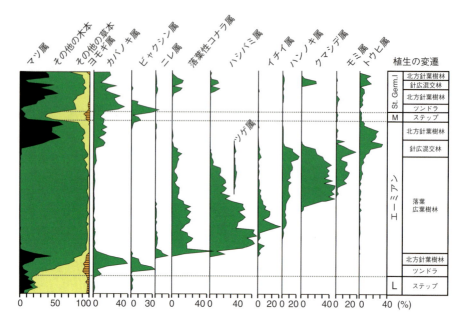

図 4.3　フランス東南部グランピル湿地帯の最終間氷期前後（MIS6〜5.3 の一部）の主な樹木の花粉ダイアグラム．Woillard (1978) の Fig.3 の全花粉数を基数とした樹木花粉の産出割合 (%) について，ツゲ属と 10%以上の産出割合を示す木本の推移を表示した．グラフ下の目盛りは 10%刻み．右側のコラム左のステージの略号は花粉帯の各ステージ．L：リネケール（ザーリアン，MIS6），M：メリゼ I（MIS5.4 のピークにほぼ相当），St. Germ. I：サンジェルマン I（MIS5.3 の一部に相当）．

　フランス東部のグランピル (La Grande Pile) の湿地帯（図 4.4-4）で掘削されたボーリング試料には，MIS5.5 以降のほぼ連続した花粉組成の変化が記録されている（図 4.3；Woillard, 1978; Beaulieu & Reille, 1992）．ここでは氷期の MIS6（ザーリアン：Saalian）に卓越したマツ属とイネ科，カヤツリグサ科花粉の減少の後，エーミアン前半には時代の推移とともにカバノキ属，ニレ属，ナラ類，ハシバミ属，イチイ属，クマシデ属の順で各属の花粉割合が出現・増加した後，減少していく（図 4.3）．その後半にモミ属，トウヒ属，マツ属花粉の順で増加と減少が起きた後，メリゼ (Melisey) I 亜氷期 (MIS5.4) に草本花粉が高率になり，寒冷・乾燥化に伴ってステップ植生が拡大したことを示している．エーミアン中盤から後半の花粉群にはモチノキ属，キヅタ属，ヤドリギ属 (*Viscum*)，ツゲ属といった常緑広葉樹花粉が含まれており，MIS11 の後半と同様に温暖で海洋的な気候に支配されていたことを示している（図 4.3）．フランス中央山塊（図 4.4-12）のエーミアンの花粉ダイアグラムでも，グランピル湿地帯とほぼ同様の順で，間氷期の初期

から後期へと高率を占める花粉分類群が置き換わる (Reille & Beaulieu, 1992).

ユトランド半島のエーミアンの地層からは，現在ではドイツ中部が北限になっているオニビシ (*Trapa natans*) のほか，ヨーロッパの間氷期の化石群を特徴づける水生植物のジュンサイ (*Brasenia schreberi*) と，現在では北米東部に分布が限られる湿地性カヤツリグサ科のドゥリキウム (*Dulichium*) が産出している (Jessen & Milthers, 1928). ジュンサイとドゥリキウムはエーミアンを最後にヨーロッパから絶滅した (図 4.2; van der Hammen *et al.*, 1971).

4.1.4 最終氷期の植生変化

グランピル湿地帯のボーリングコアの花粉ダイアグラムでは，イネ科などの草本花粉の多いメリゼ II 亜氷期 (MIS5.2) が MIS5.3，MIS5.1 にそれぞれ対比されるサンジェルマン (St. Germain) I, II 亜間氷期に挟まれる (Woillard, 1978; Beaulieu & Reille, 1992). これらの亜間氷期では，亜間氷期の初期と後半にマツ属とカバノキ属花粉が多く，中期にナラ類やハシバミ属，クマシデ属，トウヒ属がそれぞれ増加するが，エーミアン後半を特徴づけていた常緑広葉樹の花粉はほとんど見られなくなる. 現在はフランス東部からドイツ南部を北限とするモミ属の花粉も，サンジェルマン I 亜間氷期の後半ではほとんど見られなくなる. MIS4 以降にはイネ科などの草本花粉が圧倒的に優勢になり，MIS3 にはマツ属花粉が増加するが，マツ属とカバノキ属以外の木本の産出割合は極めて小さい. さらに，MIS2 の花粉群ではマツ属とカバノキ属花粉の産出割合が極めて少なくなる (図 4.10; Beaulieu & Reille, 1992). それに対し，フランス中央山塊の MIS4 から MIS2 の花粉ダイアグラムでは，MIS3 にカバノキ属花粉が低率で含まれる以外は樹木花粉のほとんどはマツ属花粉で構成され，マツ属花粉の産出割合は大部分の層準で花粉総数の約 20〜30% を維持し続ける (Reille & Beaulieu, 1990). しかし，MIS4 や MIS2 では，マツ属花粉の産出割合が多い層準でも単位堆積物あたりに含まれる花粉粒数が極めて少ないことから，この地域には植被が乏しく，マツ属花粉が他地域から飛来して堆積したと考えられている (Reille & Beaulieu, 1990).

ドイツ北西部からオランダにかけての地域でも同様に，エーミアン以降の亜間氷期の花粉組成は貧弱になる. マツ属，カバノキ属とツツジ科花粉が卓越する亜氷期 (MIS5.4) の後の，ブロロップ (Brørup) 亜間氷期 (MIS5.3) では，その前半のアメルスフォールト (Amersfoort) 亜間氷期にはカバノキ属が非常に多く，マツ属やナラ林の要素（コナラ属，ニレ属，シナノキ属，トネリコ属，カエデ属），ハンノキ属を含み，その後半にはナラ林の要素はかなり減少し，トウヒ属花粉にマツ属，カバノキ属が高率で産出する. MIS5.1 に相当するオデラーデ (Odderade) 亜間氷期の花粉群は，ドイツ北部のエルベ川下流域ではマツ属花粉が高率で産出

160　第 4 章　気候変動に伴う植生変化と植物の絶滅過程

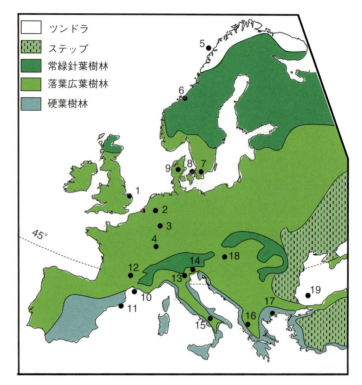

図 4.4　ユーラシア大陸西部の現在の植生景観分布（Adams, 1997 をもとに作成）．本章で取り上げた化石資料の地点を示す．1：クローマー（Cromer, イギリス），2：オランダ南東部（マインヴェフ（Meinweg），ブルンスム（Burunssum），ルーファー（Reuver），テーヘレン（Tegelen）など），3：メールフェルダー・マール（Meerfelder Maar, ドイツ），4：グランピル（La Grande Pile, フランス），5：アン島（Andøya, ノールウェー），6：トロンデラーグ（Trøndelag, ノールウェー），7：スコーネ（Scania, スウェーデン），8：アレレード（Allerød, デンマーク），9：ベーリング（Bølling）湖（デンマーク），10：リヨン湾，11：バルセロナ沖，12：フランス中央山塊（Massif Central），13：フィモン（Fimon）湖（イタリア），14：アッツァーノ・デーツィモ（Azzano Decimo, イタリア），15：モンティッキオ・グランデ湖（Lago Grande di Monticchio, イタリア），16：イオアニナ（Ioannina, ギリシャ），17：テナギ・フィリポン（Tenaghi Philippon, ギリシャ），18：ハンガリー平原，19：黒海 DSDP Site 380 地点．

し，カバノキ属とわずかにコナラ属コナラ亜属を含む（Behre, 1989）．その後，氷期の MIS4 に極域砂漠が発達した後，間氷期 MIS3 は，MIS5.1 よりも森林植生がさらに貧弱になる．MIS3 では，マツ属や高木性のカバノキ属といった樹木花粉の産出割合が極めて少なく，カヤツリグサ科，イネ科，ヨモギ属といった草本花粉や低木のツツジ科の花粉が圧倒的に多い（Behre, 1989）．

MIS2 の約 30～15 ka のスカンジナビア氷床の南側からスイスアルプス北麓までの地域には，極地砂漠とステップ・ツンドラ植生が広がっていたとされている

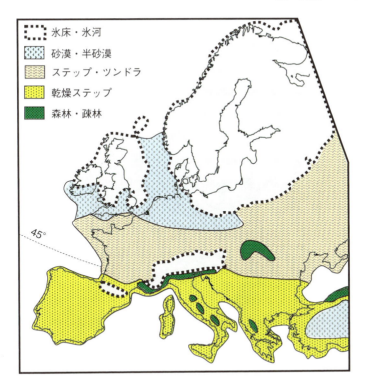

図 4.5 ユーラシア大陸西部の最終氷期最盛期（約 22 ka）の植生景観分布（Adams, 1997 をもとに作成）.

（図 4.5; Adams, 1997）. その様子は, 矮性カバノキ属の *Betula nana*, キョクチチョウノスケソウ（*Dryas octopetala*）（図 4.6, 図 4.7), ヤナギ属（*Salix*), ツツジ科などの矮性低木や高山性草本の大型植物化石（葉や果実）の産出（Hartz, 1902）や, 高率で産出するイネ科などの草本花粉から明らかになっている. 高木性樹木は, 晩氷期の温暖化が始まるまで, ヨーロッパ・アルプスよりも南側に分布が制限されていたと考えられている (van der Hammen *et al.*, 1971). 一方, 内陸部ではあるが, ヨーロッパ・アルプスの南側に位置するハンガリー平原（図 4.4-18）では, 木炭の樹種同定と放射性炭素年代測定に基づき, マツ属, トウヒ属, カラマツ属（*Larix*), ビャクシン属（*Juniperus*), カバノキ属, ヤナギ属, クマシデ属といった高木性樹種が分布していたとされている (Willis *et al.*, 2000).

しかしながら近年, スカンジナビア半島北西部の大陸氷床に隣接した場所にも, 高木性樹種であるドイツトウヒの個体群が残存していた可能性が, 堆積物中のDNA の解析によって明らかになってきた (Parducci *et al.*, 2012). ヨーロッパに

162　第 4 章　気候変動に伴う植生変化と植物の絶滅過程

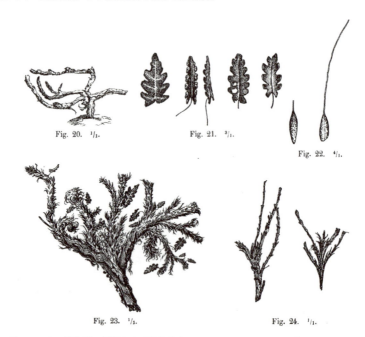

図 4.6　デンマークの晩氷期の地層から産出したキョクチチョウノスケソウ (*Dryas octopetala* var. *octopetala*) の植物化石 (Hartz, 1902). Fig. 20, 23, 24 は様々な保存状態の枝条，Fig.21 は葉，Fig. 22 は果実.

分布するドイツトウヒのミトコンドリア DNA の遺伝子型（ハプロタイプ）はヨーロッパ全域に分布するタイプとスカンジナビア半島に固有のタイプの 2 種類があり，後者の個体群が LGM にどこに残存していたかが問題になる．完新世初頭の約 10 ka のスカンジナビア半島西部トロンデラーグ (Trøndelag)（図 4.4-6）の堆積物からは両タイプのミトコンドリア DNA が検出されており，少なくとも完新世初頭には両者がこの地域に分布拡大していたことは明らかである．さらに，スカンジナビア半島北西部アン島 (Andøya)（図 4.4-5）の 17.7 ka の湖底堆積物からはトウヒ属の葉緑体 DNA が検出された．この湖の 2 万数千年前以降の地層からはケシ属 (Papaver) やアブラナ科 (Curciferae)，イネ科の種子や果実の化石が産出していることから，湖の周辺が氷床に覆われていなかったとされている．これらの証拠から，スカンジナビア氷床に覆われていなかったスカンジナビア半島大西洋沿岸域には LGM の間にもドイツトウヒが残存し続け，そこからスカンジナビア半島に固有の遺伝子型を示すドイツトウヒが分布拡大したと考えられている (Parducci *et al*., 2012).

LGM にユトランド半島北部からドイツ北部まで南下したスカンジナビア氷床

4.1 中西部ヨーロッパ

図 4.7 キョクチチョウノスケソウ．バラ科の常緑矮性低木で，枝は岩上を這う．葉は葉身長 1～2 cm で厚く，光沢がある．果実が成熟するとめしべ（花柱）がほどけて綿毛になり（写真右上），風で散布される．スイス・インターラーケン東南部のスイスアルプス（標高 2,100 m）で撮影．*Dryas octopetala* は北極圏と北半球中高緯度の高山帯に広く分布し，日本の高山帯に分布するチョウノスケソウ（*Dryas octopetala* var. *asiatica*）はその変種で，葉は大きく表面の凹凸が顕著である．

は晩氷期に後退し，その後，激しい気候変動を伴いながら完新世への温暖化が進行する．この時期の中西部ヨーロッパの植物相の研究は，19世紀後半に日本の植物化石相を詳細に研究したことでも知られるスウェーデンの古植物学者 Alfred Gabriel Nathorst (1850-1921) によって始められた．Nathorst はキョクチチョウノスケソウやカバノキ属 *Betula nana* などの北極圏や高山帯のツンドラ植生を構成する矮性低木の葉の化石を，スウェーデン最南部・スコーネ (Scania)（図 4.4-7）の完新世の泥炭層の下にある粘土層から報告し，ドリアス植物相（*Dryas* flora）と名づけた (Nathorst, 1870, 1892)．その後，Hartz & Milthers (1901) は，デンマーク・コペンハーゲンの北に位置するアレレード (Allerød)（図 4.4-8）の粘土採場の露頭で，晩氷期の無機堆積物の中に挟まれている有機質の骸泥 (gyttja) の植物化石を調べた．そこからは，ヨーロッパダケカンバ (*Betula pubescens*) やヨーロッパヤマナラシ (*Populus tremula*) といった，現在その地域に分布する高木性樹種の化石が含まれていた (Hartz, 1902)．有機物層の上下の無機物層にはドリアス植物相の化石が含まれることから，有機物層が堆積した時代に温暖化によって森林が発達した後，再び最終氷期の気候条件に戻るという，激しい気候変動があったことが明らかになった．この有機物層はアレレード期，上下の無機物層はそれぞれヤンガー・ドリアス期とオールダー・ドリアス期 (Older Dryas) に対応するとされている (Birks & Seppä, 2010)．さらに，Iversen (1942) は，ユトランド半島北部のベーリング湖 (Bølling Sø)（図 4.4-9）の湖底堆積物の花粉分析を

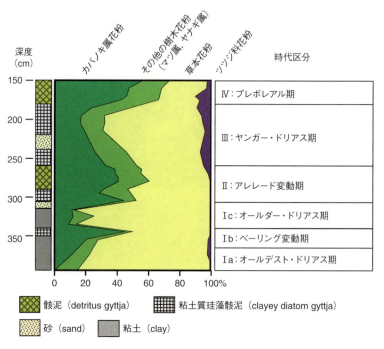

図 4.8　ベーリング湖ボーリング・コアの晩氷期の花粉組成の変遷と時代区分（Iversen, 1942 をもとに作成）．

行い，オールダー・ドリアス期の前にカバノキ属花粉が増加する温暖期（ベーリング (Bølling) 期）を認め，それ以前の寒冷期（オールデスト・ドリアス (Oldest Dryas) 期）から完新世初頭のプレボレアル (Preboreal) 期までの植生変化を明らかにした（図 4.8）．

ドイツ西部の火口湖（マール）では，年縞堆積物による編年とグリーンランド氷床コアの酸素同位体比曲線との対比に基づいた，晩氷期の花粉分析が行われている (Litt & Stebich, 1999; Litt et al., 2003)．このうち，メールフェルダー・マール (Meerfelder Maar)（図 4.4-3）の年縞堆積物 (Litt & Stebich, 1999) では，約 14.7 ka の気候温暖化の開始とともにイネ科花粉が減少し，カバノキ属，ヤナギ属，ビャクシン属などの樹木花粉が増加する．その後，オールデスト・ドリアス期に対比されている寒冷期にいったん草本花粉が増加した後，ベーリング期でカバノキ属花粉が，アレレード期にはマツ属花粉が増加する．ヤンガー・ドリアス期に再び増加した草本花粉は，完新世開始期の急激な温暖化に伴って激減する．完新世開始期ではマツ科とカバノキ科花粉が高率で産出してハコヤナギ属 (Populus)

が最初に増加し，続いてハシバミ属やコナラ属の花粉が増加する．現在の中西部ヨーロッパの森林の優占種であるヨーロッパブナ (*Fagus sylvatica*) の増加はそれらの樹種よりも遅く，ヨーロッパ・アルプスよりも北の地域では，約 7 ka 以降に分布拡大したとされている (Magri *et al.*, 2006).

4.2 南部ヨーロッパ

4.2.1 鮮新世から前期更新世への植生変化

南部ヨーロッパの地中海沿岸域は，夏季に降水量が少なく冬季に降水量の多い，地中海性気候の支配下にある．低地や丘陵帯には，コルクガシ (*Quercus suber*) やオリーブ（*Olea europaea*，モクセイ科）といった，夏季の高温と乾燥に適応した小型の葉をつける常緑広葉樹からなる，硬葉樹林が発達する（図 4.4）．中西部ヨーロッパと共通の種を含み，落葉性コナラ属が優占する落葉広葉樹林は，低地域よりも降水量が多く，気温が低いために蒸発散速度が小さい，湿潤な山地帯に分布する．山地帯の上部の落葉広葉樹林ではヨーロッパブナが優占し，さらに高標高域ではマツ属が優占する (Allen, 2009).

南部ヨーロッパでは，地中海沿岸地域 (Suc, 1984; Bertini *et al.*, 2010) や黒海南西部 (Popescu *et al.*, 2010) の海洋ボーリングコアや，陸域の堆積物の花粉分析によって，後期鮮新世から第四紀への植生変遷が明らかになっている．これらの地域では，氷期に乾燥気候が卓越することで森林は縮小し，ステップ植生が発達した（図 4.5）．高緯度で大陸氷床に近かった中西部ヨーロッパでは氷期の顕著な低温が植生に影響を与えたのに対し，より温暖な気候下にある南部ヨーロッパでは顕著な乾燥が植生に影響を与えた．しかし，降水量が比較的多かったとされる，アルプス山脈南麓からイタリア半島，ギリシャ西部などの山地帯や黒海南部沿岸域などの一部の地域では，氷期にも森林が残存し続けた．それらの地域では，中西部ヨーロッパから鮮新世から前期更新世前半にかけて絶滅した多くの外地生植物が，中期更新世になっても残存し続けた (Biltekin *et al.*, 2015; Tzedakis *et al.*, 2006).

新第三紀の温暖で湿潤な気候から現在の地中海性気候への変化に伴う植生変化は，フランス南部のリヨン湾（図 4.4-10）とスペイン北東部バルセロナ沖（図 4.4-11）の海底ボーリング試料に記録されている (Suc,1984).鮮新世前期の約 5.5〜3.2 Ma には，ヌマスギ型を含むヒノキ科，ヤマモモ属 (*Myrica*)，ハイノキ属 (*Symplocos*)，ヌマミズキ属の海岸湿地林と，その背後に成立したフジバシデ属 (*Engelhardtia*，クルミ科)，カリア属やマンサク科 (Hamamelidaceae) を含む森林が，これらの地点の沿岸域に分布していた．この森林を構成する樹種は，現在では中国揚子江流

166 第 4 章 気候変動に伴う植生変化と植物の絶滅過程

域や台湾より南の湿潤亜熱帯域の常緑広葉樹林に分布している．この湿潤亜熱帯林は後期鮮新世の約 3.2 Ma に組成が大きく変化し，ハンノキ属やコナラ属といった温帯性樹種が卓越するようになる．さらに，セイヨウヒイラギガシ類 (*Quercus Ilex*-group)，ゴジアオイ属（*Cistus*，ハンニチバナ科），ピスタチア属 (*Pistacia*，ウルシ科），フィリレア属（*Phillyrea*，モクセイ科）やオリーブ属 (*Olea*) といった現在の地中海地域の硬葉樹林を構成する常緑樹の花粉も増加する．第四紀前半の 2.3〜2.1 Ma には，ヨモギ属 (*Artemisia*) を含むキク科や，ヒユ科–アカザ科 (Amaranthaceae–Chenopodiaceae)，マオウ属 (*Ephedra*) といったステップに多い草本の花粉が増加し，気候の寒冷・乾燥化の傾向が一段と顕著になったことを示している．この時代以降，氷期・間氷期の気候変動に対応して樹木花粉と草本花粉の割合が大きく変動するようになった (Suc, 1984)．

　中部および北部イタリアでも，2.8 Ma 以降の花粉化石群集ではヒノキ科のヌマスギ属・スイショウ属型花粉などの外地生樹木の花粉が減少し，トウヒ属，ツガ属，カタヤ属 (*Cathaya*)，マツ属単維管束亜属 (*Pinus* subgen. *Haploxylon*) などのマツ科針葉樹花粉が増加する (Bertini *et al.* 2010)．さらに新第三紀・第四紀境界の 2.6 Ma 以降の氷期にはヨモギ属などのステップ植生が発達するようになり，間氷期のヌマスギ属・スイショウ属針葉樹を含む落葉広葉樹林へと周期的に変化するようになった．この地域では，前期鮮新世から前期更新世までの種子や果実などの大型植物化石記録からも植物相の変遷が明らかになっており，中西部ヨーロッパと同様に鮮新世後期末に多くの植物が消滅したことが明らかになっている (Martinetto *et al.*, 2017)．しかし，イタリア北部のアルプス山脈南側の山地斜面では，第四紀の氷期でも湿潤な気候が維持され，ステップ植生が発達しなかったと考えられている．ここでは，氷期にはトウヒ属が多く，外地生樹種のツガ属やヒマラヤスギ属 (*Cedrus*) を交える針葉樹林が優勢になり，間氷期にはコナラ属，クマシデ属，カリア属，サワグルミ属を含む落葉広葉樹林が広がっていた (Bertini *et al.* 2010)．

　トルコの黒海沿海域からコーカサス地方にかけては，ヨーロッパから絶滅した多くの樹木の属が，現在でも残存している．黒海南西部の DSDP（Deep Sea Drilling Project, 深海掘削計画）Site 380（図 4.4-19）で掘削されたコア試料の花粉組成は，他地域と同様に鮮新世後期以降に大きく変化する（図 4.9, Popescu *et al.*, 2010）が，樹木種の多様性は第四紀後半まで維持され続けた (Biltekin *et al.*, 2015)．このコアでは，前期鮮新世に多かったスギ科，フジバシデ属，カタヤ属，カリア属などの外地生樹種や，コナラ属，クマシデ属，ニレ属に加え，現在のトルコからコーカサス地方に分布するサワグルミ属，フウ属 (*Liquidambar*)，ケヤキ属 (*Zelkova*)，パロティア属（*Parrotia*，マンサク科）を含む温帯性樹木が約

3.3 Ma に少なくなり，草本花粉が増加する．ここでは，ヨモギ属，マオウ属，サジー属 (*Hippophae*, グミ科) といったステップ植生に特徴的に出現する分類群も増加する．さらに，中西部ヨーロッパのプレティグリアンに相当する第四紀初頭 (2.6～2.5 Ma) には，ステップ植生の要素の花粉が高率を占める層準が見られるようになる．約 2.1 Ma 以降には，温暖な気候下で生育する樹木分類群が高率を占める層準と，ステップ要素と草本花粉が高率を占める層準が，4 万年周期で交代する時期が続く．このコアの樹木分類群は鮮新・更新世を通じて「スギ科」(スギ科は現在ではヒノキ科に含められている) 花粉が最も高率を占めており，次いで落葉性のコナラ属が多い．「スギ科」やその他の外地生樹種の産出頻度は，約 1.2 Ma 以降に小さくなるが，トルコ南部からコーカサス地方に現存するフウ属，ヒマラヤスギ属のほか，アジアに現存するフジバシデ属やカタヤ属，カリア属，ツガ属は中期更新世後半まで残存し続けた (図 4.9)．間氷期で優勢な「スギ科」花粉は，走査型電子顕微鏡観察による花粉形態や随伴する大型植物化石から，現在中国南部に残存するスイショウ (*Glyptostrobus pensilis*) に同定されている (Biltekin *et al.*, 2015)．「スギ科」花粉は後期更新世から完新世初期まで確認されることから，完新世初期までトルコ北部の黒海沿岸でスイショウの湿地林が残存していたと考えられている．

4.2.2 中期更新世の植生変化

中期更新世には，氷期に森林植生が衰退し，イネ科，アカザ科，ヨモギ属の多い乾燥ステップ植生が広がる傾向は顕著になった．しかしながら，前述した一部の地域では氷期でも堆積物中の樹木花粉の割合が比較的高く，森林が残存したことを示している．一般に，間氷期の堆積物からはコナラ属などの広葉樹花粉が高率で産出し，マツ属の花粉は間氷期，氷期ともに産出し続ける．また，イタリア中部からギリシャの各地域では，間氷期開始期に複数の樹木花粉が同時に出現する傾向がある．これは，樹種により出現時期がずれる中西部ヨーロッパの花粉群の変化と異なる特徴で，氷期のレフュージアがすぐ近くにあり，そこから各樹種が一斉に分布拡大したことを示している．このような，氷期・間氷期の気候変動に伴う植生変化は，ギリシャ東部の沈降盆地テナギ・フィリポン (Tenaghi Philippon)（標高 40 m，図 4.4-17）で掘削されたロングコアのほか，多くの地点での花粉分析で明らかになっている．

テナギ・フィリポンのボーリングコアは，約 1.35 Ma の MIS42 以降の花粉資料が含まれている．そこからは，氷期・間氷期サイクルに対応した詳細な古植生変遷が復元されており，外地生樹木の消滅過程も明らかになっている (Wijmstra, 1969; Wijmstra & Smit, 1976; Wiel & Wijmstra, 1987a, b; Tzedakis *et al.*,

168　第 4 章　気候変動に伴う植生変化と植物の絶滅過程

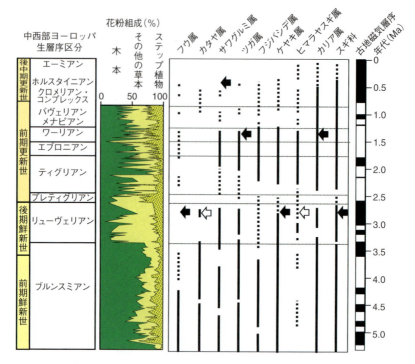

図 4.9　黒海西部 (DSDPsite 380) 海底堆積物の鮮新世から前期更新世にかけての花粉組成変化 (Popescu et al., 2010 をもとに作成) と外地生ないしコーカサス地域に現存する植物群の層位分布 (Biltekin et al., 2015 をもとに作成)．右側の実線は連続的な花粉の出現範囲，点線は不連続，散発的な花粉の出現範囲を示す．矢印は中西部ヨーロッパで消滅する時期．黒矢印は van der Hammen et al. (1971) (図 4.2) の資料．白矢印のカタヤ属とヒマラヤスギ属はドイツ中部の後期鮮新世とされるヴィラースハウゼン Willershausen の植物化石群 (Ferguson & Knobloch, 1998) での産出に基づく．フジバシデ属は後期中新世に中西部ヨーロッパから消滅 (van der Hammen et al., 1971)．

2006)．このコアでは間氷期にコナラ属とマツ属の花粉が大半を占めるが，花粉総数に占める樹木花粉の割合が MIS24〜22 と MIS16，MIS12 の 3 回の氷期では極めて小さくなり，ステップ植生を構成するイネ科，ヨモギ属，アカザ科などの花粉割合が大きくなる．これは，この 3 回の氷期が，他の氷期より厳しい気候条件だったことを示している．それに対応して，外地生植物群は MIS24〜22 (約 0.9 Ma) までにユリノキ属 (*Liriodendron*) とツガ属の花粉がほぼ産出しなくなり，さらに MIS16 (約 0.65 Ma) を境にヒマラヤスギ属，カリア属，トチュウ属，サワグルミ属の花粉が激減する．一方，MIS16 を境にコナラ属，クマシデ属，アサダ属 (*Ostrya*)，ハシバミ属などの樹木花粉の間氷期での産出割合が増加する．これら

のことから，前期更新世末から中期更新世への氷期の寒冷・乾燥気候の段階的な発達に伴う森林植生の変化のうち，MIS16を境にした変化が最も顕著だったとされている (Tzedakis *et al.*, 2006).

ギリシャ西部イオアニナ (Ioannina)（図4.4-16）では，MIS11（約0.4 Ma）以降の詳細な花粉組成の変化が明らかになっている (Tzedakis, 1993). イオアニナは標高約2,000 mの山地に囲まれた標高470 mの山間盆地に位置し，現在の年降水量はテナギ・フィリポンの約2倍の約1,200 mmという湿潤な気候下にある. ここでは，間氷期にモミ属，ブナ属といった海洋性気候を好む樹種の花粉の産出割合が高い. コナラ属やその他の温帯性樹木の花粉の産出割合は氷期には低率でも連続的に推移することから，付近の山地には中西部ヨーロッパから消滅した多くの温帯性樹木の氷期のレフュージアが存在したと考えられている (Tzedakis, 1993).

4.2.3 後期更新世の植生変化

イタリアからギリシャにかけてのエーミアンの花粉ダイアグラムでは，中期更新世の間氷期と同様に複数の温帯性樹種が同時に出現する傾向があり，樹種組成や消長パターンは地域により異なる（図4.10）. イタリア南部のモンティッキオ・グランデ湖（図4.4-15）では，ヨーロッパナラ (*Quercus robur*) タイプの落葉性コナラ属花粉が，MIS6の氷期（ザーリアン）の終末期から約5,000年かけて徐々に増加し，エーミアンを通じて高率で推移する (Allen & Huntley, 2009). コナラ属とともにニレ属，アサダ属，ハシバミ属，ブナ属花粉が同時に出現・増加する. 少し遅れてクマシデ属と，現在の地中海気候下の硬葉樹林を特徴づけるセイヨウヒイラギガシ型の花粉が増加する. MIS5.5中盤の約0.122〜0.12 Maにはコナラ属花粉が減少し始め，モミ属，ハンノキ属が増加するが，他地域の花粉群で多いトウヒ属やマツ属はエーミアンを通じて極めて低率である (Allen & Huntley, 2009). 一方，ギリシャ西部のイオアニナではコナラ属が急増して高率を占めた後に，クマシデ属，モミ属，シナノキ属などが増加し (Tzedakis *et al.*, 2002)，ギリシャ東部のテナギ・フィリポン（図4.4-17）ではコナラ属とともにマツ属の花粉が多産する (Wijmstra & Smit, 1976).

モンティッキオ・グランデ湖では，草本花粉の多い亜氷期を除くと，MIS5.5からMIS5.1まではコナラ属，ブナ属，モミ属が多く，樹木花粉が全花粉数の80％以上を占める（図4.10; Allen *et al.* 2000）. MIS4以降はステップを構成するイネ科やヨモギ属，アカザ科といった草本花粉が増えるが，コナラ属とブナ属の花粉は，カエデ属やニレ属，ハシバミ属などの他の落葉広葉樹の花粉とともに低率でも連続的に出現し，MIS3に再び増加する. MIS2ではマツ属，ビャクシン属，カバノキ属以外の樹木花粉の産出は稀になる. 一方，イオアニナでは，MIS4やMIS2

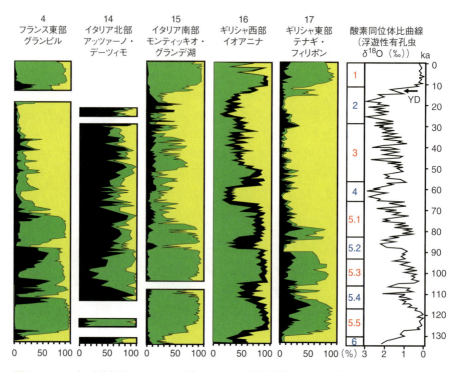

図 4.10 アルプス山脈北側からバルカン半島にかけての最終間氷期以降の樹木花粉割合の推移．黒は水生植物を除く総花粉数にマツ属（16 はマツ属＋ビャクシン属）が占める割合，緑はそれらを除く樹木花粉の割合，黄色は草本花粉の割合を示す．地点名の数字は図 4.5 の地点に対応．4：グランピル（標高 330 m; Woillard, 1978），14：アッツァーノ・デーツィモ（標高 10 gm; Pini et al., 2009, 2010），15：モンティッキオ・グランデ湖（標高 656 m; Allen & Huntley, 2000, 2009），16：イオアニナ（標高 470 m; Tzedakis et al., 2004），17：テナギ・フィリポン（標高 40 m; Wijmstra, 1969; Wijmstra & Smit, 1976 をもとに作成）．海洋酸素同位体比曲線は大西洋ポルトガル沖コア MD95-2042 浮遊性有孔虫（Shackleton et al. 2000）に基づく（Tzedakis et al., 2004）．曲線の左の数字は MIS（赤字は間氷期・亜間氷期，青字は氷期・亜氷期）を示す．YD：ヤンガー・ドリアス期（約 12.9〜11.7 ka）．

でもコナラ属花粉の産出割合が総花粉数の 10〜15％ を維持するとともに，モミ属やクマシデ属，ハシバミ属などの温帯性樹種の花粉も連続して出現する（図 4.10; Tzedakis et al., 2002）．このことは，この地域が，モンティッキオ・グランデ湖よりも多くの温帯性樹種の氷期のレフュージアとなっていたことを示している．モンティッキオ・グランデ湖やイオアニナでは MIS4 以降，草本花粉が総花粉数の 50％ を超える時期が多くなるが，イタリア北東部のアルプス山脈南麓に位置するアッツァーノ・デーツィモ（Azzano Decimo）（図 4.4-14）やフィモン（Fimon）湖（図 4.4-13）では，氷期でも樹木花粉割合が草本花粉割合よりも多く，マツ属が優

占する森林が存続していたことを示している（図 4.10; Pini *et al.*, 2009, 2010）.
これらの地域を除くと，テナギ・フィリポン（図 4.10）などの南ヨーロッパの多
くの地域では，MIS4 以降の樹木花粉割合が 20% 程度に下がり，しかもマツ属花
粉がその大半を占めることが多い.

　晩氷期の気候温暖化に伴い，南ヨーロッパ各地では，多様な温帯性樹種が一斉
に増加する．モンティッキオ・グランデ湖ではマツ属・ビャクシン属，草本花粉
の減少とカバノキ属花粉の増加の後，コナラ属花粉が急増し，シナノキ属，トネ
リコ属，ブナの花粉が同時に増加する (Allen *et al.*, 2000). 晩氷期の温暖期の
植生の多様性も，マツ属，カバノキ属，ヤナギ属などごく限られた種類しか増加
しない中西部ヨーロッパと大きく異なる点である．ヤンガー・ドリアス期には草
本花粉がカバノキ属花粉とともに再び増加するが，コナラ属花粉は花粉総数の約
40% を維持し続ける．11.7 ka の完新世開始期には，カバノキ属を除く多様な落葉
広葉樹の花粉が一斉に増加・出現する (Allen *et al.*, 2000).

4.3　アジア北部

　東アジア大陸部では，モンゴル高原の数 100 km 北に位置するバイカル湖（図
4.11）とその周辺の堆積物の解析により，後期鮮新世以降の寒冷・乾燥気候の発
達に対応した植生と植物相の変化が詳細に明らかになっている（図 4.12）．バイ
カル湖は古第三紀に発達を始めた古代湖で（三好ほか，2002），湖底ボーリングの
掘削によって得られた約 12 Ma 以降の連続的な湖底堆積物について，花粉分析を
はじめ様々な環境指標の分析が行われている (Kashiwaya, 2003). 現在のバイカ
ル湖周辺の植生は，西岸ではステップや砂礫地が分布し，東岸の南東部山地域で
はシベリアマツ (*Pinus sibirica*)，シベリアモミ (*Abies sibirica*)，シベリアトウ
ヒ (*Picea obovata*) が優占する常緑性亜寒帯針葉樹林，北東部山地域では落葉樹
のダフリアカラマツ (*Larix dahurica*) や低木のハイマツ (*Pinus pumila*) からな
る落葉性亜寒帯針葉樹林が広がっている（三好ほか，2002）．冬季季節風をもた
らすシベリア気団の勢力が強くなる氷期には，寒冷・乾燥気候の影響を強く受け，
植被が乏しくなるために，花粉・胞子流入速度（Pollen-spore influx, 単位時間・
単位堆積物あたりに含まれる花粉・胞子の数）が小さくなる.

　バイカル湖中央部で掘削されたボーリングコア BDP-96-1 の後期鮮新世 3.6 Ma
以降の堆積物では，マツ属やトウヒ属といったマツ科針葉樹の花粉が大半を占め，
カバノキ属のほか，現在では黄土高原以南に分布するツガ属の花粉が比較的連続
して産出する (Demske *et al.*, 2002). 寒冷・乾燥気候が約 3.48〜3.39 Ma に始
まり，約 3.15 Ma から第四紀初頭の約 2.5 Ma へと発達したことが，草本花粉の
増加とツガ属，コナラ属，ハシバミ属，ニレ属，シナノキ属といった温帯性の樹

172　第 4 章　気候変動に伴う植生変化と植物の絶滅過程

図 4.11　バイカル湖とその周辺の花粉試料の位置（Google Map をもとに作成）．1：DBP-96-1（Demske et al.；三好ほか，2002）および DBP-96-2（Shichi et al., 2007, 2009a）2：DBP-99-1（Shichi et al., 2007, 2009a），3：コトケル湖（Shichi et al., 2009b）．黄色は植被の発達が乏しい場所（バイカル湖の北部および南西部では主に山地高標高域，セレンガ川流域からモンゴル高原にかけては主に乾燥ステップや農地）．点線はロシア・モンゴル国境．

種の減少・消滅の傾向から明らかになっている．第四紀に入るとツガ属花粉が少なくなり，現在のバイカル湖周辺の植生を特徴づけるハイマツを含むマツ属単維管束亜属（Pinus subgen. Haploxylon）やビャクシン属，カラマツ属の花粉が増加する（Demske et al., 2002）．周北極地域に多い矮性シダ植物のコケスギラン（Selaginella selaginoides）の胞子と共にヨモギ属花粉も増加することから，寒冷・乾燥気候が顕著になり，植被の乏しいステップ植生が広がったと考えられている（Demske et al., 2002）．

同じボーリングコア BDP-96-1 の約 2.0〜0.17 Ma にかけての堆積物では，32 回の間氷期と 6 回の亜間氷期が認められている（図 4.12；三好ほか，2002）．間氷期・亜間氷期の樹木花粉はマツ属が大半を占め，次に多いトウヒ属とモミ属をあわせたマツ科針葉樹花粉が 70〜80％を占め，その他の樹木花粉の組成は時代を追うごとに変化する．三好ほか（2002）は，温暖湿潤な気候を示すツガ属，ニレ属な

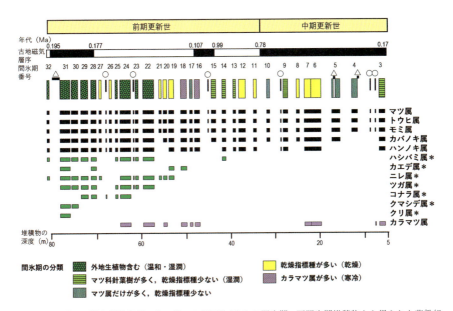

図 4.12 バイカル湖中部湖底ボーリングコア BDP-96-1 の間氷期・亜間氷期堆積物から得られた花粉組成の変遷 (三好ほか, 2002). 分類群の * は，バイカル湖周辺には現在分布しない植物 (外地生植物). 間氷期番号の下の記号 ○ は亜間氷期, △ は試料が欠如している層準を示す.

どの外地生樹木や，ヨモギ属，アカザ科などのステップ植生を構成する乾燥気候の指標種，冷涼な気候を示すカラマツ属の産出状況に基づき，この期間の間氷期を 5 タイプに分類し，植生と植物相の変化を明らかにした (図 4.12). 約 1.4 Ma の「間氷期 22」までは外地生樹種が多く，乾燥気候指標種の少ない間氷期が続くが，それ以降には乾燥気候指標種やカラマツ属の多い間氷期が続くようになる. 種の多様性は時代を追うごとに貧弱になり，気候の寒冷・乾燥化に伴い，外地生樹木が次々とこの地域から消滅していったことがわかる. すなわち，シナノキ属，クルミ科，カリア属，ヌマミズキ属の花粉は約 1.9 Ma 以前の地層にだけ見られ，約 1.9 Ma から約 0.9 Ma へとクリ属，クマシデ属，コナラ属，ツガ属，ニレ属，カエデ属，ハシバミ属の順で花粉が産出しなくなる (図 4.12). さらに，これらの外地生樹木がほぼ消滅した約 1.1 Ma 以降には，花粉インフラックスが極めて小さくなる期間が長くなり，バイカル湖周辺にツンドラや砂漠が広がった時期が長くなったことを示している (Kawamuro et al., 2000). ただし，中期更新世の氷期の中でも，MIS14 (約 0.55 Ma) ではマオウ属，アカザ科，ヨモギ科，カラマツソウ属といった非樹木花粉が増加するが，樹木花粉のインフラックスからは疎林の景観が維持されたと考えられている (Kawamuro et al., 2000).

174 第4章 気候変動に伴う植生変化と植物の絶滅過程

　MIS12（約0.45 Ma）以降のバイカル湖周辺の植生変遷が，バイカル湖中部のコア BDP-96-1 と南部のコア BDP-99-1 それぞれの花粉分析により明らかになっている（図4.13; Shichi *et al.*, 2007, 2009a）．MIS12 にはバイカル湖周辺はヨモギ属やアカザ科などの草本主体の植生が広がっており，北部地域ではマツ属とトウヒ属の針葉樹が小規模に分布拡大した．中期更新世で最も温暖な間氷期とされる MIS11.3（約0.4 Ma）には，バイカル湖周辺にはマツ属やトウヒ属の針葉樹林に広く被われ，北部地域がカラマツ属，南部地域がモミ属の多い森林となった．この時期の森林の拡大期は南ヨーロッパ地域よりも長く，安定していたとされている（Shichi *et al.*, 2009a）．MIS11.3 以降の北部地域では，氷期に山岳氷河が拡大したことで森林植生が発達せず，湖への花粉インフラックスが極めて小さくなった．この地域では，マツ属やトウヒ属，カラマツ属，モミ属からなる森林が広がった時期は，一部の間氷期と亜間氷期に限られている．一方，南部地域では氷期でも一定の花粉インフラックスが維持されており，氷期や間氷期の亜氷期にマツ属，トウヒ属，ハンノキ属，カバノキ属の疎林とアカザ科・ヒユ科，ヨモギ属やその他のキク科からなる草原が広がったとされている（図4.13; Shichi *et al.*, 2007）．

　バイカル湖周辺の後期更新世の植生変遷は，バイカル湖湖底ボーリングコアのほか，46 ka 以降については中部南岸のコトケル（Kotokel）湖（図4.11-3）などで詳しく調べられている．氷期に周囲の山岳氷河が拡大したバイカル湖北部では，針葉樹林が発達した MIS5.5 以降は堆積物に含まれる花粉の絶対量は極めて少なく，砂漠ないし疎林が広がったとされている（Shichi *et al.*, 2009b）．一方，バイカル湖南部周辺では，MIS2 を除くと森林や疎林が亜氷期と亜間氷期を通じて維持された（Shichi *et al.*, 2009b）．亜間氷期の MIS5.5，MIS5.3，MIS5.1 ではマツ属（複維管束亜属と単維管束亜属）が非常に多く，トウヒ属やモミ属が伴うタイガが成立したと考えられている（図4.13）．亜氷期の MIS5.4 や MIS5.2，MIS4 では高木性花粉は少なく，低木性のハンノキ属，カバノキ属や草本のヨモギ属花粉の割合が多くなり，樹木が疎らに分布するステップ・ツンドラに変化したことを示す．MIS3 には，中頃にトウヒ属やマツ属が増加する層準があるが，草本のヨモギ属花粉が圧倒的に多く，低木がパッチ状に散在するツンドラ・ステップが広がっていたとされている（Bezrukova *et al.*, 2010）．MIS2 に相当する約30〜23 ka には木本花粉はほとんど産出しなくなるが，23〜14.5 ka にかけて高木性のカバノキ属が増加を始める．ベーリング・アレレード期に相当する 14.5〜12.9 ka にかけてヨモギ属花粉が急激に減少し，トウヒ属が増加してカバノキ属とともに優占するようになり，タイガが湖盆南部から中部へと広がったとされている．ヤンガー・ドリアス期（約12.9〜11.6 ka）に低木性カバノキ属と草本からなるツンドラが再び広がった後，10.6 ka 以降に高木性カバノキ属の花粉がマツ科針葉樹と

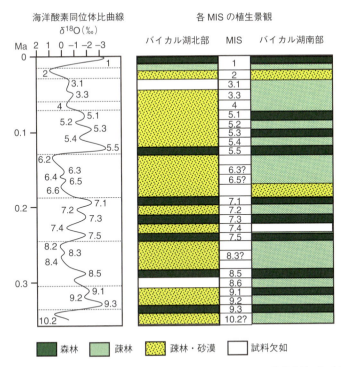

図 4.13　バイカル湖中部コア BDP-96-2 と南部コア BDP-99-1 の花粉分析に基づく MIS10 以降のバイカル湖北部と南部の各 MIS の植生景観（Shichi et al., 2007 をもとに作成）.

ともに増加し，森林植生が回復したことを示す (Bezrukova et al., 2010).

おわりに

　近年の年代測定法の改良により，これまでに収集された資料の年代学的な再検討が行われるとともに新たな資料が追加されてきた．それにより，各時代の気候変化イベントに対応した植生変化がより高精度に復元でき，地域間の比較も可能になってきた．従来は化石データから気候復元が行われてきたが，気候モデル（climate modeling, 地球上の気候システムのシミュレーション・モデル）によって構築された各時代・各地域の気候と化石記録を比較することで，気候変化への植物群の応答が詳細に明らかになっている（たとえば，8.2 節で紹介する Nolan et al., 2018）．さらに，現在の植物分布の気候分布範囲を，気候モデルにより復元された過去や将来の気候状態にあてはめる分布予測モデリング（species distribution model, 生態ニッチモデリング (ecological niche model) ともいう）もさかんに行われるようになってきた．

176 第4章 気候変動に伴う植生変化と植物の絶滅過程

過去の現象を復元するための分子遺伝学的手法も確立されてきた．本章で紹介
した Parducci *et al.* (2012) の研究のような，現在の植物個体群の遺伝子情報とそ
の地理分布に基づいた過去の植物の個体群の移動過程の研究や，堆積物中に残存
した DNA に基づく，過去の植物相や植生復元の研究などである．これらの様々
な手法を組み合わせることで，現在の植生や植物相の成立過程をより詳細に明ら
かにすることは，環境変化に対する生物群の応答の歴史を解明するだけではなく，
将来に向けて生物多様性を維持する方策を考えるうえでも重要な意味を持つ．

引用文献

Adams, J. M. (1997) Preliminary vegetation maps of the world since the last glacial maximum:
An aid to archaeological understanding. *J. Archaeol. Sci.*, **24**, 623-647

Allen, H. D. (2009) Vegetation and ecosystem dynamics. *in* The physical geography of the
Mediterranean (ed. Woodward, J. C.), pp. 203-227, Oxford Univ. Press

Allen, J. R. M. & Huntley, B. (2000) Weichselian palynological records from southern Europe:
correlation and chronology. *Quat. Int.*, **73/74**, 111-125

Allen, J. R. M. & Huntley, B. (2009) Last Interglacial palaeovegetation, palaeoenvironments and
chronology: A new record from Lago Grande di Monticchio, southern Italy. *Quat. Sci. Rev.*,
28, 1521-1538

Allen, J. R. M., Watts, W. A. *et al.* (2000) Weichselian palynostratigraphy palaeovegetation and
palaeoenvironment; the record from Lago Grande di Monticchio, southern Italy. *Quat. Int.*,
73/74, 91-110

Beaulieu, J. L. de & Reille, M. (1992) The last climatic cycle at La Grande Pile (Vosges, France)
a new pollen profile. *Quat. Sci. Rev.*, **11**, 431-438

Beaulieu, J. L. de, Andrieu-Ponel, V. *et al.* (2001) An attempt at correlation between the Velay
pollen sequence and the Middle Pleistocene stratigraphy from central Europe. *Quat. Sci.
Rev.*, **20**, 1593-1602

Behre, K. E. (1989) Biostratigraphy of the last glacial period in Europe. *Quat. Sci. Rev.*, **8**,
25-44

Bertini, A., Ciaranfi, N. *et al.* (2010) Proposal for Pliocene and Pleistocene land-sea correlation
in the Italian area. *Quat. Int.*, **219**, 95-108

Bezrukova, E. V., Tarasov, P. E. *et al.* (2010) Last glacial-interglacial vegetation and environ-
mental dynamics in southern Siberia: Choronology, forcing and feedbacks. *Palaeogeogr.,
Palaeoclimat., Palaeoecol.*, **296**, 185-198

Biltekin, D., Popescu, S-M. *et al.* (2015) Anatolia: A long-time plant refuge area documented
by pollen records over the last 23 million years. *Rev. Palaeobot. Palyno.*, **215**, 1-22

Birks, H. J. B. & Birks, H. H. (2004) The rise and fall of forests. *Science*, **305**, 484-485

Birks, H. J. B. & Seppä, H. (2010) Late-Quaternary palaeoclimatic research in Fennoscandia—A
historical review. *Boreas*, **38**, 655-673

Cohen, K. M. & Gibbard, P. L. (2019) Global chronostratigraphical correlation table for the last
2.7 million years, version 2019 QI-500. *Quat. Int.*, **500**, 20-31

Demske, D., Mohr, B. *et al.* (2002) Late Pliocene vegetation and climate of the Lake Baikal
region, southern East Siberia, reconstructed from palynological data. *Palaeogeogr., Palaeo-
climat., Palaeoecol.*, **184**, 107-129

Ferguson, D. K. & Knobloch, E. (1998) A fresh look at the rich assemblage from the Pliocene
sink-hole of Willershausen, Germany. *Rev. Palaeobot. Palyno.*, **101**, 271-286

Grün, R. & Schwarcz, H. P. (2000) Revised open system U-series/ESR age calculations for teeth
from Stratum C at the Hoxnian Interglacial type locality, England. *Quat. Sci. Rev.*, **19**,
1151-1154

Hammen, T. van der, Wijimstra, T. A. *et al.* (1971) The floral record of the Late Cenozoic of

Europe. *in* Late Cenozoic Glacial Ages (ed. Turekian, K. K.), pp. 391-424, Yale Univ. Press

Hartz, N. (1902) Bidrag til Danmarks senglaciale Flora og Fauna. *Danmarks Geol. Unders. II*, **11**, 1-80

Hartz, N. & Milthers, V. (1901) Det senglaciale ler i Allerød tæglværsgrav. *Medd. Dansk Geol. Foren.*, **8**, 31-60

Iversen, J. (1942) En pollenanalytisk Tidfastelse af Ferskvandslagene ved Nørre Lyngby. *Meddel. Dansk Geol. Foren.*, **10**, 130-151

Iversen, J. (1954) The bearing of glacial and interglacial epochs on the formation and extinction of plant taxa. *Uppsala Unio. Årsskrift*, **6**, 210-215

Jessen, K. & Milthers, V. (1928) Stratigraphical and palaeontological studies of interglacial fresh-water deposits in Jutland and northwest Germany. *Danmarks Geol. Unders.*, (48), 1-380

Jong, de J. (1988) Climatic variability during the past three million years, as indicated by vegetational evolution in northwest Europe and with emphasis on data from the Netherlands. *Phil. Trans. Roy. Soc. B*, **318**, 603-617

Kashiwaya, K. ed. (2003) Long continental records from Lake Baikal. pp. 370, Springer

Kawamuro, K., Shichi, K. *et al.* (2000) Forest-desert alternation history revealed by the pollen-record in Lake Baikal over the past 5 million years. *in* Lake Baikal: A Mirror in Time and Space for Understanding Global Change Processes (ed. Minoura, K.), pp. 101-107, Elsevier

Koutsodendris, A., Müller, U. C. *et al.* (2010) Vegetation dynamics and climate-variability during the Holsteinian interglacial based on a pollen record from Dethlingen (northern Germany). *Quat. Sci. Rev.*, **29**, 3298-3307

Litt, T. & Stebich, M. (1999) Bio- and chronostratigraphy of the lateglacial in the Eifel region, Germany. *Quat. Int.*, **61**, 5-16

Litt, T., Brauer, A. *et al.* (2003) Correlation and synchronisation of Lateglacial continental sequences in northern central Europe based on annually laminated lacustrine sediments. *Quat. Sci. Rev.*, **20**, 1233-1249.

Magri, D., Vendramin, G. G. *et al.* (2006) A new scenario for the Quaternary history of European beech populations: Palaeobotanical evidence and genetic consequences. *New Phytol.*, **171**, 199-221

Martinetto, E., Momohara, A. *et al.* (2017) Late persistence and deterministic extinction of "humid thermophilous plant taxa of East Asian affinity" (HUTEA) in southern Europe. *Palaeogeogr., Palaeoclimat., Palaeoecol.*, 467, 211-231

三好教夫・片岡裕子 他 (2002) 湖底堆積物 (BDP96-1) の花粉分析からみたバイカル湖周辺の第四紀植生変遷史. 第四紀研究. **41**, 171-184

Nathorst, A.G. (1870) Om Några arktiska växtlämningar i en sötvat-tensleraved Alnarp i Skåne. *Lunds Universitets Årsskrift*, **7**, 1-20

Nathorst, A. G. (1892) Fresh evidence concerning the distribution of arctic plants during the glacial epoch. *Nature*, **45**, 273-275

Nolan, C., Overpeck, J. T. *et al.* (2018) Past and future global transformation of terrestrial ecosystems under climate change. *Science*, **361**, 920-923

Parducci, L., Jørgensen, T. *et al.* (2012) Glacial Survival of boreal trees in northern Scandinavia. *Science*, **335**, 1083-1086

Pini, R., Ravazzi, C. *et al.* (2009) Pollen stratigraphy, vegetation and climate history of the last 215 ka in the Azzano Decimo core (plain of Friuli, north-eastern Italy). *Quat. Sci. Rev.*, **28**, 1268-1290

Pini, R., Ravazzi, C. *et al.* (2010) The vegetation and climate history of the last glacial cycle in a new pollen record from Lake Fimon (southern Alpine foreland, N-Italy). *Quat. Sci. Rev.*, **29**, 3115-3137

Popescu, S.-M., Biltekin, D. *et al.* (2010) Pliocene and Lower Pleistocene vegetation and climate changes at the European scale: long pollen records and climatostratigraphy. *Quat. Int.*, **219**, 152-167

Reid, C. (1890) The Pliocene deposits of Britain, pp. 326, 5pls. Geol. Surv

Reid, C. & Reid, E. M. (1915) The Pliocene Flora of the Dutch-Prussian border. *Rijksopsporing*

178 第 4 章 気候変動に伴う植生変化と植物の絶滅過程

Delfst. Mededel., **6**, 1-178

Reille, M. & Beaulieu, J. L. de (1990) Pollen analysis of a long upper Pleistocene continental sequence in a Velay maar (Massif Central, France). *Palaeogeogr. Palaeoclimat. Palaeoecol.*, **80**, 35-48

Reille, M. & Beaulieu, J. L. de (1992) Long Pleistocene pollen sequences from the Velay Plateau (Massif Central, France). *Veget. Hist. Archaeobot.*, **1**, 233-242

Reille, M. & Beaulieu, J. L. de (1995) Long Pleistocene pollen records from the Praclaux Crater, South-central France. *Quat. Res.*, **44**, 205-215

Shackleton, N. J., Hall, M. A. *et al.* (2000) Phase relationships between millennial scale events 64,000 to 24,000 years ago. *Paleoceanography*, **15**, 565-569

Shackleton, N. J., Sánchez-Goñi. *et al.* (2003) Marine Isotope Substage 5e and the Eemian Interglacial. *Global and Planetary Change*, **36**, 151-155

Shichi, K., Kawamuro, K. *et al.* (2007) Climate and vegetation changes around Lake Baikal during the last 350,000 years. *Palaeogeogr., Palaeoclimat., Palaeoecol.*, **248**, 357-375

Shichi, K., Takahara, H. *et al.* (2009a) Vegetation and climate changes during MIS II in southeastern Siberia based on pollen records from Lake Baikal sediment. *Jpn. J. Palyno.*, **55**, 3-14

Shichi, K., Takahara, H. *et al.* (2009b) Late Pleistocene and Holocene vegetation and climate records from Lake Kotokel, central Baikal region. *Quat. Int.*, **205**, 98-110

Suc, J. P. (1984) Origin and evolution of the Mediterranean vegetation and climate in Europe. *Nature*, **307**, 429-432

Tzedakis, P. C. (1993) Long-term tree populations in northwest Greece through multiple Quaternary climatic cycles. *Nature*, **364**, 437-440

Tzedakis, P. C., Lawson, T. *et al.* (2002) Buffered tree Population changes in a Quaternary refugium: evolutionary implications. *Science*, **20**, 2044-2047

Tzedakis, P. C., Frogley, M. R. *et al.* (2004) Ecological thresholds and patterns of millennial-scale climate variability: The response of vegetation in Greece during the last glacial period. *Geology*, **21**, 109-112

Tzedakis, P. C., Hooghiemstra, H. *et al.* (2006) The last 1.35 million years at Tenaghi Philippon: Revised chronostratigraphy and long-term vegetation trends. *Quat. Sci. Rev.*, **25**, 3416-3430

Vlerk, I. M. van der & Florschütz, F. (1953) The palaeontological base of the subdivision of the Pleistocene in the Netherlands. *Verh. Kon. Ned. Akad. Wet., Afd. Natuurk., 1e*, **20**, 1-58

West, R. G. (1980) Pleistocene forest history in east Angelia. *New Phytol.*, **85**, 571-622

Wiel, A. M. van der & Wijmstra, T. A. (1987a) Palynology of the lower part (78-120m) of the core Tenagi Philippon II, Middle Pleistocene of Macedonia, Greece. *Rev. Palaeobot. Palyno.*, **52**, 73-88

Wiel, A. M. van der & Wijmstra, T. A. (1987b) Palynology of the 112.8-197.8 m interval of the core Tenagi Philippon III, Middle Pleistocene of Macedonia. *Rev. Palaeobot. Palyno.*, **52**, 89-117

Wijmstra, T. A. (1969) Palynology of the first 30 meters of a 120 m deep section in northern Greece. *Acta Bot. Neerl.*, **18**, 511-527

Wijmstra, T. A. & Smit, A. (1976) Palynology of the middle part (30-78 meters) of the 120 m deep section in northern Greece (Macedonia). *Acta Bot. Neerl.*, **25**, 297-312

Willis, K. J., Rudner, E. *et al.* (2000) The Full-Glacial Forests of Central and Southeastern Europe. *Quat. Res.*, **53**, 203-213

Woillard, G. M. (1978) Grande Pile peat bog: A continuous pollen record for the last 140,000 years. *Quat. Res.*, **9**, 1-21

Zagwijn, W. H. (1957) Vegetation, climate and time-correlations in the early Pleistocene of Europe. *Geol. Mijnb. N.S.*, **19**, 233-244

Zagwijn, W. H. (1974) The Plio-Pleistocene boundary in western and southern Europe. *Boreas*, **3**, 75-97

Zagwijn, W. H. (1985) An outline of the Quaternary stratigraphy of the Netherlands. *Geol. Mijnb.*, **64**, 17-24

Zagwijn, W. H. (1992) The beginning of the ice age in Europe and its majour subdivisions. *Quat. Sci. Rev.*, **11**, 583-591

第5章

更新世の哺乳類の進化と絶滅

　第四紀は約 2.58～0.01 Ma（Ma ＝ 100 万年前）の更新世とそれ以降の完新世
に分けられる．更新世はそのほとんどが氷河時代であり，多少の変動はあるもの
の大部分の期間は現在よりもかなり寒冷な気候が続いていた．大陸の配置は現在
とほぼ同じであるが，総計で 51 回の氷期と間氷期が繰り返されたことにより（第
1，3章），氷床が拡大・縮小したため海面が上下して海岸線の位置が移動し，大
陸間の動物群の移動に大きな影響が生じた．特に，後期更新世の最終氷期（70～
10 ka; ka ＝ 1,000 年前）の約 21 ka に出現した最終氷期最盛期（または最終氷期
極大期，LGM: Last Glacial Maximum; 31～16 ka）には，あちこちで大型動物
が大量に絶滅したことがわかっている．本章では，こういった更新世の陸上性大
型動物相の変化について大陸（地域）ごとに概説する．
　更新世の動物相は，それぞれの地域や国の事情に沿った独自の手法で研究され
てきた．研究史が古く，比較的地層の連続性が良いヨーロッパ・北アメリカ・中
国北部・東アフリカといった地域では，連続した化石の産出年代の追跡が可能な
ため，動物化石の組合せによる生層序分帯が進んでおり，更新世の動物相の変化
を詳細に追うことができる．しかし南アジア・東南アジア・中国南部，南アフリ
カなどでは，更新世の動物化石は年代推定が難しい洞窟堆積物から見つかること
が多く，全体的な動物相の変化の解明は困難なことが多い．
　第四紀の動物相の変化において，もう一つ重要な要素とされているのは人類の
出現である．ヒト *Homo* 属（またはホモ属）の出現は更新世初頭（約 2.4 Ma）の
アフリカ大陸に生息していたホモ・ハビリス (*Homo habilis*) に始まるとされるこ
とが多い．初期のヒト属は何度もアフリカ大陸からユーラシアに進出し，やがて
中東地域を経由して西ユーラシア（ヨーロッパ）や東ユーラシア（南アジア・東
南アジア・北アジア）へと拡散し，さらにオーストラリアや南米大陸の南端にま
で到達した．この拡散イベントは「出アフリカ」として有名であり，その詳細は
第 6 章で詳しく述べられているが，進化の過程で狩猟能力や生業活動の効率化を

180 第 5 章 更新世の哺乳類の進化と絶滅

高めていった初期人類が，各地で大型動物の大規模な絶滅現象に深く関与していた可能性が高い．この問題については主に第 8 章で検討するので，本章では簡単に言及するにとどめる．

なお，本章では化石種の名前（和名）は基本的に冨田 (2011) と土屋 (2016) の表記を採用したが，文献によって異なっていることも多く，また現生の属名や種名が普及していて混乱を招くことが多いため，付録の和名・学名対照表を作成した．その都度参照されたい．

5.1 アフリカ大陸

5.1.1 アフリカ大陸の地形と気候

アフリカの地形と環境は，砂漠と半砂漠が広がる乾燥した北部のサハラ地域と，その南のサブサハラとよばれる地域に大別される．サブサハラは，さらにコンゴ盆地を中心とした熱帯雨林帯，東および南アフリカの草原地帯，そして北東部および南西部の半砂漠地帯に分けられる．東アフリカには，プレート境界に相当する大地溝帯（グレート・リフトバレー）が南北に走っており，地溝帯の低地は乾燥地帯となっているため層序関係が明瞭な地層から大量の動物化石が見つかっている．アフリカ南西部にはナミビア台地が広がり，特に南アフリカでは石灰岩の洞窟から鮮新世・更新世の大量の動物化石が見つかることでよく知られている．アフリカ大陸の更新世の動物相は，こういった東アフリカと南アフリカで見つかる動物化石の記録から復元されている．一方で中部アフリカの熱帯雨林地帯からはほとんど化石が見つかっていないことに注意する必要がある．

現在のアフリカ大陸は，スエズ (Suez) 地峡のみユーラシア大陸と連絡しているが，かつては北西アフリカとイベリア半島の間のジブラルタル (Gibraltar) 地峡と，アラビア半島南西部のマンデブ (Mandeb) 地峡（またはバブ・エル・マンデブ (Bab-el-Mandeb) 地峡）でも一時的に連絡していた（図 5.1）．スエズ地峡の成立は前期中新世（約 19 Ma）であるが (Cantalapiedra *et al.*, 2021)，ジブラルタル地峡は中新世末（約 6 Ma）に出現し，およそ 60 万年の間存在していたと考えられている．この間に，地中海と大西洋の間の連絡が完全に途絶えたため地中海が干上がり，アフリカとヨーロッパの間をかなり自由に動物群が移動できたが，海水中の塩分の急激な低下はメッシニアン塩分危機 (Messinian salinity crisis) と呼ばれ，気候にも変化が出た可能性が高い．一方，マンデブ地峡の成立は，約 70 ka の最終氷期の海面が低下した頃とされている．完全に陸続きになったわけではないようだが，一時的には初期人類を含めてかなりの動物群の移動は可能であった．

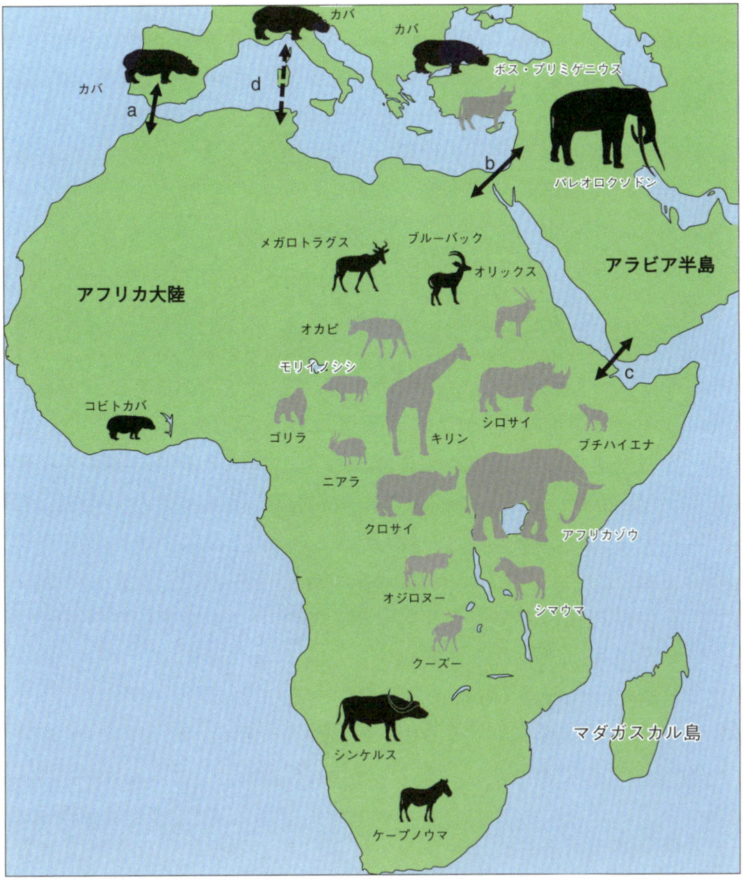

図 5.1 アフリカ大陸と他大陸の連絡通路. (a) ジブラルタル地峡. (b) スエズ地峡. (c) バブ・エル・マンデブ地峡. (d) 中新世末に地中海が干上がった際に出現したとされる複数のルート. このうち, 現在も存続しているのはスエズ地峡のみである. なお, マダガスカル島との陸橋はこれまで確認されていない. 地図上の動物シルエットは, 代表的なアフリカの大型哺乳類を示す. 黒色は絶滅属. 灰色は現在も生き残っている系統.

5.1.2 アフリカの更新世の哺乳類相の変化

　アフリカで見つかる更新世の大型哺乳類化石標本の約8割は偶蹄目ウシ科の化石であり, そのうちでもアンテロープ亜科 (Antelopinae, ＝レイヨウ類) が突出している. アンテロープ亜科の祖先は前期中新世 (18 Ma) におそらくスエズ地峡を経由して侵入し, 中新世末 (約6 Ma) にウシ亜科ニルガイ族 (Boselaphini) のプロトラゴケルス (*Protragoceros*) が出現した. さらに更新世初頭 (約2.5 Ma) に,

オープンランドに適応したヤギ亜科 (Caprinae) が侵入したとされている (Turner & Antón, 2004). こういったアンテロープ類とヤギ亜科の進化の過程で, 鮮新世末から更新世初頭 (3〜2 Ma) にかけて大きなターンオーバー (動物相の置換現象) が起き, アンテロープ族とヤギ族が絶滅または移住した. 更新世になって気温が低下し森林性の環境から草原性の環境へと変化したため, 森林を好む種が衰退してオープンランドに適応した疾走型の大型のウシ科 (特にハーテビースト族とブルーバック族) が出現した. なお, 更新世初頭に生息していた大きな角を持つペロロビス (Pelorovis oldowayensis) (ウシ科) は, 最近ではウシ属 Bos に含められることもあり, 中期更新世以降にヨーロッパに生息していた野生ウシのオーロックス (Bos primigenius) の祖先とされている (Martinez-Navarro et al., 2007).

アフリカのイノシシ科 (Suidae) は前期中新世 (約 17.5 Ma) に出現し, いくつかの系統に分かれて進化した. 後期中新世 (約 10 Ma) にテトラコノドン亜科が出現したが, 前期更新世 (約 1.8 Ma) に絶滅した. 前期更新世にはメトリディオコエルス (Metridiochoerus) とコルポコエルス (Kolpochoerus) という 2 つの系統が出現し, 前者が現生のイボイノシシ (Phacochoerus), 後者が現生のモリイノシシ (Hylochoerus) とカワイノシシ (Potamochoerus) を生み出した. イノシシ類は更新世のアフリカ動物相の中で大きな割合を占めていたので, 彼らの系統におけるターンオーバー現象は, 彼らを捕食していた食肉類の進化にも大きな影響があったと考えられる (Turner & Antón, 2004).

アフリカにおける最古のカバ科の化石は, 前期中新世 (20 Ma) のケニアポタムス (Kenyapotamus) であるが, 現生のカバ亜科は後期中新世の後半に出現した. その中からヘクサプロトドン (Hexaprotodon) と現生カバ (Hippopotamus) が出現し, 前者は後期中新世末にユーラシアに進出して東南アジアまで到達して, 後期更新世に絶滅した. 後者も更新世になってヨーロッパに進出し, 最終的にはイギリスまで到達したことがわかっている (図 5.2).

ラクダ科は北米で起源して, 後期中新世末にベーリンジア (Beringia; もしくはベーリング地峡：Bering Isthmus) を経由してユーラシアに渡り, 最終的にアフリカに到達した. 東アフリカやアフリカ南東部のマラウィ (Malawi) の鮮新世末から更新世初頭の地層から化石が見つかっているが, 後期更新世までには絶滅してしまった (Geraads et al., 2021; Harris et al., 2010). 現在アフリカ北部の乾燥地帯に生息しているヒトコブラクダ (Camelus dromedarius) は, 家畜化された種が現代人により導入されたと考えられている.

キリン科は中期中新世の初頭に南アジアで起源し, 後期中新世にアフリカに広がった. その仲間のシバテリウム (Sivatherium) は鮮新世から更新世に南アジア・南ヨーロッパ・東アフリカに生息していた首の短い草食性のキリンである. 彼ら

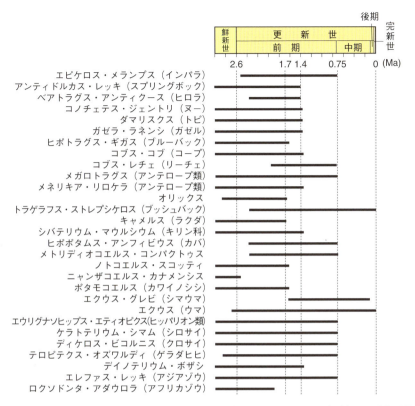

図 5.2 東アフリカにおける更新世の主な大型哺乳類の生息年代．2.7〜2.4 Ma（鮮新世から前期更新世初頭），約 1.7 Ma，約 1.4 Ma，0.75 Ma（前期更新世末から中期更新世初頭）の頃に動物相の変化（ターンオーバー）が生じたことがわかる．Behrensmeyer et al. (1997) を簡略化．

の中から長い首を持った葉食性の現生キリン (*Giraffa*) が進化した．シバテリウムと現生のキリンは東アフリカで完新世まで共存していたが，シバテリウムはその後絶滅してしまった．

現在アフリカに生息している奇蹄類はウマ科とサイ科だけである．かつては前肢が異様に長い奇妙な体型をしたカリコテリウム科 (Chalicotheriidae) も存在していたが，前期更新世末（約 0.8 Ma）に絶滅した．ウマ科は，元々 3 本指のウマであるヒッパリオン類 (Hipparioninae) が北アフリカと東アフリカに生息していたが，次第に衰退し，こちらも前期更新世末に絶滅してしまった．現生ウマ（エクウス属 (*Equus*)）が北米からユーラシアを経由してアフリカに到達したのは前期更新世の初頭（約 2.6 Ma）である．エクウス属は複数の種に分岐し，前期更新世まではヒッパリオン類とエクウス属が共存していた．現在のエクウス属は 4 種

184 第5章 更新世の哺乳類の進化と絶滅

が生き残っているが，彼らはヒッパリオン類に比べて咬耗しやすい草本類を食べるのに適した高歯冠の歯をもっていたため，最終的に生存競争に勝って現在まで生き残ったらしい (Bernor *et al.*, 2010)．一方，現在アフリカに生息するサイ科は，鮮新世以降に進化した低い丈の草を主食とするシロサイ (*Ceratotherium*) と葉食性の傾向が強いクロサイ (*Diceros*) の2つの系統だけである．

　アフリカの大型食肉類としては，鮮新世の前半まで（約3.5 Ma）はネコ科の「剣歯ネコ類 (Saber-toothed cat)」（マカイロドゥス亜科のマカイロドゥス (*Machairodus*)，ホモテリウム (*Homotherium*)，メガンテレオン (*Megantereon*)，ディノフェリス (*Dinofelis*)，アデルファイルルス (*Adelphailurus*) など），狩猟性の中型のハイエナ類チャスマポルテテス (*Chasmaporthetes*)，「骨砕き屋 (bone crusher)」と呼ばれる巨大な腐肉食性のハイエナ（パキクロクタ，*Pachycrocuta*）などが優勢で，様々な生態学的ギルド（ecological guild，共通の食物資源を利用している複数の種の集団）を形成していた．しかし後期鮮新世に現生種の系統が出現すると，前期更新世の中頃に古いタイプの食肉類（マカイロドゥス類や化石ハイエナ類）が姿を消し現生のネコ科や現代型のハイエナ類に置き換わった．こういったターンオーバー現象の原因は未だに十分には解明されていないが，草原化が進んで生息する草食獣（ウシ科やイノシシ科のなど）の構成が変わったことや，狩猟性の食肉類が身を隠すような藪がなくなったことなどが原因とされている．しかし，腐肉食性のハイエナ類が絶滅した原因については妥当な説がないようである (Turner & Antón, 2004).

　長鼻目（ゾウ）は始新世にアフリカで起源し，中新世まではデイノテリウム科 (Deinotheriidae)，マムート科 (Mammutidae)，ゴンフォテリウム科 (Gomphotheriidae)，ゾウ科 (Elephantidae) といった複数の科が共存していた．しかし，マムート科は前期中新世に，ゴンフォテリウム科は後期鮮新世に絶滅してしまった．デイノテリウム科は下顎の牙（切歯）が下向きに湾曲して伸びるという珍しい特徴を持ったゾウであるが，東アフリカでは約1 Maまで初期のヒト属化石と共存していたことがわかっている (Sanders *et al.*, 2010)．ゾウ科は現生のロクソドンタ（*Loxodonta*，アフリカゾウの系統）とエレファス（*Elephas*，アジアゾウの系統）に分岐した．アフリカに残ったロクソドンタの生き残りがアフリカゾウとマルミミゾウである．アフリカに残ったエレファスは中期更新世（約0.5 Ma）に絶滅したが，アジアに渡ったエレファスはアジアゾウとして現在まで生き残っている (Shoshani & Tassy, 2005).

　この他のアフリカ産大型哺乳類としては，霊長目ヒト科のゴリラ (*Gorilla*) とチンパンジー (*Pan*)，オナガザル科のヒヒ類 (Papionini) がいる．前者の化石は更新世の地層からは見つかっていないが，ヒヒ類の化石は，南アフリカや東アフリカの

鮮新世以降の地層から多数見つかっている．特にゲラダヒヒ（*Theropithecus*）の化石は，東アフリカから南アフリカの後期鮮新世（約 3.5 Ma）から後期更新世の堆積物から大量に見つかっていて，体重が 70 kg 近くになるものもいた (Jablonski, 1993)．彼らは前期更新世（約 1.5 Ma）にはユーラシアに進出し (Patel *et al.*, 2007; Belmaker, 2010)，ヨーロッパ南部やインドにも生息していた．ゲラダヒヒを筆頭に，ヒヒの仲間は地上性・草食性の傾向が強く，かなり厳しい環境でも生息しているのにヨーロッパや南アジアで絶滅してしまった原因ははっきりしない．

アフリカ大陸の南東にあるマダガスカル島は，約 70 Ma にアフリカから分かれているため，その動物相はかなり独特である．ほとんどの現生種は中〜小型の動物であるが，霊長目曲鼻猿類（キツネザル科，インドリ科など）の大型化石種が完新世まで生息していた．メガラダピス（*Magaladapis*, メガラダピス科），アーケオレムール（*Archaeolemur*, アーケオレムール科），パレオプロピテクス（*Paleopropithecus*, パレオプロピテクス科）などは推定体重が 150 kg に及び，現生のゴリラ程度の大きさであった．これらの動物の絶滅原因は，渡来した人類による狩猟の結果とされている．また，哺乳類ではないが地上性の巨大な鳥であるエピオルニス（*Aepyornis*, エピオルニス科，推定体重 400〜500 kg）も数百年前までマダガスカル島に生息していたが，現代人の移住により生活環境が縮小・悪化し，さらに狩猟圧により絶滅したことが確認されている．

5.1.3 アフリカにおける大型哺乳類の絶滅の特徴

東アフリカを中心とした更新世の動物相の変化について要約すると，その多様性は鮮新世後半から前期更新世前半 (3〜2 Ma) にかけて増大し，その後次第に低下している．鮮新世末から更新世初頭 (2.8〜2.5 Ma) には顕著なターンオーバーは見られないが，更新世以降になると最も重要な動物相の変化が始まった（図 5.2）．前期更新世の中頃（約 1.7 Ma）に生じた植生の変化の影響を受けて動物相が次第に変化し，古いタイプの食肉類である剣歯ネコ類（マカイロドゥス亜科）と古いタイプのハイエナが絶滅して，現代型の食肉類と入れ替わっている．偶蹄類ではイノシシ類のいくつかの系統とキリン類リビテリウム（*Libytherium*）も急激に衰退した．この絶滅現象の時期は，後述するヨーロッパや東アジア，南北アメリカよりもずっと早い．

前期更新世末（約 0.78 Ma）には，長鼻類のデイノテリウム類やゴンフォテリウム類，奇蹄類のカリコテリウム類とヒッパリオン類，偶蹄類のイノシシ類とキリン類もほとんどいなくなり，アフリカにおける大型哺乳類のギルドは完全に現代型に変化している (Behrensmeyer *et al.*, 1997)．最終的に，最終氷期の初期である約 60 ka に大きな変化が起き，大型哺乳類の半数近くが絶滅したとされてい

る．また，更新世末（約 10 ka）における大型哺乳類の絶滅は世界的な現象であるが，アフリカ大陸で更新世末に絶滅した動物はわずか 10 種程度であるとされてきた (Turner & Antón, 2004)．最近の研究ではもう少し多いのではないかという指摘もある (Faith, 2014)．また，これまでの研究は広いアフリカ大陸の中で東アフリカと南アフリカの化石記録に偏っていた (Stuart, 2015)．たとえばシンケルス・アンティクウス (*Syncerus antiquus*) は，東アフリカだけでなくアフリカ全域に広く分布していた長大な角を持つ巨大な水牛であるが，更新世末にアフリカ全域でほぼ絶滅した．巨大なハーテビースト（アンテロープ類）であるメガロトラグス・プリスクス (*Megalotragus priscus*) は主に南アフリカで見つかっているが，こちらも更新世末にはほぼ絶滅したとされる．アフリカ北西部のマグレブ (Maghreb) 地域ではゾウ，シマウマ，キリンが消滅したことがわかっている．スーダンからはアンテロープ類のコブ (*Kobus kob*) とリーチュエ (*Kobus leche*) が絶滅した．また，ケープ地方ではシロサイ，オジロヌー（*Connochaetes gnou*, アンテロープ類）・スプリングボック（*Antidorcas*, アンテロープ類）が絶滅している．こういった地域別の絶滅属・絶滅種の数をどのように数えるかは，今後の課題であるが，他大陸に比べるとアフリカでの絶滅属・種の数が少ないことは確かである．

5.2 ユーラシア

5.2.1 ヨーロッパとユーラシア北部

(1) ヨーロッパの地形と気候

本項で扱うヨーロッパは，ユーラシア大陸北部のウラル山脈以西の地域を含み，南東部はコーカサス地域までを指す．中新世までは，黒海からカスピ海周辺はパラテチス (Parathys) と呼ばれる海が広がっており，断続的にヨーロッパとアジアを分断していた．両地域間の陸生動物相の交流は一定ではなく，しばしば特定の動物群の拡散イベントとして命名されている．

また，現在のヨーロッパの地形の特徴としてよく指摘される点として，アルプス山脈や地中海といった大きな地理的障壁が東西に伸びている点が挙げられる．こういった東西方向の地形は，氷期に気候が寒冷化して動植物がその生息域を移動する際に大きな障壁となった．アフリカや南北アメリカのように南北方向に移動することが難しく，東方のユーラシア北部（シベリア地域）に移動することになった．その結果，いくつかの種ではベーリンジア地域を経て北米にまで達したことが知られている．

現在のヨーロッパの気候は，偏西風とカリブ海から流れてくる温暖なメキシコ

湾流がヨーロッパの西岸に流れ込んでいるため，比較的高緯度に位置しているわりに気候が温暖である．したがって，完新世までは北ヨーロッパの低地一体は温帯性の広葉樹林に覆われていたが，LGM にはヨーロッパのほぼ全域が北西ヨーロッパを中心としたスカンジナビア氷床に覆われ，植物食性の動物群の分布域を制限することになった．一方，ユーラシア北部は中央アジアのステップ，落葉広葉樹林，シベリアのタイガ，ツンドラ地帯といった比較的単調な植生が東西に帯状に伸びた構造をしている．

(2) 更新世のヨーロッパの動物相

ヨーロッパの新第三紀の動物相に関しては，陸生哺乳類化石に基づく年代区分 land mammal age (LMA) が確立されている (Mein, 1990; Gliozzi *et al.*, 1997, 図 5.3)．鮮新世以降は，後期鮮新世から中期更新世初頭までのビラフランキアン (Villafranchian; 約 3.5～1.1 Ma)，中期更新世前半のガレリアン (Galerian; 約 1.1～0.4 Ma)，中期更新世後半から後期更新世のアウレリアン (Aurelian; 約 0.4～0.01 Ma) に区分される．ビラフランキアンは，さらに前期・中期・後期に分割されことが多い．本書ではこの区分に従って解説するが，各年代区分の境界年代は確定的なものではなく，東ヨーロッパなど地域によっては多少異なる違った生層序分帯が使用されているので，注意が必要である (Gabunia *et al.*, 2000; Rook *et al.*, 2013)．また，ヨーロッパではより詳細な哺乳類化石による MN 分帯 (mammal neogene zonation) という区分法もある (Mein, 1990)．新第三紀は MN1～17 に分けられ，更新世は MN17（ジェラシアン (Gelacian) で始まる．

鮮新世の後半に相当する前期ビラフランキアン (MN16) は，最初のウシ科であるレプトボス (*Leptobos stenometopon*) の登場（約 3.5 Ma）で始まり，ステファノリヌスサイ (*Stephanorhinus elatus*, サイ科)，シュードダマジカ (*Pseudodama lyra*, シカ科)，プリオクロクタ (*Pliocrocuta perrieri*, ハイエナ科)，チャスマポルテテス (*Chasmaporthetes lunensis*, 走行性・狩猟性のハイエナ)，ホモテリウム (*Homotherium crenatidens*, 剣歯ネコ類)，チーター (*Acinonyx pardinensis*, ネコ科ネコ亜科) などがいる．鮮新世の前半にいたバク (*Tapirus arvernensis*, バク科)，マムート (*Mammut borsoni*, 長鼻目マムート科)，アナンクス (*Anancus arvernensis*, 長鼻目ゴンフォテリウム科)，イノシシ (*Sus minor*) などの亜熱帯性の動物も生存していたが，明らかに動物相のターンオーバーが始まっていた．

前期ビラフランキアンの後半には剣歯ネコのメガンテレオン (*Megantereon cultridens*) とマンモス (*Mammuthus rumanus*, メリディオナリスマンモスの祖先) が生息していたが（図 5.3），鮮新世の終わり頃（約 2.8 Ma）にメリディオナリスマンモス (*Mamuthus meridionalis*) とエクウス（現生ウマ属，*Equus stenosis*)

188　第 5 章　更新世の哺乳類の進化と絶滅

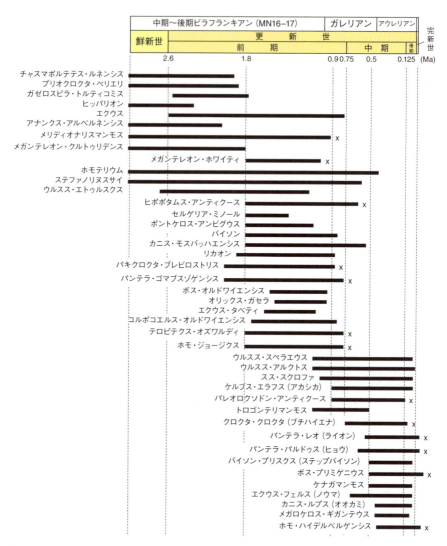

図 5.3　ヨーロッパ，コーカサス，レバント地方におけるにおける更新世の大型哺乳類の生息年代．約 2.6 Ma（鮮新世/更新世境界），約 1.8 Ma，約 0.9 Ma（ビラフランキアン/ガレリアン境界），そして約 0.5 Ma（アシューリアン石器文化が登場）の計 4 回の絶滅現象が生じたことがわかる．Martinez-Navarro (2010) を簡略化．

が出現した (Lacombat *et al.*, 2008; Rook & Marínez-Navarro, 2010)．
　中期ビラフランキアン（前期更新世の前半）はさらに気候が寒冷化・乾燥化し，森林性の動物が姿を消して，オープンランドに適応したエウクラドケロス (*Eu-*

cladoceros teguliensis, シカ科），ガゼル（*Gazella borbonica*, アンテロープ類），ガロゴーラル（*Gallogoral meneghinii*, ヤギ亜科），ガゼロスピラ（*Gazellospira torticornis*, アンテロープ類）などが現れた（Rook & Martinez-Navarro, 2010）.

　後期ビラフランキアン（前期更新世の後半）は比較的温暖な気候であった．約1.8 Ma にアフリカ起源のパキクロクタ（*Pachycrocuta brevirostris*, 腐肉食性の大型ハイエナ）とパンテラ（*Panthera gomabszoegensis*, ヒョウ亜科）という 2 種類の食肉類が出現し（*Pachycrocuta brevirostris* イベント），入れ替わるようにチャスマポルテテスとホモテリウムが姿を消した．ゲラダヒヒとカバもこの頃にアフリカからやってきて，カバはイギリスまで到達したが，ガロゴーラルとガゼロスピラが絶滅した．これが，ヨーロッパにおける最初の更新世の大型動物の大量絶滅現象と考えられている（図 5.3, Rook & Martinez-Navarro, 2010）.

　ガレリアンになると，それまでの比較的温暖な気候から乾燥・寒冷な気候に急速に変化した．0.9 Ma 頃に，大型の腐肉食性のハイエナであるパキクロクタが絶滅し，アフリカから来たクロクタ・クロクタ（*Crocuta crocuta*, 現生ブチハイエナ）と入れ替わった（*Crocuta crocuta* イベント）．またアフリカに生息していたパレオロクソドン（*Palaeoloxodon, Elephas* とされることもある）の子孫とされるパレオロクソドン・アンティクウス（*Palaeoloxodon antiquus*）が出現した．これがヨーロッパにおける 2 回目の絶滅現象である（図 5.3）

　中期更新世後半から後期更新世に相当するアウレリアンには，ヨーロッパからユーラシア北部にかけて 3 回目の大型哺乳類の絶滅が起きた（Gliozzi *et al.*, 1997; Stuart & Lister, 2007; Palombo, 2018）．西アジアからヨーロッパに生存していた「旧人」と呼ばれるネアンデルタール人（*Homo sapiens neanderthalensis*）は約40 ka に絶滅したが，約 45 ka に登場した現代人（*Homo sapiens sapiens*）としばらく共存しており，遺伝学的な研究から両者の交雑が起きていたことがわかっている（第 6 章）．その後，約 30 ka にブチハイエナ，ホラアナグマ（*Ursus spelaeus*），パレオロクソドン・アンティクウス，ステファノリヌスサイなどが絶滅した（図5.3）.

　最終氷期以降の 11〜5 ka には，最後の大量絶滅が起きた．ケブカサイ（*Coelodonta antiquitatis*），ホラアナライオン（*Panthera spelaea*），ホラアナハイエナ（*Crocuta crocuta spelaea*），現生ブチハイエナの化石亜種，ケナガマンモス（*Mammuthus primigenius*），メガロケロス（*Megaloceros giganteus*, ギガンテウスオオツノジカ; 図 5.4）などが絶滅したが，こういった絶滅現象の時期は完全に一致しているとはいいきれない．ケナガマンモスとメガロケロスはシベリア北部で生き残っていたのだが，最終的に数千年前に絶滅してしまったらしい.

図 5.4　更新世の大型シカ科化石．(a) 郡上市美山の熊石洞から見つかったヤベオオツノジカの全身骨格（岐阜県博物館所蔵）．(b) ヨーロッパに生息していたメガロケロスの全身骨格（東海大学自然史博物館所蔵）．どちらも大きな角が特徴的な大型のシカ科の動物だが，後期更新世末までに絶滅してしまった．

(3)　後期更新世のユーラシア北部の大型動物の絶滅

　LGM のユーラシア北部はマンモスステップと呼ばれるバイオーム（biome; 生物群系）で広く覆われていた．マンモスステップは高生産性のイネ科やカヤツリグサ科の植物，ヨモギ類などが優占する多様性に富んだ草原で構成されており，現在のシベリアに見られるような単調な植生ではなく，多様な大型動物が生息できる環境であった．しかし後期更新世の気候変化によりマンモスステップが消滅したことによりそこに生息していた様々な草食性動物が衰退・絶滅し，彼らを捕食していた大型肉食獣も姿を消すことになった．その絶滅の過程は動物群によってかなり違っていることがわかりつつある（図 5.5; Stuart, 2015; 百原, 2003, 第 8 章）．

　まず約 30 ka に腐肉食性のブチハイエナと植物食性の傾向が強かったホラアナグマが姿を消した．続いて約 15 ka にホラアナライオンとケブカサイが絶滅し，ケナガマンモス (*Mammuthus primigenius*) も約 10 ka にほとんどの地域で絶滅した（図 5.5 の A）．ただしケナガマンモスは約 5 ka までランゲル島 (Wrangel Island) で生き残っていたことがわかっているので（図 5.5 の B），正確な意味での絶滅時期を 10 ka にするか 5 ka にするかは微妙な問題である．完新世になると，大型のシカ科であるメガロケロスが約 7 ka に絶滅し，約 3 ka にはジャコウウシ (*Ovibos*

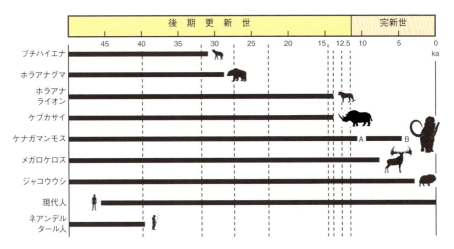

図 5.5 ユーラシア北部における主な大型動物の絶滅年代. 30 ka 頃に絶滅したブチハイエナとホラアナグマでも, 現代人が出現してから 1.5 万年ほど生きていた. ホラアナライオンとケブカサイは約 14 ka に絶滅した. ほとんどのケナガマンモスが絶滅したのは約 10 ka (A) と考えられているが, ランゲル島では約 4 ka まで生息していた (B). どちらを真の絶滅年代と考えるのかは, 研究者の考え方による. さらに, メガロケロスとジャコウウシがシベリアで絶滅したのは完新世に入ってからであり, 他の大型獣の絶滅時期よりもずっと遅い. Stuart (2015) の図を改変.

moschatus) が姿を消した. なお, ジャコウウシは今でもデンマークとカナダ北部で生き残っているが, シベリア地域では完全に絶滅している.

　こういったユーラシア北部における後期更新世の大型動物の絶滅現象を概観して見ると, そのパターンが各動物群でかなり異なっており, 少なくとも約 30 ka, 約 15 ka, 完新世 (約 10 ka 以降) の 3 つの年代に分けられることがわかる (Stuart, 2015). また, ジャコウウシとサイガは, 生息域を移動して別地域で現在も生き残っていて (図 5.6), ステップバイソンはベーリンジアを通って北米に渡り, 現地で別種 (アメリカバイソン) に進化したと考えられる. つまり,「絶滅」という現象をどう定義するかによって, 更新世の大型動物の大量絶滅の実態が変わることになる (第 8 章). ユーラシア北部における後期更新世の「絶滅現象」は, そこに生息していた大型動物がすべて同じ要因で, 同じパターンで絶滅したわけではないことに注意する必要があるだろう.

(4) 西アジアの動物相

　西アジアから東ヨーロッパにかけては, アジア, ヨーロッパ, アフリカの 3 大陸が交差する地域であり, 中新世以降は様々な動物群が大陸間を移動してきた. 動物相の年代変化が注目されているが, 残念ながら更新世動物相の解析が進んでお

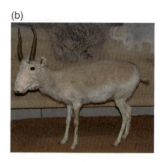

図 5.6 更新世にユーラシア大陸北部から北米にかけて生息していたジャコウウシ（a：オビボス・モスカートス）とサイガ（b：サイガ・タタリカ）の剥製写真（フランス国立自然史博物館所蔵）．ジャコウウシは，中期更新世初頭（約 0.7 Ma）にヨーロッパで出現し，約 0.4 Ma にベーリンジアを経由して北米に広がったが，ユーラシア北部の個体は後期更新世（約 30 ka）に絶滅してしまったが，グリーンランドにはまだ生息している．サイガは，中期更新世の頃はヨーロッパ～アラスカまで広範囲に生息していたが，現在では中央ユーラシアに生息しているだけである．

らず不明な点が多い（図 5.3）．たとえば，ヨーロッパの東隣に位置するコーカサス地域のドマニシ（Dmanisi）では，その拡散時期を示唆するような動物化石がいくつか見つかっている．更新世の始まりとなる約 2.6 Ma に，アフリカからメガンテレオン・ホワイテイ（*Megantereon whitei*，剣歯ネコ類），リカオン・リカオノイデス（*Lycaon lycaonoides*，イヌ科，現生リカオン属の化石種），カニス・モスバッハエンシス（*Canis mosbachensis*，イヌ属の化石種）などの食肉類がやってきた．また後期ビラフランキアンには，アフリカ起源とされる原始的なウシのペロロビス（*Pelorovis oldwayensis*），オリックス（*Oryx* cf. *gacelia*，アンテロープ亜科オリックス属の化石種），エクウス（*Equus* cf. *tabeti*，ウマ属の化石種），テロピテクス・オズワルディ（*Theropitheucs oswaldi*，ゲラダヒヒの化石種），ドマニシ原人（*Homo erectus georgicus*）などが生息していた．また，アジア起源とされるセルゲリア（*Soergelia minor*，ジャコウウシ族）やポントケロス（*Pontoceros ambiguous*，アンテロープ亜科），バイソン（*Bison georgicus*，ウシ亜科バイソン属の化石種）なども生息していた．モリイノシシの祖先とされるコルポコエルス（*Kolpochoerus olduvaiensis*）の化石も見つかっており，南アジアに生息していたプロポタモコエルス（*Propotamochoerus*）から進化した可能性が指摘されている（Martinez-Navarro, 2010）．

このように，後期ビラフランキアン–ガレリアンの頃の動物相の変化は，西アジアの地中海東部沿岸部のレバント地方（イスラエル，レバノン，シリア，ヨルダン）・中東・コーカサス地域（ジョージア，アルメニア，アゼルバイジャンなど）

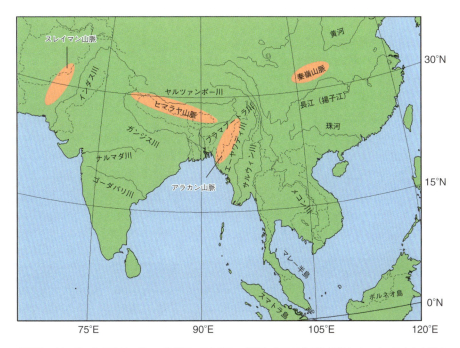

図 5.7 南アジアから東南アジアの地形図．陸生動物の移動における地理的障壁となっている大きな川や山脈を示している．

の遺跡の化石から追うことができる．この地域で見つかる動物化石の系統解析と年代推定が進めば，多くの動物群の地理的・系統的起源についての研究が飛躍的に進展するだろう．

5.2.2 南アジア

(1) 南アジアの地形と気候

　インド亜大陸を中心とした南アジアは，北は東西に伸びるヒマラヤ (Himalaya) 山脈，西はアフガニスタンとパキスタンの間のスライマン (Sulaiman) 山脈，東はアッサムとミャンマーの間のアラカン (Arakan) 山脈によって区切られており，それぞれ南アジアが属する動物地理区（東洋区）の境界となっている（図 5.7）．こういった地形は，始新世後半に始まったインドプレートとアジアプレートの衝突によって隆起した広義のヒマラヤ山脈の一部であり，後期中新世以降に急速に形成された（酒井, 2023）．

　南アジアの気候は，後期中新世の初頭（約 9 Ma 頃）から顕著になったアジアモンスーンにより，強い季節性を持っている．雨季（4～10 月）はインド洋から吹

194　第5章　更新世の哺乳類の進化と絶滅

きつける湿った風がもたらす雨が降るが，乾季（11～3月）はユーラシアで発達するシベリア高気圧から吹き出される乾燥した風により乾燥した時期が続く．更新世以降の南アジアの動物相は，こういった乾燥化により拡大した草原に適応した動物群の繁栄により形成された．

(2)　南アジアの更新世動物相

　南アジアの化石動物相は，ヒマラヤ山脈南麓に広範囲に分布する中期中新世から中期更新世 (1.83～0.22 Ma) のシワリク層群 (Siwalik Group) から見つかるシワリク化石相で代表される．シワリク層群は大きく下部層・中部層・上部層の3つに分けられ，上部層に含まれるタトロット層 (Tatrot Formation)，ピンジョール層 (Pinjor Formation)，ボールダー礫岩層 (Boulder conglomerate Formation) のうち，後2者が更新世に相当する．ただし，ボールダー礫岩層からは化石はほとんど見つからないので，化石相としてはピンジョール相（前期更新世から中期更新世前半）で代表されるといってよい (Nanda, 2013)．なお，シワリク層に対応する地層は北のネパールや東のミャンマーにも分布しており，上部シワリク層はネパールではルクンドール層 (Lukundol Formation)，ミャンマーでは上部イラワジ層 (Upper Irrawaddy Formation) が相当する．

　上部シワリク層のタトロット層とピンジョール層は，それぞれの模式地が約400 km 離れたポトワール台地（Potwar plateau, パキスタン）とチャンディガール（Chandigarh, インド）にあるため，層序を直接対比することができない．しかし，それぞれの地域における動物相の変化の実態が調べられ，詳しい比較がされている（図 5.8; Nanda, 2002, 2008, 2013）．パキスタンのマングラ–サムワル (Mangla-Samwal) では，タトロット相に含まれる大型獣のうち，アナンクス（*Anancus*, ゴンフォテリウム科），エレファス・プラニフロンス（*Elephas planifrons*, エレファス属の化石種），ヘミボス（*Hemibos*, ウシ科），レプトボス（*Leptobos*, ウシ科) が絶滅し，エレファス・ヒスドゥリカス（*Elephas hysudricus*, ゾウ科），パキクロクタ・ブレビロストリス（ハイエナ科），クロクタ・シバレンシス（*Crocuta sivalensis*, ハイエナ科），エクウス・シバレンシス（*Equus sivalensis*, ウマ属の化石種），アジアサイ（*Rhinocros*, サイ科），セルブス・トリプリデンス（*Cervus triplidens*, シカ属の化石種），シバテリウム（*Sivatherium giganteum*, 首の短いキリンの化石種）が出現している．なお，エレファス属の種がプラニフロンスゾウからヒスドゥリカスゾウに変化しているが（図 5.8），これは同じ系統の種が形態的に変化したものなのか，あるいは外部から来た種と入れ替わったのかはわからない．

　また，パキスタン北部にあるパビ丘陵 (Pabbi Hill) のピンジョール層では，化

図 5.8　南アジアの哺乳動物分帯．2.7〜2.6 Ma（鮮新世/更新世境界）にエレファス・ヒスドリカス（*Elephas hysudricas*, アジアゾウの化石種），エクウス・シバレンシ（*Equus sivalensi*, 現生ウマの化石種），シバテリウム（*Sivatherium*, 首の短いキリンの祖先）などが出現した．南アジアでは，この動物相は中期更新世の初頭まで続いたが，パキスタン北部のパビ丘陵では約 1.7 Ma にブチハイエナ（*Crocuta*），クマ（*Ursus*），パンテラ（*Panthera*, トラやライオンなどの化石種）などが出現して，動物相のターンオーバーが生じたと考えられている．Nanda（2013）をもとに作成．

石の産出層序を確定したうえで詳細な報告がされている（Dennell, 2004; Denell et al., 2006; 図 5.9）．前期更新世に相当するパビ丘陵の動物相には，ヘミボス（ウシ科），ダマロプス（*Damalops palaeindicus*, アンテロープ亜科），ガゼル属（*Gazella*），シカ属（*Cervus*），ダマジカ属（*Dama*），複数のイノシシ科，エレファス・ヒスドリカス，ステゴドンゾウ（*Stegodon*, ステゴドン科），エクウス・シバレンシス，リノセロス・シバレンシス（*Rhinoceros sivalensis*, 現生アジアサイ属の化石種）などが生息していたが，約 1.7 Ma を境に動物相の構成に違いが見られる．前半には，シバテリウム（キリン科），ヘクサプロトドン（*Hexaprotodon*, カバ科），アントラコテリウム科（Anthracotheriidae），2 種類のハイエナ（パキクロクタ，ヒアエニクティス／リキアエナ，*Hyaenictis/Lycyaena*），イヌ属の化石種（*Canis cautleyi*）などが生息していた．しかし後半になるとこれらの動物は姿を消し，ブチハイエナ，ユキヒョウ（*Panthera uncia*），メガンテレオン（*Megantereon cultridens*, 剣歯ネコ類），クマ科，マングース科などが出現している．この頃の南アジアの環境がより乾燥化して草原が拡大し，草食獣とそれを捕食する肉食獣が増加した状況を示していると考えられる．しかし，これらのパビ丘陵の動物のうち，ステゴドンやヘクサプロトドンなどの大型獣は，インド半島中央部では中期更新世まで生存していたことが確認されている (Nanda, 2013)．パビ丘陵などの一部の地域における絶滅現象にとらわれすぎると，南アジア全体における動物相の変化を見誤る可能性がある．

　ヒマラヤ山麓に分布する上部シワリク層には中期更新世後半から後期更新世の地層が欠けているのだが，インド亜大陸の各地からこの年代の化石が報告されている

196　第 5 章　更新世の哺乳類の進化と絶滅

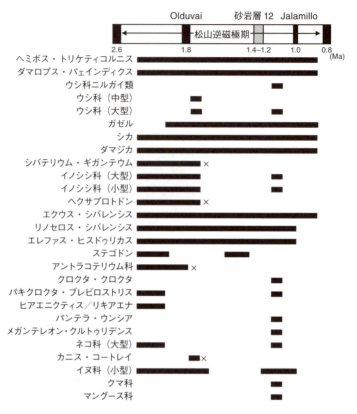

図 5.9　パキスタン南部のパビ丘陵における大型哺乳類化石の生息年代．×は絶滅を示す．約 1.7 Ma にいくつかの動物群で絶滅現象が生じ，その後，動物相が変化したと考えられる．Dennell et al. (2006) を簡略化．

(Roberts et al., 2014; Patnaik, 2016; Jukar et al., 2021; Turvey et al., 2021). たとえば，インド中央部を西に流れるナルマダ渓谷 (Narmada valley) 沿いの中〜上部更新統からは南アジアで最古とされるヒト属 (Homo) の化石が見つかっているほか，ヘクサプロトドン・パレインディカス (Hexaprotodon palaeindicus)，アジアノロバ (Equus hemionus, ウマ科)，パレオロクソドン・ナマディカスなどが見つかっている (Patnaik et al., 2009; Chauhan, 2008). また，南東部のアンドラ・プラディッシュ州にあるクルヌール洞窟 (Kurnool caves) の堆積物からは，後期更新世から完新世の化石が見つかっており，アフリカからやって来たテロピテクス・デルソニ (Theropithecus delsoni，ゲラダヒヒの化石種)，ブチハイエナ，アジアサイ，ウマ，ニルガイ (Boselaphus tragocamelus，ウシ科)，アンテ

ロープ（*Antilope*, アンテロープ亜科），ガゼル（*Gazella bennetti*），アクシスジカ（*Axis axis*），ヒグマ属（*Ursus*）などが含まれる．このうち，ゲラダヒヒとブチハイエナは後期更新世のうちに絶滅したが，その他の動物は現在まで生息している（Prasad, 1996; Chauhan , 2008; Roberts *et al.*, 2014）．またガンガ平原（Ganga Plain）のダーサン川（Dhasan River）の上部更新統から，パレオロクソドン・ナマディカス（*Palaeoloxodon* (or *Elaphas*) *namadicus*, ゾウ科）の頭骨が見つかり大きな注目を集めている（Ghosh *et al.*, 2016）．

　このように，南アジアにおける後期更新世から完新世の大型動物の絶滅現象は，他大陸の状況と比較するとそれほど劇的なものではない．典型的な大型獣であるインドゾウやインドサイ（*Rhinoceros unicornis*）は，そのまま現代まで生き残っている．パキスタン北部のパビ丘陵ではヘクサプロトドンやステゴドンが中期更新世に絶滅したが，インド亜大陸中部では後期更新世まで生息しており，完新世まで生き残っていた個体もあったかもしれない（Jukar *et al.*, 2019, 2021）．なお，アフリカからやって来たとされてきたブチハイエナであるが，最近の分子生物学的研究では中新世末から鮮新世にユーラシアで起源して，ユーラシア東部と西部に分岐したという仮説が出されている（Sheng *et al.*, 2014）．この説が正しいとすると，現生のブチハイエナ属（*Crocuta*）は東部ユーラシア起源の可能性もある．また，現在アフリカにしか生息していない地上性鳥類のダチョウ（*Struthio camelus*）の卵の化石がナルマダ渓谷などで見つかっており，後期更新世まで南アジア各地で生息していたことが確認されている（Turvey *et al.*, 2021）．これも，大型動物の絶滅現象の一つとみなすこともできるだろう．

　南アジアを規定している東西の地理的障壁は，他地域と比べるとそれほど厳しいものではないので，隣接地域と共通した動物種が多数存在する．西方と比較してみると，前期更新世のシワリク動物相は，北アフリカ，アラビア半島，中東などと共通している種が多い（Tchernov, 1987; Sotnikova *et al.*, 1997; Gabunia *et al.*, 2000; Dennell, 2003; Patnaik, 2016）．また，オオカミ，メガンテレオン，ヒグマ，ウマ，ガゼラなどの現生属も中東地域の遺跡から見つかっている．この他に，イノシシ，ブチハイエナ，シカ，オリックス，シバテリウム，ダマロプス，ラクダ，ライオンなども報告がある．

　東方の中国南部（雲南省）の動物相と比較すると，メガンテレオン，パンテラ，パキクロクタ，ブチハイエナ，カニス（イヌ），エクウス（ウマ），アジアサイ，ステゴドン，ガゼル，レプトボス，ヘミボス，カワイノシシ（*Potamochoerus*），イノシシなどが共通している（Qiu *et al.*, 2013）．また，ピンジョールの前期更新世（約 1.2 Ma）の地点から見つかっているプロキノセファルス（*Procynocephalus*, オナガザル亜科）は，中国南部の前期更新世の洞窟堆積物からも見つかっている

(Takai *et al.*, 2014). この他，東南アジア島嶼部のジャワ島の約 1.2 Ma のチ・サート (Ci Saat) の動物相は，インドといくつかの種が共通しており，前期更新世にヘクサプロトドン，アクシスジカ，シカ，パンテラ属，ステゴドンゾウなどがジャワ原人と共にジャワまで到達したことを示している.

5.2.3　東南アジア

(1)　東南アジアの地形と気候

　本章で対象とする東南アジアは，動物地理学における東洋区 (Oriental Region) のうち，インドシナ亜区 (Indochinese Subregion)・スンダ亜区 (Sundaic Subregion)・フィリピン亜区 (Philippine Subregion) を指す (Corbet & Hill, 1992). この地域の西端はアラカン山脈とその西にあるガンジス川とブラマプートラ川が合流したデルタ地域だが，現在チベット高原からヒマラヤ山脈東端を迂回してブラマプートラ川としてベンガル湾に流れ込んでいるヤルツァンポー川はかつてミャンマー中部を流れるエーヤワディ川（＝イラワジ川）に流れ込んでいた. そのため後期中新世まではミャンマーの動物相は南アジアのシワリク動物相（現在のインド亜区）とほぼ同じで，鮮新世以降にインドシナ亜区の動物相を形成するようになった（図 5.7; Nishioka *et al.*, 2015; Takai *et al.*, 2016; 高井ほか，2018a, b).

　東南アジア大陸部の北側の境界は中国南部では北緯 34° 付近にある秦嶺 (Qinling) 山脈とされていて，その南側では熱帯・亜熱帯の森林が広がり熱帯・亜熱帯性の動物が多い. また中国雲南省から四川省の西部には 4,000 m を超える横断山脈とその間を流れる 3 つの大河（サルウィン川，メコン川，長江）が南北方向に走っていて，東西の動物移動の障壁となっている.

　東南アジア大陸部の南端部は塊状に膨らんだインドシナ半島と嘴状に突出したマレー半島からなり，その南東に無数の島嶼が散在する. しかし，更新世のほとんどの時期は，寒冷化による海面低下でマレー半島とボルネオ島，スマトラ島，ジャワ島，フィリピン諸島，そしてバリ島までがスンダランド (Sundaland) とよばれる陸地を形成していた. したがってインドシナ亜区とスンダ亜区の境界も，マレー半島とスマトラ島の間のマラッカ海峡ではなく，マレー半島中部のクラ地峡 (Kra Isthmus) とされている. またオーストラリア区との境界は，ボルネオ島・ジャワ島とスラウェシ島・ロンボク島の間にウォーレス線 (Wallace line) とよばれる動物地理区の境界線が設定されている. また，東南アジア島嶼部の地理的連続性はかなり複雑な経緯を経ており，たとえばジャワ島はかなり長い間他の島とは隔離されていたため，固有種の数はスマトラ島よりもジャワ島の方がずっと多い (Whitten *et al.*, 1996; Meijaard, 2003).

　気候的には東南アジアのほとんどの地域がアジアモンスーン気候の影響下にあ

り，北からの乾燥した季節風が吹く乾季と南の海洋から湿った季節風が吹きつける雨季の違いが顕著である．乾季が比較的短い大陸部の南西側とスマトラ・ジャワ・ボルネオ島などは熱帯雨林気候で，乾季が比較的長いインドシナ半島内陸部などはサバナ気候となっている．

東南アジアで見つかる更新世の動物化石の特徴として，ほとんどの化石が石灰岩からなる洞窟中の堆積物から見つかっている．これらの石灰岩洞窟は地下に形成され，そこに地下水流によって流されてきた陸生動物の化石を含んだ土砂が堆積したものである．中新世以降は基本的に現地の地形が隆起を続けているため，上部の洞窟口ほど年代が古いという特徴がある．一方，各洞窟内部の堆積層は下から堆積していくので，内部では上部の堆積層ほど新しくなっているという複雑な状況にある．また，洞窟を利用した（ヒトを含む）生物による堆積物の攪乱などもあるので，洞窟から見つかった化石の年代はかなり慎重に扱う必要がある．

(2) 東南アジアの更新世動物相の変化

海面や気候の変化は2つの動物区の間の交流と隔離をもたらし，島嶼部で種分化が進行した．こういった主なイベントの一つは約 20 ka の LGM における寒冷化とサバンナの拡大であり，もう一つは約 10 ka の完新世の温暖化による劇的な熱帯雨林の拡大と考えられている．

東南アジア大陸部における更新世の大型哺乳類相の変化を示す特徴的な属としては，ゾウ上科のステゴドン（ステゴドン科）とパレオロクソドン（ゾウ科），オランウータン亜科のギガントピテクス（*Gigantopithecus*）とオランウータン（*Pongo*），ハイエナ科のパキクロクタとブチハイエナ，クマ科のジャイアントパンダ（*Ailuropoda*），バク科のバク（*Tapirus*）とメガタピルス（*Megatapirus*），サイ科のジャワサイなどが挙げられる（表5.1）．

ステゴドンゾウは，後期中新世の中頃に東南アジアでステゴロフォドン（*Stegolophodon*）から進化した．ジャイアントパンダも東南アジアで起源したとされており（図5.10），この両者の化石は中国南部の中期更新世の動物相を象徴することからステゴドン-ジャイアントパンダ相（*Stegodon-Ailuropoda* fauna, 正確には *S. orientalis - A. microta* fauna）と呼ばれてきた（Kahlke, 1961 など）．パレオロクソドンの化石は，インドの後期更新世の地点でも見つかっているが（Ghosh *et al.*, 2016），東南アジアでは中国南部，ベトナム，インドネシア，台湾などからも報告されている（Kang *et al.*, 2021）．また，シノマストドン（*Sinomastodon*, ゴンフォテリウム科）は後期中新世末から前期更新世後半に東南アジアで生息していた古いタイプのゾウだが，1 Ma 頃まではステゴドンと共存していた（Jin *et al.*, 2014; 高井，2018a, b; Puspaningrum *et al.*, 2020）．

表 5.1 中国南部における更新世の大型哺乳類相の変化．吹風洞 Chuifeng cave（広西省，1.92 Ma），建始龍骨洞 Jianshi Longgudong（湖北省），巫山龍骨坡 Ushan Longgupo（重慶市，1.8〜1.4 Ma），柳城巨猿洞 Liucheng *Gigantopithecus* cave（広西省，1.2〜0.9 Ma），三合大洞 Sanhe cave（広西省，1.8〜1.1 Ma），幺会洞 Mohui cave（広西省，1.7 Ma），感仙洞 Ganxian cave（広西省，350 ka），霧雲洞 Wuyun cave（広西省，300〜90 ka），智人洞 Zhiren cave（広西省，100 ka），芭仙洞 Baxian cave（広西省），陸那洞 Luma cave（広西省，70 ka），村空洞 Cunkong cave（広西省，4.25 ka）．Jin *et al.*（2008, 2009），Wang *et al.*（2014, 2017），Sun *et al.*（2019）をもとに作成．

地点名	前期更新世						中期更新世		後期更新世			
	吹風洞	建始	竜骨坡	柳城	三合洞	公会洞	感仙洞	霧雲洞	智人洞	芭仙洞	陸那洞	村空洞
Ma	1.92		1.8-1.4	0.9-1.2	1.1-1.8	1.7	>0.35	0.3-0.09	0.1?		0.07	0.0043
霊長目 ヒト科												
ホモ・サピエンス（現代人）									●		●	●
ギガントピテクス	●		●	●	●	●	●					
オランウータン（化石種）	●		●	●	●	●	●	●	●		●	
クマ科												
ツキノワグマ			●	●	●	●	●	●				
アイルロポーダ・ミクロタ			●	●	●	●						
アイルロポーダ・ウーリンシャネンシス	●		●	●	●	●	●					
ベーゴンジャイアントパンダ（亜種）							●	●	●	●	●	
食肉目 ハイエナ科												
パキクロクタ・リセンティ	●		●	●	●	●	●					
ネコ科												
シバパンテラ・ペリストセニクス			●	●	●	●	●					
ホモテリウム・バランデリ			●	●	●							
メガンテレオン			●	●	●	●						
ヒョウ							●	●	●		●	
トラ							●	●	●		●	
長鼻目 ステゴドン科												
ステゴドン・オリエンタリス			●	●	●	●	●	●	●		●	
ステゴドン・ファンナエンシス			●	●	●	●						
ステゴドン・ウーシャンネンシス			●									
ゴンフォテリウム科												
ゴンフォテリウム・セリデンティデス			●		●	●						
シノマストドン・ヤンツエンシス			●	●	●	●						
ゾウ科												
エレファス・マキシムス（アジアゾウ）								●	●		●	
奇蹄目 バク科												
タピルス・シネンシス			●	●	●	●	●	●	●		●	
タピルス・サンユアンエンシス			●	●	●	●						
メガテリウム・アウグストゥス			●	●	●	●						
カリコテリウム科												
ヘスペロテリウム			●	●	●	●						
サイ科												
リノセロス・シネンシス			●	●	●	●	●	●	●		●	
リノセロス・フスイエンシス			●	●	●	●						
ジャワサイ								●				
スマトラサイ			●	●	●							
ウマ科												
エクウス			●	●	●	●						
偶蹄目 イノシシ科												
スス・シャオツ			●	●	●	●						
スス・ペイイ			●	●	●	●	●	●	●		●	
スス・リウチョンゲンシス			●	●	●	●						
イノシシ							●	●	●		●	●
ヒッポポタモドン・ウルティマス			●	●	●	●						
ポタモコエルス・ノドサリウス			●	●	●	●						
シカ科												
ケルバピトゥス・フェンチ			●	●	●	●						
ケルブス・ユンナネンシス			●	●	●	●	●	●				
ケルブス（シカ属）			●	●	●	●	●	●	●		●	●
ウシ科												
カプリコルニス・ジャンシエンシス			●	●	●	●						
カプリコルニス・スマトラエンシス			●	●	●	●	●	●	●		●	
ヤギ亜科（属種不明）			●	●	●	●						
ターキン			●		●							
ガウル（野生ウシ属）							●	●	●		●	
メガロビス・グアンシエンシス			●	●	●	●						

　大型類人猿のギガントピテクス（*Gigantpithecus*）とオランウータン（*Pongo*）は，少なくとも約2Maから中国南部で共存しており，前期更新世の段階では前者

図 5.10　ミャンマー北部のモゴック洞窟から見つかった中期更新世のジャイアントパンダ（アイルロポーダ）の頭骨化石（a：左側面．b：咬合面）．大英自然史博物館所蔵．

の方が繁栄していた (Takai et al., 2014)．しかし中期更新世になるとギガントピテクスは急速に衰退し中期更新世末までには絶滅してしまった．植生が変化して彼らが主食としていたタケ類などが消失したことが大きな要因だったと考えられている．一方，大陸部のオランウータンの化石種は現生種よりも一回り大きかったが，次第に小型化して完新世になってから絶滅したらしい．

　パキクロクタは後期中新世にアフリカで起源したハイエナ類で，2 Ma 頃にユーラシアに侵入した (Martinez-Navaro, 2010)．アジアのパキクロクタは，これまで複数種に分けられてきたが，最近ではすべてパキクロクタ・ブレビロストリスの亜種にまとめられ (Liu et al., 2021)，ジャワでは中期更新世まで，中国南部では後期更新世まで生息していた．同じハイエナ科のブチハイエナも，後期中新世にアフリカで起源して，約 0.8 Ma にユーラシアの各地に拡散し，東南アジアでは中期更新世まで生息していた．これら 2 属のハイエナは競合関係にあったらしく，中期更新世（0.24 Ma 頃）にパキクロクタからブチハイエナに入れ替わったとされている (Shen & Jin, 1991; Bacon et al., 2011; 図 5.11)．

　メガンテレオンは，後期中新世にアフリカで起源してアジア・ヨーロッパ・北米に広がった剣歯ネコ類の 1 種である (Qiu, 2006; Zhu et al., 2014)．中国で見つかっていた化石が，最近ではヨーロッパのメガンテレオン・クルトゥリデンスの亜種に含められている (Zhu et al., 2014)．

　クマ科のアイルロポーダ（*Ailuropoda*, ジャイアントパンダ属）は，現在は中国四川省などの山中に生息しているだけであるが，中期更新世までは東南アジア大陸部で広範囲に生息していた（図 5.10）．ベトナムでは後期更新世まで生息していたらしい．アイルロポーダはステゴドンと共に東南アジアの中期更新世の代表的な動物であるが，どの地域でも人類の活動が活発化する以前に絶滅している

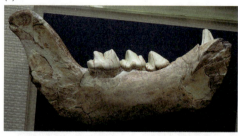

図 5.11　東アジアで見つかっている 2 種類のハイエナ化石．中国浙江省人字洞地点（前期更新世初頭）から出土したパキクロクタ・ブレビロストリス (a) の左下顎骨（内側面観，中国浙江省人洞博物館）と中国本土と台湾の間の澎湖海峡海底（後期更新世初頭）から見つかったクロクタ・クロクタ・ウルティマ (b) の右下顎骨（内側面観，鏡像）．東アジアでは，約 200 ka に前者から後者に入れ替わったとされている．同じスケールではないが，大臼歯と小臼歯の相対的なサイズに違いがある．

ことから，ギガントピテクスと同様にその絶滅原因は主食としていたタケ類の減少と考えられている (Tougard *et al.*, 1996)．

　奇蹄目バク科は漸新世に北米で起源し，後期中新世にベーリンジアを経由してユーラシアに渡ってきた．東南アジアのマレーバク (*Tapirus indicus*) は，現在はマレー半島とスマトラ島にしか生息していないが，後期更新世まで東南アジア大陸部に広く生息していた．巨大なメガタピルス (*Megatapirus*) はバク属の亜属とされることもあるが，前期更新世に出現し後期更新世までラオス，ベトナム，中国南部で生き残っていた．

　東南アジアの現生サイ科は，1 本角のリノセロス (*Rhinoceros*, ジャワサイ属) と 2 本角のディケロリヌス (*Dicerorhinus*, スマトラサイ属) の 2 属だけである．どちらも最古の化石はミャンマーから見つかっており，リノセロスが後期中新世，ディケロリヌスが後期鮮新世の地層から見つかっている (Zin-Maung-Maung-Thein *et al.*, 2010)．

　ヘクサプロトドンは下顎の切歯が 6 本あるカバで，後期中新世の後半にアフリカから東南アジアに分布を広げた．ミャンマーでは前期更新世，マレーシアでは中期更新世，そしてインドネシアのジャワでは後期更新世まで生息していた．ヘクサプロトドンは，その進化の過程で眼窩の位置が上昇していることから，水棲生活に適応していったと考えられているが，最後はおそらく気候変動に伴う環境・植生変化に対応できずすべての種が絶滅した．

　東南アジア島嶼部の更新世の化石産地は，主にジャワ島に集中しており，ジャワ原人 (*Homo erectus*) が見つかっている地点では層序と年代が詳しく調べられて

いる. 古い方から，サティール (Satir, 2〜1.5 Ma)，チ・サート Ci Saat (約 1.2〜1.0 Ma)，トリニール (Trinil, 約 0.9 Ma)，ケドゥン・ブルブス (Kedung Brubus, 0.8〜0.7 Ma)，プヌン (Punung, 0.13〜0.06 Ma) などが知られている (van den Bergh *et al.*, 2001; Louys & Meijaard, 2010). この他にスマトラ島のリダ・アジェール (Lida Ajer) やシブランバン (Sibrambang) などからも後期更新世の化石が見つかっていて，プヌンとほぼ同年代と考えられている (Louys & Meijaard, 2010). 東南アジア大陸部から島嶼部への動物相の拡散は鮮新世には始まっていたようだが，前期更新世の後半から動物化石が増え始める. カバ科のヘクサプロトドン，アントラコテリウム科のメリコポタムス (*Merycopotamus*)，長鼻類のシノマストドンとステゴドン，複数のウシ科やシカ科，ジャワサイ，オランウータン，パンテラ (*Panthera* 属，トラ) などが大量に出現することから，氷期に海面が低下して陸続きになった際に陸生動物が渡ってきたらしい. 長鼻類化石の安定炭素同位体比解析では，約 1.5 Ma から C_4 植物が増加し草原化が進んだことが示されている (Puspaningrum *et al.*, 2020).

(3) 東南アジアにおける絶滅現象

東南アジア大陸部の大型・中型哺乳類の進化史は不明な点が多いが，Bacon *et al.* (2011) は，ラオスとベトナム北部の中期から後期更新世の動物相の比較から，約 70 ka に動物相の置き換わりが生じたと指摘している (図 5.12 の L3 と L4 の間に相当). この頃，スマトラ島北部にあるトバ火山 (Mt. Toba) が爆発し，大気中に火山灰や粉塵が巻き起こり日光が遮られて数年にわたって気温が約 5 ℃ 低下したことが主な原因と考えられている (Ambrose, 1998). 具体的にはメガタピルス (絶滅したバクの亜属)，ドールの化石亜種 (*Cuon alpinus antiquus*, イヌ科)，ツキノワグマの亜種 (*Ursus thibetanus kokeni*)，マレーバクの亜種 (*Tapirus indicus intermedius*)，ジャイアントパンダの亜種 (*Ailuropoda melanoleuca baconi*)，ホエジカ (*Muntiacus muntjac*, シカ科)，イノシシ，ヒゲイノシシ (*Sus barbatus*)，インドサイ，パレオロクソドンなどが東南アジア大陸部で絶滅し，現生のマレーバク，ドール，ジャワサイ，インドゾウに入れ替わったと考えられている. しかし，これらの絶滅現象のほとんどが種・亜種レベルであり，ユーラシア北部や南北アメリカ大陸のような顕著な絶滅現象は生じていない. 一方，奇蹄類と食肉類では多様性が進み，偶蹄類ではイノシシ科とシカ科が大型化したと指摘されている (Bacon *et al.*, 2011). 中国南部でも後期更新世になると現生の動物種が多数出現し始め，それまで生息していたステゴドンやメガタピルスが急速に姿を消してしまった. 当時東南アジア各地に生息していた原人 (*Homo erectus*) も，深刻な打撃を受けた可能性がある.

第 5 章　更新世の哺乳類の進化と絶滅

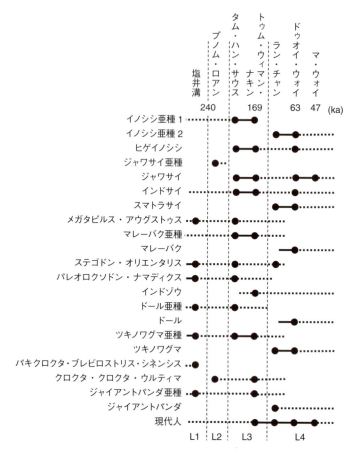

図 5.12　東南アジア大陸部の動物相の比較．塩井溝（Yenchingkou, 中国雲南省；後期鮮新世），プノム・ロアン（Phnom Loang, カンボジア），タム・ハン・サウス（Tam Hang South, カンボジア），トゥム・ウィマン・ナキン（Thum Wiman Nakin, タイ；約 169 ka），ラン・チャン（Lang Trang, ベトナム），ドゥオイ・ウォイ（Duoi U'Oi, ベトナム；約 63 ka），マ・ウォイ（Ma U'Oi, ベトナム；47 ka）．L1：レベル 1（後期鮮新世），L2：レベル 2（前期更新世前半），L3：レベル 3（前期更新世後半），L4：レベル 4（中期更新世）．240 ka 頃にハイエナ科においてターンオーバーが生じ，パキクロクタからクロクタ（ブチハイエナ）に入れ替わった．また，レベル 3 と 4 の間（約 70 ka）に動物相のターンオーバー現象が認められる．Bacon *et al.* (2011) を簡略化．

　以上，東南アジアの更新世動物相の変化をまとめると，アフリカ・ヨーロッパ・北アメリカなどに見られる急激な大型動物の絶滅イベントは見当たらない．中期更新世におけるギガントピテクスの絶滅やハイエナ科のパキクロクタからブチハイエナへの入れ替わりくらいが目につくが，その原因としては，当時の人類の活

動よりも気候変動と環境（主に植生）の変化が大きな影響を与えたとする見解が多い (Louys *et al.*, 2007)．たとえば，ボルネオ島のニア洞窟では産出化石の中で人骨の比率が低く，最も狩猟の対象になっていたとされるヒゲイノシシの化石の産出状況にも経年変化が見られないことなどがその根拠とされている (Medway, 1977)．

5.2.4 東アジア北部

(1) 東アジア北部の地形と気候

　東アジア北部，すなわち中国東北部における更新世は，中国の華北地方（黄土高原）に広く分布するレス（黄土）とよばれる堆積物が出現した時点で始まる．レスは，淡黄色～茶褐色の土の粒子（シルト）からなり，第四紀の氷河や砂漠で生じた岩粉が風で飛ばされて堆積したものである．中新世後半に顕著になったヒマラヤ山脈・チベット高原の隆起によりアジアモンスーン気候が発達したことで，東アジア北部が寒冷・乾燥化してレスの堆積速度が高くなった．中国東北部に分布するレスの中には，保存状態のよい動物化石が大量に含まれており，年代測定技術の発展により東アジア北東部の動物相の詳細な変化過程が明らかにされている．

　この周辺の地形は，黄海から東シナ海周辺のモンスーン気候の低地と，内陸部の山脈や高原に囲まれた乾燥した高地帯に分けられる．中国東北部と朝鮮半島に囲まれた渤海・黄海は，寒冷期には海面が低下し，山東半島と朝鮮半島が地続きになっていた．また朝鮮半島と日本列島も，氷期になると地続きになって様々な動物群が移動できたと考えられている．

(2) 東北アジアの更新世動物相

　中国大陸の動物相は，前期更新世から秦嶺山脈と淮河を境に南北の違いが次第に顕著になり，北側の旧北区 (Palearctic Region) と南側の東洋区 (Oriental Region＝ Indomalayan Region) という 2 つの動物地理区の境界となっている（図5.7）．時代によってこの境界線が南北に多少変動したようだが，秦嶺山脈周辺が 2 つの動物地理区の境界であることに変わりはなかった．

　東アジア北部の新第三紀後半の化石動物相の分帯は，これまで様々な研究者によって提案されてきた．Qiu (2006) は，中国北部における更新世の動物相（NCMQ: North China mammal Quaternary）を NCMQ1～4 に分ける方式で，前期更新世と中期更新世の境界（約 0.75 Ma）を重視せずに約 1.3 Ma の中国北部の動物相のターンオーバー現象に基づいて区分した．一方，地質年代に沿って鮮新世を楡社期 (Yushean)，前期更新世を泥河湾期 (Nihewanian)，中期更新世を周口店期 (Zhoukoudianian)，後期更新世をサラウスアン期 (Salawusuan) とする区分法も

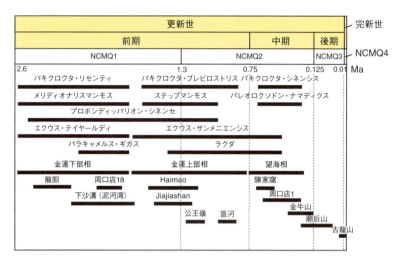

図 5.13　東アジア北部における更新世の大型哺乳類化石の生息年代と主な化石産地の年代．前期更新世の後半（金運下部相/金運上部相境界）に化石相の変化が見られる．また約 0.75 Ma（前期更新世/中期更新世境界）にもハイエナやゾウの種の入れ替わりが生じている．Qiu (2006) と Jin et al. (2021) をもとに作成．

ある (Cai et al., 2013). どちらも有用な区分法であるが，本書では主に NCMQ 分帯に基づいて解説する（図 5.13）．

　中国北部の更新世の動物化石の出土地点としては，北京近郊の周口店や河北省の泥河湾がよく知られている．しかし，周口店の洞窟は複数あってそれぞれ年代が違うので注意する必要がある．また，泥河湾地点の堆積層は年代幅が広いため，従来の「泥河湾動物相」は前期更新世前半の「古典的泥河湾相（下沙溝）」と表記するようになっている (Cai et al., 2013). 近年では，遼寧省大連近郊の駱駝山 (Luotuo Hill) で後期鮮新世から中期更新世の連続性の良い洞窟堆積物の発掘調査が行われ（図 5.14），中国東北部における詳細な動物相の変化が明らかになりつつある (Jin et al., 2021).

　NCMQ 1（2.6〜1.3 Ma）は前期更新世の前期から中期に相当し，北半球の高緯度地域における寒冷化の開始時期に対応している（第 3 章）．古い方から，龍担 (Longdan, 甘粛省東郷 (Dongxiang); 2.6〜2.3 Ma), 金運下部相 (Jinyuan lower fauna, 遼寧省大連駱駝山; 2.6〜1.7 Ma), 周口店第 18 地点 (ZKD Loc. 18, 北京; 2 Ma),（古典的）泥河湾 (Classic Nihewan, 河北省下沙溝 (Xiashagou); 2.2〜1.7 Ma), 西侯度 (Xihoudu = Hsihoutu, 山西省芮城 (Ruicheng); 2.0〜1.8 Ma または 1.3 Ma), 金運上部相 (Jinyuan upper fauna, 遼寧省大連駱駝山; 約 1.7〜0.78 Ma), 陽郭 (Yangguo)（陝西省藍田 (Lantian); 1.4 Ma 頃），などの地点が代

図 5.14 中国東北部における前期から中期更新世の連続した地層の露頭．中国河北省周口店第 1 地点 (a) と遼寧省大連駱駝山発掘地点（b，金運上部相）．

表的である．この中で，NCMQ1 の前半に相当する金運洞下部相と龍胆の動物相の構成は酷似しており，それまで繁栄していた「ヒッパリオン動物相 (*Hipparion fauna*)」の比較的古いタイプの動物が次第に絶滅し，北アメリカからやってきたエクウス属（現生ウマ）とメガンテレオン，そしてヨーロッパから移動してきたメリディオナリスマンモスなどで特徴づけられる (Jin *et al.*, 2021)．ただし，ヒッパリオン類のプロボシディッパリオン (*Proboscidipparion*) は NCMQ2 の前半まで生き残っていた．ユーラシアの動物相で第四紀を代表するブチハイエナ，ケブカサイ，エウクラドケロス，シフゾウ（*Elaphurus*，シカ科），レプトボスなども生息しており，当時の環境は森林性から草原性の植生へと次第に変化しつつあった．NCMQ1 の末期には，狩猟性のハイエナであるチャスマポルテテス，アクシスジカ，ニホンムカシジカ (*Nipponicervus*)，エウクラドケロス，アンティロスピラ (*Antilospira*，アンテロープ亜科) などが絶滅した．

NCMQ 2 (1.3〜0.13 Ma) は前期更新世の後半部から中期更新世に相当する．約 1.3 Ma に中国北部でレスが堆積し始め，その終わりは中期更新世の最後と一致する．NCMQ2 の中頃（約 0.7 Ma）に複数の動物群が出現している (Qiu, 2006)．化石産出地点としては，古い方から，公王嶺 (Gongwangling, 陝西省藍田；約 1.3 Ma)，匼河 (Kehe, 山西省芮城 (Ruicheng)；約 1.0 Ma)，望海相 (Wanghai fauna, 遼寧省大連駱駝山；0.78〜0.35 Ma)，陳家窩 (Chenjiawo, 陝西省藍田；0.71〜0.68 Ma)，

図 5.15 中国遼寧省の駱駝山金運上部層から見つかったケブカサイ（*Coelodonta*）の頭骨をやや斜め下から見たもの．サイ類に特徴的な歯が，かなり咬耗して平坦にすり減っていることがわかる．

周口店第 1 地点 (ZKD 1)（北京；0.77〜0.2 Ma；図 5.14a），金牛山 (Jinniushan；図 5.14b)（遼寧省営口 (Yingkou)；0.26〜0.19 Ma），廟后山 (Miaohoushan, 遼寧省本渓 (Benxi)；0.8〜0.4 Ma) などが代表的な地点である．特に望海相は周口店第 1 地点と動物相の構成が酷似しており，この頃の森林・草原の入り交じった環境に適応した動物相を代表している (Jin *et al.*, 2021)．NCMQ2 になると中期更新世を代表する大型のシカであるシノメガケロス（*Sinomegaceros*，シカ科，図 5.4a）やニホンジカ（*Cervus*（*Sika*），シカ科），ステファノリヌスサイ（*Stephanorhinus kirchbergensis*，サイ科）などが出現した．さらに NCMQ2 の中頃（約 0.7 Ma，中期更新世初頭）にホラアナグマ，ホモテリウム・ウルティマム（*Homotherium ultimum*，剣歯ネコ類），ケブカサイ（図 5.15）などが出現したほか，現生種のドール，ヒグマ，イノシシ，アカシカなども出現した．また，腐肉食性のハイエナであるパキクロクタは，より大型化した別亜種へと進化し，NCMQ2 の末期（中期更新世末）まで生息していた (Qiu, 2006; Liu *et al.*, 2021)．NCMQ2 の末期には，バリアビリスオオカミ（*Canis variabilis*，現生オオカミの祖先），パキクロクタ，ステファノリヌスサイ，グレイジカ（*Cervus*（*Sika*）*grayi*）などが絶滅した．また NCMQ2 の初頭（約 1.2 Ma）に一時的にやや温暖化した時期には，南方系のジャイアントパンダ，トウヨウゾウ（*Stegodon orientalis*），メガタピルス，マエガミジカ（*Elaphodus*，シカ科），カモシカ（*Capricornis*，ヤギ亜科）などの動物が，秦嶺山脈の北側（陝西省藍田公王嶺）まで分布を広げていた．

後期更新世に相当する NCMQ 3 (130〜11 ka) の化石産出地点としては，古い方からウランムルン (Wulanmulun, 内モンゴル自治区オルドス Ordos)，サラウス (Salawusu, 薩拉烏蘇，= シャラ・オソ・ゴル (Sjara-osso-gol)，内モンゴル自治区

オルドス），小孤山（Xiaogushan, 遼寧省），周口店山頂洞（北京; 約30 ka），古龍山（Gulongshan, 遼寧省大連; 約17 ka）などが挙げられる．NCMQ3では，より寒冷・乾燥した気候に適応した動物が出現しており，現生オオカミ，ケナガマンモス，ケブカサイ，ノブロックラクダ（*Camelus knoblochi*），ステップバイソン），ワンシジョックスイギュウ（*Bubalus wansijocki*），シノメガケロス（*Sinomegaceros ordosianus*, 大型のシカ科，図5.4）などが生息していた．モウコノウマ（*Equus przewalskii*），アジアノロバ，イノシシ，チベットガゼル（*Procapra przewalskii*, アンテロープ亜科），コウジョウセンガゼル（*Gazella subgutturosa*, アンテロープ亜科），アルガリ（*Ovis ammon*, ヤギ亜科）などの現生種も，この頃には出現していた．

NCMQ 4 (11〜10 ka) は完新世に相当し，それまでなんとか生き残ってきたケナガマンモス，メガロケロス（図5.4），ジャコウウシ（図5.6）などが，北東アジアから完全に絶滅した．ただしジャコウウシは，北米とグリーンランドで現在でも生き残っている．

なお，東アジアでは後期更新世に絶滅したと思われていた動物が完新世まで生き残っていたとする報告が多かったが，最近の研究ではこれらの報告のほとんどが化石から直接年代を測定していないため信頼性が低いと指摘されている (Turvey *et al.*, 2013). たとえば，中国各地で完新世まで生き残っていたとされていた大型獣としては，北部ではオーロックス，ケブカサイ，ケナガマンモス，南部ではベーコンジャイアントパンダ（*Ailuropoda baconi*, 化石種），ウルティマブチハイエナ（*Crocuta crocuta ultima*），メガタピルス，トウヨウゾウ，イノシシ（*Sus cf. xiaozhu*) などがあるが，いずれも他大陸と同じように後期更新世末までに絶滅したと考えられている．

5.3　アメリカ大陸

5.3.1　南北アメリカ大陸の地形と気候

南北アメリカ大陸は，両方とも西縁部に5,000 mを超えるロッキー山脈とアンデス山脈が南北に連なり，東部には高地帯（アパラチア山脈やブラジル高原など）が広がっている．北アメリカでは，こういった西部の山脈と東部の高地帯の間にグレートプレーンズ（中央平原）と呼ばれる乾燥した草原が広がっている．南アメリカでは，北部はアマゾン川・オリノコ川流域の広大な熱帯雨林地帯であるが，南部はパンパと呼ばれる広大な草原となっている．

南北アメリカ大陸の間にある中央アメリカ地域は，文字通り両大陸を繋ぐ陸橋である．メキシコ高原は北部で平均1,000 m程の標高であるが，南部では3,000 m

にも達する．パナマ地峡帯に近づくにつれ，陸地の東西幅がさらに狭くなり，山地もより狭く，低くなる．パナマ地峡の成立年代を何時とするかは難しい問題であるが，少なくとも約3Maには陸生動物の移動が始まっていた (Cione *et al.*, 2009) （第3章）．

両大陸とも東部は暖流（北赤道海流・メキシコ湾流・南赤道海流・ブラジル海流）の影響で比較的温暖な気候となっているが，西部は寒流（カリフォルニア海流・フンボルト海流）の影響で，寒冷・乾燥した気候になる傾向が強い．北アメリカ大陸では，氷期にはハドソン湾を中心にしたローレンタイド氷床と北米大陸西端に南北に伸びていたコルディレラ氷床の2つの大きな氷床が発達していた．南アメリカではアマゾンの熱帯雨林が赤道周辺の低緯度地域に広がっているが，その熱帯雨林が20〜12kaに縮小して，草原により分断されていたことが知られている．

北アメリカ大陸はかつて何度もユーラシア大陸北東部と連続することがあったが，後期鮮新世から次第に海面が下降し，動物相の交流が復活した．特に，後期更新世の最終氷期には現在のベーリング海峡周辺からベーリング海にかけて南北の幅が最大1,600kmに及ぶ陸地（ベーリンジア）が広がっていた．アフリカ大陸で進化した人類は，ユーラシア大陸に広がった後，最終氷期の後期 (18〜15ka) にベーリンジアを渡って北アメリカに到達し，次第に南下していったと考えられている．南下ルートに関しては，これまでカナダのハドソン湾を中心に発達していたローレンタイド氷床と北アメリカ大陸西端に南北に伸びていたコルディレラ氷床の間に存在していた無氷回廊が有力視されてきたが，最近では太平洋沿岸に沿ったルートもあったとされている (McLaren *et al.*, 2018).

5.3.2　北アメリカの更新世動物相の変化

北アメリカ大陸では新生代の陸生動物化石が豊富に見つかっており，露頭の連続性も良いことから陸生哺乳類化石の組合せに基づいた北米陸生哺乳類化石年代 (NALMA: North American land mammal ages) が確立している．この編年法によると，更新世はブランカン (Blancan) の後半 (4.9〜1.8 Ma)，アービントニアン (Irvingtonian; 1.8〜0.25 Ma)，ランチョラブレアン (Rancholabrean; 300〜12 ka)，に相当する（図5.16）．ただし，これらの年代区分の境界は更新世における前期・中期・後期の境界とは完全には一致しておらず，ブランカンの後半からアービントニアンの前半が前期更新世，アービントニアンの後半が中期更新世，それ以降のランチョラブレアンが後期更新世に相当する．

ブランカンの前半の大型哺乳類としては，後期中新世から生息していたボロファグス（*Borophagus*, イヌ科）とメガンテレオン（剣歯ネコ類），中期ブラン

5.3 アメリカ大陸　211

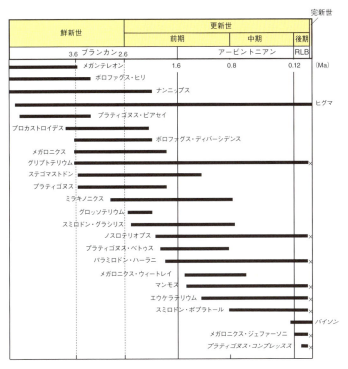

図5.16　北アメリカ大陸における鮮新世から更新世の大型哺乳類化石の生息年代．約1.6 Ma（ブランカン/アービントニアン境界）と約0.12 Ma（アービントニアン/ランチョラブレアン境界）に動物相の変化が生じている．また後期更新世末から完新世に大量の絶滅現象が起きていることがわかる．×は絶滅を示す．RLB：ランチョラブレアン．Bell et al. (2004) を簡略化．

カンから出現したと思われるヒグマ，プラティゴヌス（*Platygonus*，ペッカリー科），ナンニップス（*Nannippus*，ウマ科ヒッパリオン類）などが生息していた．ブランカンの中頃には，パナマ地峡を越えて南アメリカからやって来たメガロニクス（*Megalonyx*，メガテリウム科）やグリプトテリウム（*Glyptotherium*，グリプトドン科）などが出現した．ブランカンの末期にもオオナマケモノの仲間（グロッソテリウム（*Glossotherium*），ノスロテリオプス（*Nothrotheriops*），パラミロドン（*Paramylodon*））が南アメリカから渡ってきた．またブランカンの中頃には，ゴンフォテリウム科のリンコテリウム（*Rhynchotherium*）やステゴマストドン（*Stegomastodon*）も出現したが，どちらもブランカン末期からアービントニアン初期に絶滅してしまった．ただし，リンコテリウムから進化したキュビエロニウス（*Cuvieronius*）はパナマ地峡を越えて南アメリカに渡り，更新世末まで生き残っていた．一方，マムート科のアメリカマストドン（*Mammut americanum*）

図 5.17　北アメリカ大陸のスミロドン（剣歯ネコ類，マカイロドゥス亜科）の全身骨格．異様に長いサーベル状の上顎犬歯が特徴．国立科学博物館地球館地下 2 階の展示より．

も，ブランカンの前半に出現して更新世末まで生き残っていた．食肉類では，ユーラシアからホモテリウム（犬歯ネコ類）やチャスマポルテテス（狩猟性ハイエナ類）などが北アメリカに侵入し，ホモテリウムから進化したとされるスミロドン（*Smilodon*）もブランカンに出現している（図 5.17）．またブランカンの後半（中新世末から鮮新世初頭）には，ユーラシアからシカ科が進出してくる．最初に出現したのはオジロジカ亜科の化石属で (Webb, 2000)，やがて現生のオジロジカ属（*Odocoileus*）が出現した (Bell *et al.*, 2004)．こういったオジロジカ亜科がやがてパナマ地峡を通って南米まで進出した．

　アービントニアンは 1.8〜1.6 Ma のマンモスゾウ（*Mammuthus*）の出現で始まり，後期更新世末の約 0.2 Ma まで続いた (Bell *et al.*, 2004)．大型哺乳類としては，ブランカンから生息しているヒグマや，グリプトテリウム，オオナマケモノ類（ノスロテリオプス，パラミロドン，メガロニクス）がそのまま更新世末まで生息していた．北アメリカに生息していたコロンビアマンモス (*Mammuthus columbi*) はユーラシア由来のケナガマンモスとステップマンモスの交雑種であるが (Enk *et al.*, 2011)，更新世末まで生き残っていた．ジャコウウシの仲間のエウケラテリウム（*Eucratherium*），プラティゴヌス，チーターの仲間のミラキノニクス（*Miracinonyx*），狩猟性ハイエナのチャスマポルテテス，イヌ科のヘスペロキオン類 (Hesperocyoninae)，剣歯ネコ類，メガネグマ亜科のアルクトテリウム（*Arctotherium*）などがこの頃に出現し，後期更新世まで生存していた．イヌ属（*Canis*）の化石は何種か見つかっているが，オオカミやコヨーテなどが入り交

じっているらしく分類ははっきりしない．ウマ科は，ヒッパリオンの仲間のナンニップスと現生ウマ属に近縁とされるプレシップス (*Plesippus*) が共存していた．アメリカマストドンは引き続き生存していたが，ステゴマストドンは他のマンモスやマストドンなどのゾウとの生存競争に敗れるかたちでアービントニアンの中頃までに（約1 Ma）絶滅してしまった．

約0.3 Ma に始まるランチョラブレアンは，バイソンの出現から始まる．ロサンゼルス近郊のランチョ・ラ・ブレアにあるタールピッドから大量に化石が見つかっており，動物相の詳細な研究が行われている．この時期の動物としては，ダイアウルフ（*Aenocyon dirus*，イヌ科），アメリカライオン（*Panthera atrox*，ネコ科），現生のビッグホーン（*Ovis canadensis*，ヒツジ属），トナカイ（北アメリカではカリブー，*Rangifer tarandus*），ピューマ（クーガー，*Puma concolor*）などがいる．このうち，アメリカライオンとアービントニアンに出現していたミラキノニクスは更新世末に絶滅したが，ダイアウルフは完新世まで生き残っていた．なお，アラスカ周辺に生息していた近縁のホラアナライオンは約14 ka に絶滅した (Stuart & Lister, 2011)．またワピチ（シカ亜科）とヘラジカ（オジロジカ亜科）もこの頃にユーラシアからやって来て，そのまま現在でも北アメリカに生息している（図5.18）．

5.3.3 南アメリカの更新世動物相の変化

南アメリカ大陸の新生代の生層序は，南米陸生哺乳類化石年代 (SALMA: South American land mammal ages) が提唱されているが，北米の NALMA ほど生息年代が確定しているわけではない．更新世に関してはウキアン (Uquian; 3.0〜1.5 Ma)，エンセナダン (Ensenadan; 1.2〜0.8 Ma)，ルハニアン (Lujanian; 0.8〜0.01 Ma) に分けられていたが (Flynn & Swisher, 1995, なおウキアンとエンセナダンの間には空隙がある)，ウキアンの模式層であるウキア層 (Uquia Formation) から見つかる化石に年代的な問題があるため，代わりに別の模式地を指定してマルプラタン (Marplatan) という区分が提案されるようになった (Cione & Tonni, 1995)．この方式では，マルプラタンとエンセナダンの境界が約1.8 Ma となり，さらにマルプラタンが古い方からバランカロビアン (Barrancalobian)，ボロウエアン (Vorohuean)，サンアンドレシアン (Sanandresian) に細分される．更新世の始まりはボロウエアンの中頃に相当する．また，0.8 Ma から始まっていたルハニアンも0.50〜0.125 Ma のボナエリアンと0.13〜0.01 Ma のルハニアンに分割する方式が提案されている (Cione *et al.*, 2009, 2015; 図5.19)．ボナエリアンの哺乳類相が不明確なので，本書では，従来のマルプラタン（〜約1.8 Ma），エンセナダン (1.8〜0.5? Ma)，ルハニアン (0.5〜0.01 Ma) という分帯で解説する．

214　第 5 章　更新世の哺乳類の進化と絶滅

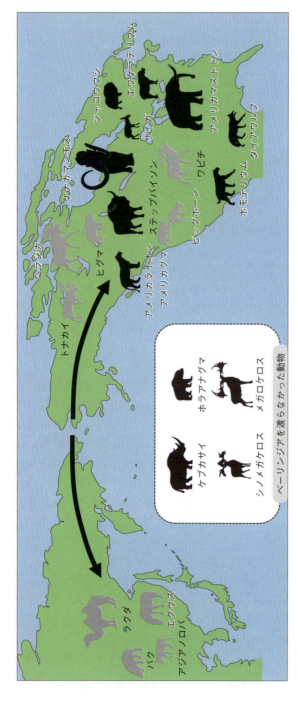

図 5.18　鮮新世から更新世にベーリンジアに渡った主な大型動物。北アメリカからユーラシアに渡った動物（左向きのシルエット）はラクダ科、バク科、ウマ科がいるが、ラクダ科とバク科は鮮新世にユーラシアに渡ったが、更新世に渡ったのはエクウス属（現生ウマ属）だけである。反対にユーラシアから北アメリカに渡った動物（右向きのシルエット）は、マンモス類、マストドン類、シカ科、ウシ科、剣歯ネコ類、イヌ科、クマ科（トナカイ、ヘラジカ、ワピチ、ウシ科（バイソン、ジャコウウシ、ビッグホーン）など多種にわたる。圧倒的にユーラシアから北アメリカに拡散した動物の方が種数が多い。一方、ユーラシア北部のマンモスステップに広範囲に生息していた、ケブカサイ、ホラアナグマ、メガロケロス、シノメガケロスなどはベーリンジアを越えることはなかった。黒色のシルエットは絶滅種、灰色のシルエットは現生種を示す。

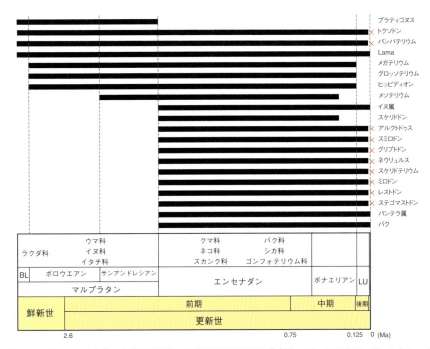

図 5.19　南アメリカ大陸における更新世の大型哺乳類化石の生息年代．データが不足しているため，それぞれの動物群が見つかっている各陸生哺乳類年代はずっと生息していたようにしてある．実際の生息年代はさらに短く，ばらついていると推測される．鮮新世後半以降，北米からの移住者が増加し，前期更新世の中頃（マルプラタン/エンセナダン境界）に顕著な動物相の入れ替わり（ターンオーバー）が生じていた．また，更新世末から完新世にかけて，南アメリカ起源の動物群（被甲目，有毛目，南蹄目など）が大量に絶滅したと考えられる．BL：バランカロビアン．LU：ルハニアン．×は絶滅を示す．Cione & Tonni (1995) の図をもとに作成．

　マルプラタンの大型哺乳類化石相は南アメリカ起源の古いタイプの動物（南蹄目，滑距目，被甲目，有毛目）が中心である．南蹄目トクソドン科のトクソドン (*Toxodon*) とメソテリウム (*Mesotherium*)，滑距目マクラウケニア科のマクラウケニア (*Macrauchenia*) とウィンドハウセニア (*Windhausenia*)，被甲目グリプトドン科のドエディクルス (*Doedicurus*)，ネウリュルス (*Neuryurus*)，パノクトゥス (*Panochthus*)，パラグリプトドン (*Paraglyptodon*)，プラクスハプロウス (*Plaxhaplous*)，プロホフォルス (*Plohophorus*)，シフロイデス (*Xiphuroides*)，有毛目ミロドン科のレストドン (*Lestodon*)，有毛目メガテリウム科のメガテリウム (*Megatherium*)，タラソクヌス (*Thalassocnus*)，ピラミオドンテリウム (*Pyramiodontherium*) などである．また，巨大な齧歯目のカピバラ (*Hydrochoerus dasseni*) も生息していた．また，この時期に北アメリカからいくつかの動物群も南アメリ

図 5.20　後期鮮新世から後期更新世に南米大陸に生息していた現生ウマ（エクウス）属に近縁なヒッピディオン．更新世初頭（約 2.5 Ma）に北アメリカから南アメリカに侵入したが，完新世（約 8 ka）に絶滅した．

カに渡ってきた．ラクダ科のヘミアウケニア（*Hemiauchenia*）とリャマ（*Lama*），食肉目のイヌ属，ドゥシキオン（フォークランドオオカミ，*Dusicyon*），剣歯ネコ類のスミロドンなどが含まれる．偶蹄目では，シカ科のモレネラフス（*Morenelaphus*）とパラケロス（*Paraceros*），ペッカリー科のプラティゴヌスとクチジロペッカリー（*Tayassu*）がやって来た．奇蹄目では現生ウマ属に近縁なヒッピディオン（*Hippidion*）がいる（図 5.20）．こういった北米由来の動物のうち，イヌ属，フォークランドオオカミ属，リャマ属，チャコペッカリー属などは更新世を過ぎて現在でも生き残っている．

エンセナダンになるとさらに北アメリカ起源の動物が増え，クマ科，ネコ科，そして大型獣ではないがスカンク科が出現する．イヌ科の大型獣はダイアウルフだけだが，中型から小型のカニス・プロプラテンシス（*Canis proplatensis*，虫食性のイヌ属化石種），タテガミオオカミ（*Chrisocyon*，現生属），パンパスギツネ（*Lycalopex*），テリオディクティス（*Theriodictis*）なども南アメリカに渡ってきた．ネコ科では，ピューマや旧世界から渡ってきたホモテリウムが南アメリカまで到達した．メガネグマ亜科のアルクトドゥス（*Arctodus*）やアルクトテリウムも出現した．偶蹄類シカ科ではアンティファー（*Antifer*），カリトケロス（*Charitoceros*），現生のゲマルジカ（*Hippocamelus*），エピエウリケルス（*Epieurycerus*）など．また，ラクダ科のビクーニャ（*Vicugna*）とペッカリー科のチャコペッカリー（*Catagonus*）が出現した．Cassini et al., 2016）．奇蹄類では現生ウマ属（ただし現生種とは別系統のアメリップス亜属（*Amerhippus*））が出現した．長鼻類ではゴンフォテリウム類のキュビエロニウス，ノティオマストドン（*Notiomastodon*），ステゴマストドンの 3 属が適応放散した．被甲目グリプトドン科はさらに分岐

し，クラミドテリウム (*Chlamydotherium*)，グリプトドン (*Glyptodon*)，ネオスクレロカリプトゥス (*Neosclerocalyptus*) などが出現した．また同じ被甲目パンパテリウム科のホルメシナ (*Holmesina*)，パンパテリウム (*Pampatherium*)，トニチンクトゥス (*Tonnicinctus*) や，アルマジロ科の巨大種であるエウタトゥス (*Eutatus*) などが出現した．有毛類ではミロドン科のスケリドドン (*Scelidodon*) とスケリドテリウム (*Scelidotherium*) が出現した．滑距目ではシュードマクラウケニア (*Pseudomacrauchenia*) が出現している．全体的に見ると，北アメリカ起源のラクダ科とイヌ科の放散が進んでいて，南アメリカ起源の動物群も順調に放散したことがわかる．

後期更新世に相当するルハニアンには，アメリカヌマジカ（*Blastocerus*，シカ科），*Canis nehringi*（完新世に絶滅，8 ka），オオナマケモノ類（スケリドドンまたはカトニクス，*Catonyx*），エレモテリウム (*Eremotherium*)，グロッソテリウム，レストドン，メガテリウムなど），グリプトドン類（ドエディクルス，ロマフォルス (*Lomaphorus*) など）がいたが，ほとんどの南アメリカ起源の動物が完新世までに絶滅してしまった．対照的に北アメリカからやって来た食肉類（イヌ科，ネコ科，クマ科，イタチ科など）や偶蹄類（シカ科，ラクダ科）などは，現在まで生き残っている．

5.3.4 南北アメリカの大規模動物相交流

南アメリカ大陸は後期白亜紀にゴンドワナ大陸が分裂を始めて以降，隔離した大陸として存在していた．それまで生息していた動物は白亜紀に他の哺乳類と分岐した古い系統（被甲目，有毛目，南蹄目，火獣目，雷獣目，滑距目など）だけで，おそらく始新世後半以降に齧歯類と霊長類がアフリカ大陸から侵入したと考えられている（冨田，1992）．その後，南北アメリカ間に大規模動物相交流 (Great American Biotic Interchange) と呼ばれる本格的な動物相の移動が鮮新世末のパナマ陸橋の成立後に始まった (Marshall, 1985, 1988; Webb, 1985)．ただし，それ以前から多少の動物の移動はあったらしい．北アメリカから南アメリカに拡散した動物は，後期鮮新世から更新世初頭にかけてペッカリー科，ラクダ科，イタチ科，イヌ科，ウマ科が，前期更新世の後半以降に，ネコ科，クマ科（メガネグマ），バク科，長鼻目のゴンフォテリウム科（キュビエロニウスなど）である．逆に南アメリカから北アメリカへは，後期鮮新世に被甲目（アルマジロ，グリプトドン），齧歯目（カピバラ，アメリカヤマアラシ）などが移動し，更新世前半には有袋類のオポッサムや有毛目のメガテリウム（図 5.21），南蹄目のトクソドンなどが拡散した．こういった両大陸間の動物相の移動は，後期更新世から完新世になるとより頻繁に起きていた（表 5.2）．

図 5.21　メガテリウム・アメリカナムの全身骨格（大英自然史博物館所蔵）．地上性の巨大なナマケモノ類であるメガテリウムは，前肢に比べて後肢が短く，中足骨が特殊化して足の甲が外側を向いていたため，早く歩くことはできなかったと考えられている．更新世には北米の各地に生息していたが，完新世に入ると完全に絶滅してしまったらしい．

表 5.2　南アメリカ大陸における人類の出現年代 (FAD: first appearance date) と各動物群の最後の化石記録の年代 (LAD: last appearance date)．南アメリカ大陸の大型獣は，人類の出現以前から衰退・絶滅傾向にあったが，完新世まで生き残っていた動物もかなりいたことがわかる．

絶滅大型動物	年代 (ka) FAD	LAD
ホルメシナ		43
グリプトドン		26
ハプロマストドン		18
ノトテリウム		14.1
キュピエロニウス		13.8
エレモテリウム		13.2
トクソドン		13.1
グロッソテリウム		12.5
ヒッピディオン		12.1
ウマ		12.1
ミロドン		11.9
現生人類	11.8	
スミロドン		10.3
カトニクス		10.0
メガテリウム		8.4
ドエディクルス		7.8

南アメリカでは滑距類と南蹄類は鮮新世の頃からすでに衰退し始めていて，少数の大型種（トクソドン類，ティポテリウム類，マクラウケニア類）のみが更新世まで生き残っていた．南アメリカにいたウマ科としては，更新世初頭（約 2.5 Ma）に北アメリカから南アメリカに侵入した森林性葉食者のヒッピディオンがいたが，ヒッピディオンを含めた南アメリカのウマ類は約 8 千年前までに絶滅し，16 世紀にスペイン人がやってくるまで南アメリカに現生のウマはいなかった．

このような南北アメリカ大陸間の動物の移動に伴う動物相の変化の特徴は，北から南への移住者の方が逆方向の移住者よりも成功している比率が圧倒的に高いという点である（図 5.22）．なぜこのような現象が生じたかに関しては未だに不明な点が多い．アンデス山脈の急速な隆起により環境が変化し，侵入者に適した新たな生息環境が生み出され，それが北アメリカからの侵入者の適応放散を促したとする説があるが，こういった新たな環境がそれまで南アメリカに生息していた動物たちにとって利用可能でなかったとは考えにくい．あるいは，より寒冷・乾燥した環境に生息していた北アメリカ起源の動物にとって，隆起したアンデス山脈周辺の環境がより適応しやすかったのかもしれない．いずれにせよ，南北アメリカ大陸間の大規模な動物相交流の結果，南アメリカの古来の哺乳類の系統のほとんどは絶滅してしまった．現生人類の狩猟圧や環境変化の影響もあったと考えられるが，南アメリカ起源の動物が圧倒的に絶滅してしまったという事実は確かである．

5.3.5 アメリカ大陸の更新世末期の大量絶滅

北アメリカ大陸における大型獣の急速な絶滅原因に関しては大きく分けて 2 つの説が唱えられてきた（関，1992；赤澤，1992）．一つは，約 25 ka にベーリンジアを越えて侵入してきた人類（アメリカ先住民，パレオインディアンともいう）による狩猟が過剰な殺戮となり絶滅をもたらしたとする「過剰殺戮説（overkill hypothesis）」で，この説をさらに発展させた「電撃戦モデル（blitzkrieg model）」が有名である（Martin, 1967, 1973, 1984; Mosimann & Martin, 1975; 河村，2007）．この説では，約 15 ka にユーラシアからベーリンジアを経由して北アメリカに移住してきた当時の人類であるクローヴィス人が，約 1 千年の間に北アメリカ大陸を南下して南アメリカ大陸の南端に達し，その過程で大型哺乳類を狩りつくしていったとするものである．センセーショナルな名称のため非常に人気がある説だが，主な狩猟対象ではない食肉類も絶滅していることや，前提とする人口増加率などの設定に無理があるという指摘がある．また，ウマとラクダの化石は更新統から大量に見つかっているのに，人類が活動していた考古遺跡にはマンモス，マストドンゾウ，バイソン以外の動物が狩猟の対象になっていた証拠がほと

220　第5章　更新世の哺乳類の進化と絶滅

図 5.22　南北アメリカ大陸間の大型哺乳類の相互移動の実態．右向きの動物は北アメリカから南アメリカへ，左向きの動物は南アメリカから北アメリカへの移動を示す．黒色のシルエットは移動先で絶滅した系統，灰色のシルエットは移動先の大陸で現在も生息している系統を示す．北アメリカから南アメリカに拡散した動物群が現在でもかなり生息しているのに対し，南アメリカから北アメリカに拡散した動物群のほとんどが絶滅していることがわかる．

んどない．また，過剰殺戮説の発展形として，北アメリカに出現したパレオインディアンがキーストーン種（他の種の存在に大きな影響力をもつ種）であるケナガマンモスを絶滅させたために植生が変化し，連鎖反応的に他の大型獣たちの絶滅を引き起こしたとする「キーストーン説」も存在する．

　大量絶滅を説明するもう一つの説は，「環境変化説」と呼ばれるもので，更新世の寒冷化・乾燥化による植生の変化が大きな要因として重視される（Guthrie,

1984, 2006; Graham, 1986; 関, 1992; 百原, 2003). 植物食性の大型哺乳類の場合, 気候が変化し植生が変化するとそれまで主食としていた食物が不足するため生息域が急速に狭くなる. ユーラシア北部におけるマンモスステップの消滅が典型的な例で, そういった植生に極端に依存していた大型獣（ケナガマンモスやオオツノジカなど）は姿を消してしまった. 生き残るためには同じような植生が分布する地域に生息地を移動するか, 新たな環境に適応した食性へと変化するしかないが, そのどちらもできなかった場合は絶滅してしまうことになる. ちなみに, 北アメリカとユーラシアの大型動物相の絶滅現象はほぼ同じ時期に起きたが, ユーラシアの方が絶滅に至る時間が長かった. これは, 同じような環境が同緯度地域に広がっているユーラシア北部では, 環境変化に応じて東西方向に移動して好ましい環境を選ぶことができたためと考えられる.

こういった過剰殺戮説と環境変化説のどちらが主要因なのかという議論は1970年代から長年にわたって繰り広げられてきたが, 未だに解決していない. 第7章でも詳しく解説するが, 少なくとも北アメリカ大陸における後期更新世の大型動物の絶滅現象は地域によってパターンが違っており, 種によって絶滅の要因が異なっているという指摘がある（たとえば Broughton & Weitzel, 2018）. また, 環境変化により大きな圧力を受けた動物群集が衰退し, その分布域を縮小させ個体数も減っていたところへ北アメリカに移住してきた人類集団による狩猟圧力が加わって絶滅に至ったとする説もある (Stuart, 1991; Stuart & Lister, 2007; Lister & Stuart, 2008).

この他に, マンモスの大腿骨の80%に病変と見られる変形が確認されることから, 新大陸の新たな侵入者であった人類が感染症のような病気を持ち込み, それが原因で大型動物が絶滅してしまった可能性や (MacPhee *et al.*, 2002), ユーラシアで狩猟技術を上達させた初期人類は新大陸に到達した時点で次の段階の狩猟技術を取得していたので, あまりに効率的に狩猟を行って大量絶滅を招いてしまったとする説もある (Whitney-Smith, 2004, 2009). いずれにせよ, それぞれの動物の衰退・絶滅に至った背景は, 人類活動と環境変化という2つの要因だけで説明するのではなく, 多様な要因の組合せで個々に説明する必要があるだろう.

一方, 北アメリカに比べると南アメリカにおける大型動物の絶滅現象の実態は未解明な点が多いが, 北アメリカと同様に絶滅率が非常に高い（約80%）という指摘がある（河村, 2003, 2007; Barnosky *et al.*, 2004; Barnosky & Linsey, 2010; Stuart, 2015 など）. 過剰殺戮説は, 南北アメリカ大陸における大型獣の絶滅率の高さを説明するために提唱されたといえる. Barnosky & Lindsey (2010) は, 南アメリカ大陸各地の遺跡から出土している化石の放射性炭素年代を再検討し, 南アメリカにおける大型動物相の絶滅時期について, 人類の影響と環境変化の2

点から検討している．彼らは最古の人類化石証拠はチリのモンテ・ベルデ (Mote Verde) の約 15 ka のものであるとし，これに対し絶滅した動物群の最後の出土年代値 (LAD) について検討した．その結果，13.5〜11.5 ka のヤンガー・ドリアス期（第 1, 3 章）に 6 属（エレモテリウム，グロッソテリウム，ミロドン，トクソドン，ヒッピディオン，エクウス）が絶滅し，完新世以降になってスミロドン，カトニクス，メガテリウム（図 5.16），ドエディクルスなどが絶滅しているらしい．つまり，南米に人類が出現してから少なくとも 6,000 年以上の間，大型動物の絶滅が起きていないことになる．また最終氷期が終わった約 10 ka から 1 千年ほど後まで目立った絶滅は起こらなかったらしい．

　南アメリカに人類が到達した後に気候が悪化したヤンガー・ドリアス期になって 6 属もの絶滅が起きたということは，人類の出現と急速な気候悪化の組合せが絶滅率を上昇させたことを示している．しかし，同時にいくつかの大型動物種（スミロドン，カトニックス，メガテリウム，ドエディクルス）は，この最悪の時期を乗り越えることができたのであるから，必ずしも人類活動と気候変動が絶滅をもたらしたわけではないとも考えられる．また，南米産の大型獣化石の年代のばらつきや (Dantas *et al.*, 2013; Hubbe *et al.*, 2013)，北半球と南半球の気候変動のタイミングのずれ (Metcalf *et al.*, 2016) などを指摘する研究もある．今後のデータの積み重ねと，その精密な検討が重要だろう．

5.4　オセアニア

5.4.1　オーストラリアの地形と気候

　オセアニアとはオーストラリア大陸とポリネシア・メラネシア・ミクロネシアといった島嶼を含む地域だが，本書では大型哺乳類の生息しているオーストラリア大陸とニュージーランド島（ポリネシア），ニューギニア島（メラネシア）に対象を絞って記述する．現在，オーストラリア大陸とニューギニア島は海で隔てられているが，地形的には同じ大陸棚に属しており，後期更新世の約 70〜10 ka に海面が低下した時期には両者はサフルランド (Sahul land) と呼ばれる亜大陸を形成していた．ただし，海面が低下しても西側にあるスラウェシ島（＝セレベス島），小スンダ列島，モルッカ諸島（＝マルク諸島）などとは陸続きになることはなかった．現在の動物相もこういった地史的背景を反映しており，東洋区とオーストラリア区という 2 つの動物区の境界線が複数（ウォーレス線，ウェーバー線，ライデッカー線）設定されている．なお，初期人類であるアボリジニー（現代型ホモ・サピエンス）がオーストラリアに到達したのは 70〜60 ka と考えられており，サフルランドが出現していた時期とされている．

オーストラリアは東端にグレートディバイディング山脈があり，その東側は温暖湿潤な気候である．対照的に，中央部はステップ気候の大鑽井盆地（グレートアーテジアン盆地）が広がり，その西は広大な砂漠が広がっている．オーストラリアの更新世の気候変動としては，26〜15 ka に著しい乾燥化が起きたことが知られている（河村，2003）．

5.4.2 オーストラリアの更新世の動物相

オーストラリアは長い間他の大陸から隔離されていたため，有袋類と単孔類からなる特殊な動物相を保持していた．完新世以降に現生人類によって有胎盤哺乳類が持ち込まれ，急激に動物相が変化している．更新世における動物相の変化は，世界遺産に登録されているオーストラリア化石哺乳類地点 (Australian Fossil Mammal Sites) などから見つかっている化石記録でたどることができる．

オーストラリアの大型動物相（約 30 kg 以上，もしくは現存する近縁種よりも30％以上大きな種）の多くは後期更新世の後半 (50〜16 ka) の間に絶滅したと考えられている．たとえば，オーストラリアでは後期更新世までは少なくとも 5 種類の肉食性有袋類が生息していた．ヒプシプリムノドン科のプロプレオプス (*Propleopus oscillans*)，フクロライオン科のフクロライオン (*Thylacoleo carnifex*)，フクロオオカミ科のフクロオオカミ (*Thylacinus cynocephalus*)，フクロネコ科のタスマニアデビル (*Sarcophilus harrisii*) とオオフクロネコ (*Dasyurus maculatus*) である．このうち，現在も生息しているのはタスマニアデビルとオオフクロネコだけである．プロプレオプスは雑食性のカンガルーで，現生の近縁種であるネズミカンガルーとは違って，大きなものは体重 70 kg・体長約 3 m に達していたと考えられている．フクロライオンは，体重が 100 kg を超えていたとされ，小型のヒョウほどのサイズだったが，約 50 ka に絶滅したらしい．フクロオオカミ類は収斂進化の例としてあげられることが多いオーストラリアの「オオカミ」である．完新世までサヘルランドに広く分布していたが，ディンゴ (*Canis lupus dingo*, 4 ka に移入され野生化したイヌ) に圧迫されて約 2 ka にほぼ姿を消した．最後まで生き残っていたのはタスマニア島であった．タスマニアデビルは，その名の通りタスマニア島に細々と生き残っているだけである．オオフクロネコは，現在でもオーストラリア南東部に生息している夜行性の肉食獣であるが，腐肉食性の傾向が強い．

草食性の大型有袋類であるディプロトドン科のディプロトドン (*Diprotodon optatum*) は，体重が 2〜3 t にもなる「巨大なウォンバット」である．25 ka 頃から減少を始め，完新世の約 7 ka に絶滅したと考えられている．更新世の頃の乾燥化やアボリジニによる燃え木農法（焼き畑）による生息地の環境変化，幼獣の

224 第5章 更新世の哺乳類の進化と絶滅

狩猟などが原因と考えられている．この他に，パロルケステス科のパロルケステ
ス (*Palorchestes azalae*) はバクのようなやや長めの鼻を持った巨大な植物食性の
四足獣で，後期更新世 (40〜25 ka) まで生き残っていたらしい (Richards *et al.*,
2019)．またウォンバット科の大型動物のファスコロヌス (*Phascolonus gigas*) や
セドファスコロミス (*Sedophascolomys medius*) なども後期更新世に絶滅した．

　哺乳類ではないが，オーストラリアに生息していたいくつかの巨大な陸上性鳥類で
あるドロモニルス科の鳥（ドロモルニス・スティルトニ (*Dromornis stirtoni*) やブ
ロックオルニス (*Bullockornis planei*)），巨大な陸生ワニのキンカナ (*Quinkana*)，
巨大なオオトカゲ（メガラニア *Megalania prisca*），巨大なヘビ（ウォナンビ (*Won-
ambi naracoortensis*) やリアシス (*Liasis dubudingala*)），巨大な陸生カメである
メイオラニア (*Meiolania*) も絶滅したことがわかっている．Miller *et al.* (2016)
は，あちこちの遺跡から見つかる大型の陸生鳥類のガストルニス科のゲニオルニス
(*Genyornis darwini*) の卵殻に残る焼痕が人類による調理によるものだと考え，人
類活動がこれらの大型鳥類の絶滅に深く関与したと指摘している．しかし対象とし
た卵殻に別の鳥類が含まれている可能性が高いという指摘もある (Grellet-Tinner
et al., 2016)．

5.4.3　オーストラリアの大量絶滅の要因

　オーストラリアにおけるこういった大型動物相（メガファウナ）の絶滅の原因
は，現在も活発に議論されて，LGM の乾燥化が大型動物の絶滅の一因である可能
性も強く指摘されている．しかし，環境変化説だけでは，オーストラリアにおける
後期更新世の大型動物種の絶滅より以前の 200 万年間の気候変動を生き残ったと
いう事実が説明できないという意見もある．一方，60〜48 ka にオーストラリアへ
到達した人類（アボリジニ）による狩猟と燃え木農法による火気の使用が生息域を
減少させたとする説も有力である (Miller *et al.*, 2005; Rule *et al.*, 2012)．しかし
近年，その人類活動説の根拠を覆すような研究成果も発表されている．Hocknull
et al. (2020) はオーストラリア北東部の約 40 ka のサウス・ウォーカー・クリー
ク遺跡から，すでにほぼ絶滅状態にあったとされていたディプロトドン，パロル
ケステス，フクロオオカミや絶滅した大型のカンガルーやウォンバットの大型獣
の化石が見つかったことを報告している．この遺跡はサフルランドの東沿岸部に
近く，オーストラリアに到達したアボリジニが通った経路と考えられるので，人
類活動の影響を受けたであろうことが十分に予測される．メガファウナの絶滅時
期がオーストラリア中南部と北東部でかなり違っているとすると，アボリジニの
生業活動という要因だけでは説明できないことになる．いずれにせよ，今後の詳
細かつ正確な年代データが必要である．

おわりに

　本章では，更新世における陸生中・大型哺乳類の盛衰について，地域（大陸）ごとに分けて概説した．本来ならば，中・小型の哺乳類や爬虫類・両生類などの動物も対象に紹介するべきであるが，地域によってはこういった小型動物の化石記録が十分でないため，統一性を維持するためにこのような形で記述している．更新世は大量絶滅の時代とされることが多いが，このように地域間の化石記録の精度がばらついていることが多く，絶滅時期や絶滅率の比較に正確性を欠いている．特に齧歯類の分布域と分布年代の解析は，古生物学の基礎となるものであるから，こういった小型哺乳類化石データの充実が，今後の第四紀の絶滅現象に関する議論をより有意義なものにするために必要不可欠である．

　また，南北アメリカ大陸における大型獣の大量絶滅の要因に関する議論は，新しい化石記録やこれまでに蓄積されてきたデータベースの質の見直しなどから常に議論が繰り返されてきた．近年では，歯や骨に含まれている安定同位体解析，化石の年代推定法の精密化，化石から抽出する古代ゲノム解析，歯の咬耗面のマイクロウェア解析による食性復元など，これまで不可能であった解析が新しい化学的・実験的手法により可能となりつつある．本書の刊行後にも新たな議論が展開し，全面的な書き換えが必要となることだろう．

引用文献

赤澤 威 (1992) アメリカ大陸の人類と自然. 最初のアメリカ人, pp. 192-250, 岩波書店

Ambrose, S. H. (1998) Late Pleistocene human population bottlenecks, volcanic winter, and differentiation of modern humans *J. Hum. Evol.* **34**, 623-651

Bacon, A. M., Antoine, P. O. *et al.* (2011) The Middle Pleistocene mammalian fauna from Tam Hang karstic deposit, northern Laos: New data and evolutionary hypothesis. *Quat. Inter.,* **245**, 315-332

Barnosky, A. D. & Lindsey, E. L. (2010) Timing of Quaternary megafaunal extinction in South America in relation to human arrival and climate change. *Quat. Inter.,* **217**, 10-29

Barnosky, A. D., Koch, P. L. *et al.* (2004) Assessing the causes of Late Pleistocene extinctions on the continents. *Science,* **306**, 70-75

Behrensmeyer, A. K., Todd, N. E. *et al.* (1997) Late Pliocene faunal turnover in the Turkana Basin, Kenya and Ethiopia. *Science,* **278**, 1589-1594

Bell, C. J., Lundelius, E. L. *et al.* (2004) The Blancan, Irvingtonian, and Rancholabrean mammal ages. *in* Late Cretaceous and Cenozoic Mammals of North America (ed. Woodburne, M. O.) pp. 232-314, Columbia Univ. Press

Belmaker, M. (2010) The presence of a large cercopithecine (cf. *Theropithecus* sp.) in the 'Ubeidiya formation (Early Pleistocene, Israel). *J. Hum. Evol.,* **58**, 79-89

Bernor, R. L, Armour-Chelu, M. J. *et al.* (2010) Equidae. *in* Cenozoic Mammals of Africa (eds. Weeswlin, L. *et al.*), pp. 685-721, California Univ. Press

Broughton, J. M. & Weitzel, E. M. (2018) Population reconstructions for humans and megafauna suggest mixed causes for North American Pleistocene extinctions. *Nat. Commun.,* **9**, 5441

Cai, B-Q, Zheng, S. H. *et al.* (2013) Review of the Litho-, Bio-, and Chronostratigraphy in the Nihewan Basin, Hebei, China. *in* Fossil Mammals in Asia: Neogene Biostratigraphy and Chronology (eds. Wang X *et al.*), pp. 218-242, Columbia Univ. Press

226 第 5 章 更新世の哺乳類の進化と絶滅

Cantalapiedra, J. L., Sanisidro, Ó. *et al.* (2021) The rise and fall of proboscidean ecological diversity. *Nat. Ecol. Evol.*, **355**, 1266-1272

Cassini, G. H., Muñoz, N. A. *et al.* (2016) Evolutionary history of South American Artiodactyla. *in* Historia Evolutiva y Paleobiogeográfica de los vertebrados de América del Sur (eds. Agnolin, F. L. *et al.*), pp. 311-322, Contribucion del MACN No.6, Buenos Aires

Chauhan, P. R. (2008) Large mammal fossil occurrences and associated archaeological evidence in Pleistocene contexts of peninsular India and Sri Lanka. *Quat. Int.* **192**, 20-42

Cione, A. L & Tonni, E. P. (1995) Chronostratigraphy and ˝Land-mammal ages˝ in the Cenozoic of southern South America: Principles, practices, and the ˝Uquian˝ problem. *J. Paleontol*, **69**, 135-159

Cione, A. L., Gasparini, G. M. *et al.* (2015) The Great American Biotic Interchange. A South American Perspective. Springer Brief Monographies in Earth System Sciences. South America and the Southern Hemisphere (Series eds. Rabassa, J. *et al.*), pp. 97, Publisher Springer Hetherlands

Cione, A. L., Tonni, E. P. *et al.* (2009) Did humans cause the Late Pleistocene-Early Holocene mammalian extinctions in South America in a context of shrinking open areas? *in* American Megafaunal Extinctions at the End of the Pleistocene (ed. Hynes), pp. 125-143, Springer Science

Corbet, G. B. & Hill, J. E. (1992) The mammals of Indomalayan Region., pp. 488, Oxford Univ. Press

Dantas, M. A. T., Dutra, R. P. *et al.* (2013) Paleoecology and radiocarbon dating of the Pleistocene megafauna of the Brazilian Intertropical Region. *Quat. Res.,* **79**, 61-65

Dennell, R. (2003) Dispersal and colonisation, long and short chronologies: how continuous is the Early Pleistocene record for hominids outside East Africa? *J. Hum. Evol.*, **45**, 421-440

Dennell, R. W. (2004) Early Hominin landscapes in northern Pakistan: investigations in the Pabbi Hills. *British Archaeological Reports. International Series*, **1265**, 1-454

Dennell, R., Coard, R. *et al.* (2006) The biostratigraphy and magnetic polarity zonation of the Pabbi Hills, northern Pakistan: An Upper Siwalik (Pinjor Stage) Upper Pliocene-Lower Pleistocene fluvial sequence. *Palaeo. Palaeo. Palaeo.*, **234**, 168-185

Enk, J., Devault, A. *et al.* (2011) Complete Columbian mammoth mitogenome suggests interbreeding with woolly mammoths. *Genome Biol.*, **12**, R51

Faith, J. T. (2014) Late Pleistocene and Holocene mammal extinctions on continental Africa. *Earth Sci. Rev.*, **128**, 105-121

Flynn, J. J. & Swisher, III. (1995) Cenozoic south American Land Mamal Ages: Correlation to global geochronologies. *in* Geochronology Time Scales and Global Stratigraphic Correlation (eds. Berggre, W.A. *et al.*) pp. 317-333, SEPM Special Publication

Gabunia, L., Lordkipanidze, D. *et al.* (2000) The environmental contexts of Early Human occupation of Georgia (Trancaucasia). *J. Hum. Evol.*, **38**, 785-802

Geraads, D., Barr, W.A., *et al.* (2021) New Remains of *Camelus grattardi* (Mammalia, Camelidae) from the Plio-Pleistocene of Ethiopia and the Phylogeny of the Genus. *J. Mamm. Evol.*, **28**, 359-370

Ghosh, R., Sehgal, R. K. *et al.* (2016) Discovery of *Elephas* cf. *namadicus* from the late Pleistocene strata of Marginal Ganga Plain. *J. Geol. Soc. India*, **88**, 559-568

Gliozzi, E., Laura A. *et al.* (1997) Biochronology of Selected Mammals, Molluscs and Ostracods from the Middle Pliocene to the Late Pleistocene in Italy: The State of the Art. *Riv. Ital. Paleontol. Stratigr.*, **103**, 369-388

Graham, R. W. (1986) Plant-animal interactions and Pleistocene extinctions. *in* Dynamics of Extinction (ed. Elliot, D. K.), pp. 131-154, John Wiley & Sons

Grellet-Tinner, G., Spooner, N. A. *et al.* (2016). Is the *Genyornis* egg of a mihirung or another extinct bird from the Australian dreamtime? *Quat. Sci. Rev.,* **133**, 147-164

Guthrie, R. D. (1984) Mosaics, allelochemics, and nutrients: An ecological theory of Late Pleistocene megafaunal extinctions. *in* Quaternary Extinctions: A Prehistoric Revolution (eds. Martin, P. S. *et al.*) pp. 259-298, The Univ. of Arizona Press

Guthrie, R. D. (2006) New carbon dates link climatic change with human colonization and

Pleistocene extinctions. *Nature*, **44**, 207-209

Harris, J. M., Geraads, D. *et al.* (2010) Camelidae. *in* Cenozoic Mammals of Africa (eds. Weeswlin, L. *et al.*), pp. 815-820, Univ. California Press

Hocknull, S. A., Lewis, R. *et al.* (2020) Extinction of eastern Sahul megafauna coincides with sustained environmental deterioration. *Nat. Commun.*, **11**, 2250

Hubbe, A., Hubbe, M. *et al.* (2013) Insights into Holocene megafauna survival and extinction in southeastern Brazil from new AMS ^{14}C dates. *Quat. Res.*, **79**, 152-157

Jablonski, N. G. (ed.) (1993) *Theropithecus*: The rise and Fall of a Primate Genus. pp. 536, Cambridge Univ. Press

Jin, C. Z., Qin, D. G. *et al.* (2008) A newly discovered Gigantopithecus fauna from Sanhe Cave, Chongzuo, Guangxi, South China. *Chinese Sci. Bull.*, **54**, 788-797

Jin, C. Z., Pan, W. S. *et al.* (2009) The *Homo sapiens* Cave hominin site of Mulan Mountain, Jiangzhou District, Chongzuo, Guangxi with emphasis on its age. *Chinese Sci. Bull.*,**54**, 3848-3856

Jin, C., Wang, Y. *et al.* (2014) Chronological sequence of the early Pleistocene Gigantopithecus faunas from cave sites in the Chongzuo, Zuojiang River area, South China. *Quat. Inter.*, **354**, 4-14

Jin, C. Z., Wang, Y. *et al.* (2021) Late Cenozoic mammalian faunal evolution at the Jinyuan Cave site of Luotuo Hill, Dalian, Northeast China. *Quat. Inter.*, **577**, 15-28

Jukar, A. M., Lyons, S. K. *et al.* (2021) Late Quaternary extinctions in the Indian Subcontinent. *Palaeo. Palaeo. Palaeo.*, **562**, 110-137

Jukar, A. M., Patnaik, R. *et al.* (2019) The youngest occurrence of *Hexaprotodon* Falconer and Cautley, 1836 (Hippopotamidae, Mammalia) from South Asia with a discussion on its extinction. *Quat. Inter.*, **528**, 130-137

Kahlke, H. D. (1961) On the complex of the *Stegodon-Ailuropoda* fauna of Southern China and the chronological position of *Gigantopithecus blacki* V. Koenigswald. *Vert. PalAs.*, **6**, 83-108

Kang, J.-C., Lin, C.-H. *et al.* (2021) Age and growth of *Palaeoloxodon huaihoensis* from Penghu Channel, Taiwan: Significance of their age distribution based on fossils. *PeerJ*, **9**, e11236

Lacombat, F., Abbazzi, L. *et al.* (2008) New data on the Early Villafranchian fauna from Vialette (Haute-Loire, France) based on the collection of the Crozatier Museum (Le Puy-en-Velay, Haute-Loire, France). *Quat. Inter.*, **179**, 64-71

Lister, A. M. & Stuart, A. J. (2008) The impact of climate change on large mammal distribution and extinction: Evidence from the last glacial/interglacial transition. CR Geosci. **340**, 615-620

Liu J., Liu J. *et al.* (2021) The giant short-faced hyena *Pachycrocuta brevirostris* (Mammalia, Carnivora, Hyaenidae) from Northeast Asia: A reinterpretation of subspecies differentiation and intercontinental dispersal. *Quat. Inter.*, **577**, 29-51

Louys, J., Curnoe, D. *et al.* (2007) Characteristics of Pleistocene megafauna extinctions in Southeast Asia. *Palaeo. Palaeo. Palaeo.*, **243**, 152-173

Louys, J. & Meijaard, E. (2010) Palaeoecology of Southeast Asian megafauna-bearing sites from the Pleistocene and a review of environmental changes in the region. *J. Biogeogr.*, **37**, 1432-1449

河村善也 (2003) 動物群・第四紀の生態系. 第四紀学（町田洋 他編著）. pp. 219-265. 朝倉書店

河村善也 (2007) 哺乳類の絶滅史から現在と近未来を考える. 地球史が語る近未来の環境（日本第四紀学会 他編）. pp. 123-143, 東京大学出版会

MacPhee, R. D. E., Tikhonov, A. N. *et al.* (2002) Radiocarbon chronologies and extinction dynamics of the Late Quaternary mammalian megafauna of the Taimyr Peninsula, Russian Federation. *J. Archeaol. Sci.*, **29**, 1017-1042

Marshall, L. G. (1985) Geochronology and Land-Mammal biochronology of the transamerican faunal interchange. *in* The Great American Biotic Interchange (eds. Stehli, Webb SD), pp. 49-85, Plenum Press

Marshall, L. G. (1988) Land mammals and the Great American Interchange. *Am. Sci.*, **76**, 380-388

228　第 5 章　更新世の哺乳類の進化と絶滅

Martin, P. S. (1967) Prehistoric overkill. *in* Pleistocene Extinctions: The Search for a Cause (eds. Martin, P. S. *et al.*), pp. 75-120, Yale Univ. Press

Martin, P. S. (1973) The discovery of America. *Science*, **179**, 969-974. Reprinted with permission from AAAS.

Martin, P. S. (1984) Prehistoric overkill. *in* Quaternary Extinctions: A Prehistoric Revolution (eds. Martin, P. S. *et al.*), pp. 354-403, The Univ. of Arizona Press

Martinez-Navarro, B. (2010) Early Pleistocene Faunas of Eurasia and Hominin Dispersals *in* Out of Africa I: The First Hominin Colonization of Eurasia, Vertebrate Paleobiology and Paleoanthropology (eds. Fleagle, J. G. *et al.*), pp. 207-224, Springer Science + Business Media B. V.

Martinez-Navarro, B., Perez-Claros, J. A. *et al.* (2007) The Olduvai buffalo *Pelorovis* and the origin of *Bos. Quat. Res.*, **68**, 220-226

McLaren, D., Fedje, D. *et al.* (2018) Terminal Pleistocene epoch human footprints from the Pacific coast of Canada. *PLoS ONE*, **13**, e0193522

Medway, L. (1977) The Niah excavations and an assessment of the impacts of early man on mammals in Borneo. *Asian Perspectives*, **20**, 51-69

Meijaard, E. (2003) Mammals of south-east Asian islands and their Late Pleistocene environments. *J. Biogeography*, **30**, 1245-1257

Mein, P. (1990) Updating of MN Zones. *in* European Neogene Mammal Chronology (eds. Lindsay, E. H. *et al.*) pp. 73-90, Springer MA

Metcalf, J. L., Turney, C. *et al.* (2016) Synergistic roles of climate warming and human occupation in Patagonian megafaunal extinctions during the Last Deglaciation. *Science Advances*, e1501682

Miller, G. H., Fogel, M. L. *et al.* (2005) Ecosystem collapse in Pleistocene Australia and a human role in megafaunal extinction. *Science*, **309**, 287-290

Miller, G, Maee, J. *et al.* (2016) Human predation contributed to the extinction of the Australian megafaunal bird Genyornis newtoni 47 ka. *Nat. Commun.*, **7**, 10496

百原 新 (2003) 第四紀の生態系. 第四紀学（町田洋 他編著），pp. 256-265, 朝倉書店

Mosimann, J. E. & Martin, P. S. (1975) Simulating overkill by Paleoindians. *Am. Sci.*, **63**, 304-313

Nanda, A. C. (2002) Upper Siwalik mammalian faunas of India and associated events. *Jour. Asian Earth Sci.*, **21**, 47-58

Nanda, A. C. (2008) Comments on the Pinjor Mammalian Fauna of the Siwalik Group in relation to the post-Siwalik faunas of Peninsular India and Indo-Gangetic Plain, *Quat. Inter.*, **192**, 6-13

Nanda, A. C. (2013) Upper Siwalik mammalian faunas of the Himalayan foothills. *J. Plaeont. Soc. India*, **58**, 75-86

Nishioka, Y., Takai, M. *et al.* (2015) Plio-Pleistocene rodents (Mammalia) from the Irrawaddy sediments of central Myanmar and palaeogeographical significance. *J. System. Palaeont.*, **13**, 287-314

Palombo, M. R. (2018) Twenty years later, reflections of the Aurelian European Land Mammal Age. *Alp. Mediterr. Quat*, **31**, 177-180

Patel, B. A., Gilbert, C. C. *et al.* (2007) Cercopithecoid cervical vertebral morphology and implications for the presence of *Theropithecus* in early Pleistocene Europe. *J. Hum. Evol.* **52**, 113-129

Patnaik, R. (2016) Neogene-Quaternary Mammalian Paleobiogeography of the Indian Subcontinent: An appraisal. *CR. Palevol*, **15**, 889-902

Patnaik, R., Chauhan, P. R. *et al.* (2009) New geochronological, paleoclimatological, and archaeological data from the Narmada Valley hominin locality, central India. *J. Hum. Evol.* **56**, 114-133

Prasad, K. N. (1996) Pleistocene cave fauna from peninsular India. *J. Caves Karst Studies*, **58**, 30-34

Puspaningrum, M. R., van den Bergh, G. D. *et al.* (2020) Isotopic reconstruction of Proboscidean habitats and diets on Java since the Early Pleistocene: Implications for adaptation and extinction. *Quat. Sci. Rev.*, **228**, 106007

Qiu, Z. X. (2006) Quaternary environmental changes and evolution of large mammals in North China. *Vert. PalAs.*, **44**, 109-132

Qiu, Z-X, Qiu, Z-D. *et al.* (2013) Neogene land mammal stages/ages of China —toward the goal to establish an Asian land mammal stage/age scheme. *in* Fossil Mammals of Asia: Neogene Biostratigraphy and Chronology (eds. Wang, X. *et al.*), pp. 29-90, Columbia Univ. Press

Richards, H. L., Wells, R. T. *et al.* (2019) The extraordinary osteology and functional morphology of the limbs in Palorchestidae, a family of strange extinct marsupial giants. *PLoS ONE*, **14**, e0221824

Roberts, P., Delson, E. *et al.* (2014) Continuity of mammalian fauna over the last 200,000 y in the Indian subcontinent. *Proc. Nat. Acad. Sciences, USA*, **111**, 5848-5853

Rook, L. & Martinez-Navarro, B. (2010) Villafranchian: The long story of a Plio-Pleistocene European large mammal biochronologic unit. *Quat. Inter.*, **219**, 134-144

Rook, L., Delfino, M. *et al.* (2013) Early Pleistocene. *Encyclopedia of Quaternary Science*, **2007**, 3132-3139

Rule, S., Brook, B. W. *et al.* (2012) The aftermath of megafaunal extinction: ecosystem transformation in Pleistocene Australia. *Science*, **335**, 1483-1486

酒井治孝 (2023) ヒマラヤ山脈形成史．pp. 207．東京大学出版会

Sanders, W. J., Gheerbrant, E. *et al.* (2010) Proboscidea. *in* Cenozoic Mammals of Africa (eds. Werdelin, L. *et al.*) pp. 161-251, Univ. of California Press

関 雄二 (1992) 大型動物絶滅の謎．最初のアメリカ人．pp. 158-190, 岩波書店

Shen, G. & Jin, L. (1991) U-series age of Yanhui Cave, the site of Tongzi Man. *Acta Anthro. Sinica*, **10**, 65-72

Sheng, G-L., Soubrier, J. *et al.* (2014) Pleistocene Chinese cave hyenas and the recent Eurasian history of the spotted hyena, *Crocuta crocuta*. *Mol. Ecol.*, **23**, 522-533

Shoshani, J. & Tassy, P. (2005) Advances in proboscidean taxonomy & classification, anatomy & physiology, and ecology & behavior. *Quat. Inter.*, **126-128**, 5-20

Sotnikova, M. V., Dodonov, A. E. *et al.* (1997) Upper Cenozoic bio-magnetics tratigraphy of Central Asian mammalian localities. *Palaeogeo. Palaeocli. Palaeoeco.*, **133**, 243-258

Stuart, A. J. (1991) Mammalian extinctions in the Late Pleistocene of northern Eurasia and North America. *Bio. Rev.*, **66**, 453-562

Stuart, A. J. (2015) Late Quaternary megafaunal extinctions o the continents: A short review. *Geol. J.*, **50**, 338-363

Stuart, A. J. & Lister, A. M. (2007) Patterns of Late Quaternary megafaunal extinctions in Europe and northern Asia. *CFS*, **259**, 289-299

Stuart, A. J. & Lister, A. M. (2011) Extinction chronology of the cave lion *Panthera spelaea*. *Quat. Sci. Rev.*, **30**, 2329-2340

Sun, F., Wang, Y. *et al.* (2019) Paleoecology of Pleistocene mammals and paleoclimatic change in South China: Evidence from stable carbon and oxygen isotopes. *Palaeogeo. Palaeocli. Palaeoeco.*, **524**, 1-12

高井正成・楠橋 直 他 (2018a) ミャンマー中部の新第三系の地質と動物相の変遷．化石．**103**, 5-20

高井正成・楠橋 直 他 (2018b) 修正：ミャンマー中部の新第三系の地質と動物相の変遷．化石．**104**, 51-54

Takai, M., Zhang, Y. *et al.* (2014) Changes in the composition of the Pleistocene primate fauna in southern China. *Quat. Inter.*, **354**, 75-83

Takai, M., Nishioka, Y. *et al.* (2016) Late Pliocene Semnopithecus fossil from central Myanmar: Rethinking of the evolutionary history of cercopithecid monkeys in Southeast Asia. *Hist. Biol.*, **28**, 171-187

Tchernov, E. (1987) The age of the Ubeidiya Formation, an Early Pleistocenehominid site in the Jordan Valley, Israel. *Isr. J. Earth Sci.*, **36**, 3-30

冨田幸光 (1992) アメリカ大陸の脊椎動物の歴史．アメリカ大陸の誕生．pp. 182-234, 岩波書店

Tougard, C., Chaimanee, Y. *et al.* (1996) Extension of the geographic distribution of the giant panda (Ailuropoda) and search for the reasons for its progressive disappearance in Southeast Asia during the Latest Middle Pleistocene. *C. R. Acad. Sci.*, **323**, 973-979

Turner, A. & Antón, M. (2004) Evolving Eden: An Illustrated Guide to the Evolution of the

African Large-Mammal Fauna. pp. 269, Columbia Univ. Press（和訳：冨田幸光 訳 (2007) 図説 アフリカの哺乳類，丸善出版）

Turvey, S. T., Tong, H. *et al.* (2013) Holocene survival of Late Pleistocene megafauna in China: A critical review of the evidence. *Quat. Sci. Rev.,* **76**, 156-166

Turvey, S. T., Sathe, V. *et al.* (2021) Late Quaternary megafaunal extinctions in India: How much do we know? *Quat. Sci. Rev.,* **252**, 106740

van den Bergh, G. D., de Vos, J. *et al.* (2001) The Late Quaternary palaeogegraphy of mammal evolution in the Indonesian Archipelago. *Palaeo. Palaeo. Palaeo.,* **171**, 385-408

Wang, W., Liao, W. *et al.* (2014) Early Pleistocene large-mammal fauna associated with Gigantopithecus at Mohui Cave, Bubing Basin, South China. *Quat. Inter.,* **354**, 122-130

Wang, Y., Jin, C. *et al.* (2017) The Early Pleistocene *Gigantopithecus-Sinomastodon* fauna from Juyuan karst cave in Boyue Mountain, Guangxi, South China. *Quat. Inter.,* **434**, 4-16

Webb, S. D. (1985) Late Cenozoic mammal dispersals between the Americans. *in* The Great American Biotic Interchange (eds. Stehli, F. D. *et al.*), pp. 357-386, Plenum Press

Webb, S. D. (2000) Evolutionary history of new world Cervidae. *in* Antelopes, Deer, and Relatives: Fossil Record, Behavioral Ecology, Systematics, and Conservation (eds. Vrba, E. *et al.*), pp. 38-64, Yale Univ. Press

Whitney-Smith, E. (2004) Late Pleistocene extinctions through second-order predation. *in* Settlement of the American Continents: A Multidisciplinary Approach to Human Biogeography (eds. Barton, C. M. *et al.*), pp. 177-189, Univ. of Arizona Press

Whitney-Smith, E. (2009) The Second-Order Predation Hypothesis of Pleistocene Extinctions: A System Dynamics Model. pp. 142, Saarbruken

Whitten, T., Soeriaatmadja, R. E. *et al.* (1996) The Ecology of Java and Bali, pp. 969, Periplus Editions

Zhu, M., Schubert, B. W. *et al.* (2014) A new record of the saber-toothed cat *Megantereon* (Felidae, Machairodontinae) from an Early Pleistocene *Gigantopithecus* fauna, Yanliang Cave, Fusui, Guangxi, South China. *Quat. Inter.,* **354**, 100-109

Zin-Maung-Maung-Thein, Takai, M. *et al.* (2010). A review of fossil rhinoceroses from the Neogene of Myanmar with description of new specimens from the Irrawaddy Sediments. *J. Asian Earth Sci.,* **37**, 154-165

化石種のデータベース

Fossilworks: http://www.fossilworks.org/cgi-bin/bridge.pl?a=home
The Paleobiology Database: https://paleobiodb.org/#/

絶滅獣の和名

土屋 健 (2016) 古第三紀・新第三紀・第四紀の生物：上巻・下巻．pp. 184+176, 技術評論社
冨田幸光 (2011) 新版 絶滅哺乳類図鑑，pp. 256, 丸善出版

第 **6** 章

人類の進化

　本章では，中新世末から始まり，およそ 700 万年に及ぶ人類の進化の歴史について，主に化石記録に基づく現時点での理解を紹介する．人類誕生から日本列島へのヒトの到達まで，時間的にも空間的にも幅広い対象，話題が含まれており，個々についての深い理解には至らないまでも，大きく全体像を把握してもらえるように執筆した．150 年以上に及ぶ人類化石研究の歴史にも必要に応じて触れつつ，最近までに報告された新種についても一通り紹介し，さらにごく最近報告された新たな化石資料や解釈についてもできるだけカバーしている．また，近年圧倒的なスピードで力を発揮するようになってきていて，人類進化史を語る際にもはや無視することができないのが DNA 分析研究である．十分な解説はできないものの，本文とコラムで重要なポイントには言及しているので，理解の入り口にしてもらいたい．

6.1　人類とは

6.1.1　人類の定義と区分

　我々現代人は分類学的には霊長目ヒト上科ヒト科のホモ属サピエンス種 (*Homo sapiens*) という位置づけとなる．かつてはヒトと現生大型類人猿を科のレベルで分け，ヒトの系統に属するすべてをヒト科 (Hominidae) としていた（表 6.1a）．しかし，DNA の研究の進展によってヒトと現生大型類人猿の違いはごくわずかであることが示され，大型類人猿だけで一つの系統を形成するのではないことが明らかとなってきた．そのため現在ではヒト科にはヒトと大型類人猿，すなわちチンパンジー・ゴリラ・オランウータンをすべて含め（表 6.1b），従来のヒト科のメンバーは科の一つ下の分類階層にまとめてヒト族 (Hominini) とするのが一般的である (Wood & Richmond, 2000)．ただしオランウータンをヒト科から外してオランウータン科とする分類や，ヒトとチンパンジーをヒト族として，ヒトは

232　第6章　人類の進化

表6.1　ヒト上科の分類.

(a) かつての分類

上科	科	属	
Hominoidea	Hylobatidae		テナガザル
	Pongidae	*Pongo*	オランウータン
		Gorilla	ゴリラ
		Pan	チンパンジー
	Hominidae	*Homo*	ヒト

(b) 現在の一般的な分類

上科	科	亜科	族	属	
Hominoidea	Hylobatidae				テナガザル
	Hominidae	Ponginae		*Pongo*	オランウータン
		Homininae	Gorillini	*Gorilla*	ゴリラ
			Panini	*Pan*	チンパンジー
			Hominini	*Homo*	ヒト

(c) 現在の分類の別見解

上科	科	亜科	族	亜族	属	
Hominoidea	Hylobatidae					テナガザル
	Hominidae	Ponginae			*Pongo*	オランウータン
		Homininae	Gorillini		*Gorilla*	ゴリラ
			Hominini	Panina	*Pan*	チンパンジー
				Hominina	*Homo*	ヒト

　さらに一つ下の亜族 (Hominina) とする意見もある（表6.1c）．また従来の用法の方が適切であるとする意見も根強く，特に古参の人類化石研究者などが人類を指す用語として今でも hominid を用いる場合もある (Schwartz, 2015).

　人類進化学においては，最も近縁な現生種であるチンパンジーとの共通祖先と分岐した時点を人類の起源と定義する（チンパンジーの起源でもある）．それ以降，我々ホモ・サピエンスまでつづく枝上にいる，あるいはこの枝から分岐したものをすべて「人類」とする．なお，「ヒト」という用語は，基本的に現生人類の生物学的特徴について言及する文脈で用いる．

　人類の起源については，現在のところ分子生物学的解析と化石記録の両方で少なくとも約7 Ma（Ma = 100万年前）までは遡ると考えられている．本巻は第四紀を対象としているが，本章では中新世末まで視野に入れて解説する．我々ホモ・サピエンスは今日現在では地球上に存在する唯一の人類であるが，人類の進化の

6.1 人類とは 233

表 6.2 本章に登場する主な人類の各種と区分.

段階区分		小区分	属名	種小名	
人類	猿人	初期の猿人	*Sahelanthropus* サヘラントロプス	*tchadensis*	チャデンシス
			Orrorin オロリン	*tugenensis*	トゥゲネンシス
			Ardipithecus アルディピテクス	*kadabba* *ramidus*	カダバ ラミダス
		狭義のアウストラロピテクス/典型的な猿人	*Australopithecus* アウストラロピテクス	*anamensis* *afarensis* *africanus* *garhi* *sediba*	アナメンシス アファレンシス アフリカヌス ガルヒ セディバ
		頑丈型猿人	*Paranthropus/* *Australopithecus* パラントロプス/ アウストラロピテクス	*aethiopicus* *robustus* *boisei*	エチオピクス ロブストス ボイセイ
	原人		*Homo* ホモ	*habilis* *rudolfensis* *ergaster* *erectus* *floresiensis* *luzonensis*	ハビリス ルドルフエンシス エルガスター エレクトス フロレシエンシス ルゾネンシス
	旧人		*Homo*	*heiderbergensis* *neanderthalensis*	ハイデルベルゲンシス ネアンデルタレンシス
	新人/現生人類/現代人		*Homo*	*sapiens*	サピエンス

＊このリストはこれまでに提唱された人類種すべてを網羅してはいない. このほかにもたとえば *Australopithecus deyiremeda*, *Kenyanthropus platyopus*, *Homo georgicus*, *H. rhodesiensis*, *H. naledi*, *H. antecessor* などの種がこれまでに提唱されている. また種名はつけられていないがデニソワ人 (Denisovan) も旧人に含められる.

過程では祖先にあたる種，絶滅してしまった種など，少なくとも10種以上が知られており，これまでに提案された種をすべて数えれば25種以上に上る. 我々ホモ・サピエンスには現生類人猿とは決定的に異なるいくつかの特徴（直立二足歩行・小型で性差のない犬歯・発達した脳と，それに起因する文化的特徴など）があり，過去の人類の姿を通じて，進化の過程でこれらの特徴がいつ頃からどのような順序で獲得されたのかが少しずつ明らかになってきている現状を本章では紹介する.

なお，日本語で人類進化の話をする際にしばしば登場する猿人や原人といった用語は，正式な分類群を表す用語ではない. たとえば猿人はもともと英語の「ape man」に対応した訳語として使われていたが，英語圏では現在，この「猿人」に相当する用語は正式には使われていない. しかし新たな属名や種名が様々に提唱

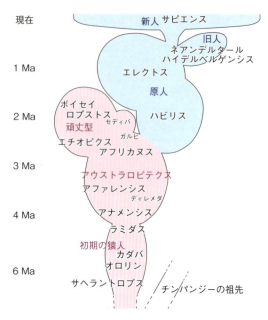

図 6.1 本章に登場する人類祖先のおおよその年代と関係性（河野，2021 を改変）．ピンクは猿人，ブルーはホモ属の人類を表す．詳しくは本文と表 6.2 を参照．

されたり，既存の分類群の定義について研究者間で見解が異なる場合もあり，進化段階を表すこれらの名称は実用的であり便利であるため，慣例的に用いられ続けている．そこで本書でもこれらの用語を適宜用いることとする．各段階に含まれる人類種については表 6.2 にまとめ，年代やおおよその系統関係については図 6.1 に示した．

6.2 猿人―ホモ属以外の初期人類―

6.2.1 猿人とは

本書では猿人を大きく3つのグループに大別して説明する．一つは「初期の猿人」で，1990 年代以降になって化石が発見されるようになった 4 Ma 以前の古い時期の人類化石を指し，アウストラロピテクス属 (*Australopithecus*) に含まれない．2つ目は，狭義のアウストラロピテクス属であり，いわゆる典型的な猿人である．3つ目は，咀嚼器官の発達がとりわけ顕著で，属レベルでパラントロプス属 (*Paranthropus*) に区別されることもある頑丈型の猿人である．なお狭義のアウストラロピテクス属については，頑丈型 (robust type) に対して「華奢型 (gracile type)」の猿人と呼ばれたこともあった．しかし，我々現代人などと比べて猿人全体で咀嚼器官が発達する傾向があり，華奢と呼ぶのは適切でないということで，現在では，頑丈型に対して「非頑丈型」というような用語が使われることもあるが，本書では「典型的」と表現する．

霊長類の中における人類の身体的な独自性は，直立二足歩行に適した全身，拡大した脳，縮小した犬歯，の3点であるが，猿人とはこのうち脳の拡大は起こっていない人類ということができる．言い方を変えると，脳が大きくなり始めて以降の人類が「ホモ属 (*Homo*)」であり，ホモ属とは別の属に分類される人類のことを便宜的に「猿人」と呼んでいる．狭義のアウストラロピテクス属を代表として猿人の特徴をまとめると，直立二足歩行と犬歯サイズは人類的であるが，脳サイズと四肢のプロポーションは類人猿的で，独自の特徴として咀嚼器官が発達していた，ということになる．このような特徴一式を猿人の「典型」として，以下ではそれぞれについてもう少し細かく見ていく．

6.2.2 猿人の体

まず歩行様式について，その完成度については異なる見解もあるものの，足跡の化石も発見されており，直立二足歩行をしていたこと自体を疑う人はいない．直立二足歩行への適応を示す特徴は，腰や大腿，膝，足部の骨の形状などに広く認められる．幅広で高さの低い骨盤は類人猿よりもヒト的で直立姿勢であったことを示唆するし，大腿骨も股関節から膝にかけて内側に傾くことによって直立姿

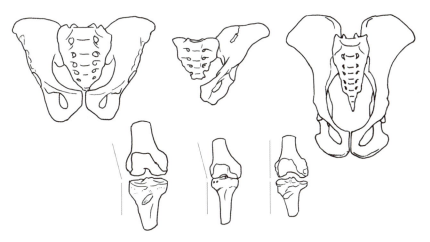

図 6.2 直立二足歩行に関係すると考えられる猿人の腰（上段）と膝（下段）の形態（河野，2021）．ヒト（左）とチンパンジー（右）と比較すると中央の猿人はヒトに近い形状であることがわかる．

勢で体の重心を体の真下に近づけるというヒト的な特徴が認められる（図 6.2）．
類人猿の足は，手と同じように親指が他の指と向き合って物をつかむことができ
る，すなわち把握性があるが，ヒトの足では親指は他の 4 本の指と並列していて
横にはほとんど向かないため，うまく物をつかむことができない．猿人の足はこ
の点においてはヒト的である．さらにヒトの足は縦方向にアーチをなす点（土踏
まず）で類人猿とは異なっているが，猿人の足にもこの縦方向のアーチ構造が認
められ，このアーチが歩行時の着地から蹴り出しにかけて効果的に体重移動をす
ると同時に，体重を支えるクッションのように機能していたと考えられる．

　なお，直立二足歩行をしてはいても，体のプロポーションにおいて猿人は類人猿
的であったようだ．類人猿は下肢に対して相対的に腕が長いのに対して，現生人類
は下肢が相対的に長く歩幅を稼いでいる．猿人は上肢が下肢に対して相対的に長
く，この点に関してはヒトより類人猿に近かった．特に肘から先の前腕と手の長さ
が相対的に長い．なお猿人は現代人に比べれば身長が低かったようである．こうし
たプロポーションや全身像の検討には同一個体の化石資料が必要であるが，化石は
なかなかまとまっては見つからないため，多くの見解が後で紹介するアウストラロ
ピテクス・アファレンシス（*Australopithecus afarensis*）の全身骨格（A.L.288-1）
の研究に基づいたものである．

6.2.3　猿人の頭と歯

　一方，頭部については，全体的にヒトより類人猿的な特徴が多く見られる．ま
ず，脳サイズの目安となる頭蓋内腔の容量は小さく（375〜550 cc; Kimbel, 2015），
現生類人猿と本質的に違わない．顔面についても，眼窩の上の出っ張り，すなわ
ち眼窩上隆起が発達しており，上顎部分が前方へ突出しているなど，現代人より
は明らかに類人猿に似ている．ただし類人猿と比べると頭蓋底の大後頭孔が前方
にあって，首を動かす筋肉の付着する項平面が下方を向いている点などはヒト的
であり，これらも直立二足歩行と関連する特徴と理解される．

　咀嚼器官については，頭蓋の咀嚼筋付着部が全体的によく発達しており，咀嚼
力が強かったことがうかがえる．また上顎も下顎もがっしりしていて，特に下顎
骨の下顎体は分厚く，下顎枝は高さが高い．歯については，臼歯列，特に大臼歯
が大きく，歯冠表面のエナメル質も厚い（図 6.3）．

　一方，歯の中でも犬歯は食性とは別の観点で重要である．類人猿の犬歯は三角
錐状に尖った形をしていて，上下の犬歯の三角の一辺同士がこすれあって研がれ
るように減っていくが，ヒトの犬歯は切歯とあまり違わない形で，他の歯と同じよ
うに先端からすり減る．また大型類人猿はメスでもヒトより犬歯が大きいが，オ
スの犬歯はずば抜けて大きく，大きさの性差が著しいことも特徴である．類人猿

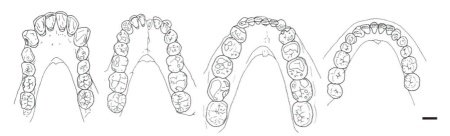

図 6.3 歯列の比較．左から現生チンパンジーのメス，アウストラロピテクス・アファレンシス（A.L.400-1 標本），アウストラロピテクス（パラントロプス）・ボイセイ（Peninj 標本），現代人の下顎歯列．チンパンジーの両側と現代人の右側は第 3 大臼歯が欠如している．スケールバーは 1 cm．

のオスの犬歯が大きいことは，オス同士の競争が激しいことと関連していると考えられることから，犬歯の大きさと性差の程度には社会の在り方が反映されていると期待される．猿人の犬歯は現代人に比べれば大きく，個体によっては類人猿的に上顎歯列に下顎犬歯が収まるための隙間（歯隙）が認められる．しかし類人猿に比べれば圧倒的に犬歯は小さく，目立った大きさの性差も見られない．歯冠の形も三角錐というよりは先の尖ったヘラ状に近く，その先端からすり減っていく点でも人類的である．こうした犬歯の特徴からは，類人猿に比べて猿人の社会ではオス間競争が激しくなかったことが示唆される．

なお犬歯の大きさの性差は小さくても，体サイズの性差はそれなりに大きかったのではないかとの指摘もあるが，確かに現代人よりも男女の差はあったにせよ，現生大型類人猿ほどではなかったという分析結果も示されている．現代人でも同性内での個体差はそれなりに大きく，限られた点数しか見つからない化石の比較で個体差と性差を評価するのは難しい．

6.3 人類の起源と初期の猿人

6.3.1 人類以前の祖先像

1970 年代以降の分子や遺伝子の比較によって，オランウータンよりもアフリカの大型類人猿の方がヒトに近縁であり，チンパンジーが最も近縁で，その次がゴリラであることが確実となった（たとえば Horai et al., 1992）．ヒトとチンパンジーの分岐年代は，分子系統進化学の進展に伴い 1990 年代には 4.6 Ma 程度と示されたが（Takahata et al, 1995），その後次項で後述するように 4 Ma より古い人類化石（候補）が発見されたために分岐年代も見直されてきた．たとえば化石記録の年代値を利用して推定されていた遺伝子変異速度を，親子トリオの遺伝子比

較によって直接的に求めるなど，様々なパラメータの精査が行われ，最近ではヒトとチンパンジーの分岐は 7～8 Ma (Langergraber *et al.*, 2012)，6.5～9.3 Ma (Moorjani *et al.*, 2016)，6.6 Ma (Besenbacher *et al.*, 2019) など，後述する化石記録ともほぼ整合的な年代値が提示されている．

　しかしチンパンジーとヒトの共通祖先や，ヒト・チンパンジーとゴリラの共通祖先の実際の姿については，具体的にはわかっていない．アフリカでは前期から中期中新世の多様な類人猿化石が発見されているが，12～7 Ma の後期中新世末の化石記録は非常に少ない．唯一の例外が，京都大学の調査隊によってケニアで発見された 9.5 Ma のサンブルピテクス (*Samburupithecus*) であったが，上顎骨の標本1つだけであり，大臼歯の形状がやや特殊なこともあって，系統的位置づけははっきりしなかった (Ishida & Pickford, 1997)．このように，まさにヒトとチンパンジー，ゴリラの共通祖先が存在したであろう時期のアフリカの化石記録が希薄であり，一方でユーラシアでは同時期の化石資料が相対的に豊富であることから，共通祖先はユーラシアにいて，のちにアフリカへ戻った，とする見方もあり (ビガン，2017)，ギリシャなどで化石が発見されるウーラノピテクス (*Ouranopithecus*) には，アウストラロピテクスと共通する特徴なども見られるということで，ヒトと現生アフリカ類人猿の共通祖先候補と目されることがある．2000 年代に東アフリカで，チョローラピテクス (*Chororapithecus*) やナカリピテクス (*Nakalipithecus*) など 10 Ma 前後の類人猿化石がいずれも日本の研究グループによって発見され，アフリカの類人猿化石の空白も少しずつ埋まってきているが (Suwa *et al.*, 2007; Kunimatsu *et al.*, 2007)，いずれも資料としては断片的であるため，系統的位置を明確に判断するのは難しい．チョローラピテクスについては歯の形状から，ヒト・チンパンジーとの分岐後のゴリラの系統に位置する可能性が高い．

6.3.2　初期の猿人と人類の起源

　猿人の化石の主な産出地を図 6.4 に示す．

　サヘラントロプス・チャデンシス (*Sahelanthropus tchadensis*) は，現時点で知られる人類化石のうちで，最も古い年代が提示されている．中央アフリカ・チャドの砂漠地帯に位置するトロス・メナラ（Toros-Menalla）で，フランスとチャドの共同チームが長年の調査の末に発見した，トゥーマイ (Toumai) と呼ばれる頭骨化石がタイプ標本である．化石の見つかるエリアには放射性年代測定法の適用が可能な火山性堆積物が存在せず，他地域との化石動物層の対比による推定であるため，7～6 Ma という幅のある年代値となっている．トゥーマイの頭骨は，大後頭孔が下方を向いており，直立二足歩行をしていたことを示すと報告されたが (Brunet *et al.*, 2002)，この見解には異論もある (Wolpoff *et al.*, 2006).

6.3 人類の起源と初期の猿人　239

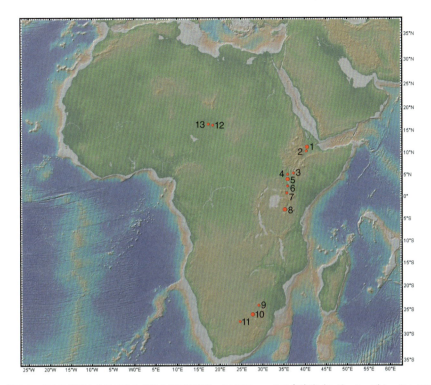

図 6.4 本文に登場するアフリカの猿人化石産出地．1：アファールの各遺跡（ハダール，ゴナ，ウォランソ・ミレ），2：ミドル・アワッシュ，3：コンソ，4：オモ，5：トゥルカナ湖周辺（クービ・フォラ，アリア・ベイ，トゥルカナ湖西岸），6：カナポイ，7：トゥゲン丘陵，8：オルドヴァイとラエトリ，9：マカパンスガット，10：ヨハネスブルグ近郊の遺跡群（ステルクフォンテイン，スワルトクランス，クロムドライ，ドリモーレン，マラパ），11：タウング，12：コロ・トロ，13：トロス・メナラ（GeoMapApp ソフトウェアを使用して作成した．https://www.geomapapp.org）．

　東アフリカでは，現時点で年代的に最古の化石人類は，ケニアのトゥゲン丘陵（Tugen Hills）で発見されたオロリン・トゥゲネンシス（*Orrorin tugenensis*）である（Senut *et al.*, 2001）．こちらは放射性年代測定法によっておよそ 6 Ma まで遡る化石であるとされる．大腿骨近位半や上腕骨遠位半などの四肢骨片と，下顎骨片，遊離歯などが報告されている．特に大腿骨近位半は 3 標本あり，頸部断面の緻密骨分布パターンが類人猿よりもヒトに近いことなどから，オロリンも直立二足歩行者であったとされる．

　4 Ma より古い時期に遡る人類化石として最初に報告されたのは，エチオピアのミドル・アワッシュ（Middle Awash）で発見されたアルディピテクス・ラミダス（*Ardipithecus ramidus*）であった（White *et al.*, 1994）．発表当初はアウス

図 **6.5** アルディピテクス・ラミダスの全身骨格化石（右，White *et al.*, 2009）と復元図（左，J. H. Matternes）．

トラロピテクスの一種として報告されたが，翌年，アウストラロピテクス段階とは明らかに異なる進化段階にあるとして，新属のアルディピテクスが提唱された．さらに，最初の報告が出版されたのと同じ年に，エチオピアの現地では全身骨格標本が発見され，2009 年にその成果が論文集として Science 誌に発表されて，アウストラロピテクス段階以前の人類祖先像が詳しく示された（図 6.5; White *et al.*, 2009）．

それによると，ラミダスは，腰や足部の骨の形状から地上では直立二足歩行をしていたと考えられるが，足の親指はのちの人類とは異なり把握性を残していたため，樹上ニッチも完全に放棄していなかったようだ．歯や顎は特殊化しておらず，果実やそのほか様々な食料を利用するジェネラリストであったと推測される．犬歯の大きさに関しては，発見されている 20 個体分以上がメスのチンパンジー程度であってオス相当の大きなものが発見されないため，確率論的にオスメスの差はほぼなくなってどちらもメスの類人猿程度まで小さくなっていた，と結論され

ている．つまり直立二足歩行への移行と犬歯の小型化がすでに始まっている人類であるということが示されたのだ．犬歯の性差については，新たな推定法を用いた最近の研究によって，ラミダスではすでに現代人並みに性差が小さくなっていたことが示された (Suwa *et al.*, 2021).

アルディピテクス属にはラミダスよりも古い年代の別種としてカダバ (*Ar. kadabba*) も報告されている (Haile-Selassie, 2001). ラミダスに比べると資料も少なめであるが，より大きな犬歯など，ラミダスの前段階である特徴が認められる．

まとめると，初期の猿人は，上述の「典型」に比べると，(1) 犬歯がもう少し大きくて小型化の程度がまだ手前の段階にあった，(2) 咀嚼器官の発達が進んでいなかった，(3) 直立二足歩行をしていたものの足の親指に把握性が見られるなど樹上も生活空間として利用していた，などの点で異なっていたと考えられる．

6.3.3 直立二足歩行の起源

人類の最大の特徴ともいうべき直立二足歩行の獲得理由に関しては，古くから様々な説明がなされてきた．たとえば物を運搬するため，草原で見晴らしをよくするため，エネルギー効率がよい，などである．特に，草原に生活域が移ったことで直立したとする「サバンナ仮説」や，その発展形で特に大地溝帯の隆起により東西で環境が異なるようになったことを理由とする「イーストサイドストーリー」などが一時期有力であったが，その後本書でいう「初期の猿人」化石が発見されていくにつれ，人類の起源の年代が遡り，かつ初期の猿人化石の発見地の古環境が必ずしも乾燥した草原とはいえないことが明らかになったことで，これらの仮説の論拠は弱まった．

そこで新たな仮説として注目されたのが「食料供給仮説」である (Lovejoy, 2009). この説では，直立二足歩行の起源と犬歯の小型化を同時に説明する．すなわち，現生チンパンジーにおいてオス間の競争が激しいのは，複雄複雌の群れにおいて，発情中のメスをめぐってのことであるが，ヒトでは発情中も周囲にはそれとわからない（本人にもわからない）．発情中か否かが明示的でないと，なるべく多くのメスと発情のタイミングを狙って交尾するというオスの繁殖戦略が成り立たず，少なくても特定の相手を常時確保する方が戦略として有効となりうるため，雌雄ペアの一夫一妻型社会が生じうる．オス同士の競争が不要になると，オスの犬歯が大きい意味がなくなり小型化する．一方，複雄複雌の群れからペア型にシフトすることによって，オスにとって自身の子供であるかどうか判断できるようになり，子供の生存を助けることが自身の繁殖力アップにつながる．そこで子供に食料を持ってくるという行動が適応的に有利となり，食料運搬に適した移動様式として直立二足歩行が適応的に有利になった，と説明する．

242　第 6 章　人類の進化

　アルディピテクス・ラミダスなどの研究によって，初期の猿人が本格的に草原に出るより前に二足歩行を始めていたらしいこと，二足歩行をしながら樹上も生活の場として完全に捨ててはいなかったこと，そして犬歯の小型化も同時に早くから進行していたことが明らかとなり，「食料供給仮説」には一定の説得力があるように思われる．

6.4　狭義のアウストラロピテクス―典型的な猿人―

6.4.1　東アフリカの狭義のアウストラロピテクス属

　アウストラロピテクス属の最古の種として知られるのは，ケニアのトゥルカナ湖西岸のカナポイ (Kanapoi) と東岸のアリア・ベイ (Allia Bay) で発見された，アウストラロピテクス・アナメンシス (*Australopithecus anamensis*) である．後にエチオピアのミドル・アワッシュでも化石が発見された．アナメンシスもアルディピテクスなどと同様に 1990 年代になってから定義された化石種であるが，大きな臼歯列などアウストラロピテクス属の特徴を示すことから，属レベルでこれと分ける必要はなく，おそらくアウストラロピテクス・アファレンシス (*Au. Afarensis*) の祖先筋にあたる種であろうと判断された (Leakey *et al.*, 1995)．最近になって，エチオピア，アファールのウォランソ・ミレ (Woranso-Mille) で発見された約 3.8 Ma の頭骨について，犬歯の形態などに基づいて，アナメンシスのものであると報告された (Haile-Selassie *et al.*, 2019)．この頭骨にはサヘラントロプスに似た原始的な特徴と，頑丈型猿人に類似する派生的な特徴が混在するとされ，非常に興味深い．年代的にもアファレンシスと共存していた可能性もあるということで，猿人進化に関する理解がこれからさらに進むことが期待される．

　アウストラロピテクス・アファレンシス（アファール猿人）は，猿人を代表する種の一つである．現在のエチオピア，ケニア，タンザニアにまたがる広い領域から化石が出土しており，資料数も多いことから，猿人像についての知見のかなりの部分がアファレンシス化石の研究から明らかになったものといえる (Johanson *et al.*, 1978)．「ルーシー」の愛称で有名な部分骨格標本 (A.L.288-1) や，1 つのサイトからまとまって発見されたために「最初の家族」と呼ばれる化石群など，アファレンシス化石のほぼ 90％はエチオピアのハダール (Hadar) から得られているが (Kimbel, 2015)，模式標本に指定されたのはタンザニアのラエトリ (Laetoli) 出土の下顎骨である．ラエトリからは猿人が直立二足歩行者であることを決定づける足跡の化石も発見されている．なお，チャドのコロ・トロ (Koro Toro) で発見され，アウストラロピテクス・バールエルガザリ (*Au. bahrelghazali*) という新種として報告された下顎骨標本も，形態的にはアファレンシスの変異の範疇に

収まると見られている (Brunet *et al.*, 1995, 1996). また，ケニアのロメクウィ (Lomekwi) で発見され，アウストラロピテクスとは別属のケニアントロプス・プラティオプス (*Kenyanthropus platyopus*) と命名された化石 (Leakey *et al.*, 2001) についても，中心的標本である頭骨の保存状態が悪いため，同時代のアファレンシスとの違いが確定的とはいえない.

2015 年に新種記載されたのが，アウストラロピテクス・デイレメダ (*Au. deyiremeda*) である．記載の対象となったのはエチオピアのウォランソ・ミレで発見された上下の顎骨数点である．アファレンシスとは年代も重なり，地域的にも近いが，臼歯列が小さめであることや顎骨の形態などに基づいて新種と判断された (Haile-Selassie *et al.*, 2015). これらの化石が発見されたウォランソ・ミレのブルテレ (Burtele) 地点では，それ以前に猿人の足部の化石が発見されており，親指の把握性を残す特徴から，アファレンシスと同時代にアルディピテクスのような形態を持つ別種の存在が示唆されていた (Haile-Selassie *et al.*, 2012). これらの足の標本と顎の標本との対応関係は確認できていない，とのことではあるが (Haile-Selassie *et al.*, 2015)，デイレメダはその足部化石が示唆する別種として報告された，というのが実情であろうと推測される.

6.4.2 アウストラロピテクス・アフリカヌス

ここまで登場した猿人はいずれも東アフリカ（と中央アフリカ）で発見されたものであったが，もう一つの化石産地集中域である南アフリカから発見されたのが，アウストラロピテクス・アフリカヌス (*Au. africanus*) である．研究史的にも，初めて見つかった猿人化石はアフリカヌスのもので，南アフリカ共和国・タウング (Taung) の石灰岩採石場で猿人の子供の頭骨が掘り出されたのは 1924 年のことであった（図 6.6). 翌年には Raymond Dart によって科学誌 Nature にこの化石がヒトと類人猿の中間的な特徴を示す人類祖先の化石であると報告されたが (Dart, 1925)，折悪く学界の関心はイギリスで発見された「ピルトダウン人」に集中しており，タウングの化石は単なる類人猿の化石だろうと一蹴されてしまった．ピルトダウンの化石は後に完全な捏造と判明するのだが，現代的な脳とプリミティブな咀嚼器を持つ人類祖先がヨーロッパで進化した，という当時の人類進化観にぴったりと当てはまっていたため，脳は小さいが咀嚼器が人類的な人類祖先がアフリカで発見されたというのは受け入れがたかったのであろう．その後，Robert Bloom の精力的な調査によってアフリカヌスの大人の頭骨化石なども追加発見されたが，最終的にこれらの化石が人類祖先として受け入れられるまでには，20 年近くかかった.

アフリカヌスの化石は，南アフリカ共和国のステルクフォンテイン (Sterkfontein)

図 6.6　タウング・ベイビーのレプリカ．左は脳鋳型，右は脳鋳型をはずして上下顎を離して撮影したもの．スケールバーは 1 cm（阿部 仁氏撮影）．

やマカパンスガット (Makapansgat) などで発見されており，特にステルクフォンテインからはかなりの点数が発見されている．アファレンシスと並んで猿人の代表種といえるが，ステルクフォンテインで発見された複数個体分の部分骨格は，残念ながらいずれも頭骨と確実にセットになってはいない．アフリカヌスの形態には個体変異が大きいことから，2 種以上が含まれているのではないか，との議論もあるが，明瞭な境界を定義することも難しいため，アフリカヌスとしてまとめて扱われている (Kimbel, 2007)．

　アフリカヌスの系統的位置づけについては，アファレンシスから進化したとの見方以外にも，アファレンシスより原始的であるとか，ホモ属の祖先，あるいはホモ属と頑丈型のロブストス両者の祖先である，など様々に議論されてきた（諏訪，1994, 2006）．これには，南アフリカの化石は基本的に洞窟堆積物の中から発見されることから，放射性年代測定による東アフリカの化石の年代と違って，年代の推定がより難しく振れ幅が大きいということも少なからず影響している．

　なおステルクフォンテインでは，堆積物中に全身骨格化石が存在することが 1997 年に確認され，それ以来 20 年越しで発掘作業が続けられてきた．最近ようやく化石の掘り出しとクリーニングもほぼ完了し分析結果の論文が出版され始めている．アフリカヌスより古い約 3.6 Ma の化石であり，アフリカヌスとは異なる形態的特徴が認められるとのことで，ステルクフォンテインの既存標本の一部と共に，アフリカヌスとは別の種であると判断したという．ただし新種として定義するのではなく，ダートによって 1948 年にマカパンスガットの化石に対し命名されたアウストラロピテクス・プロメテウス (*Au. prometheus*) に相当するものと

6.5 頑丈型の猿人

判断された (Clarke, 2019). 年代値やプロメテウスとする判断の妥当性はともかく, 全身の骨格の 90%以上が保存されているとのことであり, 今後の研究結果が楽しみである.

6.5.1 頑丈型の猿人とは

「初期の猿人」「典型的な猿人」に対して,「後期の猿人」あるいは「発展的な猿人」とでもいうべき頑丈型の猿人は, 猿人の中でも著しく発達した咀嚼器官が特徴である (図 6.7). 頭蓋も下顎骨もがっしりとしており, 頭蓋冠表面には矢状稜など咀嚼筋付着のための構造が著しく発達して, 咀嚼筋が強大であったことが示唆される. 顔面部は広く頬骨が中央部分よりもやや前方に張り出すために「皿状」とも称され, 強大な咀嚼筋の付着領域や咀嚼力に対する強度の確保と関連して発達したと考えられる. 大臼歯は狭義のアウストラロピテクス属よりもさらに大きくなり, 小臼歯も「大臼歯化」するなど, 咀嚼のニーズが非常に大きかったことがうかがえる. なお,「頑丈型」という言葉からゴリラのような巨体を想像してしまうかもしれないが, 実際には体の大きさはアファレンシスやアフリカヌスと本質的には違わなかったと推測されている. ボイセイやロブストスの時代には初期のホモ属の人類も生息していたので, 四肢骨の化石が見つかってもどちらの

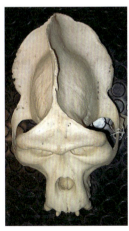 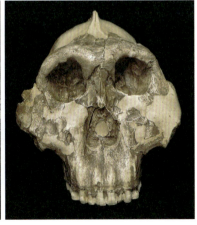

図 6.7 (右) アウストラロピテクス (パラントロプス)・ボイセイの頭骨化石レプリカ (OH 5 標本). (左) 現生ゴリラのオスの頭骨を上から見たところ. 側頭筋付着面積をかせぐための矢状陵が発達する. 中央から後方にかけて横へ張り出す nuchal crest も同じ理由で発達している (河野礼子撮影).

246 第 6 章 人類の進化

ものなのか明瞭に区別することは難しい．逆にいえば，区別がつかない程度しか違わないということで，「頑丈」なのは咀嚼器官だけだったようだ．

頑丈型の猿人には 3 種の存在が認められる．これらの 3 種は，アファレンシスやアフリカヌスとは明らかに異なる進化段階を示していると考えられるため，アウストラロピテクス属とは別属のパラントロプス属とする専門家も多い (Wood & Constantino, 2007)．

6.5.2　3 種の頑丈型猿人

頑丈型猿人 3 種のうちで年代的に最も古いのが，アウストラロピテクス（パラントロプス）・エチオピクス (*Au./Paranthropus aethiopicus*) であり，おもに東アフリカのエチオピアとケニアから化石が出ている．資料数はあまり多くはないが，ケニアのトゥルカナ湖西岸 (West Turkana) で「ブラックスカル」と呼ばれるほぼ完全な頭骨化石（WT-17000 標本）が発見されている (Walker *et al.*, 1986)．広くて平たい顔面部と前突した上顎が特徴であり，歯はほとんど残っていないが歯根などから臼歯列は非常に大きかったと推測される．

東アフリカでは，頑丈型猿人がもう 1 種確認されている．アウストラロピテクス（パラントロプス）・ボイセイ (*Au./P. boisei*) で，おそらくエチオピクスから進化し，よりいっそう咀嚼器が発達したと考えられる．ボイセイの化石の中でも，最も保存のよい頭骨（OH5 標本）は，東アフリカの猿人化石としては最初に発見されたものだ．タンザニアのオルドヴァイ峡谷 (Olduvai Gorge) で Mary Leakey によって発見され，最初につけられた属名から「ジンジ」の愛称でも知られる OH5 標本は，「皿状」の顔面部と，分厚いエナメル質で表面を覆われたとても大きな臼歯列が特徴的である（図 6.7; Leakey, 1959）．

ボイセイの化石は，オルドヴァイのほかにも東アフリカのエチオピアのコンソ (Konso) やケニアのトゥルカナ湖東岸 (East Turkana) のクービ・フォラ (Koobi Fora) など，東アフリカの広い範囲から比較的多数が発見されている．下顎骨が大きくがっしりとしており，頭骨には矢状稜が発達し，顔面は皿状で，臼歯の大きさはエチオピクスや後述するロブストスと比べても大きいが，前歯部，すなわち切歯と犬歯は，相対的にはもちろん，実寸でも著しく小さい，といった特徴が共通して認められる．ただしコンソで発見された 1.4 Ma の頭骨化石にはエチオピクスやロブストスと類似する特徴が混在することから，種内変異もそれなりにあったと推測されている (Suwa *et al.*, 1997)．

頑丈型猿人の 3 種目は，南アフリカのアウストラロピテクス（パラントロプス）・ロブストス (*Au./P. robustus*) であり，頑丈型猿人としては最初に発見された種である．Robert Bloom の精力的な調査によって 1930 年代にクロムドライ

(Kromdraai) で頭骨化石などが発見されて以降 (Bloom, 1938), スワルトクランス (Swartkrans) やドリモーレン (Drimolen) などから数百点にのぼる化石が得られている. 咀嚼器官が発達している点では東アフリカの 2 種と共通しており, ロブストスの方がエチオピクスよりも派生的で年代的にも後であることから, 頑丈型猿人 3 種はエチオピクスを祖先種とする単系統群と考えるのが最も自然である. ただし南アフリカのアフリカヌスとロブストスの間に共通点も見られることから, 頑丈型猿人が東アフリカと南アフリカでそれぞれ別々に進化した可能性もまだ完全に否定されてはいない.

6.5.3 頑丈型猿人の最後

　頑丈型猿人として最も後まで存在したと見られるのはボイセイであり, ボイセイの化石として最も新しい年代は先述のコンソの 1.4 Ma である. これは猿人化石全体で見ても最も新しいので, ボイセイは最後まで残った猿人ともいえる (図 6.8). 東アフリカでは 1.4～1.0 Ma の化石産地があまり存在しないため, 遅くとも 1 Ma までに猿人は絶滅したと考えられる. ボイセイは遅くとも 2.3 Ma から認識されているので, 100 万年前後, 存続したということになる. コンソ資料からある程度の種内変異が示唆されるとはいえ, 100 万年間に生じうる進化的変化としてはそれほど大きくはなく, かなり安定した種であったといっても差し支えないだろう.

図 6.8　頑丈型猿人 (左) とホモ・ハビリス (右) の復元図. 同時代の 2 系統の人類は, 異なる生存戦略をとったと考えられている (いずれも J. H. Matternes).

248　第6章　人類の進化

　ボイセイの絶滅についてはあまりよくわかっていないが，ほぼ同時期にホモ属の人類も存在しており，ボイセイはそれとの生存競争に敗れたと想定するのが一般的であった．ただし乾燥した環境に特化したボイセイが，異なる採食戦略をとることになったホモ属と直接競合したかどうかはよくわからない．最近発表された土壌炭酸塩 (pedogenic carbonate) に関する論文によると，東アフリカでは 3 Ma 以降，C4 植物の卓越する草原が拡大する長期的傾向が見られる中，1.3～0.7 Ma には C3 植物が増えて気温も上昇する逆行期があったことが示されている (Quinn & Lepre, 2021)．鮮新世後半から前期更新世にかけて，長期的乾燥化の中で次第に草原植生に対する依存性を強めていたボイセイ猿人は，この時期に，同様に C4 植物依存を強めていた多数の動物種と限られた草原資源をめぐって競合することになり，その結果として絶滅へと向かったのではないか，と推測されている．

6.6　ホモ属の出現

6.6.1　ホモ属の人類とは

　ホモ属の人類の化石産出地を図 6.9 に示した．ホモ属の人類では，猿人では見られなかった脳の大型化が進行する一方で，猿人で独自に発達していた咀嚼器官は退縮していく（図 6.10, 6.11）．体についても，猿人に見られたような上肢の長い類人猿的なプロポーションから，下肢の長い現代人的プロポーションへと変化し，直立二足歩行も完成されたものになった．こうした脳・咀嚼器官・プロポーションの特徴は，原人段階から旧人段階を経て，新人すなわち現代ホモ・サピエンスへと続く進化の過程で，それぞれに異なるペースで獲得されてきたと考えられるが，1.9 Ma ごろの原人（ホモ・エレクトス）の段階に至って，いずれについてもそのような方向への変化が明らかに認められるようになる．

　しかしおおよその説明はこれでよいとして，実際にこれまでに発見されている化石資料を過不足なく分類できるようにもっと具体的にホモ属を定義するのは，そんなに簡単なことではない．たとえば脳のサイズに限ってみても，後述するホモ・ハビリス化石の中には頭蓋内腔容量が 500 cc 程度で猿人と変わらないものが含まれるが，一方でこの標本は咀嚼器官が非常に華奢であり，その点において猿人とは異なるため，頭蓋内腔容量が 500 cc でもホモ属に含められることになる．また，2004 年にインドネシアのフローレス島から報告されたホモ・フロレシエンシス（Homo floresiensis, コラム 6.2 参照）は頭蓋内腔容量が 400 cc 程度であるが，年代的に新しく，かつジャワ島のホモ・エレクトスから進化したと解釈されたため，ホモ属に含められた．しかし猿人の頭蓋内腔容量も 400 cc 前後であり，これだけをもって猿人とホモ属とを区別することはできなくなる．さらにネアン

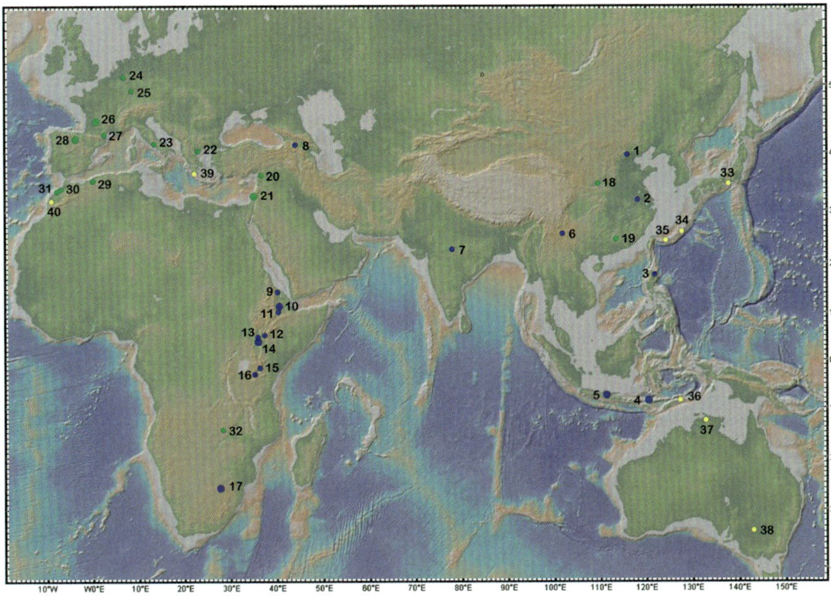

6.6 ホモ属の出現　249

図 6.9 本文に登場するホモ属の人類の化石産出地（南北アメリカ大陸を除く）．ネアンデルタール人などの化石産出地を網羅してはいない．青は原人化石，緑は旧人化石，黄色は新人化石の産出地を示す．2 つ以上のカテゴリーの化石の産出地として説明されている場合はより古いカテゴリーに合わせた（たとえばミドル・アワッシュでは原人と新人の化石が発見されているので青表示）．またどの段階に属するか意見が分かれている場合は基本的に新しい方のカテゴリーで表示した（たとえば北アフリカのサレーは旧人化石産出地として緑表示）．1：周口店，2：和県，3：カラオ洞窟，4：フローレス島（リアン・ブア洞窟とソア盆地），5：ジャワ島の遺跡群（トリニール，サンギラン，モジョケルト，ガンドン，サンブンマチャン，ンガウィ），6：元謀，7：ナルマダ，8：ドマニシ，9：ブイア，10：アファールの遺跡（ハダール，ゴナ，レディ・ゲラル），11：ミドル・アワッシュ，12：コンソ，13：オモ，14：トゥルカナ湖周辺（クービ・フォラ，ナリオコトメ），15：オロールゲサイレ，16：オルドヴァイ，17：ヨハネスブルグ近郊の遺跡群（ステルクフォンテイン，スワルトクランス，ドリモーレン，ライジング・スター洞窟），18：ダリ，19：マパ，20：デデリエ，21：イスラエルの洞窟群（アムッド，スフール，カフゼー，ミスリヤ），22：ペトラローナ，23：チェプラノ，24：ネアンデル渓谷，25：マウアー，26：ドルドーニュの遺跡（ラ・フェラシー，ラ・シャペル・オー・サン，クロマニョン），27：アラゴ，28：アタプエルカ（グラン・ドリーナ，シマ・デル・エルファンテ，シマ・デ・ロス・ウエソス），29：ティゲニフ，30：サレー，31：トマス・カリー，32：カブウェ，33：浜北，34：沖縄本島（港川，サキタリ洞），35：白保竿根田原洞穴，36：ジェリマライ，37：マジェベベ，38：マンゴ湖，39：アピディマ，40：ジェベル・イルー（GeoMapApp ソフトウェアを使用して作成した．https://www.geomapapp.org）．

デルタール人では個体によって 1700 cc を超すケースもあり，ホモ属に含まれる頭蓋内腔容量の幅が非常に大きくなっている点も問題視される．咀嚼器官や四肢プロポーションにも相当な変異幅があり，1 属にするのは妥当ではないとする意見もある (Collard & Wood, 2015)．

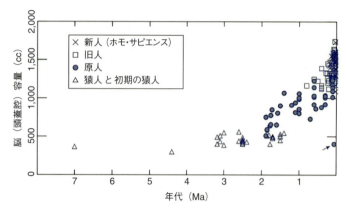

図 **6.10** 人類の頭蓋内腔の容量（脳容量）の変化（海部, 2021）. 矢印はホモ・フロレシエンシス.

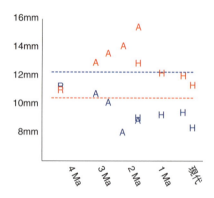

図 **6.11** 歯の大きさの変化（河野, 2021）. 赤字が大臼歯の大きさ（頬舌径×近遠心径の平方根）, 青字は犬歯の大きさ（最大径）. 赤と青の点線はそれぞれ現生チンパンジーの大臼歯と犬歯の大きさ（犬歯は雌雄の平均）. R はアルディピテクス・ラミダス, A は猿人, H はホモ属の人類で右端が現代人.

6.6.2 ホモ属起源の背景

　ホモ属が起源した時期は，猿人の一部が頑丈化していく時期でもある．また，人類の道具使用の直接証拠として，石器が作られて使われた痕跡も，おおよそこの時期から発見されるようになる．これらのイベントのタイミングのおおまかな一致が何を意味するか考えることで，ホモ属が起源した背景が見えてくる．

　狭義のアウストラロピテクス属も咀嚼器官が発達していたが，頑丈型猿人においてさらに咀嚼器官の発達の度合いが強まったことはすでに述べた通りである．頑丈型猿人の出現した 3.0〜2.5 Ma は，地球規模で寒冷化が進行して氷河時代が

始まり（第3章），アフリカにおいても乾燥化が進んで一段と草原が広がった時期といわれる．このような環境変化によって食料が乏しくなる中，咀嚼器官を発達させてしのいだのが頑丈型猿人であるとすれば，同じ状況下において咀嚼器官の発達の代わりに道具製作・使用行動を進化させた系統があり，これがホモ属の祖先となったと考えることができる（図6.8）．ホモ属の人類では脳サイズが大きくなっていくと同時に咀嚼器官が退縮していったことは，このような発想を支持する．道具使用の証拠として，エチオピアのゴナ (Gona) で発見された 2.6 Ma の石器群が最古のものとされていることも，この考えに合致する．ただし最近，3.3 Ma の石器が発見されたとの報告もあるため (Harmand *et al.*, 2015)，最初の石器製作者・使用者をホモ属の人類と断定することはできない．

コラム 6.1　道具使用の起源と進化

　道具の製作と使用は人類の重要な特徴の一つである．かつて道具の製作と使用は人類独自に見られる行動であると考えられたが，その後の霊長類の行動研究によれば，道具使用行動の萌芽は類人猿のみならず様々な種類で認められ，チンパンジーにおいては生息地ごとに道具使用行動のレパートリーが異なるということまで示されており (Whiten *et al.*, 1999)，もはや道具の使用は人類の固有の行動とはいえない．現生類人猿が道具として利用するのは，葉や小枝など植物性の素材が多く，明らかに使用目的に応じた改変が行われていることから，道具の製作も人類のみに見られる行動とはいえない．一方，チンパンジーやオマキザルが石でナッツを割るなどの行動は観察されているものの，石を叩き割って意図的に道具として改変し利用するという行動はこれまでのところヒト以外の霊長類では知られていない．つまり石器製作は今のところ人類独自の行動といえるだろう．人類の石器製作は遅くとも 2.5 Ma には開始していたのに対して，植物や骨・角など，石以外の素材を利用した道具の証拠が評価できるようになるのは基本的にホモ・サピエンス段階になってからである．そのため必然的に人類の道具製作・使用の進化的歴史についての理解はほぼ全面的に石器の証拠に頼ることになる．人類進化研究においてはこのように石器証拠が化石証拠と並んで重要視されており，古生物学としての人類進化研究の特殊性といえるかもしれない．

　さて，石器を製作するようになったのはホモ属の人類と考えられてきたが，本文でも紹介した，ロメクウィで発見された石器が確かに 3.3 Ma のものであるなら，石器の使用や作成はホモ属登場よりももう少し早い段階から始まっていたことになる．ただ，チンパンジーも石でナッツ割りをすることを考えれば，猿人が何かしら道具使用行動をし，それがチンパンジーより一歩踏み込んだものになったとしてもまったくおかしくはないだろう．アルディピテクス・ラミダスを含む視野で見れば，アウストラロピテクス属自体がホモ属への移行の準備段階であり，形態的にはプリミティブなアウストラロピテクス属にも，ホモ属を特徴づける道具使用行動や社会性・認知行動の複雑化が萌芽的に存在していたに違いない，との見解もある（諏訪，2012）．つまり，アウストラロピテクス属とホモ属との間には大きな段差があるのではなく，ある程度連続的な変化であってなんら問題ない，と考えることもできよう．

　石器製作がいつから始まったかはさておき，2.5 Ma 以降，石器の製作技術は図のように段階を追って向上していくことが知られている．初期の石器はオルドヴァイ型と呼ばれ，比

較的単純な礫器や剥片からなる．1.7 Ma 頃になるとアシュール型（アシューリアン）石器と呼ばれる，ハンドアックスなどの大型両面調整石器が作られるようになる．0.3 Ma 以降にはルヴァロワ技法が登場する．それまでは元の石材を打ちかいて芯の部分を石器とする石核石器が主体であったが，これ以降は剥片の作り出しが基本となる．剥片を打ちはがす前に石核を調整し，意図した通りの形状・大きさの剥片を作成するのがルヴァロワ技法である．そして 50 ka 頃になると，ホモ・サピエンスによる石刃技法と呼ばれる石器製作法が広まった．石刃とは縦長で両側が平行な刃であるような剥片のことで，石核を入念に調整したうえで石刃を連続して大量に作り出す方法が石刃技法であり，より小さく作られるようになったものが細石刃である．

このような石器製作技術を進展させたのは，基本的にホモ属の人類によるものである．仮に石器製作使用の起源は猿人に遡るにしても，遅くとも 1.0 Ma には猿人はいなくなるのであるから，本格的な石器製作の担い手はやはりホモ属の人類と考えて間違いなく，ホモ属の人類で脳サイズが大きくなっていくこととも無関係ではなかろう．

図　石器製作技術の変化．左から，オルドヴァイ型の礫器，アシュール型のハンドアックス，ルヴァロワ技法による剥片石器，石刃 2 点（河野礼子撮影）．

6.6.3　ホモ属の祖先候補の猿人

猿人のうちどの種がホモ属の直接の祖先となったのかははっきり決着しているわけではないが，ここでは，比較的最近，ホモ属の祖先候補として記載された猿人 2 種を紹介しておく．

アウストラロピテクス・ガルヒ (*Au. garhi*) は，エチオピアのミドル・アワッシュで発見された約 2.5 Ma の化石である (Asfaw *et al.*, 1999)．ガルヒの頭骨は頑丈型猿人には似ていないため，同時代のエチオピクスとは別種であり，四肢の長さのプロポーションが猿人よりもヒト的であることと，同じサイトから石器による傷のついた動物骨化石も発見されたことから，ホモ属の祖先にあたる種であると判断された．エチオピクスとは別種でありながら，歯が全体的に大きいこともわかっており，この時代に咀嚼器の頑丈化が複数系統で起こっていた可能性も

あるという.

　一方，南アフリカのマラパ (Malapa) で発見されたのが，アウストラロピテクス・セディバ (*Au. sediba*) である (Berger *et al.*, 2010). 年代は約 2.0 Ma とされ，同時代のロブストスとは違って歯が小さいことから，アウストラロピテクス属の新種として記載された. 2 個体分の部分骨格資料が発見されており，腰の骨などには現代人に近い特徴が見られるが，足部の骨には原始的な特徴も見られるという. Berger らはセディバが猿人の中で最もホモ属に近い種であると主張するが，2.0 Ma ではホモ属の祖先になるには遅すぎるため，アフリカヌスの生き残りではないかという意見や，むしろホモ属に入れる方がよいだろう，などの様々な意見がある（たとえば Kimbel & Rak, 2017）.

6.6.4　初期ホモ属—広義のホモ・ハビリス—

　ホモ・エレクトス以前の初期のホモ属は，ホモ・ハビリス (*H. habilis*) としてまとめて扱われるか，ホモ・ハビリスとホモ・ルドルフエンシス (*H. rudolfenesis*) の 2 種に分けられる. タンザニアのオルドヴァイ峡谷で約 1.8 Ma の石器包含層を発見した Louis Leakey とその家族は，石器の作り手の化石を求めて調査を進める過程で，前述の通りボイセイ猿人の化石 (OH5) を発見した. この化石は脳サイズも小さく石器製作者とは思えなかったが，翌年にボイセイ猿人とは異なる特徴の化石群が発見され，脳サイズの拡大も認められたため，これこそが石器製作者であろうということで，「器用な人」の意味のホモ・ハビリスと命名された (Leakey *et al.*, 1964). オルドヴァイでは，その後も 10 点近い頭骨や女性の部分骨格標本 (OH62) を含む相当数のハビリス化石が発見され，アウストラロピテクス属よりも頭蓋内腔容積が大きくて顎が小さく，猿人とは異なる人類の姿が示された.

　1970 年代になると，Louis の息子の Richard Leakey が率いる調査隊によって，ケニア北部のクービ・フォラから，保存のよい 2 つの頭骨（KNM-ER 1470 と 1813）を含む多数の初期ホモ属の化石が発見され，オルドヴァイのハビリス標本との類似性が指摘された (Leakey, 1973, 1974). またクービ・フォラの北に位置するエチオピアのオモ (Omo) で発見された遊離歯化石の中からも，ホモ属らしき歯が複数見いだされ，その層序からホモ属の起源が 2.0 Ma よりも古いであろうことが示唆された. 70 年代後半には，南アフリカのステルクフォンテインやスワルトクランスで，アウストラロピテクス属ではないが，ホモ・エレクトスほどヒト的でもない頭骨化石が発見され，南アフリカにもホモ・ハビリスが到達したと解釈された. 1990 年代にはこれを裏づけるように，東アフリカと南アフリカの途中に位置するマラウィでも，2.5〜1.9 Ma と比較的古い下顎骨片が発見され，初期ホモ属であると判断されている (Schrenk *et al.*, 1993).

254　第 6 章　人類の進化

　1990 年代後半には，アファレンシス化石の主要産地であるエチオピア・アファールのハダールで，2.33 Ma の上顎骨化石 (A.L.666) が発見され，最も古いホモ属の化石と解釈された (Kimbel *et al.*, 1996)．さらに最近になって，同じアファールの別地点，レディ・ゲラル (Ledi-Geraru) で，2.8 Ma のホモ属の下顎骨片が発見されたとの報告 (Villmoare *et al.*, 2015) があった．

　初期ホモ属の化石の系統的位置づけに関する議論は，まずホモ属の起源に近い化石をホモ属と特定できるのかという論点と，エレクトス以前の初期ホモ属には何系統が存在したのかという論点の 2 つにおおよそ集約することができる．1 つ目に関しては，そもそも発見された化石がホモ属であるかどうか判断することの難しさがあり，起源の時期や場所の絞り込みは容易ではない．ホモ属の特徴が脳サイズ，咀嚼器官の発達具合，四肢プロポーションに現れるとして，よほど保存のよい全身骨格標本でも発見されない限りは，脳・咀嚼器官・四肢の特徴を一括して評価することはできない．脳のサイズがわかればホモ属であるかどうかの判断もある程度は可能になるとしても，一般的には顎や歯が化石として残りやすいため，実際に現状で最古のホモ属の証拠とされるのはハダールの上顎骨やレディ・ゲラルの下顎骨である．さらに脳サイズがわかる化石についても，どこで線を引くかという問題があり，ハビリス段階の人類の一部はホモ属に含めるのは適切でなく，アウストラロピテクス属とするのが妥当であるとの極端な意見もある (Collard & Wood, 2015)．どの部分をアウストラロピテクス属とするかは，次の 2 つ目の論点に関わってくる．

　2 つ目の，エレクトスより原始的なホモ属は何系統いたのか，という論点については，クービ・フォラの 2 つの頭骨化石 (KNM-ER 1470, 1813) に見られる，頭と咀嚼器官の派生的特徴出現パターンの食い違いが大きく関わっている（図 6.12）．すなわち 1813 標本は上顎も小さく歯も小さいが，頭蓋内腔容量は 510 cc 程度と小さいのに対して，1470 標本は頭蓋内腔容量が 750 cc と明らかに大きいのに，顔面部が張り出しており，残存する歯根から歯も大きかったと想定されるなど，咀嚼器官はあまり退縮していない．そのためこれらをハビリス 1 種にまとめるのは適当ではなく，2 種に分けるべきだとの見解が示され，KNM-ER 1813 標本は先に発見されたオルドヴァイの標本を含むハビリスに位置づけられる一方で，1470 標本を含む新たな種としてホモ・ルドルフエンシスが定義された (Wood, 1992)．上述のアウストラロピテクス属に含めるべきとの主張は，この場合のハビリスを対象とする．

　なお，近年，クービ・フォラの化石資料については出土層準の確認と見直しが進められており，1470 標本が 1.9 Ma と古いのに対して，1813 標本は 1.65 Ma 程度と示されて，2 つの標本の同時代性は否定された (Gathogo & Brown, 2006)．

図 6.12　KNM-ER1813 標本（左）と KNM-ER1470 標本（右）．いずれもレプリカ．スケールバーは 1 cm（河野礼子撮影）．

したがって，これら 2 つの標本を同時期の同種にするには違いが大きい，という論点自体が意味をなさなくなり，後述するエレクトスも含めて初期のホモ属には少なくとも 2 系統いたようだ，という以上のことはいえないのが現状である．このような，何系統いたのか，どのように分類すべきかが明確に示せない状況に関して，咀嚼器，脳，体のプロポーションといったホモ属の特徴はまとめて出現したのではなく，2.5〜1.5 Ma に生息環境が不安定かつ断片化したことへの適応として，いくつかの系統でそれぞれ異なるタイミングで異なる特徴が選択されたのだ，という新たな解釈も示されている (Antón et al., 2014)．

6.7　ホモ・エレクトスと最初の出アフリカ

6.7.1　ホモ・エレクトスとは

ホモ・エレクトス (H. erectus) は，頭蓋内腔容量が現代人の 3 分の 2 程度まで増した，原人段階を代表する人類である．全身プロポーションも現代的になり，ホモ・サピエンスとの違いは，脳サイズや発達した眼窩上隆起など，多くが頭部に認められる．全体としてかなりヒトらしくなった段階といえ，前節で述べたホモ属の定義に関わる議論においても，エレクトスからはホモ属でよいという共通認識があるようだ．ただし，どこのどの資料をエレクトスとするかについては様々な意見がある．ここではまず，最も広くエレクトスを定義する立場でみていく．

ホモ・エレクトスの形態的な特徴には，猿人など祖先状態とサピエンスとの中間的なものと，より祖先的なもの，より派生的なものが混在する．たとえば，頭蓋内腔容量は平均すると 950 cc 程度であり (Rightmire, 2013)，猿人や初期ホモ属

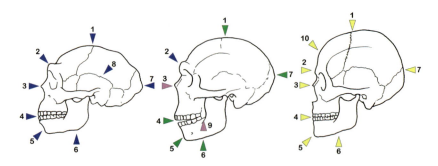

図 6.13　原人（左）・旧人（中）・新人（右）の頭骨の特徴．青は原人的，黄色は新人的，緑は中間的，ピンクはネアンデルタレンシス独自の特徴を示す．1：原人の頭蓋冠は骨も厚く高さが低くて前後に長いが，新人は高くて短い．旧人は脳容量は大きくなっているが頭蓋冠はやや低くて長い．2：原人と旧人では眼窩上隆起が発達し，原人では眼窩後狭窄も強いが，新人は眼窩上隆起も後狭窄も弱い．3：鼻の開口部である梨状孔や，顔面を構成する骨は原人・旧人では大きく，新人では小さい．旧人のうちネアンデルタールでは特に顔面部が前方に突出する．4：歯は原人で大きく，新人で小さい．5：下顎骨の前面は原人で後方へ傾斜するが，旧人では垂直に近くなり，新人では下部が前方へ突出して頤が見られる．6：下顎骨全体は原人から新人へしだいに華奢になる．7：後頭部は原人では角張っているが，新人では丸みを帯びている．8：原人は側頭骨上縁が直線状である．9：ネアンデルタレンシスでは顔面が前方に出ているのに関連して，下顎骨の大臼歯後方に隙間（後臼歯間隙）が見られる．10：サピエンスの前頭部は眼窩の上方へほぼ垂直に立ち上がる．

と旧人やサピエンスとの中間的であるが，四肢のプロポーションは現代人とほぼ変わらず派生的である．そのような意味でそれぞれの特徴の性質は異なるが，それらが一式セットで現れるのがエレクトスの特徴である，と表現されることもある (Baab, 2015)．特に資料も多く最も重視される頭骨については，頭蓋冠が低くて前後に長いこと，前頭骨が平面的であること，後頭骨が強く屈曲して項平面が広いこと，などの全体形状の特徴と，眼窩上隆起やキール (keel) と呼ばれる正中部矢状方向の盛り上がりなど，局所的な骨の肥大や発達が見られ，頭骨全体としても骨が厚めであることが知られている．ほかに頭蓋底の乳様突起周辺や顎関節部を構成する骨の形状の独自性など，細かな特徴も指摘されている．顔面については中顔部全体や鼻腔の幅が広く，鼻骨と上顎歯槽部は前突する，などの特徴が知られる（図 6.13）．これらはあくまで全体的な特徴であり，実際には後述の通り，地域や年代ごとに大きな変異が認められる．

6.7.2　アジアのホモ・エレクトス

ホモ・エレクトスの化石はインドネシアで最初に発見された．一般には「ジャワ原人」と呼ばれている．オランダ人の Eugene Dubois が人類祖先の化石を見つけるべくインドネシアへ赴き，ジャワ島のトリニール (Trinil) で 1891 年に狙

6.7 ホモ・エレクトスと最初の出アフリカ　257

図 6.14　ホモ・エレクトスの頭骨化石．ドマニシ（左）とサンギラン（右, Sangiran17 標本）．いずれもレプリカ（河野礼子撮影）．

い通り化石を発見した，という逸話は有名である（Wood, 2020）．その後，ジャワ島中央部のサンギラン（Sangiran）から顔面部も含めて保存のよい Sangiran 17 頭骨（図 6.14）を含めて 100 点以上の化石が，他にモジョケルト（Mojokerto），ガンドン（Ngandong），サンブンマチャン（Sambungmacan），ンガウィ（Ngawi）からも化石が発見されている．サンギラン，トリニール，モジョケルトの化石産出層準であるサンギラン層群の年代については 1.6〜1.0 Ma というかなり古い値が提示されていたが（Larick et al., 2002），最近，日本のグループの再検討によってそこまで古くはなく，最古の年代は 1.3〜1.1 Ma 程度であろうとの分析結果が示された（Matsu'ura et al., 2020）．ガンドンの年代はかなり新しく，50 ka というような数字も出されていたが，これも最近のデータでは 100 ka 前後とされている（Rizal et al., 2020）．インドネシアのエレクトスの化石記録は 100 万年以上にわたっており，この間に以下のような形態変化が認められるという（海部，2012）．サンギランの下層から産出した化石はアフリカの初期エレクトスと同程度に原始的であるが，それに比べると上層の化石では脳容量の増大や咀嚼器の退縮が認められ，ガンドンの頭骨ではさらに脳容量が大きくなり，それに伴って前頭部が幅広になるなどの変化が見られる．サンブンマチャン，ンガウィに関しては年代推定が難しいが，形態的にはサンギランよりはガンドンの後期エレクトスに近いとされる．

　一方，中国のエレクトス化石の大半は 1930 年代に北京近郊の周口店（Zhoukoudian）で発見されたものである．最初に周口店の第 1 地点と呼ばれる洞窟堆積物から発見された北京原人化石は第二次世界大戦の間に行方が知れなくなってし

258 第 6 章 人類の進化

まった．しかし，戦前に作成された精巧な石膏模型とワイデンライヒの詳細な記載 (Weidenreich, 1943) のおかげで，その形態的特徴についてはそれなりに詳しくわかっている．周口店の化石は 0.5 Ma よりも新しいと考えられてきたが，近年新たな年代測定法が適用されて，化石産出層準の年代が 0.77 Ma まで遡る可能性も示されている (Shen *et al.*, 2009)．周口店のエレクトスは，サンギラン上層の化石群と同等の咀嚼器官の退縮傾向を示しており（海部，2012），古い年代と整合的である．他にも和県 (Hexian)，元謀 (Yuanmou) などからもエレクトスとされる化石が発見されているが，年代，形態の評価が明確に定まっていないものも多い．

コラム 6.2　ホモ・フロレシエンシス

ホモ・フロレシエンシス (*H. floresiensis*) の化石は，インドネシア東部，フローレス島のリアン・ブア (Liang Bua) 洞窟で 2003 年に発見されて 2004 年に論文発表され (Brown *et al.*, 2004)，一大センセーションを巻き起こした．LB1 という全身骨格標本は，身長 1 m ほどで，頭蓋内腔容量は 400 cc 程度と猿人並みであることから，新種として記載された（図）．（ちょうど『指輪物語』の実写映画シリーズの成功後だったこともあって，その中に出てくるコビトである「ホビット」の愛称で呼ばれることもある）．仮に年代が古ければ「アフリカの外で初めて見つかった猿人」の可能性もあったが，推定年代は約 20 ka とされ，さらに年代の再検討が行われた結果，約 100〜60 ka と報告されている (Sutikna *et al.*, 2016)．Brown *et al.* (2004) では，フロレシエンシスはジャワ島のホモ・エレクトスから進化し，フローレス島で島嶼矮小化したとの解釈が示されたが，これには異論が噴出し，新種などではなく，病気のサピエンスだろうとの反論があった．しかしその根拠が科学的に示されることはなく，むしろサピエンスではないという研究成果が蓄積していった．その後，以前から 100 万年近い古さの石器が発見されていた同じフローレス島のソア (So'a) 盆地で，0.7 Ma の人類化石が発見され，サピエンスがまだ誕生していない時期にフローレス島に人類がいたこと，そしてフロレシエンシスと同様に小型化していたことが示され，病気のサピエンス説は完全に否定された (van den Bergh *et al.*, 2016)．一方，インドネシアのエレクトスが矮小化したという仮説については，脳が小さくなりすぎており無理がある，という意見もある．ハビリスあるいはジョージアのエレクトスなど，より原始的な段階の人類が祖先であれば，脳の小ささも説明可能だ，というのだ．しかし，そのように早い段階の人類がインドネシアに到達したことを示す証拠は今のところ見つかっていない．また，歯の形状など様々な点でインドネシアのエレクトスに似た特徴が見られ，脳サイズについても個体変異の幅などを考慮すれば説明可能だ，との指摘もある (Kubo *et al.*, 2013)．いずれであったとしても，フローレス原人の発見は，脳が順次大きくなるという人類進化の大前提を崩す衝撃的な出来事であった．さらにリアン・ブアでもソア盆地でも精巧な石器が発見されており，脳が大きいことと石器製作との関連についても再考が必要である．

最近では，フィリピン・ルソン島のカラオ (Callao) 洞窟で 2007 年に発見された 67〜50 ka のヒトの中足骨と，新たに発見された上顎の歯 7 点と手足の指の骨など四肢骨 5 点に基づいて，新種ホモ・ルゾネンシス (*H. luzonensis*) が記載された (Detroit *et al.*, 2019)．ルゾネンシスは歯の形態はインドネシアのエレクトスに類似するが，指の骨は猿人あるいは

ハビリス的であるとのことで，フロレシエンシス同様にジャワ原人が島へ進出した系統であろうと結論されている (Zanolli *et al*., 2022).

図　ホモ・フロレシエンシスの復元像．背景には大型化したハゲコウ，ネズミの仲間，コモドオオトカゲと，矮小化したステゴドンの姿が描かれている．国立科学博物館地球館地下 2 階の展示より．

6.7.3　アフリカと西ユーラシアのエレクトス

1960 年代以降，アフリカでも広義のエレクトス化石が広い範囲から発見されている．東アフリカではタンザニアのオルドヴァイや，ケニアのトゥルカナで保存のよい頭骨がそれぞれ複数発見されており，トゥルカナ湖西岸のナリオコトメ (Nariokotome) ではトゥルカナ・ボーイと呼ばれる少年の全身骨格も見つかっている．これらの化石の年代は 1.9〜1.0 Ma の範囲とされる．ただし顔面部を含めてほぼ完形のエレクトス頭骨 (KNM-ER 3733) 標本については，最近の研究で年

代がより新しい 1.63 Ma に修正された (Lepre & Kent, 2015). これにより, トゥルカナの 1.9 Ma 相当の唯一のエレクトス化石は KNM-ER 2598 標本のみとなったが, この標本は後頭骨の破片であるためにエレクトスとの判断には否定的な意見もある. このほかにも東アフリカではケニアのオロールゲサイレ (Olorgesailie; 0.9 Ma), エチオピアのダカ (Daka; 1.0〜0.8 Ma), ゴナ (1.4〜0.9 Ma), コンソ (1.4〜1.3 Ma), エリトリアのブイア (Buia, 1.0〜0.8 Ma), 南アフリカのスワルトクランス (1.7 Ma 頃頃) などからもエレクトスとされる化石が見つかっている. 最近, 南アフリカのドリモーレンで 2.0 Ma 前後のエレクトスの子供の頭骨が発見されたとの報告があった (Herries *et al.*, 2020). 子供であるため同定は難しいが, 正しければ現在のところ最古のエレクトス化石である. 中期更新世の北アフリカの, ティゲニフ (Tigenif), サレー (Salé), トマス・カリー (Thomas Quarry) などいくつかの化石産出地点から発見された化石もエレクトスとされることがあるが, これらの化石はより派生的な旧人段階に含めるべきだとする意見もある.

ジョージアのドマニシ (Dmanisi) 遺跡からは 1.77 Ma に遡る 5 個体分の保存のよい頭骨と多数の四肢骨化石が発見されている (図 6.14). 1.85 Ma の層準からは石器が見つかっており, 現在のところ, アフリカの外での最も古い人類の痕跡となっている. ほかにもヨーロッパで発見されたチェプラノ (Ceprano), ペトラローナ (Petralona), アラゴ (Arago) など, いくつかの化石がかつてはエレクトスに含められていたが, 近年はより派生的な旧人段階に含めるのが一般的である.

6.7.4 ホモ・エレクトスの分類と定義

ホモ・エレクトスの分類学的な定義に関する主たる論点は, ここまで紹介したアフリカ, ジョージア, アジアの化石をすべて 1 種にしてよいかどうか, である. インドネシアと中国で早い段階で発見された化石資料については, 1950 年代にホモ・エレクトスとしてまとめられた (Mayr, 1950 など). その後, アフリカから発見された化石も同じ種に含められ (Walker & Leakey, 1978 など), 一方でガンドンの化石も同種の変異の範疇に入る, と判断された (Santa Luca, 1980). これによりホモ・エレクトスはアフリカの 200 万年近い古さの化石と, 数万年前の可能性も指摘されたジャワ島の化石までを含む, 時間的にも空間的にも広い範囲をカバーする種となったわけであるが, 当然形態的にもかなりの変異の幅が見られることから, 分岐分類学の台頭なども影響してこの定義についても見直しの必要が指摘されるようになった. 特に, 上記の厚い頭骨や発達した眼窩上隆起などのホモ・エレクトスの特徴とされる形態はアジアの標本で特に発達しており, より年代が古くこうした特徴がそれほど明瞭ではないアフリカの標本と 1 種にまとめることはできないのではないかという意見がある. この場合, 先取権の観点から,

アフリカの標本を別の種とすることになり，ホモ・エルガスター (*H. ergaster*) という種名が適用される．一方，ダカの頭骨の形態はアジアとアフリカの標本の中間的であるため，アフリカとアジアのエレクトスは連続的であって，アフリカの標本を別種とする必要はない，との意見もある (Asfaw *et al.*, 2002)．ただしダカやブイアの標本は眼窩上隆起の形状などがエレクトスよりも派生的であるため，エレクトスに含めないのが妥当だとの見方もある (Baab, 2015)．

さらにジョージアの化石については，年代の古さもさることながら，脳サイズも小さめであるなど，形態的にもハビリスなどのより古い時期の化石に類似する面もあることから，その位置づけについては判断が難しく，エレクトスに含めるのが一般的ではあるものの，ほかにホモ・ハビリスに含めるべきだとする立場や，独自の種，ホモ・ジョルジクス (*H. georgicus*) とする立場などがある．上述のように，アフリカのエレクトス化石について，実は古い年代のものがあまり多くないことも明らかとなっており，ホモ・エレクトスはユーラシアで起源してからアフリカへ戻ったとする説なども提示されている．なお，ドマニシで発見された5個体分の頭骨には，同一地点・同時代の標本でありながら，頭蓋内腔容量や顔面部形態などに非常に大きな変異が認められるという (Lordkipanidze *et al.*, 2013)．ここから，化石人類には本来，同一種内でかなり大きな形態変異があっておかしくなく，種間の違いも連続的であるかもしれないことが示唆されるが，通常の化石資料は時空間的にある程度離散して発見されるために，形態変異を過大評価することで実際よりも多くの種の存在を主張されがちである，とも指摘している．

6.7.5 出アフリカ

エレクトスの化石がまずインドネシアで，続いて中国で発見されるなど，エレクトス段階ではアフリカの外にも人類が進出していたことは当初から明らかであったが，それでは最初にアフリカを出たのはいつ，誰だったのか，という点については比較的最近になって明らかになってきた．そもそもアフリカで多くの猿人化石が発見される東アフリカあたりを出発してユーラシアにたどりつくためにはサハラ砂漠を通る必要があり，砂漠の長旅には，かなり現代的な四肢プロポーションと，道中の水などを確保するのにある程度は脳サイズも大きくなっている必要があっただろうと考えられ，そうした条件を満たす人類が登場するのはおそらく1.0 Maくらいだろうと予想されていた．しかし，ドマニシの発見は，そうした予想に反して，脳サイズもそれほど大きくなく，体格的にもあまり現代的とはいえない人類が，1.8 Ma頃にはユーラシアに進出していたことを明らかにした (Gabunia *et al.*, 2000)．

262　第6章　人類の進化

6.8　「旧人」

6.8.1　前期更新世のエレクトス以外の化石記録

　6.7.3項で登場したダカやブイアの化石は，ホモ・エレクトスではなく旧人段階のホモ属の人類であるという議論があり，旧人段階の人類は前期更新世の最後に登場してきた可能性もあるが，明確な旧人段階の化石は次項以降で述べる通り中期更新世から知られる．一方，ヨーロッパにおいては前期更新世に遡る化石記録がわずかながら知られる．アタプエルカ（Atapuerca，スペイン）の石灰岩洞窟地帯にあるグラン・ドリーナ（Gran Dolina）から見つかった0.8 Maの人類化石は，新種ホモ・アンテセッソール（*H. antecessor*）として記載された（Bermùdez de Castro, *et al.*, 1997）．さらに同じアタプエルカのシマ・デル・エレファンテ（Sima del Elefante）からはさらに古い可能性のある下顎骨片も発見されて，暫定的に同じアンテセッソールとされている．しかしいずれも断片的な化石であるために，新種とする妥当性や系統的位置づけなどはまだ明確になっていない．

6.8.2　中期更新世の人類—ホモ・ハイデルベルゲンシス—

　日本語で「旧人」とする段階には0.2 Ma以降のネアンデルタール人と，それより古い化石資料を含めるのが通常である（表6.2）．後者の約0.8〜0.2 Maの中期更新世の資料の系統的位置づけは，人類進化研究全体を見渡しても最も判断が難しいグループといえよう（Athreya & Hopkins, 2021）．

　中期更新世のネアンデルタールではない人類標本としては，アフリカでは北から南までの各地から，古くは0.8 Maに迫る可能性も指摘される資料（アルジェリアのティゲニフ）から新しくは0.3 Ma以降といわれるものまで，多数が知られている．ザンビアのカブウェ（Kabewe，またはブロークンヒル Broken Hill），エチオピア，ミドル・アワッシュのボド（Bodo）など，保存のよい頭骨もいくつか含まれる．ヨーロッパでも，1908年にドイツ，ハイデルベルグ近郊のマウアー（Mauer）で発見された約0.6 Maの下顎骨をはじめとして，かつてはホモ・エレクトスに含められたフランスのアラゴや，ギリシャのペトラローナなど，0.6〜0.2 Maの複数の化石資料が知られる．アタプエルカのシマ・デ・ロス・ウエソス（"骨の洞窟"，Sima de los Huesos）からは0.43 Maの28個体分もの骨が回収されており（Bermùdez de Castro, *et al.*, 2004），ネアンデルタール人との類似性が指摘されている．ユーラシアではさらに，インドのナルマダ（Narmada, 0.24 Ma）のほか，ダリ（Dali）や馬壩(Mapa)など中国から何点かの資料がこの段階に相当すると考えられている．

これらの資料はエレクトスよりも全般的に脳サイズが大きく，頭蓋内腔容量の平均は1,230 cc程度である．これに伴い，エレクトスに比べて頭蓋の高さが増し，前頭骨は幅広く，側頭鱗の上縁が湾曲し，頭頂部・後頭部ともに丸みを帯びていて，項平面が相対的に小さくなっている．下顎関節周辺の構造もエレクトスとは異なり，ほぼ現代人的である．これら中期更新世のホモ属の化石の分類上の位置づけについて，Rightmire (2015) はこれらの頭骨の特徴に基づき，エレクトスともネアンデルタールとも区別可能なグループと見なし，マウアーの下顎骨化石に対して命名されたホモ・ハイデルベルゲンシスが適用されるとしている．

しかしこのような解釈がコンセンサスを得ているとはいえず，様々な異なる意見が存在する．かつては，中期更新世以降の形態変化は連続的なもの (anagenesis) であって，これら中期更新世の人類もホモ・サピエンスの異なる段階と認識できるという考えが優勢であった．そのためこれらの資料は「古代型サピエンス (archaic *Homo sapiens*)」や「進歩的エレクトス」と呼ばれることもあった．一方，ヨーロッパの標本にはネアンデルタール的な特徴が認められることを根拠として，これらはアフリカの資料とは別種とするべきだという意見があり，この場合にアフリカ（とアジア）の標本はカブウェ標本につけられたホモ・ローデシエンシス (*H. rhodesiensis*) と呼ぶことになる．さらに，ヨーロッパでもシマ・デ・ロス・ウエソス標本のようにネアンデルタールと非常に近いグループとそれ以外（マウアーやアラゴ標本）とを分けるべきとの意見もある．このように形態学的評価では研究者間で意見が一致せず，結局のところ，これらの化石は「中期更新世のホモ属」と扱うしかない，との指摘もある (Athreya & Hopkins, 2021)．

2016年には，シマ・デ・ロス・ウエソスの標本から核DNAが採取され，人類化石から抽出された最古の古代DNAとして報告された (Meyer *et al.*, 2016)．この分析の結果，シマ・デ・ロス・ウエソスの人類は，ネアンデルタールの系統に含まれることがわかったという．つまりネアンデルタールとサピエンスとのDNAの分岐年代は0.43 Maより古いことになり，具体的には0.76〜0.55 Maと推定された．今後，シマ・デ・ロス・ウエソスよりも新しいアラゴやペトラローナなどはどう位置づけるのか，"ハイデルベルゲンシス"の枠組みはこの先さらに見直しを迫られるのであろう．

6.8.3 ネアンデルタール人

同じ「旧人」段階の人類でも，"ハイデルベルゲンシス"とは対照的なのがネアンデルタール人，すなわちホモ・ネアンデルタレンシス (*H. neanderthalensis*) である（図6.15）．ネアンデルタール人に関しては研究の歴史も長く，発見されている資料数も多いことから，その実体もかなりよくわかっている．そして，"ハイデ

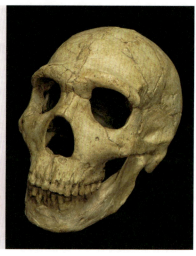

図 6.15 ネアンデルタール人の復元図 (J. H. Matternes). 右はネアンデルタール人頭骨レプリカ（アムッド 1 号）（河野礼子撮影）.

ルベルゲンシス"ともサピエンスとも異なる独自の形態的特徴を持つことから，比較的明瞭に種として定義することができる（奈良, 2003). 人類進化史上，我々現生人類に最も近縁な人類であり，ムステリアンと呼ばれる石器を製作して使用し，死者を埋葬し，火も利用するなど，文化的にもかなり共通項が多い. 唯一，我々ホモ・サピエンスと同時代に共存した人類でもある. ネアンデルタール人の化石は 1800 年代前半にはすでにいくつか発見されていたが, 過去の人類の遺骸として初めて認識されたのは, 1856 年にドイツのデュッセルドルフ近郊に位置するネアンデル渓谷で発見された頭骨を含む部分骨格であった. 1859 年にダーウィンが「種の起源」を出版したこともあり, ここから人類進化研究が始まったのである. 1864 年にはホモ・ネアンデルタレンシスとの種名が登場しており (King, 1864), これ以降, おもにヨーロッパの現代人との関係をめぐって議論が続いた. 1900 年代初頭は, ネアンデルタールは非常に原始的で劣った存在であり, 現代人とは進化的に無関係であるとみられたが, 1930 年代以降は徐々に風向きが変わっていき, 1940 年代になるとネアンデルタールを直接の祖先としてサピエンスのうちに含める意見も出てきた. その後は基本的にネアンデルタールをサピエンスとは別の西ユーラシアの人類として位置づける意見が大勢になっていたところ, 1997 年に初めてミトコンドリア DNA の解読結果が報告され, サピエンスとは別の系統であることが遺伝的にも示さた (Krings *et al.*, 1997). しかしその後, 核 DNA が解読された結果, 現代ホモ・サピエンスにも数％のネアンデルタール由来の DNA が

受け継がれていることがわかった (Green *et al.*, 2010). このことから, ネアンデルタールは最終的に絶滅したものの, サピエンスとの間で交雑があったことが示唆され, 種の定義そのものの判断も複雑になっている.

ネアンデルタール人の頭骨にはいくつか明瞭な特徴が認められる (図 6.13). サピエンスと比べると, 脳頭蓋は低くて前後に長く, 後面観の輪郭が丸い. また眼窩上隆起が発達し, 顔面が大きく, 鼻腔も幅広で, 頤 がない, といった違いがある. 一方, 派生的な特徴としては, 脳サイズが 1,200〜1,700 cc, 平均で 1520 cc とより大きくなり (Harvati, 2015), これに伴い後頭骨が丸くなって後頭隆起の発達は弱まっている. さらに顔面部全体が前突し, 下顎臼歯列後部に間隙があることなどは, 独自の特徴といえよう. 全身骨格も複数点見つかっているので, 体の特徴として, サピエンスに比べると低身長で, 全身的にずんぐりとして頑丈であり, 四肢の遠位部が相対的に長く, 大腿骨後面の内転筋など複数の筋肉が付着する粗線 (linea aspera) の隆起が発達しておらず大腿骨断面の輪郭が丸いことなども知られている. これらの特徴の少なくとも一部 (顔面の突出や幅広の鼻腔, ずんぐりした体格など) は, 寒冷地への適応との関連で進化したと考えられてきたが, 新しい研究成果として, 居住地域の古環境はそこまで厳しいものではなかったとする説や, ネアンデルタール人の体型は寒さに対してそれほど大きなアドバンテージにならないとの推定結果などが示されており, 遺伝的浮動の影響なども考えていく必要がありそうである.

ネアンデルタール人とされる化石資料は, 東西にはイベリア半島からロシアまで, 南北には地中海沿岸からイギリスまで, ヨーロッパの広い範囲から発見されている. 南はレバント, 東はウズベキスタンやアルタイまで, 化石産出地が広がる. 数多い化石資料のうち, 代表例としては, ネアンデル渓谷の元祖標本のほかに, フランスのラ・フェラシー (La Ferrssie) やラ・シャペル・オー・サン (La Chapelle aux Saints) の全身骨格など, 早い時期に発見された「クラシック・ネアンデルタール」とも呼ばれる資料がある. また, 1960 年代には, 東京大学の鈴木尚が率いる西アジア洪積世人類遺跡調査団がイスラエルのアムッド (Amud) 洞窟でアムッド 1 号の全身骨格などを発見した (Suzuki & Takai, 1970). 1990 年代には, 東京大学の赤澤威の率いる日本・シリア合同調査隊が, シリアのデデリエ (Dederiyeh) 洞窟でネアンデルタールの幼児 2 個体の化石を発見している (Akazawa & Muhesen, 2004).

ネアンデルタール人の出現時期は, 中期更新世のどこかであることは間違いないが, シマ・デ・ロス・ウエソスやアラゴの資料にネアンデルタールと共通する特徴が一部認められるなど, どこからネアンデルタールとするのかについての判断は難しい. 仮にサピエンスとの DNA の分岐を起源とするのであれば上記の通

266　第 6 章　人類の進化

り 0.5 Ma よりも遡ることになる．化石証拠においては，0.2 Ma 以降になるとかなり特徴のはっきりした資料が増えるので，ネアンデルタールの出現は 0.2 Ma から，とすることが多い．上述のようなネアンデルタール人の特徴が明瞭にそろってくるのは 70 ka 以降の，「クラシック・ネアンデルタール」を中心とした化石資料である (Harvati, 2015).

コラム 6.3　　DNA 分析とデニソワ人

　本文でも触れたように，近年の DNA 分析研究による人類進化研究の進展には驚かされる．これには，次世代シークエンサーを利用することで核 DNA の解読が比較的安く短時間でできるようになったことが関係している．一方では現代人の大量サンプルの核 DNA 解読によってホモ・サピエンスの進化と移動の歴史を次々と明らかにし，他方で 0.43 Ma の旧人化石の DNA 配列まで読んでしまって，化石人類の系統関係を明らかにしている．そうした DNA 分析による革新的成果の象徴ともいえるのが，デニソワ人であろう．デニソワ人とは，ロシア，アルタイ山脈のデニソワ (Denisova) 洞窟で発見された化石人骨の DNA 分析によって 2010 年に報告された，旧人段階の人類である (Krause *et al.*, 2010). 人類進化研究史上はじめて，化石の形態記載ではなく DNA から新たな人類種の存在が示された．形態の情報は十分でないためか，新種としての記載はされておらず，そのままデニソワ人 (Denisovans) と呼ばれている．日本で早くから古人骨の DNA 分析を手掛けてきた国立科学博物館の篠田謙一は，デニソワ洞窟は「21 世紀の人類学でもっとも重要な遺跡」であると述べている（篠田，2022）．デニソワ洞窟では 0.2 Ma から断続的に人類の利用の痕跡が認められる．このうち約 40 ka の層から発見された指の骨と臼歯から DNA が回収されて分析され，その結果，サピエンスともネアンデルタールとも異なる別系統の人類であることがわかったという．さらに，デニソワ人の遺伝子の一部が，現代サピエンスの一部に受け継がれていることも判明し，特にパプアニューギニアの人たちに多く受け継がれていることが示された．2018 年には同じデニソワ洞窟の資料から，ネアンデルタールの母親とデニソワ人の父親との間に生まれた女児の DNA が得られたという (Slon *et al.*, 2018). ネアンデルタール人の核ゲノムの解析によって，サピエンスにもわずかにネアンデルタール人の DNA が受け継がれていることが示されたのは 2010 年のことであったが，その後 10 年ほどの間にネアンデルタール人とサピエンスの間のさらなる交雑の証拠や，サピエンスとデニソワ人との間で交雑の証拠が示され，ついにはデニソワ人とネアンデルタールの混血児が見つかり，さらに 1.0 Ma 以前に 3 者の共通祖先から分岐した未知の人類種の存在とその人類とデニソワ人との間の交雑の証拠まで示唆されている．

　デニソワ人については，2019 年にはさらに，チベット高原で過去に発見されていた 0.16 Ma の下顎骨もデニソワ人のものであると同定され，交雑の証拠から推測される地理的分布の広がりについても部分的に確かめられた．チベットの下顎の位置づけは，DNA ではなく，タンパク質のアミノ酸配列から判断されたという (Chen *et al.*, 2019). 遺伝学のゲノミクスに対して，タンパク質の比較分析はプロテオミクスと呼ばれ，DNA に比べるとコラーゲンタンパクは残存しやすいため検出チャンスも増えるとのことである．デニソワ洞窟でも大量に発見される骨片から人骨片を探し出すためにタンパク質の分析が行われ，その結果発見されたのが，上記のネアンデルタールとデニソワ人との間の混血児の骨片だった．DNA のみならず，化石資料の化学成分の分析による研究の進展には目を見張るものがある．

6.8.4 ネアンデルタール人の最後

ネアンデルタール人がいつまで存在したかについても議論があり，30 ka かそれ以降まで存続していたともいわれていたが，今世紀のはじめから，加速器質量分析 (AMS) 法など改良された ^{14}C 年代測定法を用いて，40 ヵ所もの遺跡について年代の再検討が行われた．その結果，ムステリアン文化とこれに続く移行的なシャテルペロニアン文化はいずれも 40 ka 頃までには終焉し，地域による違いはあるがネアンデルタール人も同時期までにいなくなったこと，そしてヨーロッパにおいて最長で 5,000 年間ほどサピエンスと共存した時期があったこと，などが示された (Higham *et al.*, 2014)．

共存した時期があったということで，なぜネアンデルタールは最終的に絶滅し，サピエンスが生き残ったか，という点がこの 10 年ほど盛んに議論されている．大まかには気候変動の影響とサピエンスとの競合が何かしら影響したものと想定されるが，より具体的なところを明らかにするために，日本でも，デデリエ洞窟で化石を発見した赤澤威が中心となって，「交代劇の真相」を探る大型の科学研究費プロジェクトが 2010〜2014 年にかけて実施された．結果としてわかってきたのは，どうやら両者の行動様式には違いも見られるがむしろ共通点の方が多く，特定の行動の違いに絶滅と存続の理由を見出すのは難しいということだ（門脇，2020; 近藤，2021）．両者ともに 40 ka 頃に人口減少のピークが見られるということで，そこで絶滅したか生き残ったかは，ほんのわずかな違いであったのかもしれない．

6.9 ホモ・サピエンスの起源と世界拡散

6.9.1 ホモ・サピエンスの起源をめぐる 2 つの説

ヨーロッパでは，ネアンデルタール人の化石が人類進化研究の歴史において最も早い段階で化石人類と認識され，のちにヨーロッパの現代人の直接の祖先にあたると考えられた時期もあった．また，続いてインドネシアでジャワ原人，中国で北京原人の化石が見つかったことで，現代人の起源については自ずと，「多地域進化説」などと呼ばれる，各地域で先行する人類からそれぞれの地域で進化した，との考えが述べられるようになっていた．しかし，各地域では必ずしも連続性が見られないとする意見は化石の形態の研究者からも挙がっていた．そうした立場から提唱された現代人起源に関するもう一つの説，すなわち「アフリカ単一起源説」が大きな説得力を持つようになったきっかけは，1987 年のミトコンドリア DNA の変異に関する論文であった (Can *et al.*, 1987)．この論文では，現代ホモ・サピエンスのミトコンドリア DNA 配列に見られる多様性はアフリカ人にお

いて最大で，現代人のミトコンドリアのルーツはおよそ 0.2 Ma のアフリカの一女性まで辿れることが示された（一般的には「ミトコンドリア・イブ仮説」としても知られているが，学説として正確な意味を示していないので「アフリカ単一起源説」と呼ぶべきである）．その後，これらの 2 つの説のどちらが正しいか，化石人骨の分析や，遺跡の年代の再検討，遺伝的分析など，様々な見地から検討されて，2000 年代初頭までには「アフリカ単一起源説」でほぼ決着している．現在の論点としては，いつ，何回，どのような経路でアフリカを出て世界中に拡散したのかという点に絞られている．

6.9.2 化石ホモ・サピエンス

一般にもよく知られるクロ・マニヨン人とは，1868 年にフランスのクロ・マニヨン (Cro-Magnon) 洞窟で発見されたホモ・サピエンスの化石資料を指す．頭骨と部分骨格からなる男性個体（クロ・マニヨン 1 号）を含めて，3 個体が発見された．約 30 ka に埋葬されたと考えられる．ネアンデルタール人の化石が新種として報告された直後の発見でもあり，額が垂直に立ち上がるなどネアンデルタールよりも明らかに現代的な形態をしていることから，化石サピエンスとして認識され，化石ホモ・サピエンスを代表するようになった．その後さらに古い時期のサピエンス化石が発見されるようになり，現在ではクロ・マニヨン人といえばヨーロッパの化石ホモ・サピエンスを指す．

ホモ・サピエンスの起源に関する論争が終結して，アフリカ起源が確実視されるようになると，その証拠として古いサピエンス化石がアフリカで発見されるかどうかに注目が移った．そして 2003 年にはエチオピア，ミドル・アワッシュのヘルト (Herto) から，0.16 Ma のサピエンスの男性頭骨の化石発見が報告され (White *et al.*, 2003)，2005 年には，同じくエチオピアのオモで 1960 年代に発見されていた頭骨化石 2 点などについて，化石含有層直下の火山灰層の年代が 0.19 Ma であると報告され，さらに古いサピエンスの証拠とされた (McDougall *et al.*, 2005)．モロッコのジェベル・イルード (Jebel Irhoud) では 1960 年代以降，頭骨化石などが発見されていたが，年代がはっきりしないこともあってあまり重視されていなかった．2004 年から行われた新たな発掘調査により，20 点以上の化石が新たに発見された．約 0.31 Ma という年代が得られたことにより，ジェベル・イルードの化石は初期サピエンスと解釈され，現時点では最古のサピエンス資料とされている (Hublin *et al.*, 2017)．それぞれの形態特徴の解釈には異論もあるものの，比較的早い時期にアフリカにサピエンス的な人類が存在したことはほぼ確実となっている．

アフリカの外でも「最古」の証拠の更新が続いている．従来から知られていた

のは，イスラエルのスフール (Skhul) とカフゼー (Qafzeh) という 2 つの洞窟遺跡で発見された，0.12〜0.09 Ma のサピエンス化石である．これらの洞窟の近隣には，少し後の年代のネアンデルタール化石を産出する洞窟もあり，スフールとカフゼーの年代が確定し，レバント地域には先にサピエンスが進出し，あとからネアンデルタールが入ったことが明らかとなったことも，サピエンスがネアンデルタールとは別系統でアフリカで起源したことの根拠となった．最近では，このすぐ近くのミスリヤ (Misliya) 洞窟で，0.18 Ma のサピエンスの上顎骨が発見されたとの報告があり，サピエンスの進出年代がもっと古いことが示唆された (Hershkovitz *et al.*, 2018)．さらに翌 2019 年にはギリシャのアピディマ (Apidima) 洞窟で発見されていた 2 つの頭骨化石のうち，1 号頭骨は 0.21 Ma のサピエンスであるとの報告がなされた (Harvati *et al.*, 2019)．ちなみに 2 号頭骨は 0.17 Ma のネアンデルタールとされている．人類の移動や拡散の歴史はかなり複雑なものだったことが示唆されるが，ミスリヤもアピディマも断片的な証拠であり，今後より完全な頭骨の化石の発見が待たれる．

6.9.3 “2 度目”の出アフリカから汎地球的分布へ

現在の人類の汎地球的な分布は，ホモ・サピエンス段階になって初めて達成されたものである．原人段階で初めてアフリカを出たことに対して，サピエンスが改めてアフリカから世界中に広がったことを，「2 度目の出アフリカ」と称することがある．もちろん原人段階で最初にアフリカを出た集団は一つであったとは限らないし，あとからユーラシアへ渡った集団もあったかもしれないが，大きくは最初の出アフリカと，それに対してサピエンスが 2 度目，ということである．ではアフリカで起源したホモ・サピエンスは，実際にどのようにアフリカから広がっていったのであろうか？ この点に関して，従来からの考古遺跡の証拠と，古人骨資料の分析を通じた解釈に加えて，現代人の持つ DNA を比較することで，各地の現代人の間の系統関係を調べる手法が大きく寄与するようになってきている．1980 年代以降，まずはミトコンドリア DNA のハプロタイプの系統関係と出現頻度が広範に調べられ，2006 年の次世代シークエンサーの実用化以降，最近では核 DNA の一塩基多型 (SNP: single nucleotide polymorphism) を，何万，何十万という膨大な箇所で比較することで系統関係を明らかにする研究が盛んに行われている．結果としてかなり多くのことが判明しているようである（たとえばライク，2018; 高畑，2020; 篠田，2022）．

大きな流れとしては，アフリカ東部あるいは北部で 300〜200 ka に誕生したホモ・サピエンスは，100 ka 頃までにはユーラシアに一定数が進出したが，定着することはなく，その後 60 ka 頃以降に再び進出した波が現在の世界各地への拡散

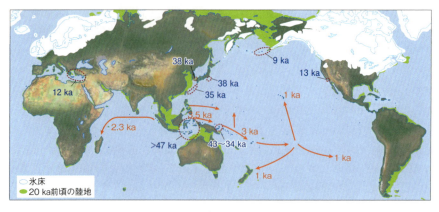

図 6.16　推定されるホモ・サピエンスの拡散ルート（海部, 2020）.

につながった．先に進出したものは第 2 の出アフリカの第 1 波ということであり，イスラエルのカフゼーやスフールの化石がその証拠とされてきた．最近のミスリヤやアピディマの発見は，第 1 波というようなまとまったものではなく，小規模な進出が度々あったということを意味するのかもしれない．

そして 60 ka 以降の，第 2 波ともいわれる移動が，いよいよ汎地球的な分布につながっていったようだ（図 6.16）．60 ka 頃にあらためてユーラシアに出たものの中から，50〜40 ka の間に東アジア，東南アジア，オーストラリア，ヨーロッパなど広い範囲に到達している．日本列島にも 38 ka 頃にはヒトが入ってきている．そして東シベリアを経て，遅くとも 16 ka 頃ごろにはそれまで人類未踏の地であった北米大陸に進出して比較的短期間のうちに南米の南端まで到達した．残るは大海の島嶼地域であるが，さすがにそれほど早くはないものの，近代的な航海術が発達するはるか以前の 3〜1 ka には遠洋の島々にも人が到達している．以下では，サピエンスになって初めて進出した地域として，サフル大陸（オーストラリアなど），日本列島，そしてアメリカ大陸についてもう少し詳しく見ていく．

6.9.4　サフルへの進出

最終氷期を含めた後期更新世には，海水面の低下によってボルネオ島やジャワ島はマレー半島と陸続きになり，スンダ (Sunda) 大陸と呼ばれる亜大陸を形成していたが，ボルネオ島より東側とは間の海が深いため陸橋でつながることはなかった．一方，オーストラリアとニューギニアは陸続きとなってサフル (Sahul) 大陸を形成していた．スンダ大陸とサフル大陸の間はウォーレシア海域と呼ばれ，遅くとも 50 ka までにはスンダ大陸からウォーレシア海域を通過してサフル大陸へ

ホモ・サピエンスが到達したと考えられている（小野，2017）．

50 ka という，炭素年代法の限界に近い時期ということもあり，オーストラリアの古い遺跡の年代をめぐっては長く議論されてきたが，熱ルミネッセンス (Thermoluminescence) 法や，光ルミネサンス (OSL: optically stimulated luminescence) 法などの活用を通じて，最近では 60 ka よりも古い遺跡の存在なども指摘されている (Clarkson *et al.*, 2021)．現在のところ最も信頼できる古い年代は，オーストラリア北部，ノーザンテリトリー準州にあるマジェベベ (Madjedbebe) 遺跡の 55 ka である（小野，2017）．一方ニューギニア島においても 40〜50 ka の年代の遺跡が発見されているという．

人骨資料としては，オーストラリア南東部ニュー・サウス・ウェールズ州の世界遺産に指定されたウィランドラ湖群地域にあるマンゴ湖 (Lake Mungo) で，1969 年以降に 3 個体分が発見されており，このうち 1 号人骨には火葬された痕跡があるという (Bowler *et al.*, 1970)．人骨の年代については曲折を経て 43〜34 ka に落ち着いている．

サフル大陸へ到達するためにはアジアとオーストラリアの間に位置するウォーレシア海域を通過するのであるが，その経路としては北マルク諸島を通る北側のルートと，東ティモール島を通る南側のルートが考えられ，いずれのルートを通っても少なくとも一度は 100 km 前後の海を越える必要があり，現生人類による最古級の渡海記録といえる（小野，2017）．現在のところウォーレシアで見つかっているサピエンスの活動の最古の証拠は，東ティモール島のジェリマライ (Jerimalai) 遺跡の 42 ka である (O'connor *et al.*, 2011)．サフル大陸の証拠よりも新しいため，どちらのルートを通ったかの決定的証拠にはならないが，大量の漁骨や釣り針などが出土しており，人類の海洋資源の利用についての多くの示唆が得られている（小野，2017）．他にもウォーレシアでの調査は近年盛んになっているため，今後さらに移動経路を含めた様々なことが明らかになると期待される．

6.9.5　日本列島への到達

日本列島に人が入ってきた証拠については，おおよそ 38 ka までは遡れるが，それより古い時期については明確になっていない，という認識が一般的である．日本旧石器学会のまとめによると，38 ka 頃になると全国に遺跡が数多く認められるようになる（日本旧石器学会，2010）．ただ，日本列島は基本的に酸性土壌であるため，骨などの有機成分を含む物質は保存されにくく，これらの遺跡のほとんどでは石器しか発見されていない．本州で唯一の例外が静岡県浜松市の浜北遺跡であるが，発見された人骨は断片的であり，あまり情報量は多くない．浜北遺跡では近年，再調査が行われており，新たな発見に期待したい．

272　第6章　人類の進化

　浜北遺跡を除くと，日本列島で発見される更新世人骨はすべて琉球列島での発見である．これは琉球石灰岩が多く含まれるために骨が残りやすいことの影響と考えられるが，反対に旧石器時代の石器があまり発見されていないことは興味深い．琉球列島においては現在までに10か所程度から人骨が発見されている．このうち年代の最も古いのが沖縄本島南部に位置する山下町洞穴遺跡であり，未成人の脛骨片などが発見され，32 kaとされる．ほかに沖縄本島に数か所と，宮古島・ピンザアブ遺跡，久米島・下地原遺跡などが知られているが，もっとも多くの人骨が発見され，長年日本の旧石器時代を代表してきたのが，沖縄本島最南部の港川遺跡である．年代は約20 ka相当と考えられ，少なくとも5個体分の人骨化石と，シカやイノシシの骨なども発見されている (Suzuki & Hanihara, 1982)．

　沖縄では近年も新たな更新世の人類化石が発見されている．港川遺跡近くのサキタリ洞遺跡では，旧石器時代人の食料残滓と考えられるカニの爪やウナギの骨などが大量に見つかり，現時点では世界でも最古の事例となる貝製の釣り針も発見されるなど，目覚ましい成果が上がっている (Fujita *et al.*, 2016)．30 kaに迫る古さの人骨も出土しているとのことで，日本列島の更新世人の姿と暮らしぶりの両方を詳しく明らかにしてくれるものと非常に期待される．一方，石垣島の白保竿根田原洞穴遺跡では，27 ka以降の断続的な文化層が確認されており，更新世の層序からは少なくとも20体分の人骨資料が発見されている．サキタリ洞とは対照的に石器や動物遺骸はあまり発見されず，特に更新世の層準からはほぼ人骨しか発見されないことから，この洞穴は墓地として利用されていたと考えられる（沖縄県立埋蔵文化財センター，2017）．これらの人骨資料の形態分析は目下進行中であり，これまで港川人に依存してきた更新世の列島人に関する理解が大きく進むと期待される．

　日本列島に人が渡ってきた38 kaの頃は，海面が現在よりもおよそ80 m下がっており，北海道はサハリンを介して大陸とつながっていた．一方，本州・四国・九州も陸続きとなって「古本州島」を形成していたが，大陸との間には海峡が存在した．さらに琉球列島は周辺海域の海が深く，海面が130 m下がった最終氷期最盛期 (LGM) においても大陸や九州とつながることはなかった．つまり日本列島，とりわけ琉球列島に到達するためには必ず海を渡る必要があり，サフル大陸への到達に次いで古い渡海記録として近年重要視されている (Kaifu, 2022)

6.9.6　南北アメリカ大陸への進出

　進化のごく初期をのぞいて霊長類不在の地であり，人類進化の過程でも最後の楽園ともいうべきアメリカ大陸にも，ついにホモ・サピエンスが到達したことは明らかであるが，その時期については長く議論されてきた．遺伝子の研究などから

アメリカ大陸の先住民族はアジア由来であることがわかっており，氷河期にベーリング海峡の海水準が低下して陸続きになったベーリンジア地峡 (Beringia) を通って，シベリアからアラスカへ到達したと考えられる．一方，LGM (26.5～19 ka) にはローレンタイド (Laurentide) とコルディレラ (Cordillera) と呼ばれる2つの氷床がつながって北米大陸北部を覆っており，アラスカから北米大陸の南への移動の障壁となっていた．アラスカから最初に南下したのは13 ka 頃に北米大陸に現れるクローヴィス文化を伴う人々で，当時2つの氷床の間に出現していた無氷回廊を通って，大型獣を狩猟しながら短期間に南米大陸まで拡がった，とするクローヴィス・ファーストモデルが長年有力であった（ただしクローヴィス文化は南米では見つかっていない）．しかし13 ka よりも古い考古遺跡がチリのモンテ・ヴェルデ (Monte Verde II) などで発見されるようになり，アラスカから太平洋沿岸伝いに南下した可能性も検証されるようになった (Gruhn, 2020)．最近もメキシコの高地に位置する30 ka 近くまで遡る遺跡や (Ardelean *et al.*, 2020)，ニューメキシコのホワイト・サンズ (White Sands) で20 ka よりも古い層準の人類の足跡化石が見つかるなど (Bennett *et al.*, 2021)，LGM の時期にすでにサピエンスがアメリカ大陸に存在していた可能性も出てきた．最古の証拠がどこまで遡るかはまだ議論の余地があるようだが，クローヴィス以前に遡ることはほぼ確実であり，その後 14.7～12.9 ka の亜間氷期により広範囲に拡散したことが遺跡の年代値のメタ解析や遺伝子の分析から指摘されている (Becerra-Valdivia & Higham, 2020; Willerslev & Meltzer, 2021)．なお Becerra-Valdivia & Higham (2020) によればこの拡散時期は多くの大型陸獣の絶滅時期とも重なるという．ただしこうしたメタ解析の結果には注意が必要だとの指摘もある (Price *et al.*, 2018)．

おわりに

　人類の進化史に関する研究は，他の分類群の研究と同様に，様々な面で今も発展している．新たな化石産地の探査や，より先進的な手法を適用した化石発掘，年代測定法の改良，同位体分析による食性解明，形態分析におけるデジタル技術の活用，統計的データ解析手法の改良，そして DNA やタンパク質の比較による系統解明，などである．化石資料が増えれば進化の道筋がすっきりと判明してくるかというと，必ずしもそうとは限らず，余計に混沌としてくることもあるが，増えた資料に様々な分析手法を適用することで，それまで見えていなかったことが見えるようになるのは間違いない．しかし研究手法がそれぞれに精密になっていくことで，研究分野の細分化が進んでいるのもまた事実であり，進化史全体に関する理解をまとめるのはこの先次第に容易ではなくなっていくかもしれない．

274　第 6 章　人類の進化

コラム 6.4　ホモ・ナレディ

　南アフリカ，ヨハネスブルク郊外のライジング・スター (Rising Star) 洞窟から発見された，1500 点以上，少なくとも 15 個体分の人骨片をもとに，新種の人類ホモ・ナレディ (*H. naledi*) について報告されたのは 2015 年のことであった (Berger *et al.*, 2015). 資料の多さもさることながら，頭蓋内腔容量が 460〜560 cc と小さく足の指がカーブするなどの猿人的な特徴と，現代的な四肢の特徴が混在すること，そして化石の発見されたディナレディ・チェンバー (Dinaledi Chamber) には遺体は人為的に運び込まれたと考えられることなど，いくつかの点でそれまで知られてきた進化の流れに簡単には当てはめられないことが注目された. 化石発見チームを率いたのはアウストラロピテクス・セディバの化石を発見した Lee Berger で，通常，新種化石の報告は Nature 誌や Science 誌に投稿されることが多いのに，ナレディの記載論文は eLife という当時ほぼ無名のオンラインジャーナルに掲載されたことや，論文発表とほぼ同時にナショナル・ジオグラフィックなどにも記事が出たこと，また細く奥まった洞窟の調査要員として細身の女性研究者を SNS で募集したことなど，研究の進め方に関しても型破りなところが多々あって話題性には事欠かなかった. しかし肝心の化石の解釈については，年代が 2〜0.1 Ma のどこか，という漠然としたものであったこともあり，研究者コミュニティにおいてはそれほど評価されなかったようだ. ただし，年代は新しければ非常に脳サイズの小さな人類が最近までいたことになり，古ければ「埋葬」的な行為の最古の証拠になりうるということで，どちらに転んでも何かしら新規性がある，Berger 達にとっては「負けなし」の状況設定であった.

　そして 2017 年には，同じライジング・スター洞窟システムの別の空間，レセディ・チェンバー (Lesedi Chamber) で追加発見された化石の報告 (Hawks *et al.*, 2017) とともに，ディナレディ・チェンバーの年代の分析結果が eLife 誌に掲載された (Dirks *et al.*, 2017). OSL (optically stimulated luminescence) 法と古地磁気法によってナレディの化石を含む堆積層は 0.41〜0.23 Ma と推定され，さらに化石そのもののウラン系列による分析も行われた結果，化石の年代は 0.33〜0.23 Ma の範囲に入るだろうと結論された. 一方，レセディ・チェンバーで新たに発見された化石は 130 点以上，少なくとも 3 人分が含まれるという. 中でも注目すべきは，ほぼ完全な男性頭骨であり，頭蓋内腔容量は 610 cc と，既知標本の値を上回ったという. 追加の化石の年代は確認されていないが，ナレディであることは確実という. また，レセディとディナレディの両チェンバーは直接つながっておらず，これらの化石は遺体の状態でレセディ・チェンバーに運び込まれたものに由来するとのことである.

　ディナレディの年代が比較的新しいところに決着したことで，南アフリカにはホモ・サピエンス誕生前後という最近まで脳サイズの小さい人類が存在したということになった. 既知の化石人類やホモ・サピエンスとの関係についてはこれから議論されていくのであろうが，Berger らは，DNA の研究から示唆されているアフリカの未発見の人類種との関係についても言及し，また石器などの文化面でもサピエンスではない担い手の存在を考える必要がある，と結論している (Berger *et al.*, 2017). 東アジアでも化石証拠から未知の人類あるいは原人の生き残りの存在が示唆されており (例, Chang *et al.*, 2015)，それらの系統的位置づけも今後解明されていくものと期待される. いずれにしても，ホモ属の進化の全体像はこれまでに考えられていたよりもかなり複雑だったのかもしれない (Kaifu, 2017).

引用文献

Akazawa, T. & Muhesen, S. eds. (2004) Neanderthal burials - excavations of the Dederiyeh Cave. pp. 418, 文化舎インターナショナル

Anton, S. C., Potts, R. *et al.* (2014) Evolution of early *Homo*: An integrated biological perspective. *Science*, **345**, 1236828

Ardelean, C. F., Becerra-Valdivia, L. *et al.* (2020) Evidence of human occupation in Mexico around the Last Glacial Maximum. *Nature*, **584**, 87-92

Asfaw, B., White, T. *et al.* (1999) *Australopithecus garhi*: A new species of early hominid from Ethiopia. *Science*, **284**, 629-635

Asfaw, B., Gilbert, W. H. *et al.* (2002) Remains of *Homo erectus* from Bouri, Middle Awash, Ethiopia. *Nature*, **416**, 317-320

Athreya, S., Hopkins, A. (2021) Conceptual issues in hominin taxonomy: *Homo heidelbergensis* and an ethnobiological reframing of species. *Yearb. Phys. Anthropol.*, **175**, 4-26

Baab, K. L. (2015) Defining Homo erectus. *in* Handbook of Paleoanthropology (eds. Henke, W. & Tattersall, I.), pp. 2189-2219, Springer-Verlag

Becerra-Valdivia, L., Higham, T. (2020) The timing and effect of the earliest human arrivals in North America. *Nature*, **584**, 93-97

ビガン，デイヴィッド・R. (2017) 人類の祖先はヨーロッパで進化した (馬場悠男 他訳), pp. 321, 河出書房新社

Bennett, M. R., Bustos, D. *et al.* (2021) Evidence of humans in North America during the Last Glacial Maximum. *Science*, **373**, 1528-1531

Berger, L., de Ruiter, D. J. *et al.* (2010) *Australopithecus sediba*: A new species of Homo-like australopith from South Africa. *Science*, **328**, 195-204

Berger, L. R., Hawks, J. *et al.* (2015) *Homo naledi*, a new species of the genus Homo from the Dinaledi Chamber, South Africa.*eLife*, 2015;4:e09560

Berger, L. R., Hawks, J. *et al.* (2017) *Homo naledi* and Pleistocene hominin evolution in subequatorial Africa. *eLife*, **6**, e24234

Bermùdez de Castro, J. M., Arsuaga, J. L. *et al.* (1997) A hominid from the Lower Pleistocene of Atapuerca, Spain: Possible ancestor to Neandertals and modern humans. *Science*, **276**, 1392-1395

Bermùdez de Castro, J. M., Martinón-Torres, M. *et al.* (2004) The Atapuerca sites and their contribution to the knowledge of human evolution in Europe. *Evol. Anthropol.*, **13**, 25-41

Besenbacher S., Hvilsom, C. *et al.* (2019) Direct estimation of mutations in great apes reconciles phylogenetic dating. *Nat. Ecol. Evol.*, **3**, 286-292

Bloom, R. (1938) The Pleistocene anthropoid apes of South Africa. *Nature*, **142**, 377-379

Bowler, J. M., Jones, R. *et al.* (1970) Pleistocene human remains from Australia: A living site and human cremation from Lake Mungo, Western New South Wales. *World Archaeol.*, **2**, 39-60

Brown, P., Sutikna, T. *et al.* (2004) A new small-bodied hominin from the Late Pleistocene of Flores, Indonesia. *Nature*, **431**, 1055-1061

Brunet, M., Beauvilain, A. *et al.* (1995) The first australopithecine 2,500 kilometres west of the Rift Valley (Chad). *Nature*, **378**, 273-275

Brunet, M., Beauvilain, A. *et al.* (1996) *Australopithecus bahrelghazali*, a new species of fossil hominid from Koro Toro (Chad). *C. R. Acad. Sci. II A*, **322**, 907-913

Brunet, M., Guy, F. *et al.* (2002) A new hominid from the Upper Miocene of Chad, Central Africa. *Nature*, **418**, 145-151

Can, R. L., Stoneking, M. *et al.* (1987) Mitochondrial DNA and human evolution. *Nature*, **325**, 31-36

Chang, C-H., Kaifu, Y. *et al.* (2015) The first archaic *Homo* from Taiwan. *Nat. Commun.*, **6**, 6037

Chen, F., Welker, F. *et al.* (2019) A late Middle Pleistocene Denisovan mandible from the Tibetan Plateau. *Nature*, **569**, 409-412

Clarke, R. J. (2019) Excavation, reconstruction and taphonomy of the StW 573 *Australopithecus prometheus* skeleton from Sterkfontein Caves, South Africa. *J. Hum. Evol.*, **127**, 41-53

Clarkson, C., Norman, K. *et al.* (2021) Australia's first people: oldest sites and early culture. In The Oxford Handbook of the Archaeology of Indigenous Australia and New Guinea (eds. McNiven, I. J. *et al.*), pp. C9.S1-C9.S20, Oxford Academic

Collard, M., Wood, B. (2015) Defining the genus *Homo*. *in* Handbook of Paleoanthropology (eds. Henke, W. *et al.*), pp. 2107-2144, Springer-Verlag

Dart, R. A. (1925) *Australopithecus africanus*: the man-ape of South Africa. *Nature*, **115**, 195-199

Détroit, F., Mijares, A. S. *et al.* (2019) A new species of *Homo* from the Late Pleistocene of the Philippines. *Nature*, **568**, 181-186

Dirks, P. H. G. M., Roberts, E. M. *et al.* (2017) The age of *Homo naledi* and associated sediments in the Rising Star Cave, South Africa. *eLife*, **6**, e24231

Fujita, M., Yamasaki, S. *et al.* (2016) Advanced maritime adaptation in the western Pacific coastal region extends back to 35,000-30,000 years before present. *Proc. Nat. Acad. Sci.*, **113**, 11184-11189

Gabunia, L., Vekua, A. *et al.* (2000) Earliest Pleistocene hominid cranial remains from Dmanisi, Republic of Georgia: taxonomy, geological setting, and age. *Science*, **288**, 1019-1025

Gathogo, P. N. & Brown, F. H. (2006) Revised stratigraphy of Area 123, Koobi Fora, Kenya, and new age estimates of its fossil mammals, including hominins. *J. Hum. Evol.*, **51**, 471-479

Green, R. E., Krause, J. *et al.* (2010) A draft sequence of the Neandertal genome. *Science*, **328**, 710-722

Gruhn, R. (2020) Evidence grows for early peopling of the Americas. *Nature*, **584**, 47-48

Haile-Selassie, Y. (2001) Late Miocene hominids from the Middle Awash, Ethiopia. *Nature*, **412**, 178-181

Haile-Selassie, Y., Saylor, B. Z. *et al.* (2012) A new hominin foot from Ethiopia shows multiple Pliocene bipedal adaptations. *Nature*, **483**, 565-569

Haile-Selassie, Y., Gilbert, L. *et al.* (2015) New species from Ethiopia further expands Middle Pliocene hominin diversity. *Nature*, **521**, 483-488

Haile-Selassie, Y., Melillo, S. M. *et al.* (2019) 3.8-million-year-old hominin cranium from Woranso-Mille, Ethiopia. *Nature*, **573**, 214-219

Harmand, S., Lewis, J. E. *et al.* (2015) 3.3-million-year-old stone tools from Lomekwi 3, West Turkana, Kenya. *Nature*, **521**, 310-315

Harvati, K. (2015) Neanderthals and their contemporaries. *in* Handbook of Paleoanthropology (eds. Henke, W. *et al.*) pp. 2243-2279, Springer-Verlag

Harvati, K., Röding, C. *et al.* (2019) Apidima Cave fossils provide earliest evidence of *Homo sapiens* in Eurasia. *Nature*, **571**, 500-504

Hawks, J., Elliott, M. *et al.* (2017) New fossil remains of *Homo naledi* from the Lesedi Chamber, South Africa. *eLife*, **6**, e24232

Herries, A. I. R., Martin, J. M. *et al.* (2020) Contemporaneity of *Australopithecus*, *Paranthropus*, and early *Homo erectus* in South Africa. *Science*, **368**, eaaw7293

Hershkovitz, I., Weber, G. W. *et al.* (2018) The earliest modern humans outside Africa. *Science*, **359**, 456-459

Higham, T., Douka, K. *et al.* (2014) The timing and spatiotemporal patterning of Neanderthal disappearance. *Nature*, **512**, 306-309

Horai, S., Satta, Y. *et al.* (1992) Man's place in Hominoidea revealed mitochondrial DNA genealogy. *J. Mol. Evol.*, **35**, 32-43

Hublin, J-J., Ben-Ncer, A. *et al.* (2017) New fossils from Jebel Irhoud, Morocco and the pan-African origin of *Homo sapiens*. *Nature*, **546**, 289-292

Ishida, H., Pickford, M. (1997) A new Late Miocene hominoid from Kenya: *Samburupithecus kiptalami* gen. et sp. nov. *C. R. Acad. Sci. II A*, **325**, 823-829

Johanson, D. C., White, T. D. *et al.* (1978) A new species of the genus *Australopithecus* (Primates: Hominidae) from the Pliocene of Eastern Africa. *Kirtlandia*, **28**, 1-14

門脇誠二 (2020) 現生人類の出アフリカと西アジアでの出来事. アフリカからアジアへ (西秋良宏 編). pp. 7-52, 朝日新聞出版

海部陽介 (2012) ホモ属の誕生と進化 —アフリカからユーラシアへ—. 季刊考古学, **118**, 30-35

海部陽介 (2020) サピエンス日本上陸 —3 万年前の大航海. pp.335, 講談社

海部陽介 (2021) ホモ属の「繁栄」 —人類史の視点から. 人間の本質にせまる科学 自然人類学の挑戦 (井原泰雄 他編). pp. 43-58, 東京大学出版会

Kaifu, Y. (2017) Archaic hominin populations in Asia before the arrival of modern humans. *Curr. Anthropol.*, **58**, S418-S430

Kaifu, Y. (2022) A synthetic model of Palaeolithic seafaring in the Ryukyu Islands, southwestern Japan. *World Archaeol.*, **54**, 187-206

Kimbel, W. H., Walter, R. C. *et al.* (1996) Late Pliocene *Homo* and Oldowan tools from the Hadar Formation (Kada Hadar Member), Ethiopia.*J. Hum. Evol.*, **31**, 549-561

Kimbel, W. H. (2007), The Species and Diversity of Australopiths. *in* Handbook of Paleoanthropology (eds. Rothe, H. *et al.*), pp. 1539-1573, Springer-Verlag

Kimbel, W. H. (2015) The Species and Diversity of Australopiths. *in* Handbook of Paleoanthropology (eds. Henke, W. *et al.*), pp. 2071-2105, Springer-Verlag

Kimbel, W. H. & Rak, Y. (2017) *Australopithecus sediba* and the emergence of *Homo*: questionable evidence from the cranium of the juvenile holotype MH 1. *J. Hum. Evol.*, **107**, 94-106

King, W. (1864) The reputed fossil man of the Neanderthal. *Q. J. Sci.*, **1**, 88-97

近藤修 (2021) 旧人ネアンデルタールの盛衰 —現生人類との交代劇. 人間の本質にせまる科学 自然人類学の挑戦 (井原泰雄 他編). pp. 59-74, 東京大学出版会

河野礼子 (2021) 猿人とはどんな人類だったのか? —最古の人類. 人間の本質にせまる科学 自然人類学の挑戦 (井原泰雄 他編). pp. 23-40, 東京大学出版会

Krause, J., Fu, Q. *et al.* (2010) The complete mitochondrial DNA genome of an unknown hominin from southern Siberia. *Nature*, **464**, 894-897

Krings, M., Stone, A. *et al.* (1997) Neandertal DNA sequences and the origin of modern humans. *Cell*, **90**, 19-30

Kubo, D., Kono, R. T. *et al.* (2013) Brain size of *Homo floresiensis* and its evolutionary implications. *Proc. R. Soc. B*, **280**, 20130338

Kunimatsu, Y., Nakatsukasa, M. *et al.* (2007) A new Late Miocene great ape from Kenya and its implications for the origins of African great apes and humans. *Proc. Nat. Acad. Sci.*, **104**, 19220-19225

Langergraber, K. E., Prufer, K. *et al.* (2012) Generation times in wild chimpanzees and gorillas suggest earlier divergence times in great ape and human evolution. *Proc. Nat. Acad. Sci.*, **109**, 15716-15721

Larick, R., Ciochon, R. L. *et al.* (2002) Early Pleistocene 40Ar/39Ar ages for Bapang Formation hominins, Central Jawa, Indonesia. *Proc. Nat. Acad. Sci.*, **98**, 4866-4871

Leakey, L. S. B. (1959) A new fossil skull from Olduvai. *Nature*, **184**, 491-493

Leakey, L. S. B., Tobias, P. V. *et al.* (1964) A new species of the genus *Homo* from Olduvai Gorge. *Nature*, **202**, 7-9

Leakey, R. E. F. (1973) Evidence for an advanced Plio-Pleistocene hominid from East Rudolf, Kenya. *Nature*, **242**, 447-450

Leakey, R. E. F. (1974) Further evidence of Lower Pleistocene hominids from East Rudolf, North Kenya, 1973. *Nature*, **248**, 653-656

Leakey, M. G., Feibel, C. S. *et al.* (1995) New four-million-year-old hominid species from Kanapoi and Allia Bay, Kenya. *Nature*, **376**, 565-571

Leakey, M. G., Spoor, F. *et al.* (2001) A new hominin genus from eastern Africa shows diverse middle Pliocene lineages. *Nature*, **410**, 433-440

Lepre, C. J., Kent, D. V. (2015) Chronostratigraphy of KNM-ER 3733 and other Area 104 hominins from Koobi Fora. *J. Hum. Evol.*, **86**, 99-111

Lordkipanidze, D., Ponce de León, M. S. *et al.* (2013) A complete skull from Dmanisi, Georgia, and the evolutionary biology of early *Homo*. *Science*, **342**, 326-331

Lovejoy, C. O. (2009) Reexamining human origins in light of *Ardipithecus ramidus*. *Science*, **326**, 74e1-e8

Matsu'ura, S., Kondo, M. *et al.* (2020) Age control of the first appearance datum forJavanese *Homo erectus* in the Sangiran area. *Science*, **367**, 210-214

Mayr, E. (1950) Taxonomic categories in fossil hominids. *Cold Spring Harb. Symp. Quant. Biol.*, **15**, 109-118

McDougall, I., Brown, F. H. *et al.* (2005) Stratigraphic placement and age of modern humans from Kibish, Ethiopia. *Nature*, **433**, 733-736

Meyer, M., Arsuaga, J-L. *et al.* (2016) Nuclear DNA sequences from the Middle Pleistocene Sima de los Huesos hominins. *Nature*, **531**, 504-506

Moorjani, P., Amorim, C. E. G. *et al.* (2016) Variation in the molecular clock of primates. *Proc. Nat. Acad. Sci.*, **113**, 10607-10612

奈良貴史 (2003) ネアンデルタール人類のなぞ，pp. 182, 岩波書店

日本旧石器学会 (2010) 日本列島の旧石器時代遺跡 —日本旧石器（先土器・岩宿）時代遺跡のデータベース—，pp. 377, 日本旧石器学会

O'connor, S., Ono, R. *et al.* (2011) Pelagic fishing at 42,000 years before the present and the maritime skills of modern humans. *Science*, **334**, 1117-1121

沖縄県立埋蔵文化財センター (2017) 白保竿根田原洞穴遺跡 重要遺跡範囲確認調査報告書 2 —総括報告編— pp. 201, 沖縄県立埋蔵文化財センター

小野林太郎 (2017) 海の人類史 東南アジア・オセアニア海域の考古学，pp. 240, 雄山閣

Price G. J., Louys, J. *et al.* (2018) Big data little help in megafauna mysteries. *Nature*, **558**, 23-25

Quinn, R. L. & Lepre, C. J. (2021) Contracting eastern African C4 grasslands during the extinction of *Paranthropus boisei*. *Sci. Rep.*, **11**, 7164

ライク，D. (2018) 交雑する人類—古代 DNA が解き明かす新サピエンス史（日向やよい 訳），pp. 464, NHK出版

Rightmire, G. P. (2013) *Homo erectus* and Middle Pleistocene hominins: brain size, skull form, and species recognition. *J. Hum. Evol.*, **65**, 233-252

Rightmire, G. P. (2015) Later Middle Pleistocene *Homo*. *in* Handbook of Paleoanthropology (eds. Henke, W. *et al.*), pp. 2221-2242, Springer-Verlag

Rizal, Y., Westaway, K. E. *et al.* (2020) Last appearance of *Homo erectus* at Ngandong, Java, 117,000-108,000 years ago. *Nature*, **577**, 381-385

Santa Luca, A. P. (1980) The Ngandong Fossil Hominids: A Comparative Study of a far Eastern *Homo erectus* group, pp. 175, Yale Univ.

Schrenk, F., Bromage, T. G. *et al.* (1993) Oldest *Homo* and Pliocene biogeography of the Malawi Rift. *Nature*, **365**, 833-836

Schwartz, J. H. (2015) Defining Hominidae. *in* Handbook of Paleoanthropology (eds. Henke, W. *et al.*), pp. 1791-1835, Springer-Verlag

Senut, B., Pickford, M. *et al.* (2001) First hominid from the Miocene (Lukeino formation, Kenya). *C. R. Acad. Sci.*, **332**, 137-144

Shen, G., Gao, X. *et al.* (2009) Age of Zhoukoudian *Homo erectus* determined with [26] Al/ [10] Be burial dating. *Nature*, **458**, 198-200

篠田謙一 (2022) 人類の起源 古代 DNA が語るホモ・サピエンスの「大いなる旅」，pp. 294, 中央公論新社

Slon, V., Mafessoni, F. *et al.* (2018) The genome of the offspring of a Neanderthal mother and a Denisovan father. *Nature*, **561**, 113-116

Sutikna, T., Tocheri, M. W. *et al.* (2016) Revised stratigraphy and chronology for Homo floresiensis at Liang Bua in Indonesia. *Nature*, **532**, 366-369

諏訪元 (1994) 初期人類系統論の現状．*Anthropol. Sci.*, **102**, 479-488

諏訪元 (2006) 化石からみた人類の進化．ヒトの進化（斉藤成也 他編），pp.13-64, 岩波書店

諏訪元 (2012) ラミダスが解き明かす初期人類の進化的変遷．季刊考古学，**118**, 24-29

Suwa, G., Asfaw, B. *et al.* (1997) The first skull of *Australopethicus boisei*. *Nature*, **389**, 489-492

Suwa, G., Kono, R. T. *et al.* (2007) A new species of great ape from the late Miocene epoch in Ethiopia. *Nature*, **448**, 921-924

Suwa G., Sasaki T. *et al.* (2021) Canine sexual dimorphism in Ardipithecus ramidus was nearly human-like. *Proc. Nat. Acad. Sci.*, **118**, e2116630118

Suzuki, H., Takai, F. eds. (1970) The Amud Man and His Cave Site, pp. 439, Academic Press of Japan

Suzuki, H., Hanihara, K. eds. (1982) The Minatogawa man: The Upper Pleistocene man from the island of Okinawa. *Bull. Univ. Mus. Univ. Tokyo*, **19**, 1- 208

高畑尚之 (2020) 私たちの祖先と旧人たちとの関わり ―古代ゲノム研究最前線. アフリカからアジアへ（西秋良宏編）. pp. 151-197, 朝日新聞出版

Takahata, N., Satta, Y. *et al.* (1995) Divergence time and population size in the lineage leading to modern humans. *Theor. Popul. Biol.*, **48**, 198-221

van den Bergh, G. D., Kaifu, Y. *et al.* (2016) *Homo floresiensis*-like fossils from the early Middle Pleistocene of Flores. *Nature*, **534**, 245-247

Villmoare, B., Kimbel, W. H. *et al.* (2015) Early *Homo* at 2.8 Ma from Ledi-Geraru, Afar, Ethiopia. *Science*, **347**, 1352-1355

Walker, A. & Leakey, R. E. F. (1978) The hominids of East Turkana. *Sci. Am.*, **239**, 54-67

Walker, A. C., Leakey, R. E. F. *et al.* (1986) 2.5-Myr *Australopithecus boisei* from Lake Turkana, Kenya. *Nature*, **322**, 517-522

Weidenreich, F. (1943) The skull of *Sinanthropus pekinensis*; a omparative study on a primitive hominid skull. *Palaeontol. Sin., Ser D*, **10**, 1-484

White, T. D., Suwa, G. *et al.* (1994) *Australopithecus ramidus*, a new species of early hominid from Aramis Ethiopia. *Nature*, **371**, 306-312

White, T. D., Asfaw, B. *et al.* (2003) Pleistocene *Homo sapiens* from Middle Awash, Ethiopia. *Nature*, **423**, 742-747

White, T. D., Asfaw, B. *et al.* (2009) *Ardipithecus ramidus* and the paleobiology of early hominids. *Science*, **326**, 64-86

Whiten, A., Goodall, J. *et al.* (1999) Cultures in chimpanzees. *Nature*, **399**, 682-685

Willerslev, E. & Meltzer, D. J. (2021) Peopling of the Americas as inferred from ancient genomics. *Nature*, **594**, 356-364

Wolpoff, M. H., Hawks, J. *et al.* (2006) An ape or *the* ape: is the Toumaï cranium TM 266 a hominid? *PaleoAnthropology*, **2006**, 36-50

Wood, B. (1992) Origin and evolution of the genus *Homo*. *Nature*, **355**, 783-790

Wood, B. & Constantino, P. (2007) *Paranthropus boisei*: fifty years of evidence and analysis. *Yrbk. Phys. Anthropol.*, **50**, 106-132

Wood, B. & Richmond, B. G. (2000) Human evolution: taxonomy and paleobiology. *J. Anat.*, **196**, 19-60

Wood, B. (2020) Birth of *Homo erectus*. *Evol. Anthropol.*, **29**,293-298

Zanolli, C., Kaifu, Y. *et al.* (2022) Further analyses of the structural organization of *Homo luzonensis* teeth: evolutionary implications. *J. Hum. Evol.*, **163**, 103124

第 **7** 章

日本列島の動植物の成立過程

7.1 第四紀の日本の地史

　第四紀の気候・海水準・環境変動を特徴づける現象は，北半球高緯度の大規模氷床の挙動に伴う数万年周期の氷期・間氷期サイクルや，数千年スケールの突発的気候変動である（第3章）．氷期・間氷期サイクルは，生物集団の地理的隔離を通じて種分化の機会を与えるが，その期間は短いので，遺伝的に異なる分化が起きても，形態的分化までには至らないことが普通である．したがって，第四紀の日本列島の動植物の成立過程の観点では，氷期・間氷期サイクルよりも長期の影響をもたらす地史イベントが重要である．

　日本列島の地塊は 21〜15 Ma にアジア大陸から分離し，日本海が形成された（中嶋，2018 など）．その後，日本列島のほぼ全域が東西圧縮応力場に転換したため，各地で隆起現象が起き，第四紀（2.588 Ma; Ma = 100 万年前）の始まりまでには日本列島の大地形は現在とほぼ同じ状態になった（図 7.1）．その後，沖縄トラフの拡大と伊豆半島の本州への衝突が大地形の一部を変化させた（図 7.2）．

　沖縄トラフは，琉球列島とアジア大陸の間にある長さ約 1,000 km の細長い凹地で，トカラ海峡と慶良間海裂の北西延長線により，北部，中部，南部に区分され，最深部は水深約 2,300 m である．地殻の地震波速度構造や火山活動および熱水噴出孔の発見から，沖縄トラフは地殻が伸長・沈降して形成されたことが判明している（古川，1991 など）．小西・須藤 (1972) は沖縄トラフは 10 Ma 以降拡大し続けていると解釈したが，その後，沖縄トラフ南部の拡大は 3.2〜2.0 Ma（Miki *et al.*, 1990; 中村ほか，1999），中部の伸長・沈降は 2.0 Ma 以降 (Kikunaga *et al.*, 2021)，北部の形成は 7 Ma 以降に始まった（大岩根ほか，2007），と推定されている．沖縄トラフの形成で，アジア大陸からの陸源砕屑物がトラフに堆積したため，琉球列島ではサンゴ礁の形成が開始し，最も古いのは沖縄本島で 1.65〜

7.1 第四紀の日本の地史

図 7.1 日本列島における 21 Ma 以降の大地形の変遷．点線は，第四紀の場合には数十万年程度，それ以前の地質時代では数十万年以上の誤差がある現象．北村 (2010) の図 2 を改変し，関東地方については中里・佐藤 (2001) と鈴木 (2002) を参考とした．

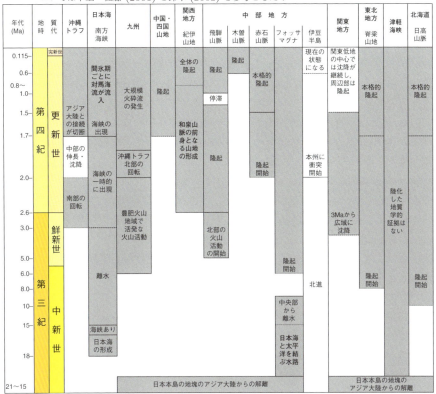

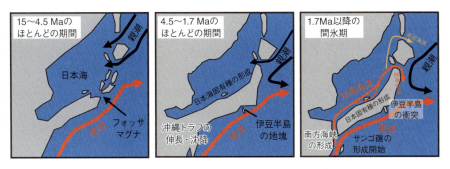

図 7.2 1500 万年間の日本列島の大地形の変化の概念図．

1.45 Ma と推定されている（小田原ほか，2005）．なお，2.0 Ma から 1.7〜1.4 Ma まで，沖縄本島から宮古島は陸続きで，400 km に渡る島になっていたが，両島の間の場所が 0.27 Ma までに水没し，現在の沖縄−宮古海台となったとする説が提唱され，この説で宮古島の固有種の進化を合理的に説明できるという (Watanabe et al., 2023)．

一方，沖縄トラフ北部の拡大は日本海の南方海峡の出現（約 1.7 Ma，酸素同位体ステージ (MIS) 59）をもたらし，それ以降，対馬海流が間氷期ごとに日本海へ流入するようになった（Kitamura et al., 2001；北村・木元，2004）．この沖縄トラフと海峡の出現により，南方系陸上生物のアジア大陸と日本列島との往来は，1.7 Ma 以降は困難になった．また，間氷期には現在と同様に黒潮の分岐流の対馬海流が本州に沿って北上したため，日本海沿岸の温暖化と湿潤化および冬期の豪雪がもたらされた（北村，2021）．

伊豆半島はフィリピン海プレートの北端にある．同プレートは相模湾と駿河湾で本州側のプレートの下に沈み込むため，その移動に伴い，伊豆半島は約 2 Ma から本州に衝突し始め，0.6 Ma までには現在見られる伊豆半島の原形が出来上がった（狩野，2002 など）．また，赤石山脈の隆起開始時期は 3.3〜2 Ma で，本格的な隆起は 1.4〜1 Ma に開始したと推定され，その隆起は伊豆半島の衝突による変形と考えられている（狩野，2002 など）．

現在の伊豆半島は，フィリピン海プレートにもユーラシアプレートにも属さない状態であり，伊豆マイクロプレートと呼ばれ (Hashimoto & Jackson, 1993)，東側境界は伊豆大島と伊豆半島の間を通り，神津島の南側で南西に向かうと考えられている (Nishimura et al., 2007)．この境界の南にある銭洲海嶺の南方には北傾斜の断層があり，ここが新しいプレート境界になり，沈み込みが始まるとされている (Aoki et al., 1982)．

7.2 海洋生物

7.2.1 海洋生物の分布の支配要因

現在の日本列島周辺海域の海流系は，黒潮，親潮，対馬海流，宗谷海流，津軽海流から構成される（図 7.2）．黒潮は亜熱帯大循環の西岸境界流であり，琉球列島から西南日本太平洋側を北上し，房総半島沖で日本列島から離れる．対馬海流は黒潮と東シナ海の沿岸水が混合した海流である．対馬海峡から日本海へ流入し，本州沿いを北上し，津軽海流や宗谷海流に変質して東北日本の太平洋岸や北海道のオホーツク沿岸の海洋生物に影響を及ぼす．一方，親潮は，北太平洋亜寒帯循環の西岸境界流であり，千島列島から北海道東岸の太平洋を南下し，黒潮との会

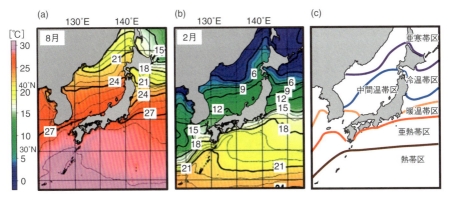

図 7.3　日本周辺における 1981 年から 2010 年までの 30 年間の (a) 8 月と (b) 2 月の平均的な海面水温の分布（気象庁，2023）．(c) 日本近海の浅海性生物の分布に基づく生物地理区（西村，1992）．

合海域では混合水域を形成し，黒潮とともに房総半島から離岸する．

　これらの海流とその水温は，海洋無脊椎動物の分布に最も強く影響する要因である（日本ベントス学会，2003）．海洋無脊椎動物のほとんどは幼生期に海流によって浮遊分散し，そのルートは海流が支配している．水温に関しては，個体発生初期の水温，産卵期の水温そして年間の最高水温と最低水温が，海洋無脊椎動物の再生率に決定的な影響を与えている．そのため，海流と水温の分布パターンに連動して，ある程度の大きさの分布範囲を持った一群の種からなる群集から海洋生物地理区を設定できる．日本近海の浅海生物については，6 つの地理区が設定されている（図 7.3c）．

7.2.2　太平洋岸の海洋生物の成立過程

　太平洋岸では，低緯度側の黒潮域（熱帯・亜熱帯・暖温帯区）に生息する黒潮動物群と，高緯度側の親潮域（冷温帯・亜寒帯区）に生息する親潮動物群に大別できる．鮮新世から前期更新世でこれらに対応するのは，掛川動物群 (Kakegawa fauna) と竜ノ口動物群 (Tatsunokuchi fauna) である．前者は，静岡県の掛川層群を模式産地として，房総・三浦半島の上総層群から琉球列島の島尻層群までの第四系から産する貝化石群である（延原・島本，2010）．後者は宮城県仙台市の竜ノ口層を模式産地とし，宮城県から青森県までの第四系から産する貝化石群である（島本，2010）．それぞれ，若干の種が絶滅した後に，黒潮動物群と親潮動物群につながる．

　両動物群の共産が，房総半島の上総・下総層群（徳橋・近藤，1989; 鎌滝・近藤，1997），東京都西部の多摩層群（高野，1994; 馬場，2015），神奈川県の中津

層（延原・島本，2010）から報告され，一部の地層では両動物群の周期的変遷が報告されている（徳橋・近藤，1989; 鎌滝・近藤，1997）．このことは，氷期・間氷期サイクルに伴う黒潮と親潮の会合海域の位置の変化が，房総半島から神奈川県までの間に留まっていたことを示す．

7.2.3 日本海の海洋生物の成立過程

(1) 現在の日本海の環境と海洋生物相

前述の通り，日本海では，約 1.7 Ma から間氷期ごとに対馬海流が流入するようになったので，その前後で日本海の環境と海洋生物相は大きく変わった．そこで本項では，現在の日本海の環境と海洋生物相を概説し，その後，4 Ma 以降の環境と海洋生物相の変遷を紹介する．

日本海は最深部が 3,700 m に達するが，隣接海洋と接続する対馬・津軽・宗谷・間宮海峡の水深は 140 m 未満である．そのため，日本海の中・深層水は，日本海北部海域において表層海水が冬期モンスーンで冷却され，海氷形成時に排出される高塩分水の付加と水温低下によって高密度となった表面水が沈降したものである（千手，2012）．この深層水は日本海固有水 (Japan Sea proper water) と呼ばれ，約 1 ℃ 以下で，日本海の容積の約 85% を占める (Yasui *et al.*, 1967)．そのため，日本海の全層平均水温は 0.9 ℃ で，北極海の 0.7 ℃ に次いで世界で 2 番目に冷たい海である（長沼，2000）．

現在の日本海へ流入する海流は対馬海流だけである．この海流の駆動力は，黒潮のもたらした南北方向の水位差である（尹，1985）．すなわち，北に向かって水位が低くなるので，海水が対馬海峡から流入し，津軽・宗谷海峡から流出する．対馬海流は，大気と中層水に熱を奪われるので，北上するとともに水温が低下するため，黒潮系動物群の種数は北に向かって減少し，対馬海流のかなりの量が流出する津軽海峡の北の北海道南西沖でほぼ消滅する (Kitamura & Ubukata, 2003; 北村，2007)．なお，日本海に分布する黒潮系動物群は，太平洋のものと区別するため，対馬海流系動物群とする．

西日本の日本海沿岸では，水深 150〜200 m で水温が急激に低下し，最暖月でも 200 m 以深は 5 ℃ 以下である．このような水温変化が大きい層を温度躍層という．温度躍層以浅には対馬海流系動物群が生息し，それ以深には深海動物群集が生息する．この深海動物群集は，太平洋やオホーツク海の群集と比べると次の相違点がある．(1) 固有 (endemism) の程度および規模が小さい，(2) 質的にも量的にも相当貧困である，(3) 真の深海動物群集をほとんど欠く，(4) 真の深海動物群集に代わって深海底に生息しているものはもともと沿岸底性の種類である，(5) 沿岸底生の種は著しい広深度分布性を示す（西村，1974，長沼，2000; 小島ほか，

2007).

(2) 第四紀の日本海の環境変遷

　海洋環境の復元には，連続性の高い深海底堆積物の記録が一般的には適しているが，日本海の場合には，次の点で浅海層の記録の方が優れている.

　第1に，対馬海流の流入に伴う日本海固有水の生産により，底層水の溶存酸素濃度が増加し，海底は酸化的環境となった結果，生物の呼吸による CO_2 の放出で石灰質微化石が溶解してしまう. そのため，10〜8 ka では炭酸塩補償深度 (CCD: carbonate compensation depth) が1,000 m よりも浅くなった (Oba et $al.$, 1991). CCD とは，表層からの炭酸塩フラックスとその溶解速度が一致し，円石藻や有孔虫殻などの炭酸塩物質の堆積が認められなくなる深度のことである (豊福, 2010). 日本海の深海底コア試料からも有孔虫の無産出層準が複数検出されており (Kitamura, 2009, Sagawa et $al.$, 2018)，間氷期の石灰質微化石の溶解を示す. そのため，石灰質ナノ化石層序と有孔虫殻に基づく酸素同位体層序（第3章）の手法が日本海深海堆積物の層序・編年には適用できず，有孔虫化石の群集解析や地球化学的分析による古環境復元を困難にしている.

　第2に，氷期の海水準低下に伴う海峡の閉鎖または狭小化によって，外洋水の流入量が減り，相対的に淡水の流入量が増えることで，日本海表層が低塩分化し，有孔虫殻の $\delta^{18}O$ 値やアルケノン古水温計に基づく水温復元を阻害する（第2章, Oba et $al.$, 1991). 30〜15 ka には，表層水の塩分は 20‰ まで低下した（松井ほか, 1998). 氷期の最盛期に表層水が低塩分化したことは，1.1 Ma 以降の氷期についても確認されている (Sagawa et $al.$, 2018).

　第3に，日本海表層の低塩分化で成層構造が形成され，水深 500 m 以深の海底は酸素に乏しい還元的環境となり，ほとんどの底生生物（バクテリアは除く）が死滅した（Oba et $al.$, 1991; 池原, 1998). そのため，底生有孔虫の化石の群集解析や地球化学的分析による古環境復元はできない.

　日本海では，氷期・間氷期サイクルとダンスガード・オシュンガー振動に連動し，酸化・還元的環境が繰り返された. 酸化的環境下では堆積物中の有機物の分解が促進され，堆積物の色は明るくなり，酸素に乏しい還元的環境下では堆積物中の有機物は保存され，堆積物の色は暗くなる（池原, 1998, 多田, 2012). この明暗色互層は日本海の 500 m 以深の海底で追跡できるので，互層と広域テフラを組み合わせた広域対比が行われている (Tada, 1994, Tada et $al.$, 2018). しかし，炭酸塩殻の化石は保存されていないので，石灰質ナンノ化石層序学と有孔虫を使った酸素同位体層序は適用できない. これに対して，浅海堆積物は，炭酸塩殻の化石を得れることとシーケンス層序学的解析を適用できる点で深海底堆積物よりも優

位だが，記録の連続性では深海堆積物に劣る．しかし，日本海沿岸に分布する海成第四系を対比し，複合することで，4.0～0.8 Ma に関しては連続性の高い化石記録が編纂され，対馬海流系貝類や対馬海流の指標種の浮遊性有孔虫 *Globigerinoides ruber* などの層位分布から，海洋環境が復元されている（Kitamura *et al.*, 1997; 北村・木元，2004）．

4.0～1.7 Ma の日本海には，対馬海流が 3.2 Ma（海洋酸素同位体ステージ（MIS）KM 5 か 3），2.9 Ma（MIS G 17 か 15），2.4 Ma（MIS 95 か 93），1.9 Ma（MIS 69）の間氷期の中でも海水準が高かった時期に流入した（Gallagher *et al.*, 2015）（図 7.4）．汎世界的海水準変動（図 3.21）との比較より，3.3～2.5 Ma の南方海峡の最低標高は 50 m と推定され，その位置は韓国のチェジュ島より南西である（Kitamura & Kimoto, 2006）．なお，富山県の三田層は対馬海流系貝類を産し（天野ほか，2008），その年代は約 3.5 Ma と推定されているが，同層準からは *G. ruber* は産出しない（後藤ほか，2014）．

3.6～3.1 Ma から 2.6 Ma は，日本海固有水が発達せず，現在よりも鉛直方向の水温勾配が小さかった（Irizuki *et al.*, 2007; 入月・石田，2007; 北村，2007）．その後，2.7 Ma の鮮新世・更新世変換期に，日本海表層も寒冷化した（Cronin *et al.*, 1994）．

約 1.7 Ma（MIS 59）に日本海南方海峡が出現し，それ以降，間氷期ごとに対馬海流が流入するようになった．そのため，前の時代よりも，氷期・間氷期サイクルに伴う表層水温の変動幅は増大した．一方，日本海の水深約 200 m は 1.46～1.30 Ma の間氷期（MIS 47，45，43，41，29）に第四紀の中で最温暖であり，その後寒冷化した（Kitamura, 2009）．寒冷化の原因は，南方海峡の拡大に伴う東シナ海沿岸水の影響低下（塩分増大）や冬期モンスーンの強化による日本海固有水の生産量増加によると推定される（Kitamura, 2009; 北村，2021）．なお，日本海の沿岸地域では MIS 19～11（0.8～0.4 Ma）の海成層が露出していないため，化石記録がない．この期間には，1.2～1.0 Ma（MIS 34 あるいは 30），0.63 Ma（MIS 16），0.43 Ma（MIS 12）にアジア大陸から長鼻（ゾウ）類が侵入しているので，氷期には南方海峡は陸化したと推定される（小西・吉川，1999）．汎世界的海水準変動曲線（図 3.21）を参考にすると，南方海峡の標高は，1.2～1.0 Ma では現海面を基準にすると，約 −80 m で，0.63 Ma と 0.43 Ma では約 −120 m と推定される．

(3) 大桑・万願寺動物群

鮮新世・前期更新世の日本海沿岸には大桑・万願寺動物群（Omma-Manganji fauna）が分布していた．命名は石川県金沢市大桑（大桑層の模式地）と秋田県本荘市万願寺から類似した軟体動物化石が産出することによる（天野，2007, 2010）．

7.2 海洋生物

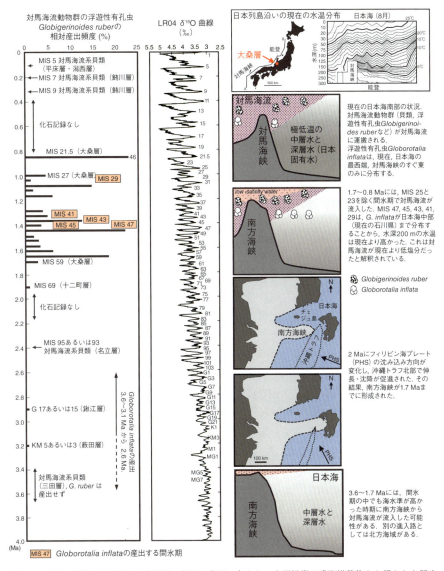

図 7.4 4 Ma 以降の日本海と南方海峡の状況の復元．左から，本州沿岸の浅海堆積物から得られた間氷期における浮遊性有孔虫 *Globigerinoides ruber* と *Globorotalia inflata* と対馬海流系貝類の層序的分布，LR04 δ¹⁸O 全球同位体比曲線 (Lisiecki & Raymo, 2005)．日本海および南方海峡の状況の復元．Gallagher et al. (2015) と北村 (2021) を改変．

288 第7章 日本列島の動植物の成立過程

動物群は親潮動物群の種と絶滅した日本海固有種からなる．同時代には，介形虫類にも固有種が存在した（小沢，2007）．

大桑層産の貝化石については，150種のうち絶滅種は約25%である（小笠原，1996）．これらの絶滅種は，東北日本脊梁山脈の隆起に伴い日本海が半閉鎖的となった鮮新世前期以降に出現し，鮮新世後期にかけて種数が増加し，更新世前期まではほとんど絶滅しなかった（天野，2007）．日本海の半閉鎖は，海水のNd同位体比の変化によって裏づけられている．すなわち，日本海深海堆積物の魚歯・骨片化石のNd同位体比から復元した海水のNd同位体比は，4.5 Ma以前は北太平洋の深層水と同等だったが，4.5 Maの約14万年間で同位体比が大きく低下した後，元に戻らなかったのである．これは，同時期に現在の半閉鎖的な海域が形成されたことを示す (Kozaka *et al.*, 2018)（図7.2）．

大桑層では，氷期・間氷期サイクルに連動した大桑・万願寺動物群と対馬海流系動物群の周期的変遷が見られ（北村・近藤，1990），MIS 27（約1 Ma）まで大桑・万願寺動物群の絶滅種は生存していた（北村，1994）．これは，約1.7 Ma以降の間氷期では，対馬海流の流入によって侵入した対馬海流系動物群は本州沿岸の対馬海流の影響下のみに分布し，大桑・万願寺動物群は日本海北方や水温躍層の下の低水温の場所に生息し続けたことを示す．そして，氷期になると，対馬海流系動物群は地域的に絶滅し，再び大桑・万願寺動物群が南下，あるいは浅所に侵入したのである．

大桑層では，MIS 21.5の対馬海流系貝類の産出層準の上位に上部浅海帯（低潮線から水深50～60 m）に生息する親潮系貝類の産出層準があるが，日本海固有種は産出しない（図7.5）（北村，1994）．よって，大桑・万願寺動物群の浅海性固有種の多くは0.9～0.8 Maに絶滅し，さらに，ほぼ同時期に下部浅海帯（水深50～60から100～120 m）以深に生息する固有種も消滅したと考えられている（天野，2007）．ただし，0.6 Maと推定される北海道の海成層から数種類の浅海性固有種が産出するので (Suzuki & Akamatsu, 1994)，一部の固有種は0.9～0.8 Maより後に絶滅したと可能性がある．

天野 (2007) は，絶滅の原因として，氷期の海水準低下と日本海の閉鎖化に伴う，表層部の汽水化と深層部の強還元環境化を挙げた．だが，日本海固有種の深海性巻貝の分子系統解析から，第四紀の氷期には，その個体群が生息可能な塩分と酸素濃度の中層水が存在したことがわかった (Iguchi *et al.*, 2007)．したがって，筆者は汽水化よりも寒冷化の方が日本海固有種の絶滅原因になると考えている．具体的には，汎世界的海水準変動（図3.21）によれば，MIS 22 (0.88 Ma) の海水準はそれ以前の氷期よりも約15 m低い．この時の強い寒冷化が，多くの日本海固有種の絶滅を引き起こしたと考えている．

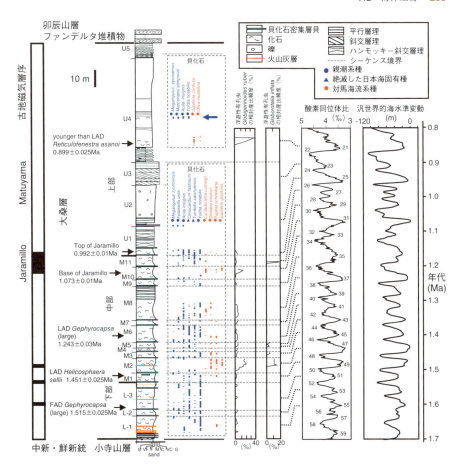

図7.5 金沢市大桑の犀川沿いの大桑層の化石記録.左から,大桑層の古地磁気層序・生層序データ,柱状図,貝類の層位分布,*Globigerinoides ruber* と *Globorotalia inflata* の層位分布,LR04 $\delta^{18}O$ 全球同位体比曲線 (Lisiecki & Raymo, 2005),汎世界的海水準変動曲線 (Bintanja & van de Wal, 2008).北村 (2021) を改変.貝類の層位分布の青矢印は,日本海固有種は産出せず,親潮系貝類のみが産出する層準.

　以上をまとめると,日本周辺の海洋生物の成立については,第四紀に起きた沖縄トラフの拡大とそれに伴う 1.7 Ma の南方海峡の形成によって,琉球列島ではサンゴ礁が形成されるようになった.一方,日本海には間氷期・後氷期には対馬海流の流入によって対馬海流系動物群が侵入するようになり,現在と同様の海洋生物地理区が形成された.ただし,0.9 Ma までは,対馬海流の影響の及ばない水域には大桑・万願寺動物群が分布していたが,その後,固有種のほとんどが絶滅した.そして,9,300 cal BP に対馬海流が流入し始め (Domitsu & Oda, 2006),

現在の生態系が成立した.

おわりに

　第四紀の日本列島周辺海域の海洋生物の成立には，氷期・間氷期サイクルならびに沖縄トラフと日本海南方海峡の出現が重要な役割を果たした．古生物学的に重要な現象は日本海に生息していた大桑・万願寺動物群の絶滅過程である．だが，地層・化石記録が海面下にあるため，直接的な調査や研究が制約され，その解明までは至っていない．しかし，地層・化石記録は存在するため，今後，浅海域でのボーリング掘削技術の向上によって，この問題を含む第四紀の海洋生物の成立過程が詳細に解明されるだろう．

7.3　陸上植物

7.3.1　後期鮮新世から中期更新世への植生変化

　日本は，世界の生物多様性ホットスポットの一つで，北半球の中でも植物の種多様性の高い地域である (Mittermeier *et al.*, 2004)．第4章で述べたコウヤマキのように，後期鮮新世以降の気候変化によって北半球各地から絶滅し，日本や中国中部・南部に残存した温帯性植物も多い．一方，ヨーロッパやアジア北部での変化と同様に，寒冷・乾燥気候の発達に伴って植物相が変化した結果，現在の日本列島の植物相と植生が形成された.

　この植物相の変化は，最初，植物学者三木 茂 (1901–1974) による，種子・果実・葉などの大型植物化石の検討により明らかにされた (Miki, 1938; 三木，1948)．三木 (1948) は構成種の現在の気候分布や，外地生植物 (図7.6)，すなわち現在の日本には自生しない植物の種数や組成に基づき，近畿地方中部とその周辺の 85 地点の大型植物化石産出層を 7 つの「植物遺体層」に区分した．その 7 遺体層とは，古い時代から順に，(1) オオミツバマツ層 (*Pinus trifolia* bed)，(2) メタセコイア層 (*Metasequoia* bed)，(3) ハマナツメ層 (*Paliurus* bed)，(4) スギ層 (*Cryptomeria* bed)，(5) カラマツ層 (*Larix* bed)，(6) ナンキンハゼ層 (*Sapium* bed)，(7) ムクノキ層 (*Aphananthe* bed) である．三木 (1948) はオオミツバマツ層とメタセコイア層をそれぞれ鮮新世の前期と後期，ハマナツメ層からナンキンハゼ層までを更新世，ムクノキ層を現世 (完新世) に対応させた．三木 (1948) が記載した植物化石の産出層準は，テフラや海成層の対比などによる層序学的検討が加えられ (市原，1960 など)，現在までに，酸素同位体比曲線への位置づけがされてきた (図7.9; Momohara, 2016)．オオミツバマツ層は愛知県北部から岐阜県南部にかけて分布する瀬戸層群の陶土層に含まれており，この陶土層は後期中新世初頭 (12〜

図 7.6　中部日本の鮮新・更新世の地層から産出する外地生植物の化石. 1: アブラスギ属（マツ科）球果. 2: メタセコイア（ヒノキ科）球果, 3: シキシマブナ（ブナ科）殻斗, 4: フウ（フウ科）果実. 5: スイショウ（ヒノキ科）球果, 6: オオバタグルミ（クルミ科）堅果. スケールは 5 mm.

9 Ma) に対比されている（葉田野ほか, 2021）. メタセコイア層は鮮新世から前期更新世，ムクノキ層は完新世，それ以外は中・後期更新世にほぼ対応し，ハマナツメ層とナンキンハゼ層は間氷期，スギ層は間氷期後半から氷期前半，カラマツ層は氷期最盛期の植物化石層に，それぞれ対応する.

　これまで日本各地から報告された，鮮新・更新世の花粉分析資料と大型植物化石資料を総合すると，温暖・湿潤な気候を好む落葉広葉樹と温帯性針葉樹の混交林から，氷期の寒冷・乾燥気候下で発達するマツ科針葉樹林への植生変化の過程が明らかになる. マツ科針葉樹の多い化石群集の出現は，北海道では第四紀初頭に見られ，東北地方南部から近畿地方では前期更新世後半，九州では中期更新世以降と遅れる. ミツガシワ（*Menyanthes trifoliata*, 図 7.7-5）などの寒冷地に分布する植物の大型植物化石（図 7.7）の出現も，より北の地域で早い傾向がある（図 7.8）. これらのことは，気候寒冷化に伴って，マツ科針葉樹林の構成種や寒冷地の植物が，北から南へと分布拡大したことを示している. 一方，メタセコイア（*Metasequoia glyptostroboides*, 図 7.6-2）などの外地生植物群は，より北の地域ほど早い時期に化石が産出しなくなる（図 7.8; Momohara, 2016）. これは，気候寒冷化の影響で植物の分布が南方へと縮小した後，気候が温暖になっても，もとの分布を回復することができなかったことを示している. その要因として，山脈の隆起が活発化したり，海峡が形成されたりすることで，南方系の植物が北方へと分布拡大しにくくなったことが考えられる（百原, 2017）. さらに，山地の

292　第 7 章　日本列島の動植物の成立過程

図 7.7　更新世に出現・増加する植物の化石．1: ブナ（ブナ科）殻斗，2: ミズナラ（ブナ科）殻斗，3: スギ（ヒノキ科）球果，4: オニグルミ（クルミ科）堅果，5: ミツガシワ（ミツガシワ科）種子，6〜10: 更新世の氷期に多いマツ科針葉樹（6: カラマツ球果，7: シラビソ球果鱗片，8: コメツガ球果，9: チョウセンゴヨウ種子，10: トウヒ球果）．スケールは，5 は 1 mm，5 以外は 5 mm．

隆起と日本海への対馬暖流の流入に伴う，日本海側での間氷期の多雪気候の発達 (Momohara, 2016, 2018) などにより，地域間の気候の差異が顕著になったことも挙げられる．

(1)　北海道

　北海道では，日本では最も早い時代にトウヒ属 (*Picea*)，モミ属 (*Abies*)，マツ属 (*Pinus*)，ツガ属 (*Tsuga*)，カラマツ属 (*Larix*) といったマツ科針葉樹花粉の増加傾向が顕著で，植生が早くから気候寒冷化の影響を強く受けたことを示している．約 4.5〜0.8 Ma に堆積した十勝層群では，新第三紀・第四紀境界付近（約 2.6 Ma）で，ブナ属 (*Fagus*)，ニレ属 (*Ulmus*)，ハシバミ属 (*Corylus*) を含む落葉広葉樹花粉が減少し，マツ科針葉樹花粉が優勢になる (Igarashi, 1997)．洞爺湖東方のレルコマベツ層でも新第三紀・第四紀境界のすぐ下の地層からマツ科針葉樹の多い花粉群集が見つかっており，そこでは北半球の極域周辺に広く分布する矮性シダ植物のコケスギラン (*Selaginella selaginoides*) の小胞子が出現する．十勝層群では，約 1.0 Ma にマツ科針葉樹がさらに増加し，本州の前・中期更新世の

花粉群集では稀なカラマツ属花粉が高率で出現するようになる (Igarashi, 1997).
さらに, 北海道の後期鮮新世から前期更新世にかけての地層からは, 本州の化石
群集とは異なり, メタセコイアなどの外地生植物群が報告されていない. これは,
後期鮮新世以前の気候変化の影響を受け, すでに外地生植物群が消滅していたこ
とを示している.

中期更新世の花粉群集は, 石狩・砂川低地帯（早来層など）や渡島半島（蕨岱
層）などで調べられている. これらの地域ではトウヒ属とカラマツ属といったマ
ツ科針葉樹の花粉が高率で含まれる氷期の花粉群集と, それらが比較的少なくコ
ナラ属やブナ属, オニグルミ属 (*Juglans*) といった落葉広葉樹花粉やスギ科花粉
が優勢な間氷期の花粉群集が報告されている（山田ほか 1981; 八幡ほか, 2001）.

(2) 本州

本州の後期鮮新世以降の植生や植物相の変遷は, 福島県西部や, 新潟県南部, 近
畿地方中部, 九州中部および南部で詳しく調べられている（図 7.8）. これらの地
域で最も北に位置する福島県西部会津盆地の山都層群では, 後期鮮新世の終末期
から第四紀初頭にかけてスイショウ（*Glyptostrobus pensilis*, 図 7.6-5）やイヌカ
ラマツ（*Pseudolarix amabilis*）などの外地生植物群が消滅し, 北半球の冷温帯以
北の湿原に広く分布するミツガシワが出現する（図 7.8; 真鍋・鈴木, 1988）. メ
タセコイアは新潟県南部や近畿地方よりも早く, 約 1.8 Ma 以降には産出しなく
なる（図 7.8）. 約 1.1 Ma 以降は, 氷期・間氷期の気候変動に対応した植物相の
変化が顕著になる. ここでは, 氷期の地層からは冷温帯上部から亜寒帯に分布す
るチョウセンゴヨウ（*Pinus koraiensis*, 図 7.7-9）やトウヒ（*Picea jezoensis* var.
hondoensis, 図 7.7-10）などのトウヒ属, シラビソ（*Abies veitchii*, 図 7.7-7）, コ
メツガ（*Tsuga diversifolia*, 図 7.7-8）といったマツ科針葉樹やシラカバ（*Betula
platyphylla*）, ダケカンバ（*Betula ermanii*）が産出し, 間氷期の地層にはブナ属,
ミズナラ（*Quercus crispula*, 図 7.7-2）, オニグルミ（*Juglans ailanthifolia*, 図
7.7-4）, サワグルミ（*Pterocarya rhoifolia*）などの落葉広葉樹とスギ（*Cryptomeria
japonica*, 図 7.7-3）などの温帯針葉樹が多い.

一方, 前期更新世の地層で主に構成される新潟県南部の魚沼層群では, 外地生植
物群の消滅時期は会津盆地よりも少し遅く, 約 1.4〜1.1 Ma にかけてメタセコイア
やスイショウ, オオバタグルミ（*Juglans megacinerea*, 図 7.6-6）などが, 現在で
は太平洋側の山地帯に分布が限定されるヒメシャラ（*Stewartia monadelpha*）とと
もに産出しなくなる（新潟古植物グループ・新潟花粉グループ, 1983; Momohara
et al., 2017）. 魚沼層群は, 越後山脈日本海側の多雪地域に位置するため, 氷期
の気候の寒冷・乾燥化だけではなく, 前期更新世後半の間氷期に発達した多雪気

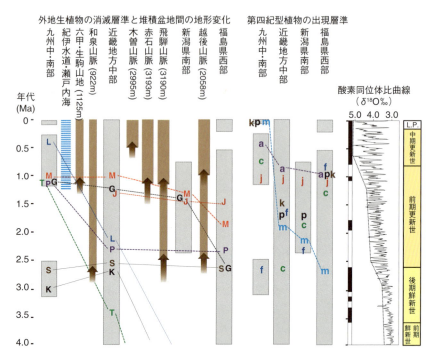

図 7.8 主な外地生植物の 4 地域の堆積盆地での最後の産出層準，寒冷地の植物など第四紀に増加する植物の出現層準，堆積盆地間の主な山地・海峡形成過程 (Momohara, 2016, 2018)．4 地域の網掛の四角形は植物化石を含む堆積物の年代範囲を示す．アルファベット大文字は外地生植物の最後の産出層準を示す．G：スイショウ，J：オオバタグルミ，K：アブラスギ属，L：フウ属，M：メタセコイア，P：イヌカラマツ，S：セコイア，T：タイワンスギ．小文字は現在の寒冷地に分布する植物などの出現層準．a：シラビソ，c：スギ，f：ブナ，j：オニグルミ，k：チョウセンゴヨウ，m：ミツガシワ，p：トウヒ．酸素同位体比曲線は Lisiecki and Raymo (2005) をもとに作成．酸素同位体比曲線の左側の点線は，氷期の気候の段階的な発達を示す．L. P.：後期更新世．各山地・山脈の最高標高を括弧内に示す．山地・山脈の線の太さは隆起運動の程度を，紀伊水道・瀬戸内海は間氷期に海域が広がった時期を示す．

候が植物相に大きな影響を与えたと考えられている (Momohara, 2018)．

　近畿地方中部とその周辺では，大阪層群や古琵琶湖層群，東海層群，菖蒲谷層といった内陸盆地で，鮮新・更新世の植物相の変遷が明らかになっている（図 7.9；Momohara, 2016; 百原，2017）．これらの地層の鮮新世中期の約 4.0～3.0 Ma の化石群集には，現在の長江中流域から台湾より南の暖温帯に近縁種が分布する，アブラスギ属（*Keteleeria*，図 7.6-1），イヌカラマツ，イチョウ（*Ginkgo biloba*），メタセコイア，スイショウ，タイワンスギ（*Taiwania cryptomerioides*），フウ属（*Liquidambar*，図 7.6-4），ヌマミズキ属や，北米西部に分布するセコイア属などの外地生植物が多い．後期鮮新世以降に近畿地方中部から絶滅する外地生の植物

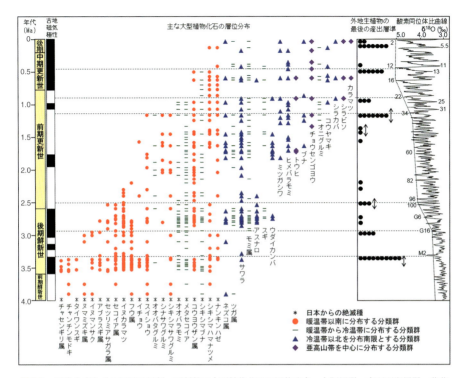

図 7.9　近畿地方とその周辺の鮮新・更新統の大型植物化石の層位分布．大阪層群，古琵琶湖層群，菖蒲谷層，東海層群と段丘堆積物の植物化石の層位分布図（Momohara, 2016 をもとに作成）．絶滅種の最後の産出層準の黒丸の個数は種数を，矢印は前後の層準を含むことを示す．海洋酸素同位体比曲線は Lisiecki & Raymo（2005）をもとに作成．図中の数字は MIS．

は 42 種類で，これらのうち半数近い 18 種類が約 3.0〜2.4 Ma にかけて姿を消す．かわって，それまでの化石群集では少なかったモミ属，ツガ属，トウヒ属バラモミ節（*Picea* sect. *Picea*），ネズコ属（*Thuja*），アスナロ（*Thujopsis dolabrata*），スギ，ウダイカンバ（*Betula maximowicziana*）といった現在の山地帯の森林を構成する植物の化石が出現し，増加する（図 7.9）．後期鮮新世での山地帯樹種の増加は，周囲の山地の隆起に伴い，寒冷化によって分布拡大した樹種が生育できる場所が増加したことを示している（百原，2017）．さらに，前期更新世の約 1.7 Ma には，亜高山帯樹種のトウヒを含み，暖温帯を北限とする植物を含まない化石群集が見られるようになり，氷期に亜高山帯針葉樹林が西南日本の山地帯に広がったことを示す（Momohara *et al.*, 1990）．氷期・間氷期の気候変動がより顕著になる約 1.2〜0.8 Ma には，オオバタグルミやメタセコイア，オオバラモミ（*Picea koribai*）など 10 種類が姿を消す．この時代を生き延びたコウヨウザン属（*Cunninghamia*）

や，現在の中国中部に自生するタイワンブナ (*Fagus hayatae*) に似たシキシマブナ (*Fagus microcarpa,* 図 7.6-3) など 11 種類の植物は約 0.5 Ma の間氷期 (MIS13) まで残存するが，その後，最終氷期末までに消滅する（図 7.9）．

前期更新世後半の約 1.2 Ma 以降の大阪層群は，氷期・間氷期の海水準変動に対応した海成層と淡水成層の互層となり，それに伴って植物化石相が周期的に変化するようになる．間氷期の海成層からはシキシマブナのほか，ハマナツメ属 (*Paliurus*) やセンダン (*Melia azedarach*)，ナンキンハゼ (*Sapium sebiferum*)，サルスベリ属 (*Lagerstroemia*) といった沿海暖地性の樹木の化石が産出する．海成層の最上部より上位の地層では温帯針葉樹のスギやモミ (*Abies firma*)，ツガ (*Tsuga sieboldii*) といった樹種が増加し，氷期に対応する淡水成層にはチョウセンゴヨウやトウヒ属，モミ属，ツガ属，カラマツ属といったマツ科針葉樹とカバノキ属で構成される化石群集が含まれる（南木，1989）．このような間氷期の温暖湿潤気候下の広葉樹林から，冷涼で湿潤な気候下で成立する温帯性針葉樹林，氷期最盛期の寒冷・乾燥気候下のマツ科針葉樹林への変化は，MIS11（約 0.4 Ma）以降の琵琶湖湖底堆積物の花粉組成にも顕著に認められる（図 7.10; Miyoshi *et al.*, 1999）．一方，常緑広葉樹林が間氷期に広がったことを示す花粉化石や大型植物化石の記録は，近畿地方中部では MIS11 以外は少ない．MIS11 に対比される西宮市上ヶ原の大型植物化石群集には，ヤマモモ (*Myrica rubra*)，ツクバネガシ (*Quercus sessilifolia*)，ウバメガシ (*Quercus phillyraeoides*)，シバニッケイ (*Cinnamomum doederleinii*)，タブノキ (*Machilus thunbergii*)，オガタマノキ (*Michelia compressa*)，イスノキ (*Distylium racemosum*)，アデク (*Syzygium buxifolium*) といった現在の西南日本に分布する，多様な常緑広葉樹が含まれる (Miki *et al.*, 1957).

(3)　九州・沖縄

九州中部および南部の堆積盆地の化石群集（長谷，1988; Iwauchi, 1994）は，北海道や本州の化石群集と異なり，氷期の花粉群集でマツ科針葉樹花粉が圧倒的に優占することはなく，それらに伴うスギ科花粉やブナ属などの温帯性落葉広葉樹の花粉が樹木花粉に占める割合が大きい．コナラ属アカガシ亜属 (*Quercus* subgen. *Cyclobalanopsis*) といった常緑広葉樹の花粉が多い花粉群集が出現する頻度が本州よりも高く，冬季の気温がより温暖だったことを示している．しかし，沖縄本島の鮮新世・更新世の花粉群集でも，現在の植生で優占する常緑広葉樹種が圧倒的に多く見られるわけではない．むしろ，スギ属，ツガ属，コナラ属コナラ亜属 (*Quercus* subgen. *Lepidobalanus*)，ニレ属といった温帯性の樹種が優勢である（黒田ほか，2002）．九州南部では，外地生植物群が消滅する時期は本州よりも遅

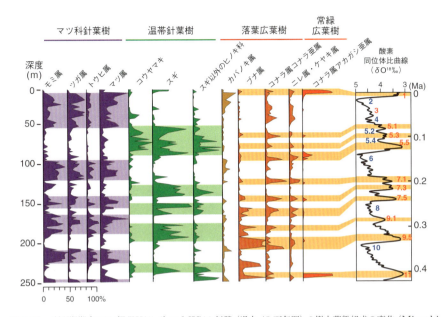

図 7.10 琵琶湖湖底コア (BIW95-4) の MIS11 以降（過去 43 万年間）の樹木花粉組成の変化（Miyoshi *et al.*, 1999 をもとに作成した百原, 2024 の図）. 海洋酸素同位体比曲線は Lisiecki & Raymo (2005) をもとに作成. 図中の数字は MIS（赤：間氷期または亜間氷期, 青：氷期）.
カバノキ属以外の落葉広葉樹と常緑広葉樹の花粉は, 間氷期のピーク（オレンジの範囲）に増加する. 氷期前半（緑の範囲）には温帯針葉樹の花粉が増加し, 氷期後半（紫の部分）ではマツ科針葉樹花粉が増加する. カバノキ属花粉は間氷期の直前に増加する傾向がある.

く, 大阪層群では後期鮮新世から前期更新世初頭に消滅するイヌカラマツやタイワンスギ, フウ属が前期更新世後半にまで残存する（図 7.8; 長谷, 1988）.

7.3.2 後期更新世の植生変遷

後期更新世（約 126〜11.7 ka）では, 最温暖期である最終間氷期（MIS5.5, 約 126〜110 ka）から最終氷期最盛期（LGM: Last Glacial Maximum; MIS2 の前半から中盤にあたる約 30〜19 ka）への気候変動に対応した植生変化が, 日本各地で明らかになっている（安田・三好, 1998）. 特に, MIS3 後半の約 50 ka 以降は, 放射性炭素同位体年代測定により, 高い時間精度で植生や植物相の時間的・空間的分布が明らかになっている. MIS4 と MIS2 には日本列島全体でマツ科針葉樹の多い植生が広がり, 落葉広葉樹林や常緑広葉樹林の分布は東北地方南部以南の海洋に面した低地域へと縮小したとされている（Tsukada, 1985）. 最終氷期終末期の約 14.7 ka 以降には, 温暖化に伴って落葉広葉樹林が広がり始めた.

(1) 北海道

最終間氷期 (MIS5.5) に対比される化石群集は，十勝平野南部，忠類のナウマンゾウ化石包含層から報告されている．この地層は，コナラ属コナラ亜属花粉などの落葉広葉樹花粉の産出割合が圧倒的に大きく，他の北海道の後期更新世の花粉群集と比べて針葉樹花粉が少ないのが特徴的である（山田，1998）．この地層からは，現在では渡島半島の黒松内低地以南にしか分布していないブナの殻斗が産出している（矢野，1972）．MIS5.4以降の北海道各地の花粉ダイアグラムでは，比較的温暖な時期にはトウヒ属，モミ属が高率を占め，コナラ属，ニレ属，クルミ属といった落葉広葉樹を伴う．一方，寒冷なMIS4やMIS2にはカバノキ属以外の落葉広葉樹は少なく，トウヒ属やモミ属に加え，カラマツ属やマツ属が高率を占める（五十嵐・熊野，1981; Ooi et al., 1997; 五十嵐，2010; Igarashi, 2016）．大型植物化石からは，このカラマツ属は，現在ではサハリンや千島列島，ロシア極東域に分布するグイマツ (*Larix gmelinii*) で，マツ属は日本の高山低木林を構成するハイマツ (*Pinus pumila*) だと考えられる．草本花粉の産出割合が大きいことや，高山帯の湿った岩礫地に生育するコケスギランの小胞子が各地で産出することから，マツ科針葉樹林が分布していたが，草地が占める割合が多かったと考えられている（Igarashi, 2016; 図7.12）．

(2) 本州

本州のMIS5.5の花粉群集は落葉広葉樹が卓越し，西南日本ではコナラ属アカガシ亜属などの常緑広葉樹を交える．関東地方南部の大型植物化石群集には，西南日本の沿海域や中国中南部に分布するサルスベリ属，ナンキンハゼ，センダン，ハマナツメ属といった植物や，絶滅種のヒメハリゲヤキ (*Hemiptelea mikii*) が含まれる（辻・南木，1982）．花粉化石はエノキ属・ムクノキ属やブナ属，サルスベリ属といった落葉広葉樹が目立つ（辻・南木，1982）．関東地方から中国地方西部にかけてはMIS5.4〜5.1にはスギやコウヤマキといった温帯針葉樹の花粉が圧倒的に優勢になる（図7.11; Hayashi et al., 2017）．MIS4やMIS2ではトウヒ属やマツ属単維管束亜属，モミ属，ツガ属を含むマツ科針葉樹やカバノキ属の花粉が優勢になり，MIS3ではコナラ属などの落葉広葉樹の花粉がマツ科針葉樹とともに高率で産出するようになる．スギ花粉は，関東地方南部以北ではMIS5.1以降では非常に少なくなるが，近畿地方北部から中国地方東部ではMIS3の終わり頃まで産出割合が高い（図7.11）．MIS2になると，本州の大半の地域ではスギ花粉は極めて少なくなるが，伊豆半島（山﨑，1988; 叶内，1989; 叶内ほか，2005）と隠岐島 (Takahara et al., 2001) では高い出現率が認められており，琵琶湖など

7.3 陸上植物

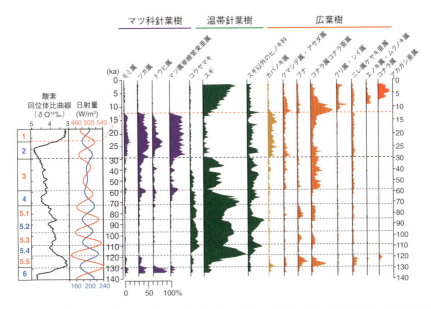

図 7.11 琵琶湖湖底コア (BIW95-4, BT) の MIS6 以降の主要な樹木花粉の組成変化と, 海洋酸素同位体比曲線, 日射量変化との関係 (Hayashi *et al.*, 2010, 2017 をもとに作成). 左のコラムの数字は MIS (赤：間氷期および亜間氷期, 青：氷期および亜氷期). 海洋酸素同位体比曲線は Lisiecki & Stern (2016) に基づく. 日射量曲線は赤線が夏季 (7 月, 図上の目盛), 青線が冬季 (1 月, 図下の目盛) の北緯 35° の日射量を示す. 花粉ダイアグラムは MIS2 (約 29 ka〜) 以降の時間スケールを 2 倍に表示している. 後期更新世前半 (MIS 5.5〜5.1) には気温年較差の小さい (夏季の日射量が少なく冬季の日射量が多い) 時期にスギが増加し気温年較差の大きい (夏季の日射量が多く冬季の日射量が少ない) 時期に落葉広葉樹が増加した (Hayashi *et al.*, 2017). 海水準の低下を伴って寒冷・乾燥気候が発達した MIS 6, 4, 2 にはマツ科針葉樹が増加し, 海水準が上昇し温暖・湿潤気候が発達した MIS 3, 1 には温帯針葉樹と広葉樹が増加した.

近畿北部でも少量ながら産出し続ける (図 7.11; Hayashi *et al.*, 2017). 一方, 中部内陸部や東北地方南部の MIS5.4 以降の花粉ダイアグラムでは, 全体的にマツ科針葉樹花粉やカバノキ属花粉が高率で産出する傾向があり, スギ花粉やカバノキ属以外の落葉広葉樹花粉の産出割合は関東地方南部以西よりも低く, それらが高率で出現する時代も限られている (日比野ほか, 1991; 大嶋ほか, 1997; 守田ほか, 2002).

LGM (約 30〜19 ka) の本州中部内陸部から東北地方には, 現在の山地帯上部から亜高山帯に分布するマツ科針葉樹からなる常緑針葉樹林が分布していた (図 7.12). その主要構成種は, シラビソ, コメツガ, チョウセンゴヨウ, カラマツ属, トウヒ, ヤツガタケトウヒ (*Picea koyamae*) いったマツ科針葉樹と, カバノキ属のシラカバ, ダケカンバ, ハンノキ属のケヤマハンノキ (*Alnus hirsuta*) であ

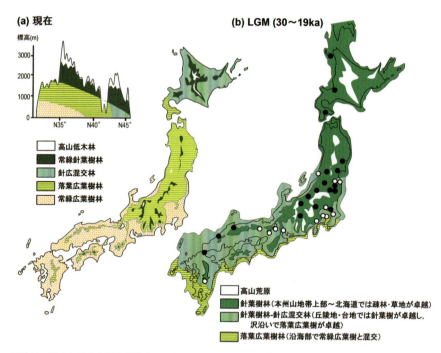

図 7.12 現在と最終氷期最盛期 (LGM) の日本列島の植生分布と大型植物化石の産出状況．現在の植生分布は潜在自然植生（人為の影響がない状態で現在の気候下で成立する極相林）の分布を示している．常緑広葉樹林域はコナラ属アカガシ亜属，シイ属，タブノキ（クスノキ科）の優占林，落葉広葉樹林域はブナ優占林，針広混交樹林域（黒松内低地周辺より東）はブナ以外の冷温帯落葉広葉樹（ミズナラやダケカンバ，シナノキ，イタヤカエデなど）とマツ科針葉樹（トドマツ，エゾマツ）の混交林で構成される．亜高山針葉樹林帯はシラビソ，オオシラビソ，コメツガ（北海道ではトドマツとエゾマツ）の優占林，高山低木林はハイマツとツツジ科の矮性低木などにより構成される．

LGM の植生分布は，大型植物化石（津村・百原，2011; Nishiuchi et al., 2017 など）と花粉（Ooi, 2016）の産出状況に基づき作成．白丸は温帯性落葉広葉樹を含む大型植物化石群集，黒丸はマツ科針葉樹とカバノキ属，ハンノキ属は含まれるが，温帯性落葉広葉樹を含まない大型植物化石群集

る．カラマツ属は宮城県中部以北にはグイマツが，福島県以南はカラマツ (*Larix kaempferi*) が分布していた．一方，新潟県北部から福島県よりも南の地域の平野部から丘陵域の花粉群集では，コナラ属やニレ属・ケヤキ属などの落葉広葉樹花粉を交えるが，多くの地域でマツ科針葉樹花粉が高率で産出する．この地域の大型植物化石群集では，現在の冷温帯以南に分布するブナ，ミズナラやコナラ (*Quercus serrata*) などのナラ類，カエデ属 (*Acer*)，ハシバミ属，サワグルミ，オニグルミ，エゴノキ (*Styrax japonicus*) といった落葉広葉樹や，ゴヨウマツ (*Pinus parviflora*)，ウラジロモミ (*Abies homolepis*)，ツガといった温帯性針葉樹の大型植物化石が上

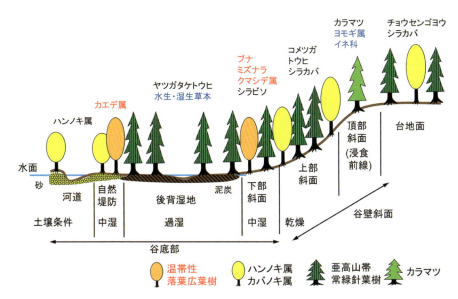

図 7.13 茨城県南部花室川の化石群（約 24〜20 ka）から復元した，関東平野中部の LGM の植生の地形分布（百原，2017 の図を編集．赤字は温帯性落葉広葉樹，青字は草本を示す．花室川はつくば市から土浦市の台地を開析する川で，谷底と台地面との標高差は約 20 m．花室川の河道内堆積物中に含まれる植物化石の産出状況と現在の植物の生育環境に基づき，植生分布を復元した．大型植物化石が多産し，複数の器官が産出する植物が谷底部に，花粉が多産するが大型植物化石は一部の器官だけが産出する植物が，台地斜面から台地上に分布していたとされた（Momohara et al., 2016）．

記のマツ科針葉樹に伴って産出し，針広混交林が分布していたことを示す．LGM には降水量が少なかったことと，大気中 CO_2 濃度の減少により葉の気孔密度が増加したことで葉からの蒸散が活発になり，水ストレスの影響を受けやすくなった．そのため，乾燥に強いカバノキ属以外の落葉広葉樹の分布は，河川や湖沼周辺の湿潤な場所に分布が限られていたと考えられる（図 7.13; Momohara et al., 2016; 百原，2017）．一方，マツ科針葉樹は落葉広葉樹との競争から解放され，斜面や台地上，尾根筋を中心に現在の分布域よりも温暖な地域にも分布を広げたと考えられる（Momohara et al., 2016）．針葉樹林の構成種は関東地方以北ではシラビソ，チョウセンゴヨウ，トウヒ，ヤツガタケトウヒ，コメツガ，東海地方以南ではそれらの樹種にウラジロモミ，キタゴヨウ，ツガ，ヒノキといった温帯針葉樹が加わる．また，過湿な場所にはヤツガタケトウヒからなる針葉樹湿地林が分布していた（図 7.13）．

(3) 九州・沖縄

九州の MIS5.5 の花粉組成は，マツ属複維管束亜属やブナ属が優勢な花粉群集と，モミ属，ツガ属，トウヒ属といった針葉樹が優勢な花粉群集がある（畑中ほか，1998）．そこにはコナラ属アカガシ亜属花粉も含まれるが，完新世の花粉群集ほどは高率ではない．MIS5.4〜5.1 の花粉群集では，スギ花粉が卓越する．MIS2の花粉群集では，九州北部でマツ科針葉樹が多く，九州南部では落葉広葉樹花粉が卓越する（畑中・野井，1994）．九州西部および南部の LGM の堆積物には 1〜数％のコナラ属アカガシ亜属花粉が含まれており，常緑広葉樹が落葉広葉樹林に含まれていたと考えられている（松岡，1998）．常緑広葉樹が多い花粉群集は，九州西部男女海盆の海底コアの AT テフラ層準（松岡，1994）と，沖縄県伊是名島の 22,860 yBP の年代値を示す層準の上位（黒田・小澤，1996）から報告されている．これらの層準では，樹木花粉の 60％を越えるマツ属花粉とともに，コナラ属アカガシ亜属，シイ属 (*Castanopsis*)，イヌマキ属 (*Podocarpus*) といった照葉樹林の要素の花粉が合計 10％程度含まれている．マツ属は花粉の生産速度が大きいことを考慮すると，LGM の東シナ海沿岸域には常緑広葉樹林が分布していた可能性がある（松岡，1998）．

(4) 最終氷期最盛期以降の植生変遷

LGM が終了した約 19〜18 ka から，日本各地で，より温暖な気候下で優勢な植生型への変化が始まった．北海道中部の剣淵盆地では，LGM の花粉群集で圧倒的に多かったグイマツ，ハイマツ，コケスギランが急減し，かわってトウヒ属花粉が優勢になり，モミ属花粉も増加した（五十嵐，2010）．長野県北部野尻湖の約 18 ka の花粉群集では，LGM から引き続きマツ科針葉樹とカバノキ属が優勢ではあるが，コナラ属コナラ亜属を含む落葉広葉樹花粉の割合が若干増加した（公文ほか，2009）．しかし，ハインリッヒ亜氷期 I に相当する約 17〜14.7 ka には，これらの地点では LGM と同様のマツ科針葉樹が優占する植生に戻ったと考えられる．すなわち，剣淵盆地ではトウヒ属花粉が減少し，再びカラマツ属とマツ属（ハイマツ）花粉が急激に増加し，カラマツ属花粉の産出割合は LGM よりも大きくなる（五十嵐，2010）．野尻湖でもコナラ属花粉が減少し，マツ科針葉樹やカバノキ属の花粉が増加する（公文ほか，2009）．

ベーリング・アレレード期の開始（約 14.7 ka）の急激な温暖化とともに，日本各地の古植生は大きく変化した．群馬県前橋泥炭層では As-YP テフラ（約 16 ka）の上位の層準でカラマツ属やカバノキ属，ハンノキ属の花粉が急減し，約 13.3 ka（浅間・総社テフラ層準）までにコナラ属コナラ亜属花粉が圧倒的に優勢になった

（辻ほか，1985）．野尻湖では，コナラ属が急激に増加するとともに，ブナ属が約10 kaにかけて徐々に増加を始め，現在のブナが優占する冷温帯落葉広葉樹林が形成されたと考えられる．一方，北海道中部ではカラマツ属の減少とマツ属，トウヒ属といった針葉樹の組成変化に留まり，コナラ属コナラ亜属を含む落葉広葉樹の増加は，完新世になってからである（五十嵐，2010）．北半球の中・高緯度で寒冷化が進行したヤンガー・ドリアス期に相当する約12.9〜11.7 kaには，落葉広葉樹花粉の割合が若干減少するといった変化が見られるものの，ヨーロッパや北米大陸で認められるような大きな植生変化は日本では起きていない（Takahara *et al.*, 2010）．

　常緑広葉樹林の分布拡大については，九州（松岡，1998）や関東地方南部（百原，2014）の海沿いの低地から，約10 kaには常緑広葉樹林が形成されたことを示す化石群集が見つかっている．しかし，晩氷期から前期完新世にかけては冬季の日射量が少ないために低温だった可能性があること（Hayashi *et al.*, 2017）や，人為による影響（百原，2014）などにより，日本海沿岸域や内陸域では常緑広葉樹林の拡大が中期完新世（約8.2〜4.2 ka）以降に遅れる．一方，亜高山帯針葉樹林は，中部地方中部・南部の現在の亜高山帯域では前期完新世に発達し始めるが，中部地方北部から東北地方では後期完新世になるまで発達せず，それまでの亜高山帯には草原のような植生景観が広がっていたと考えられている（守田，2000）．

おわりに

　第4章で述べた中西部および南部ヨーロッパやアジア北部バイカル湖周辺と同様，日本でも後期鮮新世以降に植物の地域絶滅を伴う植物相の変化が起きた．ここでも後期鮮新世や前期更新世後半に植物の地域絶滅と寒冷系の植物群の出現が集中しており（図7.8; 図7.9），北半球の他地域と同様に，酸素同位体比曲線で表現される氷期の寒冷・乾燥気候の段階的な発達の影響を受けたことを示している．東アジアの森林の生物多様性は，北半球の他の温帯・亜熱帯の地域に比べて高い．これは，現在の気候が湿潤・温暖であるだけではなく，他地域では寒冷・乾燥気候が厳しく，氷期に森林の分布がかなり限られたのに対し，東アジアでは氷期にも低地域に森林が広がり，生物群のレフュージアとなっていたためである．ヨーロッパやアジア北部から消滅した樹木分類群の多くは，日本，台湾，秦嶺山脈より南のアジア大陸に残存している．後期鮮新世以降に日本の北から南へと分布を縮小した後，日本から消滅した外地性植物群（図7.8）は，本州よりも低緯度に位置する台湾や中国揚子江中流域に残存した．この過程は，東アジアに固有の樹木分類群が中西部ヨーロッパから絶滅した後，低緯度で温暖・湿潤な気候が維持さ

れた黒海沿岸域に第四紀後半まで残存したこと（図4.9）と共通している.

　日本各地の堆積盆地には，堆積速度が速く時間解像度の高い地層が分布し，河川沿いなどの露頭で大型植物化石を収集することができる. 花粉化石データとともに，植物の種が同定可能な大型植物化石を検討することで，後期鮮新世以降の植物相と植生の時間・空間分布を明らかにすることができる. 近年では，分子遺伝学的手法による日本の植物の種分化プロセスの研究が盛んに行われている. その資料とも比較することで，日本の植物相の形成過程がより詳細に明らかになるだろう.

7.4　陸生動物

7.4.1　日本の動物相の特徴

　日本は，日本列島（北海道，本州，四国，九州を主とする島），琉球列島，伊豆・小笠原諸島など地史の異なる島嶼の集合であり，それぞれに分布する陸生動物の構成も異なっている. 19世紀後半にPhilip L. SclaterとAlfred R. Wallaceが地球上の生物相を6つの生物地理区として区分した. その中で日本列島はユーラシア大陸の大部分を占める旧北区に，琉球列島はインドから東南アジアにまたがる東洋区に含められた. 最近は，陸生動物の生物地理区を11地域に分け，日本列島と中国中部をまとめて日華区 (Sino-Japanese Region) とする見解もある (Holt et al., 2013).

　島国という特殊な環境に生息する動物が，どのような進化の道筋を歩んできたのかを調べるために，現生種の生態情報，形態情報，遺伝子情報などに基づいて地理分布を解析する方法がある（例：京都大学総合博物館，2005; 増田・阿部，2005; 本川，2008）. 日本の陸生動物の分布境界は，概ね「北海道」「本州・四国・九州」「琉球列島」の3地域で区分され，北海道と本州の間（津軽海峡）にはブラキストン線，九州と琉球列島の間（トカラ構造海峡）には渡瀬線が生物地理境界として設定されている. もちろん脊椎動物と昆虫では生態や拡散能力が異なるため，生物地理区分は分類群によってまちまちであるが，本節で主な対象とする脊椎動物（特に哺乳類）についてはブラキストン線と渡瀬線による分断が重視されてきた.

　日本の陸生動物は固有種が多く，哺乳類は自然分布種100種以上のうち約40%が固有種である. 哺乳類と比べて移動能力の低い爬虫類と両生類は，固有種の割合が半数から4分の3近くを占めている. 本川 (2008) は，日本の小型哺乳類（真無盲腸目，翼手目，齧歯目）のうち自然分布種を対象に地理分布のパターンを解析し，北海道に分布するのが32種（うち日本固有種5種，大陸との共通種27種），本州・四国・九州に分布するのが41種（うち日本固有種26種，大陸との共通種

15 種），琉球列島に分布するのが 18 種（うち日本固有種 14 種，大陸・台湾との共通種 4 種）とした．このことから，日本の中でも動物群の固有度は北海道，本州・四国・九州，琉球列島の順に高まることがわかる．一方，河村（2003）は古生物学的立場から日本各地の哺乳類の化石記録と地質学的なデータを参照して，固有度の高い地域ほど地理的に隔離されていた期間が長いと考えた．すなわち，固有度が最も高い琉球列島は最も古い時期（鮮新世から更新世前半）に大陸から隔離し，次いで固有度の高い本州・四国・九州が更新世前半から中頃に隔離し，大陸と共通した種が多い北海道は比較的新しい時期（更新世末）まで大陸と接続していた可能性を示唆している．

　動物相の成立過程を知る手段として，現生種を用いた分子系統学的な研究が盛んに行われてきた．たとえば，野生の齧歯類であるヒメネズミ（*Apodemus argenteus*）は北海道から九州まで分布する日本固有種で，現生個体の核遺伝子の解析結果では後期中新世（約 7～6 Ma）に他の近縁種から分岐したと推定されている（佐藤，2016）．この結果は現生種のみを対象とした分析であるため，7 Ma に生息していたのはヒメネズミそのものではなく，現生種へ繋がる祖先種であるかもしれないことに注意すべきである．つまり，仮にヒメネズミに近縁な絶滅種が何種類かいたとすると，それらの共通祖先からヒメネズミへと種分化したのは，7 Ma 以降のいつかということになる．一方，過去の生物進化を直接知る手がかりとして化石は欠かせない．国内の第四系から産出する陸生動物化石の研究成果は 20 世紀初頭から蓄積されてきた．しかし，日本列島の地質学的な特性上，化石記録のほとんどは中部・上部更新統と完新統（主に考古遺跡）であり，それよりも古い時代の情報が極めて断片的である．ヒメネズミの例でいえば，化石記録は古くて約 0.7 Ma までしか遡ることが現状ではできず (Kawamura & Iida, 1989)，7～0.7 Ma の間に起きた進化史がわからないのである．したがって，現段階では日本の陸生動物の成立過程を十分に説明することができないが，本節では主に筆者が専門としている哺乳類に焦点を当てて，その化石記録と変遷を概説する．

7.4.2　日本の動物相の成立過程

　中新世初頭に大陸から分離し始めた日本列島は，その後しばらく部分的に大陸と繋がっており，前期鮮新世（5.3～約 3.0 Ma）になると島弧として隔離したと考えられている．日本に現存する陸生動物の中に，中新世または鮮新世に起源した種がいるとすると，それは大陸と日本列島が連続的に接続していた時に分散した種の生き残り，あるいはその子孫ということになる．第四紀の日本列島は基本的に島弧であったため，日本の在来動物群に大陸から陸橋を渡来した種や偶発的に漂流分散した種が加わることで現在の動物相へ変遷した．日本と大陸で現生哺乳

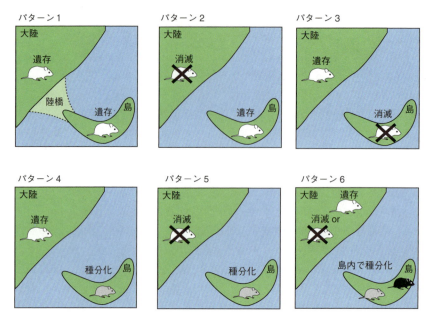

図 7.14 大陸から島へ渡来した動物が種分化または消滅する過程のモデル.

類の分布域を比較すると，動物相の成立過程にいくつかのパターンが存在したことがわかる（図 7.14）．パターン 1 は大陸から渡来した種が大陸と日本の両地域で遺存しているケースで，亜種レベルでの分断はあるものの，ニホンジカ (*Cervus nippon*) やツキノワグマ (*Ursus thibetanus*) などがこれに該当する．パターン 2 とパターン 3 は隔離された後にどちらかの集団のみが消滅したケースで，たとえばタイリクオオカミ (*Canis lupus*) とニホンオオカミ (*Canis lupus hodophilax*) の関係はパターン 3 である．パターン 4〜6 は，渡来した祖先種が隔離後に種分化して日本固有種になった場合で，ニホンザル (*Macaca fuscata*) のように近縁種アカゲザル (*Macaca mulatta*) が大陸に生存しているのがパターン 4，ヤマネ (*Glirulus japonicus*) のように近縁種が近隣地域にいないのがパターン 5，アズマモグラ (*Mogera imaizumii*) とコウベモグラ (*Mogera wogura*) の関係のように渡来した祖先種が日本の中で複数種に分かれたのがパターン 6 である．他にもあらゆるパターンが想定されるが，日本の現生哺乳類に限れば基本的にこれらの 6 パターンで説明がつく．

次に，どの動物がいつ頃日本に土着したのかという点を考えてみよう．陸生動物は地理的隔離の期間が長いほど種としての固有度が高くなるので，たとえばパターン 1 は集団が隔離されてから種分化が起こるのに十分な時間が経過していな

いと判断できるため，このような分布をもつ動物は現代により近い時代に日本へ渡来したと考えることができる．一方，パターン4～6のように固有種として種分化している動物は，早い時期に渡来して隔離されたことがわかる．ヤマネのように属レベルで特殊化しており，その近縁属種が周辺地域に生息していない動物は，その状態に至るまで長い時間が経過したはずである．このような動物は，鮮新世以前から日本に生息していたか，初期の動物群渡来イベントでやってきた古参ということになる．Dobson & Kawamura (1998) はこの考え方をもとに，日本の陸生哺乳類の分布状況と過去の陸橋形成の時期を関連づけることで，哺乳類各種がどのタイミングで日本に渡来したのかを整理しており，現生種の起源を考える研究のモデルを提唱した．

　陸生動物の渡来において，陸橋を介した分散とともに重要視されているのが漂流分散である．無脊椎動物や爬虫類などが陸から海へ押し流された流木に乗って漂流し，運よく離島に流れ着いた個体もしくはその卵から孵化した個体が繁栄するといったドラマチックな展開が，意外にも世界各地で起こっていたらしい．こうした“漂流分散説”は，地質学や古生物学的なデータによって“陸続き”だったことが証明されない場合の説明として候補となる．一部の陸生動物の起源として漂流分散の可能性が強く支持されている琉球列島のケーススタディを次に紹介する．

　琉球列島は，渡瀬線によって本州・四国・九州から分断されており，さらに中琉球，南琉球といった地域または島ごとに動物相の構成が異なっている（図7.15）．従来の学説では，更新世の琉球列島は大陸および台湾からトカラ構造海峡まで，ひと繋ぎの陸橋を形成していたと想定されていた．これによって，大陸にいた動物は琉球列島の各地域に分布を拡大し，その後島として隔離されたことで種分化したというストーリーである．一方，近年の地質学の調査結果は，奄美大島から与那国島に至る琉球列島の各島嶼域が前期更新世以前に大陸から隔離されていた可能性を強く示唆している（7.1節）．陸生動物の化石記録でも，奄美大島・徳之島・沖縄本島の固有種であるケナガネズミ属 (*Diplothrix*) やトゲネズミ属 (*Tokudaia*) が前期更新世から現在にかけて沖縄本島に生息していたことがわかっているが，石垣島から台湾にかけての地域ではそれらの化石が見つかっていないため（西岡，2016），少なくとも「ひと繋ぎの陸橋」は存在しなかったはずである．また，琉球列島の各島からはリュウキュウジカ (*Cervus astylodon*) が，さらに中琉球からリュウキュウムカシキョン (Muntiacinae gen. et sp. indet.)，宮古島からミヤコノロジカ (“*Capreolus*” *miyakoensis*) の化石が発見されている．これらの絶滅シカ類は分類学的な見地が依然整理されていないので，本書では名前の紹介にとどめておくが，いずれの種も本土や大陸の同年代のシカ類とは異なっており，島嶼に長い間隔離されていたことで特殊化した様子がわかる．

308　第 7 章　日本列島の動植物の成立過程

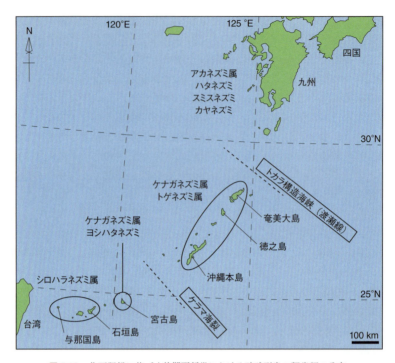

図 7.15　化石記録に基づく後期更新世における琉球列島の齧歯類の分布.

　宮古島はケラマ海裂によって沖縄本島およびその北部から分断し，地理的には石垣島に近く位置しているが，その地史は多くの謎に包まれている．他の島に比べて平坦で森林密度が低いためか，ハブや在来哺乳類が生息していない．しかし，更新世にはケナガネズミ属やヨシハタネズミ (*Microtus fortis*)，ハブ類などが生息していたことがわかっており，現在の宮古島とは比べ物にならないほどの生物多様性を維持していた (真鍋・長谷川, 1985; Nakagawa et al., 2012). ケナガネズミ属が分布していたことから，生物地理としては沖縄本島側の群集に近かったと考えられるが，ヨシハタネズミの化石が見つかっているのは琉球列島内で宮古島だけであり，他の島々とは異なる独特な動物相であった可能性もある．大陸におけるヨシハタネズミの生存期間が中期更新世から現在であること，また本種の化石が周辺の島の上部更新統からまったく見つからないという状況証拠から宮古島へは中期更新世に移入したと考えられるが (河村, 2014)，彼らが陸橋を介して渡ってきたのかという点に関しては疑問が残る．
　近年，琉球大学を中心とした研究チームが両生爬虫類の DNA 解析を進め，琉球列島の地史と陸生動物の起源の解明に尽力している (例：Kaito & Toda, 2016;

戸田，2017）．カエルやトカゲ，ヘビの解析結果から総じていえることは，多くの動物群において琉球列島と大陸（台湾を含む）の系統の分岐年代が前期更新世（古いものは後期中新世）以前であるということと，宮古島の種がどちらかというと中琉球の種に近いということである．これは，ケナガネズミ属がすでに前期更新世の沖縄本島に生息しており，その後も中琉球や宮古島に分布していたという化石証拠とも矛盾していない．しかし，爬虫類に関しては DNA 解析でも化石でも，島の分断では説明できないような結果が得られており，琉球列島の北を流れる黒潮に乗って漂流分散したグループが存在したのではないかと考えられている（高橋，2017; 戸田，2017）．ネズミのような小型哺乳類も同じように漂流分散した種類がいたとすれば，特殊な分布をもつヨシハタネズミの起源も説明がつくのかもしれない．

7.4.3　日本の第四紀哺乳類生層序

　日本の現在の動物相は，鮮新世以降に島弧へ隔離された祖先群に始まり，その後も何度か大陸の動物群と交流して新古複雑に混ざり合って形成されたものである．過去の動物相がどれくらいの頻度で変化していたのかを把握するためには，ローカルな化石記録を集積して汎用化した生層序が用いられる．陸生哺乳類化石を用いた生層序は，1970 年頃からヨーロッパや南北アメリカ大陸で盛んに研究され，そうした概念は日本にも積極的に取り入れられた．亀井ほか (1988) は国内の鮮新統および第四系の哺乳類生層序分帯を定義して国際的な生層序対比を試み，さらに河村 (2003) はこの哺乳類生層序分帯に改良を加えたものを発表している（図7.16）．それによると，鮮新統は 2 分帯（PM1〜2 帯），第四系は 8 分帯（QM1〜8帯）に分けられた．しかし，当時の第四系の下限は約 1.8 Ma とされていたため，もともと上部鮮新統の分帯として定義された PM2 帯は，現在の層序区分において鮮新統ピアセンジアン階から更新統ジェラシアン階までを含んでいる．また，Takahashi & Izuho (2012) は古地磁気層序と海水準変動（陸橋形成の可能性）との対応を重視した別の区分法も提唱している．主な違いは，PM2 帯を 2 分帯に分けたことと，QM2 帯から QM3 帯を同一分帯に，QM5 帯から QM8 帯までを同一分帯に括ったことである．このような生層序区分は基準とする分類群や地質学的な要素によって多少の違いが生じるが，日本の哺乳類生層序分帯の場合，主に長鼻類やシカ類の化石記録に基づいて区分されてきた（図 7.16）．このような大型の植物食動物は特定の時代で広域に分布・放散する傾向があり，また個体数が多いので化石の発見頻度が高いことから，示準化石として用いられている．

　日本列島の第四系から産出する長鼻類化石は，ステゴドン属 (*Stegodon*)，マンモス属 (*Mammuthus*)，パレオロクソドン属 (*Palaeoloxodon*) に分類されてお

310　第 7 章　日本列島の動植物の成立過程

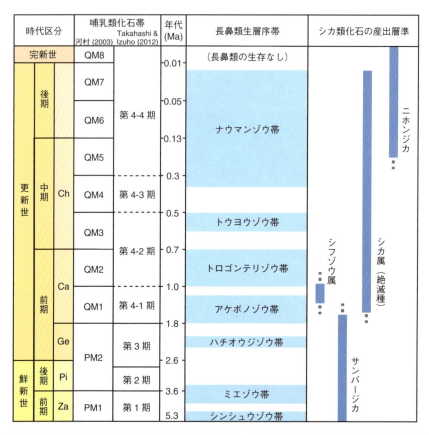

図 7.16　日本の哺乳類化石に基づく生層序区分（亀井ほか，1988 および河村，2003 を参考に作成）．長鼻類生層序帯は樽野（2010）と Aiba *et al.*（2010）を参照し，多産帯を灰色で示した．略号は Za: ザンクリアン，Pi: ピアセンジアン，Ge: ジェラシアン，Ca: カラブリアン，Ch: チバニアン．

り，基本的に同一の年代（層準）から異なる種類が混在して見つかることがないので，生層序帯を定義することができる．PM1 帯から QM1 帯まではステゴドン属の日本固有種が生息していた時代で，古い層準からシンシュウゾウ（*Stegodon shinshuensis*）帯，ミエゾウ（*Stegodon miensis*）帯，ハチオウジゾウ（*Stegodon protoaurorae*）帯，アケボノゾウ（*Stegodon aurorae*）帯と移行する．鮮新統の主にザンクリアン階から産出するシンシュウゾウとミエゾウは，中国北部に分布していたツダンスキーゾウ（*Stegodon zdanskyi*）と歯の形態が類似しており，これらの系統関係は議論の余地があるものの，大陸にいたステゴドン属が日本列島まで分布域を拡大して，その後日本固有種として種分化したと考えられてきた（Saegusa,

1996; 三枝, 2005). アケボノゾウは QM1 帯を特徴づける長鼻類で, 前方にまっすぐ伸びる 1 対の上顎切歯と, 複数の山型稜から成る歯冠の低い臼歯をもっている. これらの形質は, 更新世の後半に出現したゾウ科 (Elephantidae) のナウマンゾウ (*Palaeoloxodon naumanni*) と明確に異なっているので, 歯の化石だけでも種同定が可能である (図 7.17, 図 7.18). アケボノゾウは, ステゴドン属の中では派生的な特徴をもっており, 鮮新世に生息していたシンシュウゾウやミエゾウに対して歯冠が高く, セメント質の発達や臼歯の稜の圧縮が顕著である. ミエゾウ帯とアケボノゾウ帯の間を埋める年代 (PM2 帯) からは, 両種の中間的な歯の形態をもったステゴドン属の化石が発見されており, そのうちジェラシアン階のものが 2010 年にハチオウジゾウとして別種に記載された (Aiba *et al.*, 2010). これら日本固有種のステゴドン属の分類については異論があるものの (樽野, 2010; 高橋, 2013), 大陸から移入したステゴドン属の一種からアケボノゾウにかけて何段階か形態的な変異を伴いながら進化してきたという点については意見が一致している.

　カラブリアン期の後半, QM2 帯はゾウ科マンモス属のトロゴンテリゾウ (*Mammuthus trogontherii*) (日本固有種としてムカシマンモス (*Mammuthus protomammonteus*) とする意見もある) の時代である. アフリカで起源したと考えられているマンモス属の祖先種が更新世初頭にユーラシアへ放散し, 寒冷なステッ

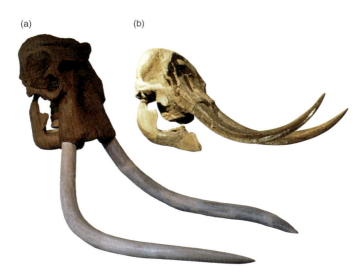

図 7.17 ナウマンゾウとアケボノゾウの頭骨. (a) 本州産のナウマンゾウ化石をもとに復元された模型 (ふじのくに地球環境史ミュージアム所蔵), (b) 兵庫県明石市産のアケボノゾウ化石をもとに復元された模型 (明石市立文化博物館所蔵).

図 7.18 ナウマンゾウとアケボノゾウの右上顎第三臼歯．(a) 静岡県浜松市産のナウマンゾウ化石（京都大学理学部地質学鉱物学教室所蔵），(b) と (c) 石川県戸室山産のアケボノゾウ化石とその正中断面（東北大学総合学術博物館所蔵）．

プ環境に適応したのがトロゴンテリゾウとその子孫のマンモスゾウ (*Mammuthus primigenius*) であった．QM3 帯の後半（約 0.6〜0.5 Ma）には，再びステゴドン属のトウヨウゾウ (*Stegodon orientalis*) と入れ替わる．トウヨウゾウは中国南部から東南アジアにかけて分布していた南方系の種で，アケボノゾウを含む日本固有種のステゴドン属よりも歯冠が低く祖先的な形質を保持している．したがって，トウヨウゾウはアケボノゾウから進化したわけではなく，大陸に生息していた別の系統が再び移入したとことになる．また，日本での生存期間は高々10万年ほどであるが，本州から九州にかけて，特に瀬戸内海の海底に分布する地層から多くの化石が発見されているので，短期間に確実な動物群の渡来があったことがわかる．ナウマンゾウの生存期間は主に QM5〜7 帯までであり，この間は本州・四国・九州で別の長鼻類と交代することがなかったので，Takahashi & Izuho (2012) による哺乳類化石帯第 4-4 期が定義された．北海道ではナウマンゾウに加え，0.45〜0.23 Ma にマンモスゾウの短期的な生息が確認されている（高橋ほか，2005）．ただし，北海道においてナウマンゾウとマンモスゾウが同時的・同所的に存在していたかどうかは明確な証拠が得られていない．

　以上が日本の第四紀哺乳類生層序と長鼻類を中心とした陸生動物の変遷過程である．第四紀の日本は，ほとんどの期間がユーラシア大陸から孤立していたと考

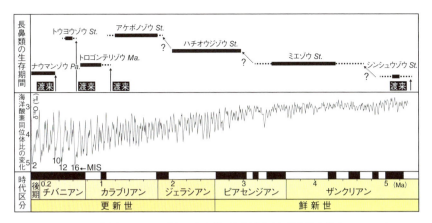

図 7.19 本州・四国・九州における長鼻類の生存期間と海洋酸素同位体比変動 (Lisiecki & Raymo, 2005) の関係. *St.*：ステゴドン属. *Ma.*：マンモス属. *Pa.*：パレオロクソドン属.

えられているため，日本の動物相が大きく変化するためには，陸橋形成が必要不可欠だった（例：亀井，1962; 河村，1998）．本州・四国・九州への陸橋を介した動物群渡来のシナリオでは，まず中期更新世の前半に東洋区に分布していたトウヨウゾウなどの中国南方系の動物群が渡来し，後半にナウマンゾウを含む中国北方系の動物群の要素へ交代したというものである．従来の学説では，特に後半の動物群の渡来が北京の周口店動物群の大量移入で特徴づけられると考えられてきた (Shikama & Okafuji, 1963; 湊，1974)．しかし，その後の研究ではこのモデルが否定され，更新世における陸橋形成はごく短期間の不安定なものであり，限られた動物群の渡来イベントであったという説に収束しつつある（河村，2011, 2014）．このことは北海道の状況からもイメージすることができる．北海道には，氷期にサハリンを経由して大陸から何度か動物群の移入があったと考えられており，後期更新世末にはマンモスゾウが渡来した．大陸ではマンモスゾウとケサイ (*Coelodonta antiquitatis*) がステップ草原に共存しており，両者は「マンモス動物群」を構成する代表種として知られているが，北海道からはケサイの化石が発見されていない．また，マンモスゾウも津軽海峡（ブラキストン線）以南に南下して本州に渡来しなかったことを考慮すると，こうした動物群の移入を伴う陸橋形成は河村 (2014) が考えるとおり，極めて限定的なものであった可能性が高い．

陸橋が形成されていた時期は，氷期の海水準低下期と長鼻類の交代が起こった時期を対応させることで推定されている（図 7.19）．前期鮮新世の日本に生息していたシンシュウゾウやシカ科のサンバージカ (*Cervus unicolor*) は大陸の種と近縁または同種であることから，この時代には大陸との間に長期的な陸橋が存在し

314　第7章　日本列島の動植物の成立過程

ていた可能性が高い．更新世になって日本列島の動物相が大きく変化したのはトロゴンテリゾウの渡来からであり，おそらくこの頃には地域的に陸橋が形成されるほどに海水準が低下したと考えられる．その後に起きたトロゴンテリゾウからトウヨウゾウへの交代，トウヨウゾウからナウマンゾウへの交代は明確なイベントで，前者は 0.63 Ma 頃の MIS16 の海水準低下期，後者は 0.4 Ma 前後の MIS12 または MIS10 の海水準低下期と対応しているので，それぞれの時期に長鼻類を含む陸生動物の渡来をもたらした陸橋が存在していたと考えられている（小西・吉川，1999）．化石記録からわかっている長鼻類の生存期間は断続的で，種の絶滅時期や出現時期をピンポイントに特定することは難しいが，ナウマンゾウに関しては北海道から九州にかけて 200 ヶ所以上の産地から化石が発見されており，古生物学的な研究が詳しく進められてきた．ナウマンゾウの化石で国内最古のものは茨城県や千葉県，神奈川県，大阪府から発見されており，いずれも MIS10 (0.36～0.34 Ma) 前後の層準である．MIS11 よりも古い層準からは化石が見つかっていないので，ナウマンゾウの渡来時期は MIS12 よりも MIS10 の方が有力視されている（高橋，2022）．

7.4.4　日本の第四紀動物相

(1)　前期更新世 (2.58～0.77 Ma)

本州の現生哺乳類の中で今のところ最古といえる化石記録は，滋賀県の古琵琶湖層群上部 (0.7～0.65 Ma) から産出したヒメネズミである（Kawamura & Iida, 1989）．この産出年代はトウヨウゾウの渡来期 (0.63 Ma) よりも古いので，日本の陸生動物の中には前期更新世かそれ以前に起源した種がいるはずである．ところが，前期更新世の陸生動物の化石記録は断片的であり，現生種の起源を議論できるほどの復元はまだできていない．前期更新世の寒冷期における平均気温は鮮新世よりもやや低く，それまで暖温帯の植物群が卓越していた時代から，冷温帯・亜高山帯に分布する植物群へ変遷しつつあった（第4章）．とはいえ，氷期・間氷期の寒暖差はまだ小さく，ジェラシアン期からカラブリアン期を通して陸生動物の生息環境は安定していたようである．

本州や九州の前期更新世の産地からは長鼻類とともにシカ科 (Cervidae) の化石がよく見つかっている．この時代に生息していた主な種はキュウシュウサンバー (*Cervus kyushuensis*)，カズサジカ (*Cervus kazusensis*)，シフゾウ属 (*Elaphurus*) の 3 系統で（図 7.20），ニホンジカの化石は見つかっていない（河村，2003; Nakagawa *et al.*, 2013）．キュウシュウサンバーは，現在アジア南部に分布するルサジカ亜属 (*Rusa*) の絶滅種で，主に九州や関東のアケボノゾウ帯から化石が産出している．鮮新統から産出するシカ科化石もサンバージカまたはキュウシュウサ

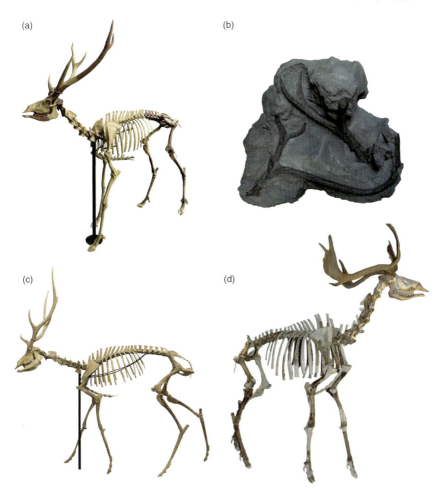

図 7.20 第四紀の日本列島に生息していた代表的な絶滅シカ類. (a) キュウシュウサンバー (飯田市美術博物館所蔵), (b) シカマシフゾウの角 (飯田市美術博物館所蔵), (c) カズサジカ (平塚市博物館所蔵；栗原平撮影), (d) ヤベオオツノジカ (群馬県立自然史博物館所蔵).

ンバーの近縁種に同定されているので，おそらくルサジカ亜属の一種が当時陸続きだった日本列島まで分布を拡大したのだと考えられる．カズサジカは千葉県の上総層群から最初に報告された絶滅種で，その後の古生物学調査によって本種がジェラシアン期以降の本州・四国・九州に広く分布していたことがわかってきた．ニホンジカと同程度のサイズであり三尖の角をもっているが，ニホンジカとは2つ目の枝の分岐方向が異なるなどの特徴により別系統と考えられている．シフゾウ属もアケボノゾウ帯を特徴づける要素の一つで，日本から見つかっている化石はシカ

マシフゾウ (*Elaphurus shikamai*) やマヤシフゾウ (*Elaphurus mayai*) などに分類されてきた．いずれも角の形態は中国に生息する現生種のシフゾウ (*Elaphurus davidianus*) や前期更新世に生息していた絶滅種（*Elaphurus bifurcatus* など）に類似しているので，日本の種と中国沿岸部に分布していた種の系統的な関係は密接であろう．他の陸生脊椎動物は分類群や生層序を検討できる十分な化石が見つかっている状況ではないものの，これまでにイヌ属 (*Canis*)，イノシシ科 (Suidae)，サイ科 (Rhinocerotidae)，骨質歯鳥（ペリカン目），水鳥のアビ属 (*Gavia*)（松岡ほか，2007），ワニ類（樽野・亀井，1993），ハナガメ属 (*Ocadia*)，イシガメ属 (*Mauremys*)（平山，2006）などが報告されている．

(2) 中期更新世 (0.77～0.13 Ma)

中期更新世になると氷期・間氷期の寒暖差が増し，気候が大きく変わり始めた．この時代は，トウヨウゾウの渡来期 (0.63 Ma) とナウマンゾウの渡来期（0.4 Ma 前後）に陸橋が形成されており，前半は中国南部（東洋区）に生息していた南方系動物群の渡来，後半は中国北部（日華区または旧北区）に生息していた北方系動物群の渡来があったと考えられている（河村，1998，2011）．

日本の中期更新世以降の陸生動物化石は，各地の洞窟または石灰岩の裂罅堆積物から発見されており，層序が明確でないものの，現生種の起源を明らかにするうえで欠かせない研究材料である（長谷川，2012; 河村，2014）．ニホンザル (*Macaca fuscata*)，タヌキ (*Nyctereutes procyonoides*)，アカギツネ (*Vulpes vulpes*) など日本に生息する多くの哺乳類の化石が産出し始める層準は中期更新世中期（QM4 帯）であり，またニホンジカ (*Cervus nippon*) やハタネズミ (*Microtus montebelli*) のように中期更新世後期（QM5 帯）になって出現した種もいる．現生種の分布域に基づいて，これらの動物が南方系動物群なのか北方系動物群なのか区別することはできるが，実際に渡来した時期を特定できるほどの高分解能な化石産地は今のところ存在しない．確実にいえることは，日本のほぼすべての現生哺乳類（または祖先種）が 0.4 Ma までに大陸から渡来してきたということである．

中期更新世の動物相は，長鼻類の他にもサイ科やウシ科，シカ科の絶滅種によって特徴づけられる．サイ科化石の中で分類が定まっているのは，角を 2 本もっていたキルヒベルクサイ (*Stephanorhinus kirchbergensis*) である（図 7.21）．このサイは，もともと日本固有種のニッポンサイ (*Dicerorhinus nipponicus*) として知られていたもので，後にユーラシア大陸広域に分布していた種と同種であることが明らかになった (Handa & Pandolfi, 2016; Handa *et al.*, 2019)．中国では中北部を中心に分布していたため，ナウマンゾウとともに日本へ移入した可能性が高いと考えられているが，化石の産出層準はほとんどがトウヨウゾウ-ナウマン

7.4 陸生動物　317

図 7.21　山口県美祢市で発見されたキルヒベルクサイの右上顎化石（国立科学博物館所蔵；半田直人撮影）.

図 7.22　瀬戸内海産のテイルハルドスイギュウの頭骨化石（倉敷市立自然史博物館所蔵）．右角の一部が保存されている．

ゾウ遷移帯（QM4 帯）からであり，また鮮新世以降の層準からも分類のわからないサイ科化石が見つかっているので，実際にいつからいつまで生息していたのか確実なことがいえない．ウシ科化石の産出数は少なく，瀬戸内海や千葉県の中部更新統から部分的な頭骨や四肢骨の化石が発見されているに過ぎない．瀬戸内海の海底から発見された頭骨化石は，同時代の中国に生息していたテイルハルドスイギュウ（*Bubalus teilhardi*）に同定されており（樽野，1988），現生のアジアスイギュウ（*Bubalus arnee*）よりも角のカーブが弱く，やや上方に向かって伸びる特徴をもつ（図 7.22）．シカ科は，カズサジカまたはそれに類似した種類が生息していたほか，小型シカ類のキバノロ（*Hydropotes inermis*）が一時的に日本まで分布を拡大していた（西岡，2023）．大型シカ類のヤベオオツノジカ（*Sinomegaceros*

図 7.23　大阪大学豊中キャンパスで発見されたマチカネワニ化石（大阪大学総合学術博物館所蔵）．

yabei) はナウマンゾウ帯を代表する動物で（図 7.20d），本種を含むオオツノジカ類は第四紀を通してユーラシア大陸に広く分布していた．ヤベオオツノジカの化石は北海道から九州にかけて各地で見つかっており，その全身骨格の形態や個体成長等が詳しくわかっている．また，小型哺乳類においてもニホンモグラジネズミ (*Anourosorex japonicus*)，ニホンムカシハタネズミ (*Microtus epiratticepoides*) といった絶滅種の産出頻度が高いのがこの時代の哺乳類相の特徴である．

哺乳類以外の陸生動物で特筆すべきは，マチカネワニ (*Toyotamaphimeia machikanensis*) である（図 7.23）．大阪大学豊中キャンパス内の大阪層群（約 0.45 Ma の層準）から産出した全身骨格化石で，これと類似したワニ類の化石が大阪府岸和田市の大阪層群 (0.6 Ma) と静岡県浜松市の谷下層 (0.35 Ma) からも発見されている．ワニは基本的に熱帯温帯棲の動物であるが，マチカネワニ類は鮮新世から日本に生息しており，間氷期における地域的な分布拡大と氷期における消滅（または南方のレフュージアへの退避）を繰り返して生存できたのかもしれない (Iijima *et al.*, 2018)．

(3)　後期更新世〜現代（13 ka〜現在）

後期更新世を通して日本の動物相は現生種と絶滅種が混在していた．後期更新世末から完新世初頭にかけては各地で大小様々な哺乳類が衰退し，現代の動物相へと移行した．表 7.1 と表 7.2 は，日本の主な陸生哺乳類の一覧を本州・四国・九州と琉球列島で分け，それぞれの生存記録を後期更新世，完新世初頭（縄文時代頃），

表 7.1 後期更新世から現在までの本州・四国・九州の哺乳類相の比較．黒丸は絶滅種で，それ以外は現生種（地域的に消滅した種を含む）．

本州・四国・九州

	学名	後期更新世	完新世初頭	現在
真無盲腸目				
ニホンモグラジネズミ	*Anourosorex japonicus*	●		
シントウトガリネズミ	*Sorex shinto*	○	○	
アズミトガリネズミ	*Sorex hosonoi*			○
カワネズミ	*Chimarrogale platycephala*	○	○	△[1]
ニホンジネズミ	*Crocidura dsinezumi*	○	○	○
ヒメヒミズ	*Dymecodon pilirostris*	○	○	○
ヒミズ	*Urotrichus talpoides*	○	○	○
ミズラモグラ	*Oreoscaptor mizura*	○	○	○
モグラ属の一種	*Mogera* spp.	○	○	○
齧歯目				
ヤマネ	*Glirulus japonicus*	○	○	○
ヤチネズミ	*Eothenomys andersoni*[2]	○	○	○
スミスネズミ	*Eothenomys smithii*[2]	○	○	△[1]
ハタネズミ	*Microtus montebelli*	○	○	△[1]
ニホンムカシハタネズミ	*Microtus epiratticepoides*	●		
ブランティオイデスハタネズミに近似の種類	*Microtus* cf. *brandtioides*	●		
レミング属またはモリレミング属の一種	*Lemmus* or *Myopus* sp.	○		
ヤチネズミ属の一種	*Myodes* spp.[3]	○		
カヤネズミ	*Micromys minutus*		○	○
アカネズミ	*Apodemus speciosus*	○	○	○
ヒメネズミ	*Apodemus argenteus*	○	○	○
ハツカネズミ	*Mus musculus*			○
ドブネズミ	*Rattus norvegicus*	○		○
クマネズミ	*Rattus rattus*			○
ニホンリス	*Sciurus lis*	○	○	○
ムササビ	*Petaurista leucogenys*	○	○	○
ニホンモモンガ	*Pteromys momonga*	○	○	○
兎形目				
ニホンノウサギ	*Lepus brachyurus*	○	○	○
霊長目				
ニホンザル	*Macaca fuscata*	○	○	○
食肉目				
トラ	*Panthera tigris*	○		
ヒョウ	*Panthera pardus*	○		
オオヤマネコ属の一種	*Lynx* sp.	○	○	
アカギツネ	*Vulpes vulpes*	○	○	○
タヌキ	*Nyctereutes procyonoides*	○	○	○
オオカミ	*Canis lupus*	○	○	
ヒグマ	*Ursus arctos*	○		
ツキノワグマ	*Ursus thibetanus*	○	○	○
ニホンイタチ	*Mustela itatsi*	○	○	○
イイズナ	*Mustela nivalis*	○	○	○
オコジョ	*Mustela erminea*	○	○	○
ニホンテン	*Martes melampus*	○	○	○
カワウソ	*Lutra lutra*	○	○	
アナグマ	*Meles anakuma*	○	○	○
偶蹄目				
イノシシ	*Sus scrofa*	○	○	○
ヘラジカ	*Alces alces*	○		
ヤベオオツノジカ	*Sinomegaceros yabei*	●		
シカ属の絶滅種	*Cervus* spp. (extinct)	●		
ニホンジカ	*Cervus nippon*	○	○	○
ニホンカモシカ	*Capricornis crispus*	○	○	○
ステップバイソン	*Bison priscus*	●		
オーロックス	*Bos primigenius*	○		
長鼻目				
ナウマンゾウ	*Palaeoloxodon naumanni*	●		

[1] 四国で地域的に消滅．
[2] 本種を *Phaulomys* に含める見解もある．
[3] 本種を *Clethrionomys* に含める見解もある．

320 第 7 章 日本列島の動植物の成立過程

表7.2 後期更新世から現在までの琉球列島の哺乳類相の比較. 黒丸は絶滅種で，それ以外は現生種（地域的に消滅した種を含む）. 化石記録があるものの，年代が不確定のものは？マークで示した.

(a) 中琉球（沖縄本島・奄美大島・徳之島・久米島・伊江島）

	学名	後期更新世	完新世初頭	現在
真無盲腸目				
ワタセジネズミ	*Crocidura watasei*			◯
オリイジネズミ	*Crocidura orii*			◯
ジャコウネズミ	*Suncus murinus*			◯
齧歯目				
トゲネズミ属の一種	*Tokudaia* spp.	◯	◯	◯
クマネズミ属の一種	*Rattus* spp.			◯
ケナガネズミ	*Diplothrix legata*	◯	◯	◯
兎形目				
アマミノクロウサギ	*Pentalagus furnessi*	◯	◯	◯
偶蹄目				
イノシシ	*Sus scrofa*	◯	◯	◯
リュウキュウムカシキョン	Muntiacinae (extinct)	●		
リュウキュウジカ	*Cervus astylodon*	●		

(b) 宮古島

	学名	後期更新世	完新世初頭	現在
真無盲腸目				
ジャコウネズミ	*Suncus murinus*	?	◯	◯
齧歯目				
ハツカネズミ属の一種	*Mus* sp.	?	◯	◯
クマネズミ属の一種	*Rattus* spp.	?	◯	◯
ミヤコムカシネズミまたは	*Rattus miyakoensis* or	●		
ケナガネズミ属の一種	*Diplothrix* sp.			
ヨシハタネズミ	*Microtus fortis*	◯		
食肉目				
ネコ属またはベンガル	*Felis* or *Prionailurus* sp.	◯		
ヤマネコ属の一種				
偶蹄目				
イノシシ	*Sus scrofa*	◯	◯	◯
ミヤコノロジカ	*Capreolus miyakoensis*	●		

(c) 石垣島・西表島・与那国島

	学名	後期更新世	完新世初頭	現在
真無盲腸目				
ジャコウネズミ	*Suncus murinus*	?	◯	◯
齧歯目				
ハツカネズミ	*Mus musculus*		◯	◯
クマネズミ属の一種	*Rattus* spp.		◯	◯
シロハラネズミ属の一種	*Niviventer* sp.	◯	◯	
食肉目				
イリオモテヤマネコ	*Prionailurus bengalensis*			◯
偶蹄目				
イノシシ	*Sus scrofa*	◯	◯	◯
リュウキュウジカ	*Cervus astylodon*	●		

現在で比較したものである．大本のデータは河村ほか (1989) や長谷川 (2012) などを参照し，一部最近の研究成果を反映してアップデートしてある．学名は基本的に哺乳類図鑑『The Wild Mammals of Japan』(Ohdachi *et al.*, 2009) に従った．翼手目の化石は全国から数多く発見されているが，絶滅種の識別やヒナコウモリ科の種同定が難航しているため，表には加えなかった．また，分布域が離島に限定される種や，分類学的に見解が一致していない化石種も含めていない．

　中期更新世までの哺乳類相と比較すると，後期更新世には絶滅種の割合がそこまで高くないことがわかる．また，絶滅種の構成もナウマンゾウやヤベオオツノジカのように中期更新世から生存しているグループと，ヘラジカ (*Alces alces*) やステップバイソン (*Bison priscus*)，オーロックス (*Bos primigenius*) のように，後期更新世になって出現したグループに分けられる．後期更新世を通して本州・四国・九州は大陸と繋がっていなかったと考えられているが，おそらく北海道と大陸の間にはサハリンから伸びる陸橋が形成されていた．この陸橋を渡来したのがマンモスゾウやヘラジカなどの旧北区高緯度地域に生息する動物である．本州のQM7帯の層準からは，現在は分布していないヘラジカやヒグマ (*Ursus arctos*) の化石が見つかっており，また同じくQM7帯に属する岩手県花泉層からは大陸に生息していたステップバイソンやオーロックスの化石が産出する．このような動物の地理的・時間的な分布は日本において限られており，おそらく旧北区の高緯度地域に生息していた種が氷期に一時的に南下して日本に移入したと考えられる．なお，北海道と本州の境界となるブラキストン線は多くの哺乳類にとって障壁となっているが，ヘラジカやステップバイソン，オーロックスなどの一部の哺乳類が本州に移入できたことを考慮すると，一時的に氷橋のようなものが形成されたのではないかと推定されている (河村，2014)．マンモスゾウも同じ頃に大陸から北海道へ渡来した動物であるが，当時の日本（特に本州以南）はナウマンゾウが好む森林環境が卓越しており，マンモスステップ（広大な草原環境）のような環境が存在しなかったことで本州まで南下するに至らなかったのかもしれない．

　後期更新世は世界中で多くの陸生動物が消滅した時代で，その絶滅要因がLGM（約20 ka前後）における自然環境の変化にあるとする自然要因説と，100 ka頃から世界中に拡散した現生人類による活動（乱獲や土地開発）にあるとする人的要因説が拮抗し，現在も論争の真っ只中である．近年の研究では，人的要因の規模が地域ごとに異なっていたという意見が有力で，ユーラシア大陸はアメリカ大陸やオーストラリア大陸に比較して人的要因の影響が小さかったと考えられているが（第8章），実際に日本ではナウマンゾウやヤベオオツノジカが突如姿を消したというのも事実である．河村 (2014) は，日本の哺乳類相の変遷が同時代のヨーロッパや北アメリカに比べて規模が小さかったことを指摘しており，日本は第四

紀を通して「変化の穏やかな森の国」，すなわち森林棲の動物が安定して生存できる環境が続いていたと主張している．また，後期更新世末の日本では大型哺乳類に限らず，ニホンモグラジネズミやニホンムカシハタネズミのような小型哺乳類も同時期に絶滅した．日本の後期更新世末の哺乳類の絶滅に関しては，人的要因だけで説明がつかないのである．

　日本の哺乳類の絶滅は，(1) 種の消滅，(2) 地域個体群の消滅，(3) 人間の活動に伴った消滅，の 3 パターンに区別できる．種の消滅はナウマンゾウなどの絶滅で，本州・四国・九州では後期更新世末（おそらく 40〜20 ka の間）をピークに，これよりも新しい年代からナウマンゾウのような絶滅種の遺骸がほとんど見つからない．しかし近年の研究では，広島県の帝釈馬渡岩陰遺跡から発見されているヤベオオツノジカの遺骸の中に縄文草創期（14 ka〜）まで生き残っていた証拠が確認されている（河村・河村，2014）．同様に，食肉目のオオヤマネコ属 (*Lynx*) も縄文時代の貝塚から遺骸が見つかっており（長谷川・金子，2011），日本の哺乳類の絶滅が必ずしも後期更新世末に集中して起きたものではなかったことがわかってきた．琉球列島でも同様の事例が報告されている．かつてどの島にも生息していたシカ科が後期更新世末までにすべて絶滅しており，加えて宮古島では後期更新世と完新世の間で陸生動物の多様性が激減した (Kawamura & Nakagawa, 2012)．これらは島嶼における環境収容力の低さ，また元々の多様性の欠如が影響していると思われるが，一方で石垣島や与那国島から発見されているシロハラネズミ属 (*Niviventer*) は完新世に入ってからもしばらく残存しており，本州のケースと同様に絶滅時期が分類群や地域で異なっていることを示している．本州や琉球列島に到達した旧石器人の文化や狩猟技術には地域差があるため，このような哺乳類の絶滅時期に地域的な違いが生じていることと関係しているようにも見える．

　地域個体群の消滅のうち，ヘラジカのような「一時的な渡来者」の消滅はナウマンゾウなどの絶滅と同時期であり，そもそも移入した個体数が少なかったために定住できず後期更新世末までに姿を消したようである．もう一つのケースは，本州・四国・九州の中で起こった個体群の地域的な消滅である．たとえば，ハタネズミ (*Microtus montebelli*) やカワネズミ (*Chimarrogale platycephalus*) は本州でよく見られる動物だが，四国と紀伊半島にだけ分布していない．筆者らの近年の調査では，高知県の洞窟堆積物（上部更新統）からハタネズミの遺骸が発見され，予備的な解析によって 30〜7 ka の間に消滅したという結果が得られた（西岡，2016）．こうした陸生動物の地域的な消滅は，その生物の生態特性や土地環境，地史イベント（たとえば火山噴火）が関与した可能性も考えられる．いずれのケースも絶滅の原因を明らかにすることは容易ではないが，同時に絶滅せずに生き残った現生種がなぜ絶滅しなかったのかを考える必要もある．たとえば，更新

世を通して多様なシカ属が繁栄していたにもかかわらず，その中で生き残ることがきできたのはニホンジカだけであった．形態的にも生態的にもさほど違いがあるように思えない種間において，絶滅する・しないの選択圧がどのように働いたのかを明らかにすることが今後の絶滅動物の研究において重要な鍵となるだろう．

　日本の動物相が今ある姿になった最後の過程は，近代以降の我々人間の活動に伴った在来種の消滅と外来種の混入である．古脊椎動物学の研究をしていれば道路に落ちている動物の遺骸を拾うことも多々ある．筆者が最近よく見かけるのはアライグマ，ハクビシン，ヌートリアといった外来種ばかりで，日本固有種のキツネやウサギなどは長らく目にしていない．「あれ？最近見かけないね」なんて気づいた時には，すでにニホンオオカミやカワウソの二の舞になっていることだろう．家ネズミしか哺乳類が生息していない現在の宮古島の姿は，人が手を加えた島国の生物多様性の行き着く先を表しているようにも思える．化石記録は，過去の生物の現象を明らかにするだけにとどまらず，我々の自然環境との付き合い方を示す道標にもなっている．

おわりに

　日本で古生物学の体系的な研究手法が確立した 20 世紀前半は，発見された化石を海外の標本と比較して記載分類することに重点が置かれていた．1980 年代には，こうして集積された多くの化石記録をもとに哺乳類生層序の概念が導入された．現在では年代決定の技術発展とともに長らく議論されてきた，第四紀における日本列島の地理的変化と陸生動物の陸橋分散に関する研究が，概ねまとまりつつある．近年は，過去の生物の絶滅過程と地球環境の変化または人類活動との関係を検証することが重要視されている．残念ながら，現代の日本では化石採取できる場所が非常に少なく，同時に陸生動物を専門とする古生物研究者の数も減少傾向にあり，かつてほどに精力的な研究が行われていない．そのような風潮の中で主張するのも肩身が狭い思いではあるが，化石は過去の生物の記録を残した唯一の物的証拠であり，その発見なくして研究の進展は期待されない．

引用文献

Aiba, H., Baba, K. *et al.* (2010) A new species of *Stegodon* (Mammalia, Proboscidea) from the Kazusa Group (Lower Pleistocene), Hachioji City, Tokyo, Japan and its evolutionary morphodynamics. *Palaeontology*, **53**, 471-490

天野和孝 (2007) 大桑・万願寺動物とその変遷過程. 化石，**82**，6-12

天野和孝 (2010) 大桑・万願寺動物群. 古生物学事典第 2 版（日本古生物学会 編），p. 59, 朝倉書店

天野和孝・葉室麻吹 他 (2008) 鮮新世における日本海への暖流の流入—富山市八尾町の三田層産軟体動物群の検討を通じて—. 地質学雑誌，**114**，516-531

Aoki, Y., Tamano, T. *et al.* (1982) Detailed structure of the Nankai Trough from migrated seismic sections. *Mem. Am. Assoc. Petrol. Geol.*, **34**, 309-322

馬場勝良 (2015) 関東平野西縁部の下部更新統上総層群の貝化石群集と環境変動-地学の野外実習教材開発の基礎として. 岐阜聖徳学園大学紀要. 教育学部編, **68**, 65-87

Bintanja, R. & van de Wal, R. (2008) North American ice-sheet dynamics and the onset of 100,000-year glacial cycles. *Nature*, **454**, 869-872

Cronin, T. M., Kitamura, A. *et al.* (1994) Late Pliocene climate change 3.4-2.3 Ma: Paleoceanographic record from the Yabuta Formation, Sea of Japan. *Palaeo. Palaeo. Palaeo.*, **108**, 437-455

Dobson, M. & Kawamura, Y. (1998) Origin of the Japanese land mammal fauna: allocation of extant species to historically-based categories. *The Quaternary Research*, **37**, 385-395

Domitsu, H. & Oda, M. (2005) Japan Sea planktic foraminifera in surface sediments: geographical distribution and relationships to surface water mass. *Paleont. Res.*, **9**, 255-270

後藤隆嗣・那須野伸治 他 (2014) 富山県の上部鮮新統三田層における MT1 凝灰岩層のフィッショントラック年代と古環境. 地質学雑誌, **120**, 71-86

Gallagher S., Kitamura, A. *et al.* (2015) The Pliocene to Recent History of the Kuroshio and Tsushima Currents: a multi-proxy approach. *Prog Earth Planet Sci*, **2**, 17

畑中健一・野井英明 他 (1998) 九州地方の植生史. 図説日本列島植生史 (安田喜憲 他編), pp. 150-161, 朝倉書店

Handa, N., Kohno, N. *et al.* (2019) Reappraisal of a middle Pleistocene rhinocerotid (Mammalia, Perissodactyla) from the Matsugae Cave, Fukuoka Prefecture, southwestern Japan. *Historical Biology*, **33**, 218-229

Handa, N. & Pandolfi, L. (2016) Reassessment of the middle Pleistocene Japanese rhinoceroses (Mammalia, Rhinocerotidae) and paleobiogeographic implications. *Paleontological Research*, **20**, 247-260

長谷義隆 (1988) 南部九州後期新生代の地史と古環境. 熊本大学教養部紀要自然科学編, **23**, 37-82

長谷川善和 (2012) 日本の現世哺乳類の起源. 哺乳類科学, **52**, 233-247

長谷川善和・金子浩昌 (2011) 日本における後期更新世～前期完新世のオオヤマネコ *Lynx* について. 群馬県立自然史博物館研究報告, **15**, 43-80

Hashimoto, M. & Jackson, D. D. (1993) Plate tectonics and crustal deformation around the Japanese islands. *J. Geophys. Res.*, **98**, 16149-16166

畑中健一・野井英明 (1994) 北部九州における最終氷期最盛期の花粉群集. 北九州大学文学部紀要 (人間関係学科), **1**, 9-13

葉田野 希・吉田孝紀 他 (2021) 中新統～更新統瀬戸層群の陸生層と陶土. 地質学雑誌, **127**, 345-362

Hayashi, R., Takahara, H. *et al.* (2010) Millennial-scale vegetation changes during the last 40,000 years based on a pollen record from Lake Biwa, Japan. *Quat. Res.*, **74**, 91-99

Hayashi, R., Takahara, H. *et al.* (2017) Vegetation and endemic tree response to orbital-scale climate changes in the Japanese archipelago during the last glacial-interglacial cycle based on pollen records from Lake Biwa, western Japan. *Rev. Palaeobot. Palyno.*, **241**, 85-97

日比野紘一郎・守田益宗 他 (1991) 山形県川樋盆地における 120,000 年 B.P. 以降の植生変遷に関する花粉分析的研究. 宮城県農業短期大学学術報告, **39**, 35-49

平山 廉 (2006) 日本産化石カメ類研究の概要. 化石, **80**, 47-59

Holt, B. G., Lessard, J.-P. *et al.* (2013) An update of Wallace's zoogeographic regions of the world. *Science*, **339**, 74-78

古川雅英 (1991) 琉球弧と沖縄トラフの発達史──とくに沖縄トラフの形成年代について──. 地学雑誌, **100**, 552-564

Igarashi, Y. (1997) Pliocene climatic change in Hokkaido, Northern Japan, inferred from pollen data. *in* Commemorative volume for Professor Makoto Kato (eds. Kawamura, N. *et al.*), pp. 401-407

五十嵐八枝子 (2010) 北海道とサハリンにおける植生と気候の変遷史──花粉から植物の興亡と移動の歴史を探る──. 第四紀研究, **49**, 241-253

Igarashi, Y. (2016) Vegetation and climate during the LGM and the last deglaciation on Hokkaido and Sakhalin Islands in the northwest Pacific. *Quat. Int.*, **425**, 28-37

五十嵐八枝子・熊野純男 (1981) 北海道における最終氷期の植生変遷. 第四紀研究, **20**, 129-141

Iguchi, A., Takai, S. *et al.* (2007) Comparative analysis on the genetic population structures of the deep-sea whelks *Buccinum tsubai* and *Neptunea constricta* in the Sea of Japan. *Mar. Biol.*, **151**, 31-39

Iijima, M., Momohara, A. *et al.* (2018) *Toyotamaphimeia* cf. *machikanensis* (Crocodylia, Tomistominae) from the middle Pleistocene of Osaka, Japan, and crocodylian survivorship through the Pliocene-Pleistocene climatic oscillations. *Palaeogeography, Palaeoclimatology, Palaeoecology*, **496**, 346-360

池原 研 (1998) 縁海の古海洋学——縁海の海洋環境変遷とその重要性——. 地学雑誌, **107**, 234-257

尹 宗煥 (1985) 日本海の表層循環. 月刊海洋科学, **10**, 607-610

入月俊明・石田 桂 (2007) 日本海沿岸の鮮新世貝形虫群集と海洋環境との関係. 化石, **82**, 13-20

Irizuki, T., Kusumoto, M. *et al.* (2007) Sea-level changes and water structures between 3.5 and 2.8 Ma in the central part of the Japan Sea Borderland; Analyses of fossil ostracoda from the Pliocene Kuwae Formation, central Japan. *Palaeo. Palaeo. Palaeo.*, **245**, 421-443

市原 実 (1960) 大阪, 明石地域の第四紀層に関する諸問題. 地球科学, **49**, 15-25

Iwauchi, A. (1994) Late Cenozoic vegetational and climatic changes in Kyushu, Japan. *Palaeogeogr., Palaeoclimat., Palaeoecol.*, **108**, 229-280

Kaito, T. & Toda, M. (2016) The biogeographical history of Asian keelback snakes of the genus *Hebius* (Squamata: Colubridae: Natricinae) in the Ryukyu Archipelago, Japan. *Biological Journal of the Linnean Society*, **118**, 187-199

鎌滝孝信・近藤康生 (1997) 中・上部更新統の地蔵堂層にみいだされた氷河性 海水準変動による約2万年または約4万年周期の堆積シーケンス. 地質学雑誌, **103**, 747-762

亀井節夫 (1962) 象のきた道——日本の第四紀哺乳動物群の変遷についてのいくつかの問題点——. 地球科学, **60・61**, 23-34

亀井節夫・河村善也 他 (1988) 日本の第四系の哺乳動物化石による分帯. 地質学論集, **30**, 181-204

叶内敦子 (2005) 伊豆半島南部, 蛇石大池湿原堆積物の花粉分析. 駿台史学, (125), 119-130

叶内敦子・田原 豊 他 (1989) 静岡県伊東市一碧湖 (沼池) におけるボーリング・コアの層序と花粉分析. 第四紀研究, **28**, 27-34

狩野謙一 (2002) 伊豆弧衝突に伴う西南日本弧の地殻構造改変. 地震研究所彙報, **77**, 231-248

河村善也 (1998) 第四紀における日本列島への哺乳類の移動. 第四紀研究, **37**, 251-257

河村善也 (2003) 動物群. 第四紀学 (町田洋 他編), pp. 219-255, 朝倉書店

河村善也 (2011) 更新世の日本への哺乳類の渡来——陸橋・氷橋の形成と渡来, そして絶滅——. 旧石器考古学, **75**, 3-9

河村善也 (2014) 日本とその周辺の東アジアにおける第四紀哺乳動物相の研究——これまでの研究を振り返って——. 第四紀研究, **53**, 119-142

Kawamura, Y. & Iida, K. (1989) An early Middle Pleistocene murid rodent molar from the Kobiwako Group, Japan. *Transactions and Proceedings of the Palaeontological Society of Japan, New Series*, **155**, 159-169

河村善也・亀井節夫 他 (1989) 日本の中・後期更新世の哺乳動物相. 第四紀研究, **28**, 317-326

河村 愛・河村善也 (2014) 帝釈馬渡岩陰遺跡から出土した骨試料の加速器質量分析法による放射性炭素年代とオオツノジカ類の新標本. 広島大学大学院文学研究科帝釈峡遺跡群発掘調査室年報, **28**, 27-39

Kawamura, Y. & Nakagawa, R. (2012) Terrestrial mammal faunas in the Japanese islands during OIS 3 and OIS 2. *in* Environmental Changes and Human Occupation in East Asia during OIS3 and OIS2 (eds. Ono, A. *et al.*), pp. 33-54, British Archaeological Reports Ltd

Kikunaga, R., Song, K. *et al.* (2021) Shimajiri Group equivalent sedimentary rocks dredged from sea knolls off Kume Island, central Ryukyus: Implications for timing and mode of rifting of the middle Okinawa Trough back-arc basin. *Island Arc*, **30**, e12425

気象庁 (2023) 海面水温 https://www.data.jma.go.jp/gmd/kaiyou/data/db/kaikyo/knowledge/sst.html 2023年5月8日確認

北村晃寿 (2007) 後期鮮新世から前期更新世の間氷期における対馬海流の動態とその要因——特に下部更新統における浮遊性有孔虫 *Globoconella inflata* の産出の古環境学的意義の再検討. 化石, **82**, 52-59

Kitamura, A. (2009) Early Pleistocene evolution of the Japan Sea Intermediate Water. *J. Quat. Sci.*, **24**, 880-889

北村晃寿 (2010) 日本列島の成立と古環境. 淡水魚類地理の自然史 (渡辺勝敏 他編), pp. 13-28, 北海道大学出版会

北村晃寿 (2021) 貝化石・有孔虫化石の複合群集解析による日本本島の島嶼化過程・東海地震の履歴の研究. 第四紀研究, **60**, 47-70

北村晃寿・近藤康生 (1990) 前期更新世の氷河性海水準変動による堆積サイクルと貝化石群集の周期的変化——模式地の大桑層中部の例——. 地質学雑誌, **96**, 19-36

Kitamura, A. & Ubukata, T. (2003) The sequence of local recolonization of warm-water marine molluscan species during a deglacial warming climate phase: a case study from the early

Pleistocene of the Sea of Japan. *Palaeo. Palaeo. Palaeo.*, **199**, 83-94

北村晃寿・木元克典 (2004) 3.9 Ma から 1.0 Ma の日本海南方海峡の変遷史. 第四紀研究, **43**, 417-434

Kitamura, A. & Kimoto, K. (2006) History of the inflow of the warm Tsushima Current into the Sea of Japan between 3.5 and 0.8 Ma. *Palaeo. Palaeo. Palaeo.*, **236**, 355-366

Kitamura, A., Kimoto, K. *et al.* (1997) Reconstruction of the thickness of the Tsushima Current in the Japan Sea during the Quaternary from molluscan fossils. *Palaeo. Palaeo. Palaeo.*, **135**, 51-69

Kitamura, A., Takano, O. *et al.* (2001) Late Pliocene-early Pleistocene paleoceanographic evolution of the Sea of Japan. *Palaeo. Palaeo. Palaeo.*, **172**, 81-98

小島茂明・足立健郎 他 (2007) 日本海における深海生物相形成と海洋環境変動—深海性底魚を例として—. 化石, **82**, 67-71

小西健二・須藤 研 (1972) 琉球から台湾まで. 科学, **42**, 221-231

小西省吾・吉川周作 (1999) トウヨウゾウ・ナウマンゾウの日本列島への移入時期と陸橋形成. 地球科学, **53**, 125-134

公文富士夫・河合小百合 他 (2009) 野尻湖堆積物に基づく中部日本の過去 7.2 万年間の詳細な古気候復元. 旧石器研究, (5), 3-10

Kozaka, Y., Horikawa, K. *et al.* (2018) Late Miocene-mid-Pliocene tectonically induced formation of the semi-closed Japan Sea, inferred from seawater Nd isotopes. *Geology*, **46**, 903-906

黒田登美雄・小澤智生 (1996) 花粉分析からみた琉球列島の植生変遷と古気候. 地学雑誌, **105**, 328-342

黒田登美雄・小澤智生 他 (2002) 古生物からみた琉球湖の古環境. 琉球弧の成立と生物の渡来 (木村政昭 編), pp. 85-102, 沖縄タイムス

京都大学総合博物館 編 (2005) 日本の動物はいつどこからきたのか. pp. 112, 岩波書店

Lisiecki, E. L & Raymo, E. R. (2005) A Pliocene-Pleistocene stack of 57 globally distributed benthic δ^{18}O records. *Paleoceanography*, **20**, PA1003

Lisiecki, E. L & Stern, J. V. (2016) Regional and global benthic δ^{18}O stacks for the last glacial cycle. *Paleoceanography*, **31**, 1368-1394

真鍋 真・長谷川善和 (1985) ピンザアブ洞穴の爬虫類化石. 沖縄県文化財調査報告書第 68 集ピンザアブ—ピンザアブ洞穴発掘調査報告 (沖縄県教育庁文化課編), pp. 139-150, 沖縄県教育委員会

真鍋健一・鈴木敬治 (1988) 東北地方の非海成鮮新—更新世の層序と対比. 地質学論集, **30**, 39-50

増田隆一・阿部 永 編 (2005) 動物地理の自然史—分布と多様性の進化学. pp. 288, 北海道大学図書刊行会

松井裕之・多田隆治 他 (1998) 最終氷期の海水準変動に対する日本海の応答—塩分収支モデルによる陸橋成立の可能性の検証—. 第四紀研究, **37**, 221-233

松岡數充 (1994) 最終氷期最盛期頃の照葉樹林—東シナ海東部・男女海盆から得た柱状試料中の約 24,000 年前の花粉群集—. 日本花粉学会誌, **40**, 13-24

松岡數充 (1998) 最終氷期最盛期以降の照葉樹林の変遷—東シナ海東部から日本海沿岸を中心として. 図説日本列島植生史 (安田喜憲 他編), pp. 224-236, 朝倉書店

松岡廣繁・北村孔志 他 (2007) 静岡県掛川市長谷の掛川層群土方累層から産出したアビ属化石. 豊橋市自然史博物館研究報告, **17**, 19-23

Miki, S. (1938) On the change of flora of Japan since the upper Pliocene and the floral composition at the present. *Jap. J. Bot.*, **9**, 213-251, pls. 3, 4

三木 茂 (1948) 鮮新世以来の近畿並に近接地域の遺体フローラに就いて. 鉱物と地質, (9), 105-144

Miki, M., Matsuda, T. *et al.* (1990) Opening mode of the Okinawa Trough, paleomagnetic evidence from the South Ryukyu Arc. *Tectonophysics*, **175**, 335-347

Miki, S., Huzita, K. *et al.* (1957) On the occurrence of many broad-leaved evergreen tree remains in the Pleistocene bed of Uegahara, Nishinomiya City, Japan. *Proc. Japan Acad.*, **33**, 41-46

南木睦彦 (1989) 日本の中・後期更新世の針葉樹化石と大型植物化石群集の三つの類型. 植生史研究, **4**, 19-31

湊 正雄 (1974) 日本の第四系. pp. 167, 築地書館

Mittermeier, R.A., Robles-Gil, P. *et al.* (2004). Hotspots Revisited. pp. 391, CEMEX

Miyoshi, N., Fujiki, T. *et al.* (1999) Palynology of a 250-m core from Lake Biwa: a 430,000-year record of glacial-interglacial vegetation change in Japan. *Rev. Palaeobot. Palyno.*, **104**, 267-283

百原 新 (2014) 房総半島の植物相・植生の発達史—冷温帯性植物の残存について. 分類, **14**, 1-8

Momohara, A. (2016) Stages of major floral change in Japan based on macrofossil evidence and their connection to climate and geomorphological changes since the Pliocene. *Quat. Int.*, **397**, 92-105

百原 新 (2017) 鮮新・更新世の日本列島の地形発達と植生・植物相の変遷. 第四紀研究, **56**, 251-264

Momohara, A. (2018) Influence of mountain formation on floral diversification in Japan, based on macrofossil evidence. ""Mountains, climates and biodiversity"" (eds. Hoorn, C. *et al.*), pp. 459-473, Wiley

百原 新 (2024) 第四紀の気候変動と植生の生態的レジリエンス. 緑化工学会誌, **49**, 295-300

Momohara, A., Mizuno, K. *et al.* (1990) Early Pleistocene plant biostratigraphy of the Shobu-dani Formation, southwest Japan, with reference to extinction of plants. *Quat. Res.* (Tokyo), **29**, 1-15

Momohara, A., Yoshida, A. *et al.* (2016) Paleovegetation and climatic conditions in a refugium of temperate plants in central Japan in the Last Glacial Maximum. *Quat. Int.*, **425**, 38-48

Momohara, A., Ueki, T. *et al.* (2017) Vegetation and climate histories between MIS 63 and 53 in the Early Pleistocene in central Japan based on plant macrofossil evidence. *Quat. Int.*, **455**, 149-165

守田益宗 (2000) 最終氷期以降における亜高山帯植生の変遷―気候温暖期に森林帯は現在より上昇したか?―. 植生史研究, **9**, 3-20

守田益宗・八木浩司 他 (2002) 山形県白鷹湖沼群荒沼の花粉分析からみた東北地方南部の植生変遷. 第四紀研究, **41**, 375-387

本川雅治 (2008) 日本の小型哺乳類―動物地理学の視点から. 日本の哺乳類学 (本川雅治 編), pp. 1-29, 東京大学出版会

長沼光亮 (2000) 生物の生息環境としての日本海. 日本海区水産研究所研究報告, **50**, 1-41

Nakagawa, R., Kawamura, Y. *et al.* (2012) A new OIS 2 and OIS 3 terrestrial mammal assemblage on Miyako Island (Ryukyus), Japan. *in* Environmental Changes and Human Occupation in East Asia during OIS3 and OIS2 (eds.Ono, A. *et al.*) pp. 55-64, British Archaeological Reports Ltd

Nakagawa, R., Kawamura, Y. *et al.* (2013) Pliocene land mammals of Japan. *in* Fossil Mammals of Asia: Neogene Biostratigraphy and Chronology (eds. Wang, X. *et al.*), pp. 334-350, Columbia Univ. Press

中嶋 健 (2018) 日本海拡大以来の日本列島の堆積盆テクトニクス. 地質学雑誌, **124**, 693-722

中村羊大・亀尾浩司 他 (1999) 琉球列島久米島に分布する新第三系島尻層群の層序と地質年代. 地質学雑誌, **105**, 757-770

中里裕臣・佐藤弘幸 (2001) 下総層群の年代と"鹿島"隆起帯の運動. 第四紀研究, **40**, 251-257

日本ベントス学会 編 (2003) 海洋ベントスの生態学. pp. 459, 東海大学出版会

新潟古植物グループ・新潟花粉グループ (1983) 新潟層群産出の大型植物化石と花粉化石. 地団研専報, (26), 103-126

西村三郎 (1974) 日本海の成立―生物地理学からのアプローチ. p. 227, 築地書館

西村三郎 (1992) 原色検索 日本海岸動物図鑑 [I]. pp. 663, 保育社

Nishimura, T., Sagiya, T. *et al.* (2007) Crustal block kinematics and seismic potential of the northernmost Philippine Sea plate and Izu microplate, central Japan, inferred from GPS and leveling data. *J. Geophys. Res. Solid Earth*, **112**, B5

西岡佑一郎 (2016) 日本のネズミ化石―第四紀齧歯類の古生物学的研究. 日本のネズミ―多様性と進化― (本川雅治 編), pp. 44-64, 東京大学出版会

西岡佑一郎 (2023) 直良信夫コレクションの反芻類化石の再検討. 国立歴史民俗博物館研究報告, 243, 81-96

Nishiuchi, Y., Iwamoto, T. *et al.* (2017) Infection sources of a Common Non-tuberculous Mycobacterial Pathogen, *Mycobacterium avium Complex. Front Med (Lausanne)*, **455**, 113-125

延原尊美・島本昌憲 (2010) 掛川動物群. 古生物学事典第 2 版 (日本古生物学会 編), pp. 74-75, 朝倉書店

Oba, T., Kato, M. *et al.* (1991) Paleoenvironmental changes in the Japan Sea during the last 85,000 years. *Paleoceanography*, **6**, 499-518

小田原 啓・井龍康文 他 (2005) 沖縄本島南部米須・慶座地域の知念層および"赤色石灰岩"の石灰質ナンノ化石年代. 地質学雑誌, **111**, 224-233

小笠原憲四郎 (1996) 大桑・万願寺動物群の古生物地理学的意義. 北陸地質研究所報告, **5**, 245-262

Ohdachi, S., Ishibashi, Y. *et al.* eds. (2009) The Wild Mammals of Japan. pp. 544, Shoukadoh

奥田昌明・中川 毅 他 (2010) 花粉による琵琶湖など長期スケールの湖沼堆積物からの古気候復元の現状と課題. 第四紀研究, **49**, 133-146

Ooi, N. (2016) Vegetation history of Japan since the last glacial based on palynological data. *J. Jpn. Bot.*, **25**, 1-101

328　第7章　日本列島の動植物の成立過程

Ooi, N., Tsuji, S. *et al.* (1997) Vegetation change during the early last Glacial in Haboro and Tomamae, northwestern Hokkaido, Japan. *Rev. Palaeobot. Palyno.*, **97**, 79-95

大岩根 尚・藤内智士 他 (2007) 北部沖縄トラフと甑島列島北部の構造発達史. 堆積学研究, **64**, 137-141

大嶋秀明・徳永重元 他 (1997) 長野県諏訪湖湖底堆積物の花粉化石群集とその対比. 第四紀研究, **36**, 165-182

小沢広和 (2007) 日本海の好冷性介形虫相の変遷と海洋環境. 化石, **82**, 21-28

Saegusa, H. (1996) Stegodontidae: evolutionary relationships. *in* The Proboscidea: Evolution and Palaeoecology of Elephants and thei Relatives (eds.Shoshani, J. *et al.*), pp. 178-190, Oxford Univ. Press

三枝春生 (2005) 日本産化石長鼻類の系統分類の現状と課題. 化石研究会会誌, **38**, 78-89

Sagawa, T., Nagahashi, Y. *et al.* (2018) Integrated tephrostratigraphy and stable isotope stratigraphy in the Japan Sea and East China Sea using IODP Sites U1426, U1427, and U1429, Expedition 346 Asian Monsoon. *Prog. Earth Planet. Sci.*, **5**, 18

佐藤 淳 (2016) 日本のネズミの起源—分子系統学的考察. 日本のネズミ—多様性と進化—（本川雅治 編）, pp. 25-43, 東京大学出版会

千手智晴 (2012) 大気海洋相互作用が結ぶ東シナ海と日本海深層. 沿岸海洋研究, **50**, 53-59

Shikama, T., Okafuji, G. (1963) On some Choukoutien mammals from Isa, Yamaguchi Prefecture, Japan. *Science Reports of the Yokohama National University, Section II*, **9**, 51-58

島本昌憲 (2010) 竜ノ口動物群. 古生物学事典第2版（日本古生物学会 編）, p. 339, 朝倉書店

Suzuki, A. & Akamatsu, M. (1994) Post—Miocene cold-water molluscan faunas from Hokkaido, northern Japan. *Palaeo. Palaeo. Palaeo.*, 108, 353-367

鈴木宏芳 (2002) 関東平野の地下地質構造. 防災科学技術研究所研究報告, **63**, 1-19

Tada, R. (1994) Paleoceanographic evolution of the Japan Sea. *Palaeo. Palaeo. Palaeo.*, **108**, 487-508

多田隆治 (2012) 日本海堆積物と東アジア・モンスーン変動—IODP 日本海・東シナ海掘削に向けて—. 第四紀研究, **51**, 151-164

Tada, R., Irino, T. *et al.* (2018) High-resolution and high-precision correlation of dark and light layers in the Quaternary hemipelagic sediments of the Japan Sea recovered during IODP Expedition 346. *Prog. Earth Planet. Sci.*, **5**, 19

Takahara, H., Igarashi, Y. *et al.* (2010) Millennial-scale variability in vegetation records from the East Asian Islands: Taiwan, Japan and Sakhalin. *Quat. Sci. Rev.*, **29**, 2900-2917

Takahara, H., Tanida, K. *et al.* (2001) The Full-glacial refugium of *Cryptomeria japonica* in the Oki Islands, Western Japan. *Jpn. J. Palynol.*, **47**, 21-33

高橋啓一 (2012) ナウマンゾウ研究百年. 琵琶湖博物館研究調査報告, **35**, 1-309

高橋啓一 (2013) 日本のゾウ化石, その起源と移り変わり. 豊橋市自然史博物館研究報告, **23**, 65-73

Takahashi, K. & Izuho, M. (2012) Formative history of terrestrial fauna of the Japanese Islands during the Plio-Pleistocene. *in* Environmental Changes and Human Occupation in East Asia during OIS3 and OIS2 (eds.Ono, A. *et al.*), pp. 73-86, British Archaeological Reports Ltd

高橋啓一・出穂雅実 他 (2005) 日本産マンモスゾウ化石の年代測定結果からわかったその生息年代といくつかの新知見. 化石研究会会誌, **38**, 116-125

高橋亮雄 (2017) 琉球列島の第四紀陸生および淡水生カメ類相とその動物地理学的意義. 化石研究会会誌, **50**, 10-21

高野繁昭 (1994) 多摩丘陵の下部更新統上総層群の層序. 地質学雑誌, **100**, 675-691

樽野博幸 (1988) 備讃瀬戸海底の脊椎動物化石—その1—長鼻類ほか. 備讃瀬戸海底産出の脊椎動物化石—山本コレクション調査報告書I—, pp. 11-61, 倉敷市立自然史博物館

樽野博幸 (2010) 哺乳類化石の変遷から見た日本列島と大陸間の陸橋の形成時期. 第四紀研究, **49**, 309-314

樽野博幸・亀井節夫 (1993) 近畿地方の鮮新・更新統の脊椎動物化石. 大阪層群（市原 実 編）, pp. 216-231, 創元社

戸田 守 (2017) 琉球列島における陸生爬虫類の種分化. これからの爬虫類学（松井正文 編）, pp. 156-173, 裳華房

徳橋秀一・近藤康生 (1989) 下総層群の堆積サイクルと堆積環境に関する一考察. 地質学雑誌, **95**, 933-951

豊福高志 (2010) 炭酸塩補償深度. 古生物学事典第2版（日本古生物学会 編）, pp. 342-343, 朝倉書店

Tsukada, M. (1985) Map of vegetation during the Last Glacial Maximum in Japan. *Quart. Res.*, **23**, 369-381

辻誠一郎・南木睦彦 (1982) 大磯丘陵の更新世吉沢層の植物化石 (II). 第四紀研究, **20**, 289-304

辻誠一郎・吉川昌伸 他 (1985) 前橋台地における更新世末期から完新世初期の植物化石群集と植生. 第四紀研究, **23**, 263-269

津村義彦・百原 新 (2011) 植物化石と DNA からみた温帯性樹木の最終氷期最盛期のレフュージア. 環境史をとら

える技法（湯本貴和 編），pp. 59-75，文一総合出版

Watanabe, N., Arai, K. *et al.* (2023) Geological history of the land area between Miyako Jima Island and Okinawa Jima Island of the Ryukyus, Japan, and its phylogeographical significances for the terrestrial organisms of these and adjacent islands. *Prog Earth Planet Sci*, **10**, 40

八幡正弘・五十嵐八枝子 他 (2001) 中央北海道，砂川低地帯南東地域の更新統. 地球科学，**55**，330-356

山田悟郎 (1998) 北海道の植生史 (1)—北北海道. 図説日本列島植生史（安田喜憲 他編），pp. 39-50，朝倉書店

山田悟郎・和田信彦 他 (1981) 苫小牧東方地域の中・上部更新統—特に厚真—鵡川付近の丘陵地域. 地下資源調査書報告，**52**，31-55

山崎晴雄 (1988) ボーリング調査で明らかになった丹那盆地の変形構造. 地学雑誌 **97**，69-84

矢野牧夫 (1972) 北海道十勝平野におけるゾウ化石包含層の植物遺体について. 地球科学，**26**，12-18

安田喜憲・三好教夫 (1998) 図説日本列島植生史，pp. 302，朝倉書店

Yasui, M., Yasuoka, T. *et al.*, (1967) Oceanographic studies of the JapanSea (1)-Water characteristics-. *Oceanogr. Mag.*, **19**，177-192

Yoshida, A., Kudo, Y. *et al.* (2016) Impact of landscape changes on obsidian exploitation since the Palaeolithic in the central highland of Japan. *Veget. Hist. Archaeobot.*, **25**, 45-55

第 **8** 章

環境変動（近過去・現在）に対する生物の応答

　第 3 章に記した通り，過去 80 万年間の氷期・間氷期の大気 CO_2 濃度の変動量は，氷期の約 180 ppm から間氷期の約 280 ppm の 100 ppm である．これに対して，人間活動により CO_2 濃度は産業革命直前の 280 ppm から 419 ppm（2023 年 2 月）に増加し，それに伴い，1980 年から 2020 年までに全球年間平均気温も 1 ℃上昇している．さらに，人間活動による生息地破壊・分断，環境汚染，過剰搾取，外来種移入などが生態系に影響を与え，その影響度はさらに増加する．一方，我々は，自然景観を観光資源として使い，生態系からの様々なものを衣食住に使っている．したがって，自然景観と生態系の保全は極めて重要であり，その保全政策には，近過去・現在の環境変化に対する生物の応答に関する科学的知見は不可欠である．そこで，本章では，海洋生物，陸上植物，陸上動物を対象とした古生物学的観点に基づいた研究を紹介する．

8.1　海洋生物

　増大する人間活動は，CO_2 排出による温暖化・海洋酸性化，水質汚染，過剰漁業，生息地破壊，外来種移入などを通じて，海洋生物の個体数の減少，多様性の低下，分布域の変化などをもたらしている（表 8.1）．人間活動の影響は多様化・大規模化・高頻度化する傾向にあり，この状況の解決を目指し，人新世が提案され（第 1 章），また国連で 2015 年 9 月に SDGs の目標（ゴール）に「気候変動に具体的な対策」と「海の豊かさを守ろう」が採択された．

　SDGs は持続可能な開発目標（Sustainable Development Goals）の略語で，世界全体で 2030 年を目指して明るい未来を作るための 17 のゴールと 169 のターゲットが設定されている．ゴール 13「気候変動に具体的な対策を」は気候変動およびその影響を軽減するための緊急対策を講じることを目指し，ゴール 14「海の豊かさを守ろう」は持続可能な開発のために海洋・海洋資源を保全し，持続可能な形で利用することを目指す（環境省，2023）．人新世の提案や SDGs の策定前

表 8.1 人間活動による環境変動と日本における主な研究事例.

項目	内容	研究事例
温暖化	・各種の分布域の高緯度側への移動 ・生活史や行動の変化 ・群体サンゴの白化現象の発生 ・海洋表層の成層化の発達に伴う溶存酸素レベルの低下による影響 ・海氷消滅による影響 ・海面上昇を促進し，海洋酸性化を抑制	田所ほか (2008), 河宮 (2009), 藤井 (2020) 第四紀の化石記録に基づく研究事例 Kitamura *et al.* (2000), Kitamura (2004), 松島 (2010)
海面上昇	・沿岸部の開発によって，干潟，サンゴ礁，マングローブ，塩性湿地は陸側への移動が妨げられ，それらの生態系が水没	三村・横木 (2005)
海洋酸性化	・炭酸カルシウム殻を有する海洋生物の成長を阻害	Kawahata *et al.* (2019), 藤井 (2020)
水質汚染	・窒素やリンの過剰供給による富栄養化に伴う溶存酸素レベルの低下による影響 ・有機水銀や重金属などの毒性物質や，マイクロプラスチックなどによる生体への悪影響 ・開発に伴う陸源の砂・泥の大量流入 ・タンカーの座礁による石油流出の影響	小松ほか (2003), 松岡 (2004), 辻本ほか (2008), 小山 (2011), 山下ほか (2016)
過剰漁業	・個体群の消滅 ・底引き網による海底攪拌による影響	松川ほか (2008)
生息地破壊	・沿岸部の埋め立てなどの開発による生息地の破壊・消滅 ・底引き網による海底攪拌による生息地の破壊	上杉ほか (2012)
外来種移入	・在来種の駆逐	岩崎 (2006)

から，人間活動に伴う環境変動に対する海洋生物の応答は，世界・日本各地で盛んに研究されている（表8.1）．応答の理解は，環境変動による海洋生物の状態や生態系の変化を予測するうえで必須なためである．

生物の種・個体群は固有の環境耐性・生活史・生態的地位・生息地・分散能力などの特徴を持つ．生活史 (life history) とは生物個体が発生を開始してから死ぬまでの全過程を指し，その間には，初期発生・成長・変態・生殖などの行為が行われる（佐藤，2010）．生態的地位 (ecological niche) とはある生物ないし種が生息することが可能な資源量や物理的・化学的環境条件，他の生物の密度などの範囲のことである（千葉，2010）．これらの特徴が組み合わさって各種の生息分布を規制するため，水温を例にとると，自然界での分布は飼育実験で得られる温度耐性範囲よりも狭い．したがって，環境変動に対する各種の応答様式の解明には，地域ごとに実証的研究を行う必要がある．

この研究に化石記録は重要な役割を果たす．化石記録は生態学的研究の及ぶ時間スケールを超えた情報を提供し，予測モデルの妥当性と精度の評価においても

332　第 8 章　環境変動（近過去・現在）に対する生物の応答

重要なリファレンスデータとなるからである．特に，第四紀の退氷期の化石記録に基づいた温暖化に対する生物群集の地理的応答の研究は世界中で行われており，その理由は次の通りである．

(1) 生物種が現在とほぼ同じである．
(2) 海陸の分布や山脈の高度分布などの地形が現在とほぼ同じである．
(3) 化石・地質記録が質・量ともに最良である．
(4) 退氷期の温暖化の速度は自然状態で最速である．
(5) 複数の退氷期の化石記録の比較から再現性と固有性を峻別できる．
(6) 退氷期の温暖化はミランコビッチサイクルに強く影響を受けており，温度のデータが得られなくても，日射量が温度の季節差などの代替になる．

　7.2 節で述べた通り，日本列島には複数の海洋生物地理区の境界があり，温暖化の影響を受けやすい．そのうえ，日本国民の 1 人の 1 年当たりの総たんぱく質の 3 割は魚介類である（水産庁，2023）．よって，退氷期の化石記録に基づく実証的研究は，食料安全保障や経済の観点からも極めて重要である．

　対馬海流が流れている石川県金沢市に分布する下部更新統大桑層では，退退期の温暖化時の貝類相の変遷過程を 12 回観察でき，そのパターンは，「寒暖両水系貝類が混在するタイプ（以下，タイプ I）」と「寒水系貝類の消滅後しばらくして暖水系貝類が出現するタイプ（以下，タイプ II）」に分けられる（図 8.1）（Kitamura *et al.*, 2000）．ここで用いる寒水系貝類と暖水系貝類はそれぞれ 7.2 節の大桑–万願寺動物群と対馬海流系種に対応する．貝類相から対馬海流の消長を復元し，それを基に貝類相の変遷過程を復元することは循環論となってしまう．そこで，その消長は対馬海流の指標種の浮遊性有孔虫 *Globigerinoides ruber* の層位分布から復元し，それを基に，寒暖両水系貝類の地域的出現・消滅の原因を解釈した．

　タイプ I は対馬海流の流入による温暖化で，寒暖水系貝類の分布境界が北上したと解釈できる．一方，タイプ II は次の過程を経たと考えられている（図 8.1）．

(1) 対馬海流が流入するが，さほど温暖化していない期間は，寒水系貝類は生息し続けた．一方，暖水系貝類は幼生が運搬されても，冬季の低水温のため死滅（無効分散）した．
(2) 温暖化が進み，夏季水温が寒水系貝類の適温を上回ったため，寒水系貝類が地域的に絶滅した．一方，冬季水温は，依然として暖水系貝類の生存を許すまでには昇温しなかった．その結果，現在にはない個体数・多様性が極めて低い群集が出現した．
(3) 温暖化がさらに進み，冬季水温が上がり，暖水系貝類が定着した．

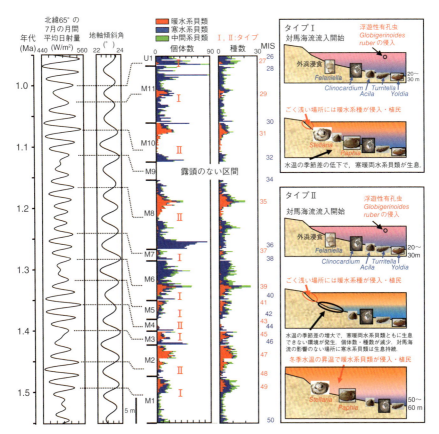

図 8.1 石川県金沢市の犀川河床の大桑層の堆積シーケンスと貝化石群集変遷と地軸傾斜角の変動曲線・北緯 65°7 月の月間平均日射量との比較. 右の図は退氷期の温暖化時の貝類相の変遷過程を示す. タイプ I と II は本文を参照. 北村 (2021) を改変.

つまり，タイプ II の変遷の原因は夏季・冬季水温の差の増加にあり，現生種の生息分布から夏季・冬季水温はそれぞれ 20°C 以上，6°C 以下と推定された (Kitamura et al., 2000). そして，タイプ II は歳差運動，地軸傾斜角，離心率のピークが近接した退氷期 (MIS 48/47，44/43，32/31) に起きているので，夏季・冬季日射量の差による温暖化の季節差が，変遷過程の相違をもたらしたのである (図 8.1) (Kitamura, 2004). 2 つのタイプでは，海洋資源の持続性の観点からは，個体数・多様性を大幅に低下させるタイプ II の変遷の方が問題となる.

気象庁 (2023a) によると，データのないオホーツク海を除いた日本近海における 2022 年までの約 100 年間の海域平均海面水温 (年平均) の上昇率は，冬季の方が夏季よりも大きい. したがって，今後の温暖化によって日本周辺の浅海域で

334　第 8 章　環境変動（近過去・現在）に対する生物の応答

起こる生態系の変遷はタイプ I と予想される（北村，2021）.

　気象庁 (2023b) の観測では，水深 2,000 m の日本海固有水は，1990 年代以降，水温が 10 年当たり 0.02℃ の割合で上昇している．これは日本海固有水の形成域であるウラジオストク沖の冬季の温暖化による（気象庁，2023b）．大桑層の化石記録から日本海最西部に分布が限定される浮遊性有孔虫 *Globorotalia inflata* (Domitsu & Oda, 2005) が MIS 47，45，43，41，29 には，石川県沖まで分布したことが判明している（図 7.4）(Kitamura *et al.*, 2001)．よって，今後の温暖化で同種が北上することが予想される (Kitamura, 2009)．

　日本の沿岸低地の完新統の化石記録から，約 8〜5 ka には，現在の化石産地よりも高水温の場所に生息する貝類や群体サンゴが生息していたことが明らかとなっており，温暖種と呼ばれている（松島，2010）．たとえば，千葉県館山低地や静岡県静岡市巴川低地の完新統からは群体サンゴが発見されている（松島・大嶋，1974; 濱田，1993）．これらの温暖種の生息場所は，退氷期の海水準上昇で形成された溺れ谷に発達した泥質干潟であり，潮位差が大きくかつ沿岸水が発達した環境である（松島，1979）．潮位差が大きい干潟では，干潮が昼間にあたると，太陽光で海水が温められる．また，沿岸水は海水を覆うので，密度成層をなし，太陽光で沿岸水の部分は温められる．その結果，夏季水温は外洋水よりも高くなり，温暖種の成長を可能としたのである．

　温暖種は 6〜5 ka に最も北上した後，急速に地域的に消滅し，南下した（図 8.2）．この原因には寒冷化と海退に伴う生息地の消滅が考えられている（松島，1979，2010）．今後の温暖化では，温暖種の幼生は成熟個体の生息海域より北方に運搬されるものの，生息に適した干潟はないので，無効分散となる．

　上記の通り，オホーツク海では海域平均海面水温の長期データはないが，1970 年から 2005 年までの網走沖のデータでは傾向は見られない（気象庁，2023a）．一方，1970/1971 年から 2021/2022 年までのオホーツク海の最大海氷域面積は長期的に減少しており，10 年当たりオホーツク海の全面積の 3.5% の海氷域が消失している（気象庁，2023a）．この消失は，温暖化に伴うユーラシア大陸北東部の秋・冬の昇温によって，オホーツク海上への冬の季節風の寒気の弱化による（大島ほか，2006）．海氷はアルベド・フィードバック効果（第 3 章）と断熱効果を持つので，海氷域面積の減少は海水温に影響を与えるため，その予測は重要である．先史時代の海氷の有無は，珪藻の海氷指標種の分布から推定されており（第 2 章），南西オホーツク海では 7300 年間の冬季に海氷は存在したことが判明している (嶋田ほか，2000).

　上記で人間活動に伴う温暖化について概説したが，海洋生物の状態や生態系の変動予測には，大気と海洋の相互作用によって生じる数年スケールの自然変動で

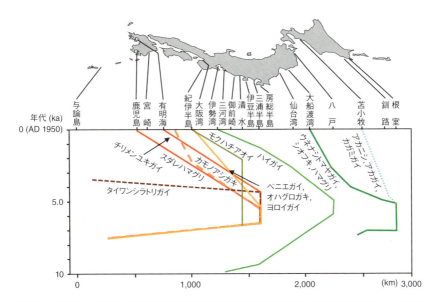

図 8.2 完新世における日本列島太平洋岸に見られる温暖種の時空分布．松島 (2010) をもとに作成．

あるエルニーニョ・南方振動 (ENSO: El Niño Southern Oscillation) や数十年スケールの自然変動である北大西洋振動（第 3 章）や北極振動も考慮する必要がある．これらの変動の長期的動態は，群体サンゴの $\delta^{18}O$ 比や Sr/Ca 比記録などから復元する研究が進められている（浅海ほか，2006）．

さらに，海洋生物の状態や生態系の変動予測には，レジーム・シフト (regime shift) の概念も必須である．レジーム・シフトとは，大気・海洋・海洋生態系から構成される地球環境システムの基本構造（レジーム）が，数十年の時間スケールで転換（シフト）する現象で，太平洋のマイワシとカタクチイワシの漁獲量変動から発見された（川崎，2010）．このプロセスでは，気候変動がもたらした動物プランクトンのバイオマスの変動の振幅が，それを捕食するイワシ類のバイオマスの変動の振幅を 10～数百倍に増加させた．これを生物学的増幅 (biological amplification) という（川崎，2010）．つまり，小さな気候変動が生態系内の相互作用に大きな影響を与え，生態系全体の状態が急速に変化するのである（川崎，2010）．太平洋のレジーム・シフトは，1925, 1947, 1977, 1998 年に起きており，太平洋十年規模振動 (PDO: Pacific Decadal Oscillation) に支配されていると考えられている（加，2018）．

温暖化を含め環境変動による生態系への影響評価には，環境変動以前の生態系や個体群のデータが不可欠であり，これをベースラインという（北村，2002; 佐

336 第 8 章 環境変動（近過去・現在）に対する生物の応答

藤・千葉, 2017). しかし, 海洋調査は陸上に比べてはるかにコストがかかるため, ほとんどの地域はベースラインの情報がない. その場合には, 硬組織を持つ生物種（珪藻, 有孔虫, 放散虫, サンゴ, 介形虫, 貝類など）の遺骸群データをベースラインにするしかないため, 化石を含む遺骸群の記録が役立つ. いくつか例を示す.

北村 (2021) は前述の大桑層の貝化石の産出データを国立研究開発法人科学技術振興機構 (JST) が運営する電子ジャーナルプラットの J-STAGE に公開した. また, Kitamura *et al.* (2002) は, 詳細な地理分布情報がなかった北海道沿岸のオホーツク海の現世貝類種の分布情報をまとめた. 藤田ほか（2023 年より継続中）は, 海洋研究開発機構が構築し, 国際海洋環境情報センターで運用しているデーターシステム Biological Information System for Marine Life (BISMaL) で日本周辺海域における大型底生有孔虫の地理的分布データセットを公開している. Yasuhara *et al.* (2020) は浮遊性有孔虫群集の化石記録データを使い, 最終氷期と現世の子午線方向における種多様性の変化を検討し, 2090 年代には海洋表面の昇温 (産業革命直前と比較して約 4 ℃の上昇) で北緯 20° から南緯 20° の海域では, 種多様性が低下すると予測している. このようなベースラインの確定における古生物学的研究は, 人間活動の影響の多様化・大規模化・高頻度化に対応するため, 迅速かつ継続的に行う必要がある.

近未来の日本における自然災害の観点で最大の懸念は, 南海トラフ巨大地震による環境変動である. 2011 年 3 月 11 日の東北地方太平洋沖地震に伴う巨大津波による激甚災害を教訓に, 国は南海トラフの巨大地震の被害想定を,「想定外のない想定」という方針に変更し, それまで防災対策の対象としてきた「東海地震, 東南海地震, 南海地震とそれらが連動するマグニチュード 8 程度のクラスの地震・津波」を「レベル 1 の地震・津波」とし,「あらゆる可能性を考慮した最大クラスの巨大な地震・津波」を「レベル 2 の地震・津波」とした（内閣府, 2012). レベル 1 の発生間隔は約 100〜150 年であり（図 8.3）, 一方, レベル 2 は 1,000 年あるいはそれよりも発生頻度が低いが, 発生すれば津波高 10 m 以上の巨大津波が 13 都県に襲来し, 国難ともいえる巨大災害になるとした. そして, 2012 年に国はレベル 2 の地震・津波の想定を公表した. その結果, 南海トラフの沿岸各地で従来想定より地震規模は大きく, 津波高も 2 倍以上だったため, 沿岸部の地価下落や観光客減や人口流出が起きた.

この状況を鑑みて, 南海トラフの沿岸各地で津波堆積物の調査が実施された. この調査では, ^{14}C 年代測定や堆積環境の推定のために化石が使用されている. その結果, 南海トラフの沿岸各地の過去 4000 年間の地層記録からは, レベル 2 津波の発生を示す地質学的証拠はないことが判明した（図 8.3; 藤原ほか 2013;

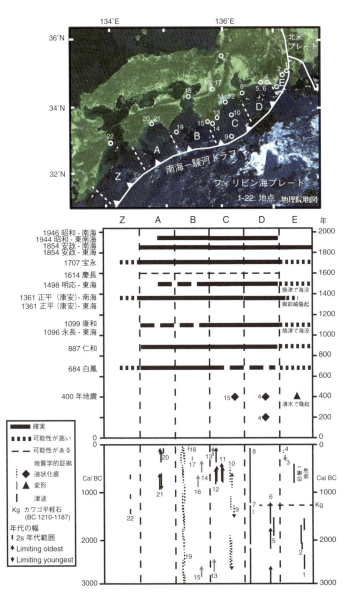

図 8.3 南海トラフ巨大地震の時空間分布．北村 (2021) の図 7 から E 領域の Kitamura+の出典を削除して転載（ⓒ日本第四紀学会）．航空写真地図は国土地理院（https://maps.gsi.go.jp/development/ichiran.html）の許可を得て使用．1：清水，2：静岡，3：御前崎，4：横須賀低地，5：六間川低地，6：浜名湖，7：琵琶湖，8：相差町，9：IODP コア C0004，10：熊野トラフ，11：諏訪池，12：大池，13：鈴島，14：荒船崎，15：潮岬，16：雨島，17：田井中，18：下内善，19：土佐前トラフ，20：蟹ヶ池，21：ただす池，22：竜神池．データソースは Garrett et al. (2016), Kitamura et al. (2018, 2019)．日本第四紀学会の「第四紀研究」の 60, 47-70 の図 7 を使用．

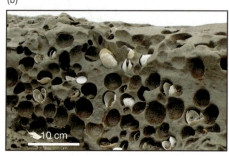

図 8.4　御前崎の波食台に見られる離水した穿孔性二枚貝 *Penitella gabbii*（オニカモメガイ）の化石．1361 年正平（康安）東海地震により隆起した．

Kitamura, 2016, Kitamura *et al.*, 2020）．

　さらに，静岡県御前崎の波食台における隆起した穿孔性二枚貝の発見から（図 8.4），1361 年の正平（康安）東海地震の存在を確認するなどの歴史地震に関する新知見も得られた (Kitamura *et al.*, 2018)．内閣府 (2018) は，歴史地震のパターンに基づき，「半割れケース」と「全割れケース」を設定した．「半割れケース」では，南海トラフの東側または西側で M8 クラスの地震が発生し，その後，数時間から数年おいて西側または東側で M8 クラスの地震が発生するケースで，「1944 年昭和東南海地震と 1946 年昭和南海地震」，「1854 年安政東海地震と南海地震」，「1361 年正平（康安）東海地震と南海地震」が該当する．一方，「全割れケース」では東側と西側で同時に地震が発生するケースで，1707 年宝永地震と 887 年仁和地震が該当する．上記の 1361 年の正平（康安）東海地震の存在の確認で，「半割れ」のケースが 1 つ増えたので，次の南海トラフの巨大地震は，半割れになる可能性がより高まった．以上のように，古生物学的研究は，地球の過去の状態や生物の変遷を理解するだけでなく，未来予測や防災対策，災害原因の究明（北村，2022; 北村ほか 2023）に関わる重要な知見をもたらす．

おわりに

　環境変動と生態系変動の実態ならびに将来予測には，海洋生物地理情報の公開はデータベースポータルが必要であり，Ocean Biogeographic lnformation System (OBIS; https://obis.org/)（志村ほか，2007）や BISMaL が稼動している．だが，ベースラインの情報は十分に整備されているわけではない．そのため，さらなる海洋調査や収集したデータの迅速な公開を行う必要がある.

8.2　陸上植物

　最終氷期以降，人間の活動が活発になるにつれて，陸上生態系に及ぼす人為の影響は大きくなっていった．植生への火入れや森林伐採，農作地の増加などにより自然植生は失われ，それにより地域の生物多様性が著しく減少した．多くの動植物が他地域から持ち込まれたことで，各地域に固有の本来の生態系が改変されただけではなく，限られた種類の移入生物が繁殖することによって在来生物の生育地が奪われ，生物多様性の減少が加速している．さらに，化石燃料の使用により，大気中の CO_2 濃度が増加したことで気候温暖化が進み，地球上の生態系は大規模な改変の脅威にさらされている．本節では，近過去・現在の環境変動に対する陸上植物の応答として，(1) 植生改変に伴う植物の種多様性の減少，(2) 植物群の移動と地域の生態系の変化，(3) 気候温暖化がもたらす影響について取り上げる.

8.2.1　植生改変に伴う植物の種多様性の減少

　人類による比較的大きな植生改変は，農耕伝播以前の狩猟・採集生活をする人々 hunter-gatherer による火入れだと考えられている．火入れにより草本群落が形成されることで草食動物が集まり，移動や狩猟がしやすくなり，有用植物の多様性や生産速度も高くなる (Mason, 2000)．火災の要因が人為か自然発生によるものかを判断することは難しいが，最終氷期最盛期 (LGM) にはすでに人為による大規模な火災が植生に影響を与えていたという推定結果がある (Kaplan *et al.*, 2016)．また，約 7.5 ka 以降の西部ヨーロッパでは，中石器時代から新石器時代へと人間活動が盛んになるにつれ人為的な火災が増加し，森林が減少したとされている (Moore, 2000)．地中海東部沿岸では，農耕牧畜が盛んになるにつれて，森林が常緑低木群落と草地からなる植生 (Maquis) に改変され，地形の浸食も激しくなったと考えられている (Butzer, 2005).

　一方，縄文時代（約 16〜2.5 ka）の日本では，クリ (*Castanea crenata*) やイチイガシ (*Quercus gilva*)，トチノキ (*Aesculus turbinata*) といった堅果類が主な食料となっており，クリは燃料や建築材料として木材も多用された（工藤・国

立歴史民俗博物館，2014)．そのため，中部地方以東の縄文時代早期以降の集落周辺では，クリが優占する落葉広葉樹二次林を中心に，ウルシ (*Toxicodendron vernicifluum*) やアサ (*Cannabis sativa*)，ニワトコ (*Sambucus racemosa* subsp. *sieboldiana*) などの，生活に用いられる植物が生育する人為的植生が集落周辺で維持された (工藤・国立歴史民俗博物館，2014)．弥生時代には，水田稲作が導入されたことで，それまで低湿地に広がっていたハンノキ (*Alnus japonica*) 湿地林が水田に改変された．古代以降には森林伐採が進んでマツ林が増え，牧畜や肥料，かやぶき屋根のための草地（カヤ場）も増加した．

このような縄文時代以降の人為による植生変化は，必ずしも地域の植物の多様性を減少させたわけではない．暖温帯域の集落周辺の植生は，人為が加わらなくなることで成立する常緑広葉樹林にまで遷移することなく，人為によって落葉広葉樹やマツ属の薪炭林，草地として最近まで維持された．それらの群落内では良好な光環境が維持されることで，冷温帯落葉広葉樹林を構成する植物や，アジア大陸の草原に広く分布する北方系の草本植物が，暖温帯域にも残存した (百原，2014)．これらの植物は，LGM の寒冷・乾燥気候下で，中部・西南日本の低地域に広がった草原や疎林，落葉広葉樹林の構成種である．縄文時代以降の集落周辺で常緑広葉樹林への植生遷移が進まなかったことで，これらの生育地が維持されたと考えられる．しかしながら，20 世紀後半以降は薪炭林としての落葉広葉樹林や牧場としての草地の利用がされなくなり，植生の管理が放棄されたことで，林床が暗い常緑広葉樹林に変化し，これらの植物が急減した（図 8.5 の「自然遷移・管理放棄」）．

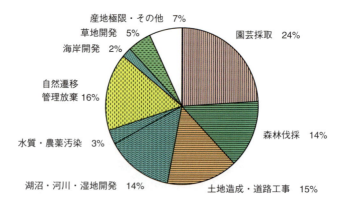

図 8.5 絶滅危惧植物の減少要因（環境庁自然保護局野生生物課編，2000 をもとに作成）．絶滅危惧植物の減少が見られた地点（国土地理院 2 万 5 千分 1 の範囲）のうち，減少要因が明らかになっている地点 (54%) での減少要因上位 3 項目（合計 17,090 地点）の集計結果．植物の絶滅を促進している主要因として，開発行為，森林伐採（植林も含む），園芸用採取のほか，それまで人為的に維持されてきた生態系で人為が放棄されることによる環境変化も含まれる．

20 世紀後半の日本の経済成長に伴い，拡大造林に伴う自然林の伐採や，住宅・産業用地，道路やダムの造成，湿地の埋め立て，河川や海岸の改修に伴う植生破壊が急速に進み，植物群の地域絶滅が進行した（図 8.5）．環境省レッドリスト（絶滅のおそれのある野生生物の種のリスト）の 2020 年版（環境庁自然保護局野生生物課，2020; https://www.env.go.jp/press/107905.html）では，日本に自生する維管束植物の変種以上の分類群約 7,000 の約 26%にあたる 1,790 分類群が，絶滅のおそれがあると判定されている．これは，2000 年発行の植物レッドデータブック（環境庁自然保護局野生生物課，2000）に記載された 1,665 分類群よりも増加している．絶滅危惧種の調査では，10 年間の個体群数や個体数の減少率から絶滅確率が統計的に算定され，100 年後の絶滅確率が 10%以上の植物が絶滅危惧種とされている．このうち，10 年後または 3 世代のうち長い方の期間の絶滅確率が 50%と，近い将来に絶滅する可能性の高い絶滅危惧 IA 類は 529 分類群である．すでに日本から絶滅した種が 28 種，野生の個体群が絶滅して栽培下で存続している種が 11 種で，2000 年当時（それぞれ 20 種と 5 種）よりも増加した．このことは，各地で絶滅危惧植物の保全に向けた作業が行われている現在でも，生物多様性の減少が進行中であることを示している．

8.2.2　人為的な植物の移動と地域の生態系の変化

生活に利用するための植物の移動は，栽培植物の伝播過程で起こっている．穀物の栽培は，約 10,500 年前に南西アジアで牧畜とほぼ同じ時期に始まったとされている (Zohary *et al.*, 2012)．そこからヨーロッパ各地に，コムギ (*Triticum aestivum*) やオオムギ (*Hordeum vulgare*)，エンドウ (*Pisum sativum*)，レンズマメ (*Lens culinaris*) などが伝播していった．日本に分布していなかった有用植物の伝播は，晩氷期から完新世初頭に始まっている．ウルシは鳥浜遺跡の縄文草創期約 13 ka の地層から確認されており，ヒョウタン (*Lagenaria siceraria*)，エゴマ (*Perilla frutescens*)，アサは約 10 ka までの日本の遺跡から見つかっている（工藤ほか，2009）．弥生時代（約 2800 年前以降）になるとイネ (*Oryza sativa*)，アワ (*Setaria italica*)，キビ (*Panicum miliaceum*)，オオムギなどの雑穀（那須，2018）や，モモ (*Prunus persica*)，マクワウリ (*Cucumis melo* var. *makuwa*) などの多くの栽培植物が日本に伝播した．

現在の人間の生活圏には，国外から持ち込まれて野生化し定着した多くの帰化植物が繁茂しており，都市域では在来植物の種数の方が少ないこともある．水田や田畑で繁茂している雑草の中には，稲作や畑作農耕とともに先史時代に移入した植物が含まれている．それらは「史前帰化植物」（前川，1943）と呼ばれ，歴史時代の来歴が明らかになっている帰化植物とは区別されている．交易に伴って持

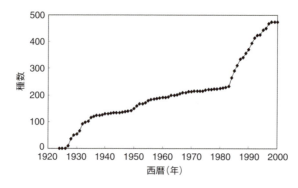

図 8.6　千葉県における帰化植物（逸出を含む）の種数の増加（天野，2003）．千葉県で記録されている維管束植物 2,073 種（うち 29 種は現在では千葉県から絶滅）のうち，外国から運ばれて日本に野生化した帰化植物（栽培植物が野生化した逸出物を含む）は 474 種（23%）にのぼる．千葉県立中央博物館に所蔵されている約 16 万点の標本から，これらの帰化植物が千葉県で始めて記録された年代に基づいている．1984 年から種数が増加しているが，その要因は，千葉県立中央博物館の標本収集活動が開始と，開発と流通の活発化による（天野，2003）．

ち込まれたとされるヨーロッパ・北アフリカ原産の帰化植物に，江戸時代のガラス製品の詰め物として干した草が使われていたシロツメクサ (*Trifolium repens*) がある（長田，1982）．19 世紀後半以降，海外との交易が盛んになるにつれて牧草や観賞用として，あるいは輸入品に付着して渡来し，日本で野生化した帰化植物の種数は増加していった（図 8.6）．

　これらの帰化植物は，原産地では病害虫や他の植物との競争により増殖が抑えられていても，それらの天敵のいない移入先で爆発的に増殖し，移入先の在来植物の生育場所を奪うことがある．それだけではなく，観賞用の水草として導入されたホテイアオイ (*Eichhornia crassipes*) やナガエツルノゲイトウ (*Alternanthera philoxeroides*) のように，農業や漁業に害を及ぼしたり，用水路の排水や船の航路を妨害したりすることで，経済的な被害をもたらすこともある．在来の水生植物は，これらの移入植物の繁茂に加え，アメリカザリガニ (*Procambarus clarkii*) などの移入動物による食害にも晒されることで，在来の水生植物の生存が脅かされている．

　このような競争的排除だけではなく，長い時間をかけて形成された地域固有の遺伝子構造，あるいは遺伝子組成の地域間の違いが，移入種との交雑により失われてしまうことも，生物の移動がもたらす弊害である．それは，海外から持ち込まれた近縁な種との交雑だけではなく，日本に生育する同じ種の間でも，遺伝子組成が異なる他地域の個体群が持ち込まれることによって起こる現象である．

8.2.3 気候温暖化がもたらす影響

気候温暖化による気温上昇により，植物の地理分布の変化や，各地に存在する植生の種組成の変化といった陸上生態系の改変が起こりつつある．特に，氷期に北方から分布拡大し，山岳地帯山頂部の高山帯に残存している高山植物は，深刻な影響を受ける．山頂部では，気温上昇に伴って移動できる標高域が限られるからである．17地域のヨーロッパの山岳地帯で植物の垂直分布を2001年と2008年で比較したところ，多くの山地で低標高の植物がより高標高に分布拡大し，しかも，気温上昇の大きな地点ほど分布拡大の程度が大きいという結果が得られた (Gottfried *et al.*, 2012)．気候変動が地域の植生の組成や植物の分布域にどのような影響をもたらすかは，分布予測モデリングを用いて気候条件を変化させることで予測が可能である．それにより，ブナが優占する日本の冷温帯落葉広葉樹林の大部分で，優占種や種組成に大きな変化が生じることが予測されている (Matsui *et al.*, 2018)．

過去の温暖化で生じた現象は，温暖化が進んだ将来の生態系の状況を知るうえでの鍵となる．地球全体の平均気温が4〜6℃上昇したとされるLGMから完新世への温暖化は，今後100〜150年後で見込まれる温暖化と同規模である．Nolan *et al.* (2018) は，世界各地の596地点で復元された最終氷期と完新世の植生を比較し，植生の組成と構造（植生景観や木の密度など）の変化の程度を，それぞれ小・中・大の3段階の規模に評価した．それを，気候モデリングによって復元されている各地点の最終氷期以降の気温変化の程度と比較し，将来の温室効果ガス排出量推移予想シナリオ (IPCC5) にあてはめ，世界各地の植生の組成や構造が大規模に変化する確率を推定した．その結果，温室効果ガス排出量を可能な限り削減したとしても，21世紀末には高緯度地域の一部では構成種が大規模に変化することが予測された．しかも，何ら温暖化対策をせずに，21世紀末に地球の平均気温が産業革命前の気温より4℃上昇した場合，世界の陸域の大半で植生の組成と構造が大規模に変化し，それが生物多様性に深刻な影響を及ぼすことが明らかになった．

おわりに

過去にも晩氷期のような急激な温暖化が起きており，それに伴う植物群の移動の様子は，北米やヨーロッパで明らかにされている (Delcourt & Delcourt, 1987など)．しかしながら，現在進行中の温暖化は，多くの点で過去の温暖化とは大きく異なる．たとえば，温暖化がすでに進んだ段階からのさらなる気温上昇であることや，温暖化のスピードが急激であることである．さらに，現在では人為に

344　第 8 章　環境変動（近過去・現在）に対する生物の応答

よって生物群の生育地が分断・孤立化しており，気候変動に伴う生物群の移動が極めて困難な状況になっている．生育地の減少は，個体数と遺伝子多様性の減少をもたらし，種子散布や花粉媒介を担う生物の減少も相まって，気候変動に伴う地域絶滅が起こりやすい状況を作り出している．今後は，それらの現状を踏まえた生物多様性の保全が必要であり，そのためにも，過去の環境変化への生物群の応答に関する研究の重要性が高まっているといえる．

8.3　第四紀末の環境変動と陸生大型動物の絶滅現象

　更新世は繰り返し訪れた氷期と間氷期に海水面が変動したため，大陸間の隔離と連絡が何度も繰り返され，それに伴って互いの動物相の交流が生じた時期であった．それまでの生息地から新天地に移動することができた動物たちの中は，現地の環境に適応して放散したグループもいれば，新環境にうまく適応できずに絶滅してしまったグループもいた．また，地峡の成立により海流の方向が変化し，沿岸部の気候が変化した地域もあった．気候の変化による植生の変化は，時には植物食性の大型動物の衰退と絶滅をもたらし，その結果として捕食者であるいくつかの肉食性の動物が絶滅に至ったと考えられる．

　本章では，こういった各大陸間の動物群の移動とその進化史の例として，ユーラシア北東部と北アメリカ北西部の間に存在したベーリンジアに生息していた大型哺乳類の盛衰を概観し，いくつかの代表的な系統群の絶滅プロセスと要因について考えてみたい．

8.3.1　複数の大陸での成功と絶滅

　ベーリンジアとは，更新世にユーラシアと北アメリカの間に何度も出現した長さ約 4,000 km，幅約 1,000 km にも及ぶ低地帯である（小野，1992，図 8.7）．ユーラシアと北アメリカの連結自体は，少なくとも新生代以降は何度も生じた事象であり，複数の動物群が両大陸の間を移動したことがわかっている．更新世になると，それ以前に比べてより詳細な古生物学的・地質学的解析が可能なため，動物群の盛衰が細かな精度で追跡されてきた．ゾウ科のマンモス（マムーサス属，*Mammuthus*），ウシ科のバイソン（*Bison*）やジャコウウシ（*Ovibos*），シカ科のトナカイ（カリブー，*Rangifer*）やヘラジカ（ムース，*Alces*），ウマ科のエクウス（現生ウマ属，*Equus*），ネコ科の剣歯ネコ類（マカイロドゥス亜科）とハイエナ科のチャスマポルテテス（*chasmaporthetes*）などがベーリンジアを渡ったことが知られている．

8.3 第四紀末の環境変動と陸生大型動物の絶滅現象　345

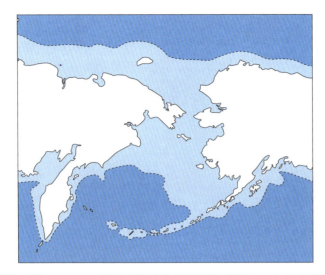

図 8.7　更新世の氷期にユーラシア大陸北東部と北米大陸北西部に出現していた広大な低地帯ベーリンジアの概念図．実線は現在の海岸線，点線はベーリンジアの海岸線である．地球全体の気温が低下した氷期には何度もベーリンジアが出現していたと考えられるため，海岸線の形状は一定ではない．

8.3.2　ベーリンジアを渡った草食獣

　ゾウ科のマンモス（マムーサス属）は鮮新世にアフリカで起源し，鮮新世後半（約 3.2 Ma）にユーラシア渡って北方を中心に拡散した．ヨーロッパで出現したメリディオナリスマンモス（M. meridionalis）はトロゴンテリマンモス（＝ステップマンモス，M. trogontheri）へと進化し，さらに一般に「マンモス」として知られているケナガマンモス（M. primigenins）へと進化した（図 8.8）．前期更新世の後半には，ベーリンジアを経て北アメリカに渡ったことがわかっている．当時の北アメリカにいたマンモスは，現在のアラスカからカナダにかけて分布していたケナガマンモスと，北アメリカ南部から中央アメリカまで分布していたコロンビアマンモス（M. columbi）の 2 種類に分けられるが，両者の交雑もあったことが確認されている．北アメリカで最後まで生き残っていたコロンビアマンモスは，更新世末の約 11.5 ka に急速に絶滅したため，その絶滅要因に関して長い間議論が続いている（MacDonald et al., 2012 など）．（なお，マムーサス属の化石種はすべてが北方系のマンモスというわけではないが，本章では他のゾウの系統と区別するために「マンモス」という名称で呼んでいる．）

　第 5 章でも解説したように，マンモス類の絶滅要因としては，氷期末期の気候変動に伴う環境変化説（Guthrie, 1982, 1984 など）とアメリカ原住民による過剰

346　第 8 章　環境変動（近過去・現在）に対する生物の応答

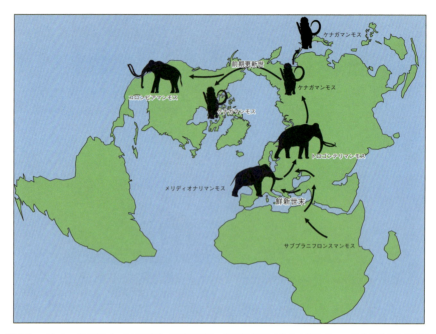

図 8.8　マンムーサス属（マンモス類）の移動経路．鮮新世にアフリカ大陸からユーラシア大陸に拡散した後，いくつかの種に分岐しながら高緯度地域を東進してアメリカ大陸まで到達した．

殺戮説（Martin, 1967, 1973, 1984 など）が最も有力な仮説とされている（小野，1992；河村，2003；百原，2003）．環境変化説を唱える Guthrie (1982) によると，最終氷期のシベリア北部・ベーリンジア・北アメリカ北部には，ステップ・ツンドラ（またはマンモスステップ）と呼ばれる多種多様な植物がモザイク状に分布した比較的乾燥した大地が広がっていた．そこでは，氾濫原から山麓の緩斜面に至る様々な地形にヤナギ科の植物やイネ科の草がモザイク状に繁茂し，多種類の草食動物が生息していた．Bliss & Richards (1982) は，こういった環境を (1) ヤナギを中心とした河畔の低木林，(2) 氾濫原に広がるカヤツリグサ科からなる湿性の草原，(3) 段丘上に広がるヨモギやイネ科植物を中心とした乾性の草原，そして (4) クッション植物からなるツンドラ，の 4 つの地形・植生に分類し，その分布割合に基づいて，主要な 6 種の草食動物（マンモス，バイソン，ジャコウウシ，トナカイ，ヘラジカ，ウマ）が，どの地形・植生で，何を食物として摂取していたかを復元した（図 8.9，表 8.2）．低木林と湿性草地の面積割合はそれぞれ 5% と 10% しかないのだが，各動物が採食のために利用した割合は，マンモスでは河畔林と氾濫原をそれぞれ 40%，ヘラジカでは河畔林を約 70% 利用していた．ヤナギ属の低木林やカヤツリグサ科の湿性草地は，面積あたりの生産量が高いた

8.3 第四紀末の環境変動と陸生大型動物の絶滅現象　347

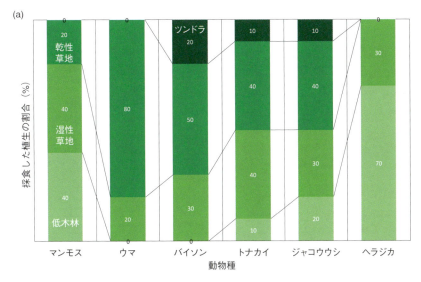

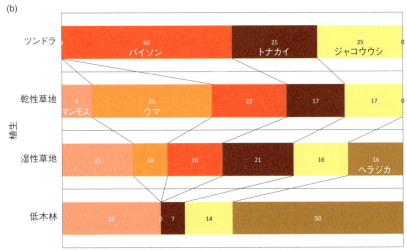

図 8.9　ベーリンジア地域の植生と草食動物の採食行動．Bliss and Richards (1982) をもとに作成．4 種類の地形・植生を，6 種の植物食性の大型哺乳類がどのように利用していたかを復元している．(a) 6 種の動物がどの植生をどの程度の割合で利用したか，(b) 4 種類の地形・植生がどの動物種に利用されたかの割合を示している．ウマやヘラジカは採食する植生が限られているのに対し，トナカイやジャコウウシではどの植生でも満遍なく採食している．また，主にカヤツリグサ科からなる湿性草地が，すべての動物種によって満遍なく利用されていることがわかる．

348 第 8 章 環境変動（近過去・現在）に対する生物の応答

表8.2 ベーリンジア地域の植生と草食動物の採食行動. 詳しい説明は図 8.9(b) を参照. Bliss & Richards (1982) をもとに作成.

(a) 6 種の動物がどの植生をどの程度の割合で利用したか

動物種　　　植生（分布割合）	河川 低木林 (5%)	氾濫原 湿性草原 (10%)	段丘 乾性草地 (65%)	山麓緩斜面 ツンドラ (20%)
マンモス	40%	40%	20%	0%
ウマ	0%	20%	80%	0%
バイソン	0%	30%	50%	20%
トナカイ	10%	40%	40%	10%
ジャコウウシ	20%	30%	40%	10%
ヘラジカ	70%	30%	0%	0%

(b) 4 種類の地形，植生がどの動植物に利用されたのか

動物種　　　植生（分布割合）	河川 低木林 (5%)	氾濫原 湿性草原 (10%)	段丘 乾性草地 (65%)	山麓緩斜面 ツンドラ (20%)
マンモス	29%	21%	9%	0%
ウマ	0%	10%	35%	0%
バイソン	0%	16%	22%	50%
トナカイ	7%	21%	17%	25%
ジャコウウシ	14%	16%	17%	25%
ヘラジカ	50%	16%	0%	0%

め，マンモスやヘラジカが生息するのに十分な食物が供給できたのである.

　これに対して，ウマは段丘上のイネ科やカヤツリグサ科，ヨモギ属などが密生している乾性草原で 80%，バイソンでは乾性草原が 50%という利用比率であり，マンモスなどとは完全に棲み分けができていた. トナカイとジャコウウシでは，特定の植物への依存度が低いため，すべての区分で比較的満遍なく採食を行っている. また，同じ地形・植生を好む動物の間でも採食する植物の葉・茎・新芽などの別々の部位を食べるため (Guthrie, 1982)，6 種の草食動物の間でも十分な棲み分けができていたことがわかる. 氷期のベーリング地域を含む高緯度地域は，一般に寒風吹きすさぶ極寒の地であり，大型獣が生息するのは厳しいというイメージが強いが，実際には多様な大型動物が生息できる場所だったようだ. では，なぜこのような様々な動物群を扶養することが可能な生産性の高い植物相が消失してしまったのだろうか？

　約 10 ka の最終氷期の終わりとともに温暖化が始まり，それまで乾燥していた大地が湿潤化すると，現在のタイガのような冬季に大量の雪が降る地域へと変化した. 単調な針葉樹林帯が東西に帯状に分布するようになったが，針葉樹林帯には生産力の低い酸性の土壌が分布していた. その結果マンモスなどの大型動物が

主食とするイネ科の草木がシベリアから北アメリカにかけての地域から少なくなり，多くの動物の主食となっていた草類は雪に覆われてしまった．シベリアに生息していたケナガマンモスは，極寒の気候に適した巨体（肩高 3.5 m）と豊かな体毛を持っていたが，主食となるイネ科，キンポウゲ科，ヨモギ属などの草類が雪の下に埋もれてしまったために十分な食物を得ることができなくなり，ほとんどの集団が絶滅したと考えられている (Stuart, 2015)．ユーラシア北部のシベリア地域に生息していた大型獣であるケサイやウマも後期更新世に姿を消したが，ジャコウウシやトナカイは完新世まで生き残ることができた．これは後 2 者の方がより食性のレパートリーが豊富で柔軟性があったためと考えられる．一方，バイソンは単調化した極北地域の植生に特殊化することで，特に北アメリカでは完新世まで繁栄していた．北アメリカでバイソンの個体数が激減したのは 17 世紀以降のことであり，その原因は人間による銃器を用いた過剰殺戮である．

　一方，北アメリカでは更新世末に最後まで生き残っていた南方系のコロンビアマンモスが絶滅したと考えられているが，初期のアメリカ原住民が残したクローヴィス文化の遺跡（13〜8.5 ka 前）からは，マンモスの骨やそれを加工した道具・装飾品が多数発見されている．クロービス石器が登場する約 11 ka 頃からマンモスの骨が減少し始めており，マンモスがアメリカ原住民の狩猟の対象とされていたことがわかる．当時の人類にとってマンモスなどの巨大獣は狩猟が困難であったことは容易に想像できるが，その際に重視するべき点は，狩猟対象となる動物の繁殖率（繁殖能力）である．McDonald (1984) は絶滅したマンモスの繁殖能力を現生のゾウで代用して，現生のバイソンとシカと比較して 25 年後のバイオマスを推定した（表 8.3）．出産間隔は，マンモスでは 4 年，バイソンとシカは 1 年であり，成熟年齢はゾウで 18 年，バイソンは 2 年，シカで半年である．こういったパラメータをもとに 25 年後のゾウに対するバイオマスを計算すると，バイソンでは 132 倍，シカでは 960 倍という結果になった．子供を数年に 1 頭しか生まない

表 8.3　ベーリンジアに生息していた動物繁殖能力の比較．

	成熟年齢（年）	妊娠期間（日）	出産間隔（年）	子 1 年あたりの平均頭数	繁殖できなくなる年齢	子 25 歳時の総数	平均体重（kg）	ゾウ 1 頭に対するバイオマス比
アジアゾウ	18	640	4	0.25	> 25	2	3080	1.0
ウマ	2	330–360	2	0.5	15	198	265	8.3
バイソン	2	275	1	1	15	1361	675	132.3
オジロジカ	0.5	200	1	1.8	10	74502	80	960.3

マンモスは，若年個体への選択的な狩猟圧がかかると，繁殖能力の低さが致命的になりバイソンやシカ類よりもはるかに容易に個体群が消滅する可能性が高いことを示している．

別の絶滅要因を示す現象としては，アメリカ大陸のコロンビアマンモスの化石骨の約8割に病変と見られる変形が確認されている．アメリカ大陸に進出した現生人かその家畜（イヌなど）が，北アメリカのマンモスに感染症をもたらした可能性がある．約15 ka に人類がアメリカ大陸に渡った後，すでに衰退傾向にあったマンモスが急激に減少・絶滅したのは，こういった急速に拡大した感染症による影響も否定できないだろう．最近の鳥インフルエンザや新型コロナウイルス感染症の大規模な蔓延状態をみると，感染症による個体数の激減が現実的な脅威として感じられる．エクウス（現生ウマ属）は，マンモスやバイソンなどと違って前期鮮新世の北米大陸が発祥の地であり，鮮新世末（約2.6 Ma）にはベーリンジアを東から西へと渡った．鮮新世から更新世の移動経路を図8.10に示す．様々な

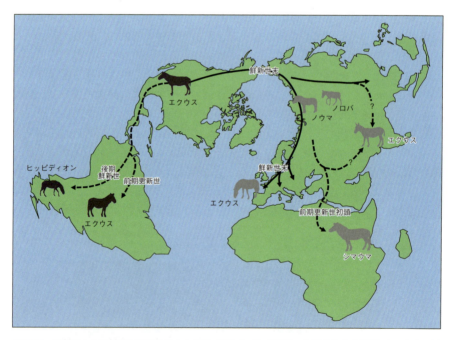

図8.10 鮮新世から更新世におけるエクウス属（現生ウマ）の移動．北アメリカで起源したエクウス属はパナマ地峡を経由して南アメリカに，ベーリンジアを経由してユーラシアに進出した．ベーリンジアを経由してユーラシアに拡散したエクウスは，東の系統と西の系統に分かれて拡散し，西の系統がアフリカに進出したと考えられている．一方，アメリカ大陸に残ったエクウスの仲間はすべて絶滅してしまった（黒色で表示）．Rook *et al.* (2019) を簡略化．

系統（ウマ，ロバ，シマウマなど）に分岐しながら三趾馬であるヒッパリオンと入れ替わったが，ユーラシア北部のシベリアではおそらく後期更新世末までに絶滅した．草原棲で走行性のエクウスは，シベリアの環境・植生変化には適応できなかったが温暖な南方へ移動することで生き残ったのだろう．しかし，起源地であるアメリカ大陸で完全に絶滅してしまった原因は不明である．ゾウほどではないがウマでも繁殖力の低さが指摘されており（McDonald, 1984），人類による選択的な狩猟圧や感染症の蔓延が原因で急速に個体数が減ってしまった可能性がある．しかし，南北両大陸でエクウスの様々な系統がすべて絶滅してしまったことをどのように説明するかは非常に難しい（図 8.10）．

8.3.3 ベーリンジアを渡った肉食獣

食肉目ネコ科マチャイロドゥス亜科（剣歯ネコ類）とハイエナ科は，鮮新世後半にアフリカからユーラシアに進出して，ヨーロッパや東アジアまで生息域を広げたことが知られている．剣歯ネコ類は，その名の通り特徴的な大きな上顎犬歯を発達させた肉食獣であるが，ヨーロッパでは前期更新世のうちに絶滅してしまった．しかし，メガンテレオン（*Megantereon*）とホモテリウム（*Homotherium*）はベーリンジアを経由して北アメリカに渡り，より大型のスミロドン（*Smilodon*）へと進化した（図 5.18）．スミロドンは異様に長いサーベル状の上顎犬歯を発達させ，前期更新世に南アメリカに達したが，後期更新世には絶滅してしまった．スミロドンのサーベル状の犬歯は折れやすいため，捕食対象は大型獣の若年齢個体などだったと考えられている．獲物となる草食獣が減少すると，狩猟行動に適応していないため急速に衰退してしまった可能性がある．一方，ホモテリウムは鮮新世の初頭にマカイロドゥス属から進化し，前期更新世に北アメリカに達して最終的にはスミロドンとともに南アメリカまで到達した（図 8.11）．スミロドンに比べるとホモテリウムの上顎犬歯はそれほど長大化しておらず，北アメリカの遺跡からはマンモスの化石とともに多量のホモテリウムの化石が見つかることから，寒冷気候に適応した群れ型の捕食獣であったとされているが，後期更新世までに絶滅してしまった．このように剣歯ネコ類は，鮮新世から更新世にかけてアフリカから南アメリカまで非常に広範囲に生息していた多様な肉食獣だったが，そのすべてが後期更新世末までに世界中で完全に絶滅してしまった原因はよくわからない．重要な捕食対象であった長鼻類の絶滅が彼らの衰退をもたらしたとする「キーストーン種説（Keystone species hypothesis）」などが唱えられているが，十分な説明ができているとはいいがたい（Barnosky *et al.*, 2004）．

ハイエナ科では，パキクロクタ（*Pachycrocuta*）が中期更新世に絶滅して，入れ替わるようにクロクタ（現生ブチハイエナ属 *Crocuta*）が出現した（図 8.12）．パ

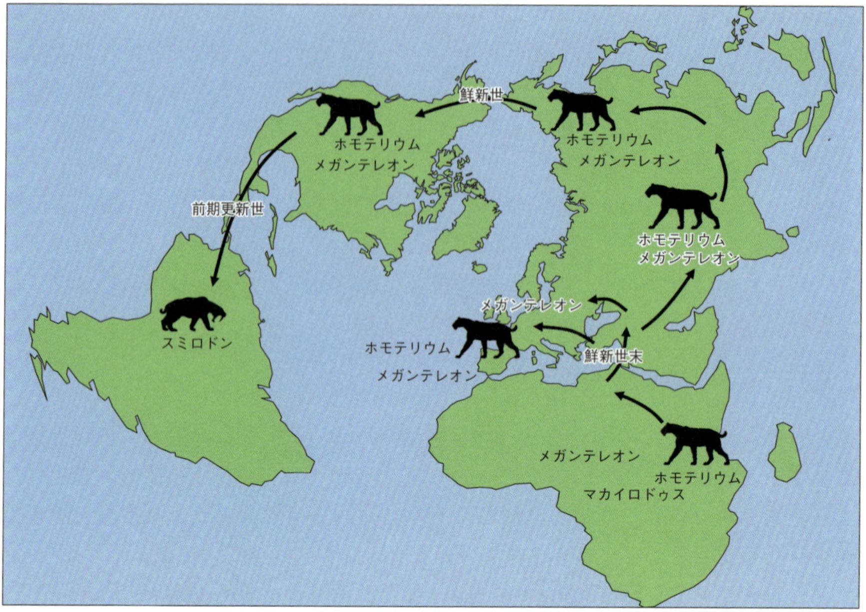

352 第 8 章 環境変動（近過去・現在）に対する生物の応答

図 8.11 更新世における剣歯ネコ類（メガンテレオン亜科）の移動．アフリカで起源した剣歯ネコ類は
ユーラシアに進出した後，おそらくユーラシア南部を東進して東アジアに到達した．その後，
ベーリンジアを経由して北米に進出し，最期はスミロドンが南米まで到達した．

キクロクタは南・東南・東アジアにも生息していたが，ここでも中期更新世の中
頃にクロクタに入れ替わった．そして，ハイエナ科内での生存競争に勝利したク
ロクタも，ユーラシアでは中期更新世の後半（約 0.3～0.2 Ma）に絶滅してしまっ
た．また，狩猟性・走行性のハイエナ科であるチャスマポルテテスは，鮮新世に
ベーリンジアを経由して北アメリカまで進出したが，南アメリカまでは到達せず
に前期更新世に絶滅した．したがって，ハイエナ類でも腐肉食性と狩猟性のどち
らの系統もユーラシアと北アメリカの両大陸で絶滅している．腐肉食性のボーン
クラッシャーと呼ばれるハイエナ類は，草食獣が生息していれば食物資源は常時
供給されることが予想されるのに，なぜアフリカ以外の地域で絶滅に至ったのか
謎である．

8.3.4　更新世の大型動物絶滅現象をどう捉えるのか

後期更新世から完新世にかけて，地球上の大型陸生動物が大量に絶滅した現象
は広く知られている．しかし，各大陸の大型哺乳類の絶滅期・絶滅率を比較する
と，地域によって時期と絶滅率がかなり違っていることがわかる（表 8.4）．アフ

8.3 第四紀末の環境変動と陸生大型動物の絶滅現象　353

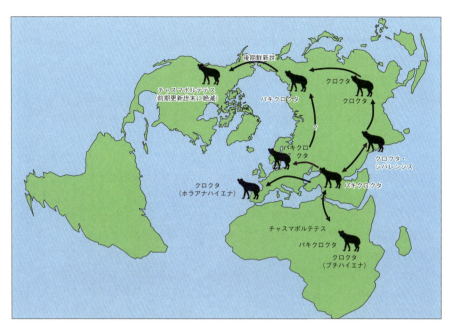

図 8.12　更新世におけるハイエナ類の移動．ハイエナ類は狩猟性・走行性のグループ（チャスマポルテテスなど）と「骨砕き屋」と呼ばれる腐肉食性のグループ（パキクロクタ，クロクタなど）に分かれて進化した．ヨーロッパからユーラシア北部ではホラアナハイエナが繁栄し，南アジアに進出したクロクタは東アジアまで到達したが，どちらの地域でも更新世のうちに絶滅してしまった．狩猟性のチャスマポルテテスは，後期鮮新世にベーリンジアを経由して北米まで到達したが，前期更新世末に絶滅した．なお，ユーラシアのハイエナ類の起源に関しては，アフリカ起源ではなくユーラシアで起源したとする説も提唱されている．現在では，ハイエナ類はアフリカから南アジアにしか生き残っていない．Sheng et al. (2014) をもとに作成．

表 8.4　後期更新世末における大型動物の絶滅率．Roberts (1989), 河村 (2003, 2007), Miller et al. (2005) などをもとに作成．

	絶滅属	生存属	計	絶滅率	主な絶滅期
オーストラリア*	19	3	22	86.4%	26〜15 ka
南アメリカ	45	12	58	79.3%	13〜8 ka
北アメリカ	33	12	45	73.3%	14〜10 ka
ヨーロッパ**	9	14	23	39.1%	14〜9 ka
アフリカ	7	42	49	14.3%	12〜9 ka

*大型爬虫類と大型鳥類を含む．**地中海の島を除く．

リカ，ヨーロッパ，南北アメリカ大陸は，すべて 14〜8 ka に絶滅現象が起きているのに対して，オーストラリアでは 26〜15 ka に絶滅現象が生じている．他大陸よりも 1 万年ほど早く，完新世に入るまでにほとんど絶滅してしまっている．

354　第 8 章　環境変動（近過去・現在）に対する生物の応答

　この原因については，人類活動による狩猟圧や環境変化とする説がある．オーストラリアではアメリカ大陸よりも現生人類の到達時期が早い（約 55～45 ka）ため，絶滅時期が他地域よりも早くに生じたのだとする説である（Miller *et al.*, 2005）．しかし，こういった早期の人類の渡来以後にその拡散ルート付近で大型獣の化石が見つかったことから，人類活動を原因とする説に対して再び疑問が提出されている（Grellet-Tinner *et al.*, 2016）．また，約 26～15 ka にオーストラリアで生じた乾燥化により生息環境が悪化したとする説もある（Roberts, 2014）．この議論に関する決着はまだついていないが，そもそもオーストラリアの大型動物は他大陸の有胎盤類とは違って有袋類と爬虫類からなるので，環境変動に対する反応パターンやタイミングが違っていてもおかしくないのかもしれない．

　一方，前述したように更新世の動物相の研究が進んでいる北アメリカ大陸では，大型陸生動物の絶滅現象に，移住者である現生人類（アメリカ原住民）による過剰殺戮（オーバーキル，狩猟圧）が大きく関与していたことは確実視されている（Martin, 1967, 1984）．ただし，この説も北アメリカにおけるすべての大型獣の絶滅現象を説明しているのではなく，マンモスなどの一部の動物群にとって致命的な要因となったとする見解が強い．南アメリカの絶滅現象は「電撃戦モデル」の根拠との一つとなっているが（Martin, 1973），実際の元データは非常に貧弱で，被甲類や有毛類の一部は明らかに完新世まで生き残っていた．南北アメリカ大陸を南下していった現生人類がすべての大型動物を狩りつくしていったというシナリオと完全に一致しているとはいい難い状況である．

　アフリカやヨーロッパといった旧大陸では，アメリカ大陸で提唱されているような現生人類の出現と合致した劇的な絶滅現象は起きていない．北アメリカ・南アメリカ・オーストラリアといった地域の絶滅率が 70～90%であるのに対し，ヨーロッパでは 40%，アフリカに至っては 15%弱である（表 8.4）．絶滅率の計算は，化石種の同定やどの分類群のレベル（属か種）で行うかで違いがあるのだが，旧大陸の絶滅率が明らかに低いことは確かである．ヨーロッパでは，環境変化と人類活動の相乗効果で大型獣の大量絶滅が起きたと考えられている（Stuart, 1991）．南・東南アジアでは，絶滅現象自体があまり明瞭ではなく，後期更新世に次第に大型獣が消えていったが，アジアゾウ（*Elephus*），ジャワサイ（*Rhinoceros*），スマトラサイ（*Dicerorhinus*），マレーバク（*Tapirus*）といった大型動物の個体数は減っているが，今でも生き残っている（Turvey, 2009; Turvey *et al.*, 2021）．ユーラシア北部でも大型獣の絶滅が起きているが，一斉に絶滅したというよりも地域や動物群によって別々のパターンで次第に衰退し絶滅しているようである（図 5.5; Stuart, 2015）．

　結局，こういった各地域における絶滅現象を解明するためには，根拠となる放射

性年代のデータの質と各地域における動物化石の同定の確実性を高めるしかない (Stuart, 2015). それぞれの地域における大型動物相の化石から直接得られた信頼に足る放射性年代値のデータベースを整備し，良質のデータに基づいて検討をする必要がある. また，絶滅年代や絶滅現象をどのように定義するのかも重要である. たとえば，ほとんどのシベリア地域においてケナガマンモス (*M. primigenius*) は約 10 ka にほぼ絶滅していたが，北極圏のウランゲリ島（またはランゲル島）には 4 ka まで小型化したマンモスが生息していた. ウランゲリ島の「珍しい事実」を重要視すればケナガマンモスは完新世まで生き残っていたことになるが，大局的な観点からすればケナガマンモスの命運は約 10 ka にすでに尽きていたことになる. ケナガマンモスに限らず，更新世末に絶滅していたとされる動物の化石が完新世の地点で新たに発見されれば，絶滅年代値も変えざるを得ないことになる. 個々の数値にとらわれ過ぎることなく，衰退から絶滅へと続く過程を詳細に明らかにすることが必要であろう.

「絶滅」という現象をどの分類レベル，あるいはどの地理的区分で捉えるかも大きな問題である. もともと化石資料のほとんどは骨格標本であり，その骨格も欠損部分が多い. したがって化石標本の不完全性は容易に新種を生み出す傾向があり，たとえば別属とされた標本が同属の雌雄であった例は数多く報告されている. 同地域における 2 つの属の年代的な入れ替わり（ターンオーバー）と考えられてきた現象が，祖先属から子孫属への進化である可能性も捨てきれない. また，一般的に動物は生息域の環境や植生が悪化すると，より好ましい環境を維持している地域に移動する傾向が強い. A 地域において α 属が絶滅と記載されても，α 属は A 地域から B 地域に生息域を変えただけかもしれない. また，A 地域と B 地域が連続した近隣地域であった場合は，生息域の変化として考えられる現象でも，A 地域と B 地域が距離的にかなり離れた場所（すなわち大陸）であった場合，α 属の絶滅と記載されるだろう. たとえばウマのように植生や環境の変化に応じて急速に生息域を移動する動物では，化石記録の時間的・地理的空隙はこのような事態を生じさせる可能性が高い.

近年，化石の形態的分類や年代値以外のデータも重要視されるようになってきた. たとえば，更新世の化石から得られる古代ゲノムの解析により，系統位置や集団の遺伝的多様性の推定が可能になっている. これらの研究により，それまでの形態解析だけに依存した系統関係の見直しがされている. また，遺伝的多様性が失われているということは，個体数の減少と相関している可能性が高い. 新たな立場から，これまでの議論を根本的に見直す時期が来ているといえよう.

356　第 8 章　環境変動（近過去・現在）に対する生物の応答

おわりに

　後期更新世における地球規模の大量絶滅は，「メガファウナ」とよばれる大型動物において特に顕著である．しかし，その絶滅時期や絶滅率は各大陸でかなり違いが見られる（表 8.4）．特にアフリカとヨーロッパにおける絶滅率は，南北アメリカ大陸よりも明らかに低く，具体的な数値は示されていないが，ユーラシア南部でもかなり低かったようだ．つまり，数千年前までのアフリカ大陸における動物相の変化は，ホモ・サピエンスによる影響がほとんどない状態での，本来の自然現象としての絶滅率と見なすべきかもしれない．アフリカ大陸に元々生息していた猿人（アウストラロピテクス類）や原人（ホモ・エレクトゥスなど）は，同じ地域に生息していた大型動物に致命傷を与えることなく共存していたのだろう．ところが，それまでホモ・サピエンスどころか初期人類（猿人や原人）さえも生息していなかった北アメリカやオーストラリアでは，突然出現したホモ・サピエンスによる狩猟圧に直面し，彼らが連れてきた家畜（イヌなど）や感染症の影響を直接被ることになったのではないだろうか．今後の第四紀研究のさらなる伸展を期待したい．

8.4　人と日本列島

　第四紀に起きた沖縄トラフの拡大とそれに伴う 1.7 Ma の南方海峡の形成によって，日本列島は島嶼となり，陸上の動植物の固有化が促進された（7.3，7.4 節）．中国には，ホモ・エレクトスが 0.5 Ma には到達していたが（6.7.2 項），日本列島に到達した証拠は見つかっていない．

　我々ホモ・サピエンスが到達したのは，日本本島には約 38 ka（6.9.5 項），琉球列島には約 32 ka，北海道には約 30 ka である（表 8.5）．この時期は，最終氷期最盛期 (LGM) の直前であった（3.7 節）．LGM を生き延びた祖先は，16.5〜15.5 ka に土器を生み出し，その後，外国から水稲技術，漢字，仏教，火縄銃などの技術・文化を導入するとともに，日本独自の技術・文化（日本語など）を生み出し，それらを融合していった．そして，明治時代以降の近代化で高度な工業化や経済発展を持続的に進め，先進国となっている．

　地球科学的な観点から，他の先進国とは決定的に異なるのは，海洋プレートが別のプレートの下に沈み込む「プレート収束境界」に，日本列島が位置することである．日本列島の形成・島嶼化や急峻な地形形成や火山活動は，太平洋プレートとフィリピン海プレートの沈み込みに起因する（7.1 節）．そして，突発的に起こる巨大地震・大地震と巨大津波・大津波ならびに火山噴火は，日本社会に深刻なダメージを与えてきた（表 8.5）．

表8.5　ホモ・サピエンスの日本列島到達以降の主な災害の歴史。貞観地震を除く地震のマグニチュード（M）は日本地震学会（2024）による。貞観地震のモーメントマグニチュード（Mw）の推定値は Namegaya & Satake (2014) による。

年代	出来事	年代	出来事
37,500年前	ホモ・サピエンスの九州への到達　石の本遺跡群　九州	1611年12月2日	慶長三陸地震の巨大津波
32,000年前	ホモ・サピエンスの琉球列島への到達　山下町洞穴遺跡	1703年12月31日	元禄関東地震（M7.9～8.2）
30,000年前	ホモ・サピエンスの北海道への到達　若葉の森遺跡　北海道	1707年10月28日	宝永地震（M8.4）　歴史上最大規模の南海トラフ巨大地震
16,500～15,500年前	日本最古の土器　大平山元I遺跡	1707年12月16日	富士山宝永噴火
7,300年前	鬼界島沖にある鬼界カルデラの巨大噴火	1771年4月24日	八重山地震（M7.4）　歴史記録上、最大規模の津波高の津波襲来
紀元前930年頃	最古の水稲集落　菜畑遺跡・板付遺跡	1792年5月21日	雲仙岳の山体崩壊と津波　日本史上最大規模の火山災害
684年11月29日	白鳳地震（M8.3）　最古の南海トラフ巨大地震の記録	1854年	安政東海地震（12月23日、M8.4）、南海地震（12月24日、M8.4）
710年	日本初の大都市　平城京	1868年	明治時代の開始。東京が首都
794年	平安京　1869年までの日本の首都	1891年10月28日	濃尾地震　日本史上最大級の内陸地殻内地震（M8）
869年7月13日	貞観地震（Mw8.6以上）。東北地方太平洋沖地震と類似の規模	1894-1895年	日清戦争
887年8月26日	仁和地震（M8.0～8.5）	1896年6月15日	明治三陸地震の巨大津波
1096年12月17日	永長（東海）地震（M8～8.4）	1904-1905年	日露戦争
1099年2月22日	康和（南海）地震（M8～8.3）	1914-1918年	第一次世界大戦
1293年5月27日	永仁関東地震（M7）	1923年9月1日	大正関東地震（M7.9）と大火災
1361年	正平（東海）地震（8月1日）	1939-1945年	第二次世界大戦
	正平（南海）地震（8月3日、M8.3～8.5）	1944年12月7日	昭和東南海地震（M7.9）
1495年9月12日	明応関東地震	1946年12月21日	昭和南海地震（M8）
1498年9月20日	明応東海地震（M8.2～8.4）	1959年9月26日	伊勢湾台風
1543年	火縄銃の伝来	1964年6月16日	新潟地震（M7.5）　液状化被害の認識
1586年1月18日	天正地震（M7.8）	1995年1月17日	兵庫県南部地震（M7.3）と地震火災
1596年9月4日	慶長豊後地震（M7）	2011年3月11日	東北地方太平洋沖地震（Mw9）と巨大津波
1596年9月5日	慶長伏見地震（M7.5）	2016年4月14-16日	熊本地震（M7.3）
1605年2月3日	慶長地震による津波（南海トラフ地震かは確定していない）	2024年1月1日	令和6年能登半島地震（M7.6）

*ユリウス暦

南海トラフ巨大地震、関東地震、日本海溝の地震、内陸の地震、琉球海溝の地震、火山災害、台風、黒字斜字は人間活動

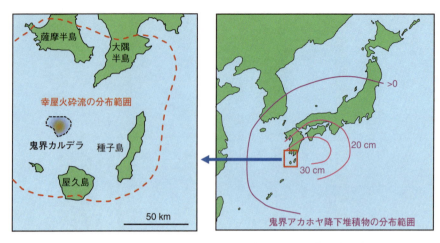

図 8.13　幸屋火砕流堆積物と鬼界アカホヤ降下堆積物の分布範囲. 町田・新井 (1992) と Geshi et al. (2017) をもとに作成.

約 7.3 ka 年前には，鹿児島県沖にある海底火山，鬼界カルデラが巨大噴火を起こした（町田・新井，1978）（図 8.13）．その規模は，完新世における世界最大の噴火である (Shimizu et al., 2024)．噴火で発生した火砕流は，鹿児島県大隅半島，薩摩半島，屋久島，種子島を襲い，幸屋火砕流堆積物を形成した（下司，2009）（図 8.13）．火砕流は高温の火山灰や岩のかたまり，空気や水蒸気が混じりあい，時速数十キロメートル～百数十キロメートルで斜面を駆け下りてくる現象であり，温度は数百℃に達することもある（気象庁，2024）．幸屋火砕流の襲来した地域では，動植物と縄文社会が破滅的なダメージを受けた（栗畑，2002）．この火砕流からは大量の火山灰が巻き上がり，偏西風で東北地方南部まで運搬され，鬼界アカホヤ降下堆積物を形成した（町田・新井，1978）（図 8.13）．この噴火は海底で発生し，かつ火砕流が海上を移動したため，大津波が発生した．屋久島と口永良部島の北部海岸では，津波は，現在の海面から最大で 50 m の高さに達し，河川に沿って 4.5 km 内陸に侵入した (Geshi et al., 2017).

太平洋プレートとフィリピン海プレートの沈み込む千島海溝，日本海溝，南海トラフ，琉球海溝では海溝型地震が発生し，それに伴い津波も発生する．直近の海溝型地震は 2011 年 3 月 11 日の東北地方太平洋沖地震とそれに伴う巨大津波であり，津波による死者・行方不明者は 1 万人に達した．さらに，巨大津波は，東京電力福島第一原子力発電所の非常発電機などを水没・被水させた．その結果，炉心冷却システムが停止し，炉心溶融に至り，1・3・4 号機の原子炉建屋で水素爆発が発生し，放射性物質（^{131}I，^{134}Cs，^{137}Cs，^{90}Sr など）が外部に放出した．こ

の放射性物質の汚染によって，原子力発電所の周辺の住民は，9年間余り避難することになった．

この巨大津波は日本史上，最大規模の津波であるが，その襲来をMinoura *et al.* (2001) が指摘していた．彼らは，仙台平野で869年の貞観地震による貞観津波の砂質津波堆積物を発見し，その分布から地震の規模をマグニチュード8.3と推定した．さらに貞観津波の砂質津波堆積物より下の地層から，2層の砂質津波堆積物を発見し，貞観津波と同規模の津波の発生間隔を800〜1100年と算出した．この発生間隔および貞観地震の発生から1100年以上経過していることから，同平野に大津波が襲来する可能性の高いことを指摘したのである．さらに，宍倉ほか (2010) は，貞観津波の津波堆積物が石巻平野から仙台平野，福島県南相馬市にかけて分布し，福島第一原子力発電所の近傍の南相馬市小高区では現在の海岸線から1.5 km内陸まで砂層が分布することを確認していた．

これらの研究成果が公表されていたが，巨大津波への防災・減災対策と原子力発電所の重大事故を防止できなかった．一方，津波堆積物が巨大地震・津波の予測に有効であることが実証されたため，南海トラフ巨大地震・津波を予測するために津波堆積物調査が活発化した（8.1.1項，図8.3）．

海溝型地震とそれに伴う津波の被害を受けるのは，太平洋沿岸の低地である．これらの地域では，時代とともに都市化し，特に，江戸時代以降は，江戸・東京，大坂・大阪，名古屋などが巨大都市に発展したため，海溝型地震による被害は増大している．したがって，先進国の中で，日本は地震・津波災害のリスクが際立って高い国である．しかも，先の南海トラフ巨大地震の1946年昭和南海地震から80年が経過しており，次の巨大地震まで40〜50年程度しか時間的猶予はないかもしれない．そして，次の巨大地震の経済被害は，2011年東北地方太平洋沖地震の10倍に達すると想定されている（内閣府，2024a, b; 表8.6）．

これらの災害に加えて，温暖化現象に伴う異常気象の頻発化は，社会に持続的ダメージを与える．異常気象の頻発化で，他の自然災害との複合災害の発生頻度も増大する．温暖化現象はまた海面上昇をもたらし，その結果河口付近の排水能力が低下し，洪水被害を拡大させ（北村・三井，2023），津波や高潮の規模を増幅させる．特に東京の海抜ゼロメートル地帯が水没する可能性は日本にとって大きな脅威である．したがって，温暖化現象を抑制するための気候変動の理解促進（第3章）やカーボンニュートラルの取組が必要となる．

日本は，これらの災害対策を積極的に行っており，緊急地震速報，津波警報，インフラ構造物や住家の耐震化率の向上，防火・消火対策，防潮堤の増強・建設などを行っている．これらの対策は，対象が明確でかつ技術も確立しているので，次の南海トラフ巨大地震の発災までには着実に遂行できるであろう．一方，対策が

360 第 8 章 環境変動（近過去・現在）に対する生物の応答

表 8.6 大正関東地震，兵庫県南部地震，東北地方太平洋沖地震，南海トラフ巨大地震の被害の比較．内閣府 (2024a, b) をもとに作成．南海トラフ巨大地震の発生確率（30 年以内に 70〜80%）は 2024 年 1 月 1 日を起点とする（地震調査研究推進本部，2024）．

	大正関東地震	兵庫県南部地震	東北地方太平洋沖地震	南海トラフ巨大地震
発生年月日	1923 年 9 月 1 日 土曜日 午前 11 時 58 分	1995 年 1 月 17 日 火曜日 午前 5 時 46 分	2011 年 3 月 11 日 金曜日 午後 2 時 46 分	30 年以内に 70%〜80%
地震規模	マグニチュード M7.9	マグニチュード M7.3	モーメント マグニチュード M9.0	マグニチュード M8〜9
直接死・ 行方不明者	約 10 万 5 千人 （うち焼死約 9 割）	約 5.5 千人 （うち窒息・圧死約 7 割）	約 1 万 8 千人 （うち溺死約 9 割）	約 32 万 3 千人
災害関連死	—	約 900 人	約 3800 人	?
全壊・全焼住家	約 29 万棟	約 11 万棟	約 12 万棟	約 238 万棟
経済被害	約 55 億円	約 9 兆 6 千億円	約 16 兆 9 千億円	約 169 兆 5 千億円
当時の GDP	約 149 億円	約 522 兆円	約 497 兆円	?
GDP 比	約 37%	約 2%	約 3%	?
当時の国家予算	約 14 億円	約 73 兆円	約 92 兆円	?

困難な事象としては，(1) 海底地すべり，(2) 液状化，(3) 盛土崩壊がある．

　地震はしばしば海底地すべりを誘発する（川村ほか，2017）（表 8.7）．日本列島は急峻な地形でかつ降水量が多いので，河川を通じて大量の砕屑物が海に流入する．海に流入した砕屑物は，急速に堆積するため，河口の沖合には，急勾配の水中斜面（前置面）が形成される（図 8.14）．地震動によって，前置面は不安定となり，海底地すべりが起きる．この地形変状で局地的な津波（海底地すべり津波）が発生する．地震そのものによる地形変状で発生する津波（地震断層津波）と異なる場所で海底地すべり津波が発生すると，津波警報の予想よりも早く津波が沿岸地域に到達することがある．令和 6 年能登半島地震では，津波の第一波が，富山県沿岸では予想よりも 17 分ほど早く到達しており，これは海底地すべり津波と考えられている（柳沢・阿部，2024 など）．海底地すべり津波の発生場所は予測できないため，対策を講ずることはできない．

　南海トラフの巨大地震の被害想定は，「レベル 1 の地震・津波」と「レベル 2 の地震・津波」の 2 つが想定されている（8.1.1 項）．北村 (2020, 2021) はレベル 1 地震と海底地すべりの連動を，被害規模はレベル 1 と 2 の間の規模なので，レベル 1.5 地震・津波と提唱した．

　海底地すべりは沿岸近くで起きた場合には，沿岸低地が巻き込まれて，海に没する（海没）ことがある．1999 年のトルコのコジャエリ地震では，イズミット湾に面した奥行き 100 m，間口 300 m が海没し，数十人が亡くなっている（國生

8.4 人と日本列島 361

表 8.7 地震に伴う海底地滑りの事例.

場所	発生時期	地震の規模	震源からの距離	海没の規模	地滑りの規模	随伴現象	文献
大分県別府湾瓜生島（沖ノ浜）	1596 年9 月 4 日	慶長豊後地震M7	—	東西 3.9 km,南北 2.2 kmといわれる瓜生島（沖ノ浜）が海没	?	—	國生ほか(2002)
石垣島,宮古島	1771 年4 月 24 日	八重山地震M7.4	—	無	?	津波の振幅増幅	今村ほか(2001),Okamura *et al.* (2018)
アラスカValdez	1964 年3 月 27 日	アラスカ地震Mw9.2	約 64 km	長さ約 1 km以上の海岸が約 150 m後退	7000 万 m^{3}深さ 60 m	局地的津波の発生	國生ほか(2002)
アラスカAeward			約 140 km	長さ 1.2 kmの海岸線が約 150 m後退	深さ約 35 m		
トルコDegirmendere	1999 年8月 17 日	Izmit earth-quake M7.8	約 10 km	長さ 250〜300 m の海岸線が約 100 m 後退	?	—	國生ほか(2002)
駿河湾焼津・浜当目	1096 年12 月 17 日	永長(東海)地震M8〜8.4	?	有	?	—	Kitamura*et al.*(2020)
駿河湾焼津・小川	1498 年9 月 5 日	明応地震M8.6	?	焼津・小川が海没（林叟院創記抄寫）	?	—	風見ほか(2001)
駿河湾石花海北堆	?	?	?	無	幅 2 km,長さ 2 km,深さ 100 m	—	大塚 (1982)
駿河湾焼津・静岡沖	2009 年8 月 11 日	駿河湾の地震Mj6.5	約 15 km	無	幅 450 m,深さ 10〜15 m	津波の振幅増幅, 深層水取水管の破断	Baba *et al.* (2012)
三陸地方	2011 年3 月 11 日	東北地方太平洋沖地震Mw9	約 200 km	無	?	三陸地方の津波高を増大した可能性が指摘されている	Kawamura*et al.*(2012),Tappin *et al.* (2014)
富山湾	2024 年1 月 1 日	令和 6 年能登半島地震M7.6	約 70 km	無	?	富山県沿岸では予想よりも早く津波が到達	柳澤・阿部(2024)

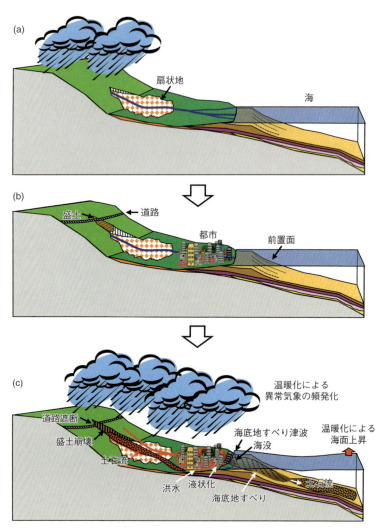

図 8.14 日本列島の海岸低地における自然災害．(a) 急峻な地形と海岸低地．(b) 海岸低地が市街地化し，山には道路が建設される．(c) 地震とそれに伴う海底地すべり津波が発生し，海没が起きる．豪雨災害と複合し，市街地に土石流が流入し，洪水も発生する．

ほか，2002)．駿河湾西岸の静岡県焼津市沿岸では，1498年明応東海地震で海没が起きたことが，古文書に記されており，海底地すべりによると解釈されている（風見ほか，2001)．また，同市沿岸では，地層記録から1096年永長東海地震にも海没が起きた可能性が高いことが指摘されている（Kitamura *et al.*, 2020; 北村，2021)．海没は防潮堤を破壊する可能性があり，破壊後に地震断層津波が到達

8.4 人と日本列島　363

図 8.15　石川県内灘町で液状化被害．(a) 令和 6 年能登半島地震の震央と内灘町の位置．(b) 液状化で変形した車庫．2024 年 2 月 13 日 10 時 36 分北村晃寿撮影．(c) 液状化で変形した道路．2024 年 2 月 13 日 10 時 36 分北村晃寿撮影．

した場合には，想定外の被害が出るので，注意を払う必要がある．しかし，海没の発生を予測することはできない．

　日本の沿岸低地は完新統からなるため，地盤が軟弱である．そのため，地震に伴う液状化で，家屋の倒壊・傾動，道路の変形などが発生する．令和 6 年能登半島地震では，震央から約 100 km 離れた石川県内灘町で液状化被害が発生した（図 8.15）（北村・原田，2024）．また，震央から約 170 km 離れた新潟市でも液状化が発生した（青山，2024; 小野，2024）．2011 年の東北地方太平洋沖地震では，東京都江戸川区でも液状化が発生している（若松，2012）．

　液状化については，過去に液状化した地盤がその後の地震で再び液状化する「再液状化」が知られており，各地で報告されている（若松，2012）．令和 6 年能登半島地震に伴う新潟市の液状化発生域では，1964 年の新潟地震でも液状化が発生している（青山，2024; 小野，2024; 卜部ほか，2024）．また，2011 年の東北地方太平洋沖地震に伴う東京都江戸川区の液状化発生域では，1923 年の大正関東地震でも液状化が発生している（若松，2012）．したがって，過去の地震の液状化の履歴調査が有効ではあるが，南海トラフ巨大地震の被害想定地域では，1944 年昭和東

図 8.16　石川県金沢市の盛土崩壊現場．(a) 令和 6 年能登半島地震の震央と盛土崩壊現場の位置．(b) 盛土崩壊で壊れた家屋．2024 年 1 月 15 日 12 時 21 分北村晃寿撮影．(c) 崩壊した崖に見られる盛土．2024 年 1 月 15 日 12 時 41 分北村晃寿撮影．

南海地震と 1946 年昭和南海地震は第二次世界大戦中ないし終戦直後のため，十分な資料があるわけではない．各自治体がボーリングコア試料などを基に液状化マップを公表してはいるが，必ずしも精度は高くはない．したがって，緊急自動車専用路や緊急交通路などの災害時の重要施設については，高精度の液状化マップの作成と地盤改良が求められる．

　地震による盛土の崩落は頻繁に起きている．急峻な地形の日本列島は，道路・宅地の建設では，地面を平らにするために盛土が行われる．能登半島地震では至る場所で，盛土が崩壊し，道路が寸断された．また，震央から約 100 km 離れた石川県金沢市でも盛土の崩壊で被害が出ている（図 8.16）（北村ほか，2024）．盛土は地震だけでなく，大雨でも崩壊する．したがって，温暖化現象に伴う豪雨の発生頻度の増加は，盛土崩壊の発生頻度も増加させる．

　直近の豪雨による盛土崩壊には，2021 年 7 月 3 日に発生した静岡県熱海市の土石流がある．熱海市逢初川源頭部に作られていた盛土が，大雨で崩壊し土石流となり流下し，東海道新幹線と東海道本線の高架を流下した後，相模湾に流入した（図 8.17）．この土石流は死者 28 人，全・半壊家屋 64 棟の被害をもたらした．この災害を踏まえ，国は 2022 年 5 月 27 日に通称「盛土規制法」を公布し，同法は翌年 5 月 26 日から施行された．同法では，「（略），特定盛土等又は土石の堆積に伴う崖崩れ又は土砂の流出のおそれがある土地に関する地形，地質の状況その他

8.4 人と日本列島　365

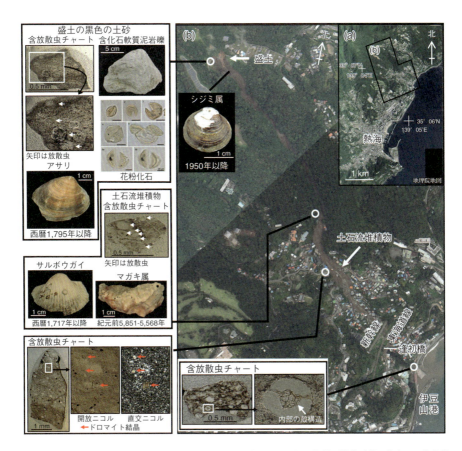

図 8.17　熱海市の土石流の分布と盛土の黒色の土砂に含まれる貝類，軟質泥岩礫（礫に含まれる花粉化石），含放散虫チャートの岩片．北村 (2022)，北村ほか (2022a, b; 2024) をもとに作成．

主務省令で定める事項に関する調査を行うものとする」とあるが，地形・地質の状況の具体的評価基準は示されていない．

　伊豆周辺では，2021 年 7 月 1〜3 日の 72 時間雨量は 411 mm となったが，盛土崩壊は逢初川だけである．これは災害危険性として，この盛土が最大であったことを示すので，盛土崩壊の原因究明は，盛土規制法の実効性の確保に必須の情報を提供する（北村，2022; 北村ほか，2022a）．そこで，筆者は，共同研究者と地元自治体の協力の下，崩壊した盛土の主体である黒色の土砂の特徴とその採集地の特定に関する調査を行った．その結果，次のことが判明した．

　(1) 黒色の土砂と土石流堆積物は，古生代末期から中生代の放散虫化石を含む

チャート岩片を含むので，採集地の一部の後背地にはチャート層が分布する（北村ほか，2022a）．加えて，1950年以降の淡水生二枚貝，現世と前・中期完新世の沿岸性貝類，鮮新世から更新世の海成層由来の軟質泥岩礫を産する（北村，2022; 北村ほか，2022b，2024）．したがって，黒色の土砂は，現世の河川・沿岸堆積物，中部完新統の海成層，鮮新・更新統の海成層の堆積物を含む．

(2) 神奈川県内の海浜・河口の堆積物を調査した結果，黒色の土砂と土石流堆積物に含まれるチャート岩片と同時代のチャート岩片が神奈川県多摩川河口から検出された．したがって，黒色の土砂の一部は多摩川流域から運ばれて来た可能性がある（北村ほか，投稿中）．

このように古生物学の知識や研究方法は，盛土の特徴とその採集地の特定にも重要な役割を果たす．

おわりに

南海トラフ巨大地震は国難であるが，その発生前にも日本列島の各地で内陸型地震が起きると予想される．したがって，地震・津波に対する防災は必須である．そして，それらの突発的災害の履歴の解明は防災・将来予測のため重要であり，本論で扱った地層・化石記録からも調査されてきた．

本書の読者は，古生物に興味・関心を持った方々でしょう．しかし，科学研究を進めるには，多額の研究費が必要なのです．巨大地震・津波は，日本の国家予算に甚大なダメージを与えてしまうので，皆さんの好奇心を持って科学研究を進めるためにも，南海トラフ巨大地震・巨大津波を含む自然災害そして全球的な温暖化などの自然災害に備えるための研究にも関心を持ち，機会があれば取り組んでいただければと思います．

引用文献

天野 誠 (2003) 移入植物（帰化植物）. 野の花・今昔（原田浩 編），pp. 132-135，うらべ書房

青山雅史 (2024) 令和6年能登半島地震による新潟市西区信濃川旧河道における液状化の発生状況. 2024年日本地理学会春季学術大会講演要旨. セッション ID: 732

浅海竜司・山田 努 他 (2006) 過去数百年間の古気候・古海洋変動を記録する現生サンゴ―数年〜数十年スケールの変動と長期変動の復元―. 地球 化学，**40**，179-194

Baba, T., Matsumoto, H. *et al.* (2012) Microbathymetric evidence for the effect of submarine mass movement on tsunami generation during the 2009 Suruga bay earthquake, Japan. *in* Submarine Mass Movements and Their Consequences (eds. Yamada *et al.*), pp.485-494, Springer

Barnosky, A. D., Koch, P. L. *et al.* (2004) Assessing the causes of Late Pleistocene extinctions on the continents. *Science*, **306**, 70-75

Bliss, L. C., Richards, J. H. (1982) Present-day arctic vegetation and ecosystems as a predictive tool for the Arctic-Steppe Mammoth biome. *in* Paleoecology of Beringia (eds. Hopkins, D. M. *et al.*), pp. 241-257, Academic Press

Butzer, K. W. (2005) Environmental history in the Mediterranean world: cross-disciplinary investigation of cause-and-effect for degradation and soil erosion. *J. Archaeol. Sci.*, **32**, 1773-1800

千葉 聡 (2010) 生態的地位. 古生物学事典第 2 版 (日本古生物学会 編), p. 287, 朝倉書店

Delcourt, P. A. & Delcourt, H. R. (1987) Long-term forest dynamics of the Temperate zone, pp. 439, Springer

Domitsu, H. & Oda, M. (2005) Japan Sea planktic foraminifera in surface sediments: geographical distribution and relationships to surface water mass. *Paleont. Res.*, **9**, 255-270

藤井賢彦 (2020) 地球温暖化・海洋酸性化が日本沿岸の海洋生態系や社会に及ぼす影響. 水産工学, **56**, 191-195

藤田和彦・角村 梓 他 (2023 年より継続中) 日本周辺海域における大型底生有孔虫の地理的分布データセット. https://www.godac.jamstec.go.jp/bismal/j/dataset/Univ_Ryukyus_foram. 2023 年 6 月 4 日確認.

藤原 治・佐藤善輝 他 (2013) 陸上掘削試料による津波堆積物の解析—浜名湖東岸六間川低地にみられる 3400 年前の津波堆積物を例にして—. 地学雑誌, **122**, 308-322

Garrett, E., Fujiwara, O. *et al.* (2016) A systematic review of geological evidence for Holocene earthquakes and tsunamis along the Nankai-Suruga Trough, Japan. *Earth Sci., Rev.*, **159**, 337-357

下司信夫 (2009) 屋久島を覆った約 7300 年前の幸屋火砕流堆積物の流動・堆積機構. 地学雑誌, **118**, 1254-1260

Geshi, N., Maeno, F. *et al.* (2017) Tsunami deposits associated with the 7.3 ka caldera-forming eruption of the Kikai Caldera, insights for tsunami generation during submarine caldera-forming eruptions. *J. Volcanol. Geoth. Res.*, **347**, 221-233

Gottfried, M., Pauli, H. *et al.* (2012) Continent-wide response of mountain vegetation to climate change. *Nat. Clim. Change*, **2**, 111-115

Grellet-Tinner, G., Spooner, N. A. *et al.* (2016) Is the Genyornis egg of a mihirung or another extinct bird from the Australian dreamtime? *Quaternary Science Reviews*, **133**, 147-164

Guthrie, R. D. (1982) Mammals of the mammoth steppe as paleoenvironmental indicatiors. *in* Paleoecology of Beringia (eds. Hopkins, D. M.), pp. 307-326, Academic Press

Guthrie, R. D. (1984) Mosaics, allelochemics and nutrients: an ecological theory of Late Pleistocene megafaunal extinctions. *in* Quaternary Extinctions: A Prehistoric Revolution (eds. Martin PS *et al.*), pp. 259-298, The Univ. of Arizona Press

濱田隆士 (1993) 古環境情報源としての石灰岩類. 地学雑誌, **102**, 698-707

今村文彦・吉田 功 他 (2001) 沖縄県石垣島における 1771 年明和大津波と津波石移動の数値解析. 海岸工学論文集, **48**, 346-350

岩崎敬二 (2006) 外来付着動物と特定外来生物被害防止法. *Sessile Organisms*, **23**, 13-24

地震調査研究推進本部 (2024) 活断層及び海溝型地震の長期評価結果一覧. https://www.jishin.go.jp/main/choukihyoka/ichiran.pdf 2024 年 5 月 5 日確認

環境省 (2023) 持続可能な開発目標 (SDGs) の推進 https://www.jfa.maff.go.jp/j/policy/kihon_keikaku/attach/pdf/index-20.pdf

環境庁自然保護局野生生物課 編 (2000) 改訂・日本の絶滅のおそれのある野生生物：レッドデータブック, pp. 660, 財団法人自然環境保護センター

環境庁自然保護局野生生物課 編 (2020) 環境省レッドリスト 2020 の掲載種数表 https://www.env.go.jp/content/900502268.pdf

Kaplan, J. L., Pfeiffer, M. *et al.* (2016) Large scale anthropogenic reduction of forest cover in last glacial maximum Europe. *PLoS ONE* **11**, e0166726

Kawahata, H., Fujita, K. *et al.* (2019) Perspective on the response of marine calcifiers to global warming and ocean acidification—Behavior of corals and foraminifera in a high CO_2 world "hot house". *Prog. Earth Planet. Sci.*, **6**, 5

河宮未知生 (2009) 地球温暖化と海洋環境の変化. 環境情報科学, **38**, 14-19

河村善也 (2003) 動物群・第四紀の生態系. 第四紀学 (町田洋 他編著), pp. 219-265, 朝倉書店

河村善也 (2007) 哺乳類の絶滅史から現在と近未来を考える. 地球史が語る近未来の環境 (日本第四紀学会 他編), pp. 123-143, 東京大学出版会

川村喜一郎・金松敏也 他 (2017) 海底地すべりと災害—これまでの研究成果と現状の問題点—. 地質学雑誌, **123**,

999-1014

Kawamura, K., Sasaki, T. (2012) Large submarine landslides in the Japan Trench: A new scenario for additional tsunami generation. *Geophys. Res. Lett.*, **39**, L05308

川崎 健 (2010) レジーム・シフト論. 地学雑誌, **119**, 482-488

風見健太郎・安田 進 他 (2001) わが国における地震時の海岸変状の事例調査. 2001 年土木学会第 56 回年次学術講演会要旨集, 334-335

気象庁 (2023a) 海面水温の長期変化傾向（日本近海）
https://www.data.jma.go.jp/kaiyou/data/shindan/a_1/japan_warm/japan_warm.html 2023 年 5 月 24 日確認

気象庁 (2023b) 日本海固有水
http://www.data.jma.go.jp/gmd/kaiyou/shindan/e_2/maizuru_koyusui/maizuru_koyusui.html 2023 年 5 月 24 日確認

気象庁 (2024) https://www.data.jma.go.jp/svd/vois/data/tokyo/STOCK/kaisetsu/volsaigai/saigai.html

北村晃寿 (2002) 日本海における過去の温暖化に対する貝類の応答様式. 日本ベントス学会誌, **57**, 119-130

Kitamura, A. (2004) Effects of seasonality, forced by orbital-insolation cycles, on offshore molluscan faunal change during rapid warming in the Sea of Japan. *Palaeo. Palaeo. Palaeo.*, **203**, 169-178

Kitamura, A. (2009) Early Pleistocene evolution of the Japan Sea Intermediate Water. *J. Quat. Sci.*, **24**, 880-889

Kitamura, A. (2016) Examination of the largest-possible tsunamis (Level 2 tsunami) generated along the Nankai and Suruga troughs during the past 4000 years based on studies of tsunami deposits from the 2011 Tohoku-oki tsunami. *Prog. Earth Planet. Sci.*, **3**, 12

北村晃寿 (2020) 第 2 章 東北地方太平洋沖地震・貞観地震による津波堆積物. 静岡の大規模自然災害の科学. 岩田孝仁・北村晃寿・小山真人編. 静岡新聞社. 98-115

北村晃寿 (2021) 貝化石・有孔虫化石の複合群集解析による日本本島の島嶼化過程・東海地震の履歴の研究. 第四紀研究, **60**, 47-70

北村晃寿 (2022) 静岡県熱海市伊豆山地区の土砂災害現場の盛土の崩壊斜面と土石流堆積物から見つかった海生二枚貝の貝殻. 第四紀研究, **61**, 109-117

北村晃寿・三井雄太 (2023) 1974 年 7 月洪水（七夕豪雨）の浸水深データのデジタル化ならびに 2022 年 9 月洪水との自然的条件・浸水深の相違について. 静岡大学地球科学研究報告, **50**, 143-153

北村晃寿・原田賢治 (2024) 令和 6 年能登半島地震に伴う石川県内の被災状況. 第四紀研究, **63**, iii-iv

Kitamura, A., Omote, H. *et al.* (2000) Molluscan response to early Pleistocene rapid warming in the Sea of Japan. *Geology*, **28**, 723-726

Kitamura, A., Takano, O. *et al.* (2001) Late Pliocene-early Pleistocene paleoceanographic evolution of the Sea of Japan. *Palaeo. Palaeo. Palaeo.*, **172**, 81-98

Kitamura, A., Kawakami, I. *et al.* (2002) Distribution of mollusc shells in the Sea of Okhotsk, off Hokkaido. *Bull. Geol. Surv. Japan*, **53**, 483-558

Kitamura, A., Seki, Y. *et al.* (2018) The discovery of emerged boring bivalves at Cape Omaezaki, Shizuoka, Japan: evidence for the AD 1361 Tokai earthquake along the Nankai Trough. *Mar. Geo.*, **405**, 114-119

Kitamura, A., Ina, T. *et al.* (2019) Geologic evidence for coseismic uplift at ?AD 400 in coastal lowland deposits on the Shimizu Plain, central Japan. *Prog. Earth Planet. Sci.*, **6**, 57

Kitamura, A., Yamada, K. *et al.* (2020) Tsunamis and submarine landslides in Suruga Bay, Central Japan, caused by Nankai-Suruga trough megathrust earthquakes during the last 5000 years. *Quat. Sci. Rev.*, **245**, 106527

北村晃寿・岡嵜颯太 他 (2022a) 静岡県熱海市伊豆山地区の土砂災害現場の盛土と土石流堆積物の地球化学・粒子組成分析. 静岡大学地球科学研究報告, **49**, 73-86

北村晃寿・亀尾浩司 他 (2022b) 静岡県熱海市伊豆山地区の土砂災害現場の盛土に含まれる軟質泥岩礫. 第四紀研究, **61**, 143-155

北村晃寿・石川芳治 他 (2024) 令和 6 年能登半島地震に伴う石川県金沢市田上新町と内灘町における土砂災害. 第四紀研究, **63**, i-ii, 1-3

北村晃寿・山下裕輝 他 (2024) 静岡県熱海市逢初川の源頭部の盛土に関する地球科学的データの追加. 静岡大学地球科学研究報告, **51**

北村晃寿・山下裕輝 他（投稿中）神奈川県内の海浜・河床堆積物の粒子組成の調査——2021年7月3日に静岡県熱海市伊豆山地区で発生した土砂災害の盛土の採集地の解明の基礎資料として—．静岡大学地球科学研究報告，**51**

北村晃寿・亀尾浩司 他（2022）静岡県熱海市伊豆山地区の土砂災害現場の盛土に含まれる軟質泥岩礫．第四紀研究，**61**，143-155

栞畑 光（2002）考古資料からみた鬼界アカホヤ噴火の時期と影響．第四紀研究，**41**，317-330

國生剛治・堤 千花 他（2002）地震動による海底地滑りの発生メカニズムに関する地盤工学的検討．中央大学理工学研究所年報，18-24

小松輝久・仲岡雅裕 他（2003）陸域の改変と沿岸生態系の変化．沿岸海洋研究，**40**，149-157

小山次朗（2011）流出油の生物影響．日本船舶海洋工学会誌，**35**，23-27

工藤雄一郎・国立歴史民俗博物館（2014）ここまでわかった！縄文人の植物利用．pp. 223，新泉社

工藤雄一郎・小林真生子 他（2009）千葉県沖ノ島遺跡から出土した縄文時代早期のアサ果実の ^{14}C 年代．植生史研究．**17**，27-31

加 三千宣（2018）沿岸域堆積物の過去数百〜数千年間を対象としたパレオ研究——豊後水道・別府湾を例として．第四紀研究，**57**，175-195

MacDonald, G. M., Beilman, D. W. *et al.* (2012) Pattern of extinction of the woolly mammoth in Beringia. *Nat. Commun.*, **3**, 893

前川文夫（1943）史前帰化植物について．植物分類・地理，**13**，274-279

Martin, P. S. (1967) Prehistoric overkill. *in* Pleistocene Extinctions: The Search for a Cause (eds. Martin, P. S.) , pp. 75-120, Yale Univ. Press

Martin, P. S. (1973) The discovery of America. *Science*, **179**, 969-974. Reprinted with permission from AAAS

Martin, P. S. (1984) Prehistoric overkill. *in* Quaternary Extinctions: A Prehistoric Revolution (eds. Martin, P. S. *et al.*), pp. 354-403, The Univ. of Arizona Press

Mason, S. L. R. (2000) Fire and Mesolithic subsistence– managing oaks for acorns in northwest Europe? *Palaeogeogr. Palaeoclimat. Palaeoecol.*, **164**, 139-150

町田 洋・新井房夫（1978）南九州鬼界カルデラから噴出した広域テフラ——アカホヤ火山灰．第四紀研究，**17**，143-163

町田 洋・新井房夫（1992）火山灰アトラス [日本列島とその周辺]．pp. 276，東京大学出版会

Matsui T., Nakao, K. *et al.* (2018) Potential impact of climate change on canopy tree species composition of cool-temperate forests in Japan using a multivariate classification tree model. *Ecol. Res.*, **33**, 289-302

松川康夫・張 成年 他（2008）我が国のアサリ漁獲量激減の要因について．日本水産学会誌，**74**，137-143

松岡數充（2004）有明海・諫早湾堆積物表層部に残された渦鞭毛藻シスト群集からみた水質環境の中長期的変化．沿岸海洋研究，**42**，55-59

松島義章（1979）南関東における縄文海進に伴う貝類群集の変遷．第四紀研究，**17**，243-265

松島義章（2010）完新世における温暖種が示す対馬海流の脈動．第四紀研究，**49**，1-10

松島義章・大嶋和雄（1974）縄文海進期における内湾の軟体動物群集．第四紀研究，**13**，135-159

McDonald (1984) The reordered North American selection regime and late Quaternary megafaunal extinctions. *in* Quaternary Extinctions: A Prehistoric Revolution (eds. Martin, P. S.), pp. 404-439, The Univ. of Arizona Press

Miller, G. H., Fogel, M. L. *et al.* (2005) Ecosystem collapse in Pleistocene Australia and a human role in megafaunal extinction. *Science*, **309**, 387-290

三村信男・横木裕宗（2005）海面上昇が沿岸域の環境と生態系に及ぼす影響の予測と対策（沿岸海洋研究），**42**，119-124

Minoura, K., Imamura, F. *et al.* (2001) The 869 Jogan tsunami deposit and recurrence interval of large-scale tsunami on the Pacific coast of northeast Japan. *J. Nat. Disas. Sci.*, **23**, 83-88

百原 新（2003）第四紀の生態系．第四紀学（町田洋 他編著），pp. 256-265，朝倉書店

百原 新（2014）房総半島の植物相・植生の発達史——冷温帯性植物の残存について．分類，**14**，1-8

Moore, J. (2000) Forest fire and human interaction in the early Holocene woodlands of Britain. *Palaeogeogr. Palaeoclimat. Palaeoecol.*, **164**, 125-137

長田武正（1982）日本帰化植物図鑑．pp. 254，北隆館

内閣府（2012）南海トラフの巨大地震モデル検討会，第二次報告．津波断層モデル編——津波断層モデルと津波高・浸水域等について—．
http://www.bousai.go.jp/jishin/nankai/taisaku/pdf/case1.pdf 2023年5月17日確認

内閣府（2018）南海トラフ沿いの異常な現象への防災対応のあり方について（報告）．

https://www.bousai.go.jp/jishin/nankai/taio_wg/taio_wg_02.html
2023 年 5 月 17 日確認

内閣府 (2024a)「関東大震災 100 年」特設ページ
https://www.bousai.go.jp/kantou100/ 2024 年 4 月 23 日確認

内閣府 (2024b)「南海トラフ巨大地震対策検討ワーキンググループ」の検討状況. https://www.bousai.go.jp/jishin/nankai/taisaku_wg_02/pdf/wg_02kentojokyo1-11.pdf 2024 年 4 月 23 日確認

Namegaya, Y. & Satake, K. (2014) Reexamination of the A.D. 869 Jogan earthquake size from tsunami deposit distribution, simulated flow depth, and velocity. *Geophys. Res. Lett.*, 10.1002/2013GL058678.

那須浩郎 (2018) 縄文時代の植物のドメスティケーション. 第四紀研究, **57**, 109-126

日本地震学会 (2024) 日本付近のおもな被害地震年代表.
https://www.zisin.jp/publications/document05.html 2024 年 4 月 28 日確認

Nolan, C., Overpeck, J. T. *et al.* (2018) Past and future global transformation of terrestrial ecosystems under climate change. *Science*, **361**, 920-923

Okamura, Y., Nishizawa, A. *et al.* (2018) Accretionary prism collapse: a new hypothesis on the source of the 1771 giant tsunami in the Ryukyu Arc, SW Japan. *Sci. Rep.*, **8**, 13620

小野有五 (1992) 氷期のアメリカ大陸. 最初のアメリカ人, pp. 1-38, 岩波書店

小野映介 (2024) 令和 6 年能登半島地震によって生じた越後平野における地盤災害. 2024 年日本地理学会春季学術大会講演要旨. セッション ID: 731

大島慶一郎・中野渡拓也 他 (2006) 温暖化の高感度域オホーツク海：北太平洋へのインパクト. 低温科学, **6**, 67-75

大塚謙一 (1982) 駿河湾石花海北堆西斜面の海底地すべり. 静岡大学地球科学研究報告, **7**, 87-95

Roberts, N. (2014) The Holocene: An Environmental History. 3rd edition, pp. 364, Blackwell

Rook, L., Bernor, R. L. *et al.* (2019) Mammal Biochronology (Land Mammal Ages) Around the World from Late Miocene to Middle Pleistocene and major events in horse evolutionary history. *Frontiers in Ecology and Evolution*, **7**, 1-9

Rook, L., Delfino, M. *et al.* (2013) Early Pleistocene. pp. 599-604, Elsevier B.V.

佐藤慎一 (2010) 生活史. 古生物学事典第 2 版（日本古生物学会 編）, pp. 277-278, 朝倉書店

佐藤慎一・千葉友樹 (2017) 現生生物を対象とした古生物学的研究その 1—干潟貝類の人新世古生態学の研究例—. 化石, **102**, 5-13

Sheng, G-L., Soubrier, J. *et al.* (2014) Pleistocene Chinese cave hyenas and the recent Eurasian history of the spotted hyena, *Crocuta crocuta*. *Molecular Ecology*, **23**, 522-533

嶋田智恵子・村山雅史 他 (2000) 珪藻分析に基づく南西オホーツク海の完新世古海洋環境復元. 第四紀研究, **39**, 439-449

Shimizu, S., Nakaoka, R. *et al.* (2024) Submarine pyroclastic deposits from 7.3 ka caldera-forming Kikai-Akahoya eruption. *J. Volcanol. Geoth. Res.*, **448**, 108017

宍倉正展・澤井祐紀 他 (2010) 平安の人々が見た巨大地震を再現する—西暦 896 年貞観地震津波—. *AFREC News*, **16**, 1-10

志村純子・開 和生 他 (2007) 海洋生物地理情報システム OBIS 日本ミラーサイトの現況—海洋における外来種問題の視点から. 保全生態学研究, **12**, 163-171

Stuart, A. J. (1991) Mammalian extinctions in the Late Pleistocene of northern Eurasia and North America. *Biological Reviews*, **66**, 453-562

Stuart, A. J. (2015) Late Quaternary megafunal extinctions o the continents: a short review. *Geological Journal*, **50**, 338-363

水産庁 (2023) https://www.env.go.jp/content/900498956.pdf

田所和明・杉本隆成 他 (2008) 海洋生態系に対する地球温暖化の影響. 海の研究, **17**, 404-420

高井正成 (2014) 東南アジアの古哺乳類学 —ミャンマーの鮮新世化石哺乳類相を中心に—. 哺乳類科学, **54**, 125-128

Tappin D.R., Grilli, S. T.*et al.* (2014) Did a submarine landslide contribute to the 2011 Tohoku tsunami? *Mar. Geo.*, **357**, 344-361

辻本 彰・安原盛明 他 (2008) 大阪湾における過去 150 年間の環境変化：微化石群集から読み解く富栄養化の歴史. 第四紀研究, **47**, 273-285

Turvey, S. T. (2009) Holocene mammal extinctions. *in* Holocene Extinctions (ed. Turvey, S.T.), pp. 41-107, Oxford Univ. Press

Turvey, S. T., Sathe, V. *et al.* (2021) Late Quaternary megafaunal extinctions in India: How much do we know? *Quaternary Science Reviews*, **252**, 106740

上杉 誠・佐藤慎一 他 (2012) 諫早湾潮止め後 10 年間の有明海における主な底生動物相の変化. 日本ベントス学会誌, **66**, 82-92

卜部厚志・片岡香子 他 (2024) 令和 6 年能登半島地震による新潟市街部での液状化被害. 第四紀研究, **63**, v-vii

若松加寿江 (2012) 2011 年東北地方太平洋沖地震による地盤の再液状化. 日本地震工学会論文集, **12**, 69-88

山下 麗・田中厚資 他 (2016) 高田秀重海洋プラスチック汚染: 海洋生態系におけるプラスチックの動態と生物への影響. 日本生態学会誌, **66**, 51-68

柳澤英明・阿部郁男 (2024) 2024 年能登半島地震津波における海底地すべりの影響. 令和 6 年能登半島地震津波に関する調査報告会.
https://www.ipc.tohoku-gakuin.ac.jp/chiikibousai/download/free/2024noto_tsunami3.pdf
2024 年 4 月 23 日確認

Yasuhara, M., Wei, C-L. *et al.* (2020) Past and future decline of tropical pelagic biodiversity. *Proc. Natl. Acad. Sci.*, **117**, 12891-12896

Zohary, D., Hopf, M. *et al.* (2012) Domestication of plants in the Old World, 4th edition, pp. 243, Oxford Univ. Press

付　　録　和名・学名対照表
（主に第5章）

類	目	科	亜科	学名	和名
哺乳類					
	偶蹄目				
		シカ科 Cervidae			
			シカ亜科 Cervinae		
				Agalmaceros	アガルマケロス
				Antifer	アンティファー
				Axis axis	アクシスジカ（現生）
				Blastocerus	アメリカヌマジカ属（現生）
				Cervavitus	セルバビトゥス
				Cervus canadensis	ワピチまたはアメリカアカシカ（現生）
				Cervus elaphus	アカシカ（現生）
				Cervus (Sika) grayi	グレイジカ
				Cervus triplidens	セルブス・トリプリデンス
				Charitoceros	カリトケロス
				Dama	ダマジカ属（現生）
				Elaphodus	マエガミジカ属（現生）
				Elaphurus	シフゾウ属（現生）
				Epieurycerus truncus	エピエウリケルス
				Eucladoceros teguliensis	エウクラドケロス・テグリエンシス
				Megaloceros giganteus	メガロケロス（ギガンテウスオオツノジカ）
				Morenelaphus	モレネラフス
				Muntiacus muntjac	ホエジカ（キョン）（現生）
				Nipponicervus	ニホンムカシジカ
				Paraceros	パラケロス
				Pseudodama lyra	シュードダマジカ・リラ
				Sinomegaceros	シノメガケロス
				Sinomegaceros ordosianus	シノメガケロス・オルドシアヌス
			オジロジカ亜科 Capleorinae		
				Alces alces	ヘラジカ（現生，ムース，エルク）
				Cervalces scotti	セルバルケス・スコッティ
				Cervalces	セルバルケス（スタッグムース）
				Hippocamelus	ゲマルジカ属（現生）
				Odocoileus	オジロジカ属（現生）
				Odocoileus lucasi	ルーカスオジロジカ（現生）
				Rangifer tarandus	トナカイ（現生）
		ウシ科 Bovidae			
			ウシ亜科 Bovinae		
				Bison antiquus	アンティクウスバイソン
				Bison occidentalis	オキシデンタルバイソン
				Bison georgicus	バイソン・ジョージクス
				Bison priscus	ステップバイソン
				Bos primigenius	オーロックス
				Boselaphus tragocamelus	ボセラフス・トラゴカメルス
				Bubalus bubalis	スイギュウ（現生）

付　　録　和名・学名対照表　　373

類	目	科	亜科	学名	和名
				Bubalus wansijocki	ワンシジョックスイギュウ
				Hemibos triquetricornis	ヘミボス・トリケトリコルニス
				Leptobos stenometopon	レプトボス・ステノメトポン
				Pelorobis (= Bos?) oldwayensis	ペロロビス・オルドワイエンシス
				Protragocerus	プロトラゴケルス
				Syncerus antiquus	シンケルス・アンティクウス
			アンテロープ亜科 Antelopinae（分類には諸説あり）		
				Antidorcas	スプリングボック属（現生）
				Antilope	アンテロープ属（現生）
				Antilospira	アンティロスピラ
				Connochaetes gnou	オジロヌー（現生）
				Damalops palaeindicus	ダマロプス・パレインディカス
				Gazella bennetti	ガゼラ・ベネッティ
				Gazella borbonica	ガゼラ・ボルボニカ
				Gazella subgutturosa	コウジョウセンガゼル（現生）
				Gazellospira torticornis	ガゼロスピラ・トルティコルニス
				Kobus kob	コーブ（現生）
				Kobus leche	リーチュエ（現生）
				Megalotragus priscus	メガロトラグス・プリスカス
				Oryx	オリックス属（現生）
				Pontoceros ambiguous	ポントケロス・アンビギュアス
				Procapra przewalskii	チベットガゼル（現生）
				Saiga	サイガ属（現生）
				Tragelaphus angasii	ニアラ（現生）
				Tragelaphus strepsiceros	クーズー（現生）
			ヤギ亜科 Caprinae		
				Bootherium bombirons	ボーテリウム
				Budorcas	ターキン属（現生）
				Capricornis	カモシカ属（現生）
				Capricornis sumatraensis	スマトラカモシカ（現生）
				Euceratherium collinum	エウケラテリウム・コリナム
				Gallogoral meneghinii	ガロゴーラル・メネギーニ
				Megalovis	メガロビス
				Nemorhaedus goral	ゴーラル（現生）
				Ovibos moschatus	ジャコウウシ（現生）
				Ovis ammon	アルガリ（現生）
				Ovis argaloides	オービス・アルガロイデス
				Ovis canadensis	ビッグホーン（現生，オオツノヒツジ）
				Ovis nivicola	シベリアビッグホーン（現生）
				Praeovibos priscus	巨大ジャコウウシ
				Procapra gutturosa	モウコガゼル（現生）
				Soergelia minor	セルゲリア・ミノール
		イノシシ科 Suidae			
				Nyanzachoerus	ニャンザコエルス
				Notochoerus	ノトコエルス
				Metridiochoerus	メトリディオコエルス
				Kolpochoerus	コルポコエルス
				Phacochoerus	イボイノシシ属（現生）
				Potamochoerus	カワイノシシ属（現生）
				Propotamochoerus	プロポタモコエルス

類	目	科	亜科	学名	和名
				Hylochoerus	モリイノシシ（現生）
				Sus barbatus	ヒゲイノシシ（現生）
				Sus minor	スス・ミノール
				Sus scrofa priscus	イノシシ（現生）
				Sus xiaozhu	シャオツイノシシ
		ペッカリー科 Tayassuidae			
				Catagonus	チャコペッカリー属（現生）
				Mylohyus	ミロヒウス
				Platygonus	プラティゴヌス
				Tayassu	クチジロペッカリー属（現生）
		カバ科 Hipopotamidae			
				Kenyapotamus	ケニアポタムス
				Hippopotamus antiquus	カバ（現生）
				Hexaprotodon	ヘクサプロトドン
				Hexaprotodon palaeindicus	ヘクサプロトドン・パレインディカス
		ラクダ科 Camelidae			
				Camelops spp.	カメロプス
				Camelus dromedarius	ヒトコブラクダ（現生）
				Camelus knoblochi	ノブロックラクダ
				Eulamaops	エウラマオプス
				Hemiauchenia	ヘミアウケニア
				Hippocamelus	ヒッポカメルス
				Lama	リャマ属（現生）
				Palaeolama mirifica	パレオラマ・ミリフィカ
				Vicugna	ビクーニャ属（現生）
		キリン科 Giraffidae			
				Giraffa	キリン属（現生）
				Lybitherium	リビテリウム
				Sivatherium giganteum	シバテリウム・ギガンテウム
		プロングホーン科			
				Antilocapra americana	プロングホーン（現生）
	奇蹄目				
		ウマ科 Equidae			
			ウマ族 Equini		
				Equus (Amerhippus)	アメリップス亜属
				Equus ferus	エクウス・フェルス（ノウマ，現生）
				Equus giganteus	ジャイアントホース
				Equus grevyi	グレビーシマウマ（現生）
				Equus hemionus	アジアノロバ（現生）
				Equus occidentalis	ウェスタンホース
				Equus scotti	エクウス・スコッティ
				Equus sivalensis	エクウス・シバレンシス
				Equus stenosis	エクウス・ステノシス
				Equus tabeti	エクウス・タベティ
				Hippidion	ヒッピディオン
				Plesippus	プレシップス
			ヒッパリオン族 Hipparionini		
				Hipparion	ヒッパリオン
				Nannippus	ナンニップス

類	目	科	亜科	学名	和名
				Proboscidipparion	プロボシディッパリオン
		サイ科 Rhinocerotidae			
				Rhinoceros	リノセロス属（現生，アジアサイ）
				Rhinoceros sivalensis	リノセロス・シバレンシス
				Rhinoceros sondaicus	ジャワサイ（現生）
				Rhinoceros unicornis	インドサイ（現生）
				Ceratotherium	シロサイ属（現生）
				Coelodonta antiquitatis	ケブカサイ
				Dicerorhinus sumatrensis	スマトラサイ（現生）
				Diceros	クロサイ属（現生）
				Stephanorhinus elatus	ステファノリヌス・エラトゥス
				Stephanorhinus hemitoechus	ステファノリヌス・ヘミテェクス
				Stephanorhinus kirchbergensis	ステファノリヌス・キルヒベルゲンシス
			アセラテリウム亜科 Aceratheriinae		
				Brachypotherium	ブラキポテリウム
		バク科 Tapiridae			
				Megatapirus	メガタピルス
				Tapirus arvernensis	タピルス・アルベルネンシス
				Tapirus bairdi	ベアードバク（現生）
				Tapirus (or *Acrocodia*) *indicus*	マレーバク（現生）
				Tapirus terrestris	アメリカバク（現生）
		カリコテリウム科 Chalicotheriidae			
				Chalicotherium	カリコテリウム
				Hesperotherium	ヘスペロテリウム
	長鼻目				
		デイノテリウム科 Deinotheriidae			
				Deinotherium	デイノテリウム
		マムート科 Mammutidae			
				Mammut americanum	アメリカマストドン
				Mammut borsoni	マムート・ボルソニ
		ゴンフォテリウム科 Gomphotheriidae			
				Anancus arvernensis	アナンクス・アルベルネンシス
				Cuvieronius	キュビエロニウス
				Notiomastodon	ノティオマストドン
				Rhynchotherium	リンコテリウム
				Sinomastodon	シノマストドン
				Stegomastodon	ステゴマストドン
		ステゴドン科 Stegodontidae			
				Stegodon	ステゴドン
				Stegodon orientalis	ステゴドン・オリエンタリス（トウヨウゾウ）
				Stegolophodon	ステゴロフォドン
		ゾウ科 Elephantidae			
				Elephas hysudricus	エレファス・ヒスドリカス
				Elephas maximus	インドゾウ（現生）
				Elephas planifrons	エレファス・プラニフロンス
				Loxodonta africana	アフリカゾウ（現生）
				Mammut americanum	アメリカマストドン
				Mammuthus	マンモス

類	目	科	亜科	学名	和名
				Mammuthus columbi	コロンビアマンモス
				Mammuthus meridionalis	メリディオナリスマンモス
				Mammuthus primigenius	ケナガマンモス
				Mammuthus rumanus	ルマヌスマンモス
				Mammuthus subplanifrons	サブプラニフロンススマンモス
				Mammuthus trogontherii	ステップマンモス
				Palaeoloxodon	パレオロクソドン（＝ナウマンゾウ）
				Palaeoloxodon (or *Elephas*) *recki*	パレオロクソドン・レッキ
				Palaeoloxodon antiquus	パレオロクソドン・アンティクウス
				Palaeoloxodon (or *Elephas*) *namadicus*	パレオロクソドン・ナマディクス
	食肉目				
		ネコ科 Felidae			
			マカイロドゥス亜科 Machairodinae（剣歯ネコ類）		
				Adelphailurus	アデルファイルルス
				Dinofelis	ディノフェリス
				Homotherium	ホモテリウム
				Homotherium crenatidens	ホモテリウム・クレナティデンス
				Homotherium latidens	ホモテリウム・ラティデンス
				Homotherium serum	ホモテリウム・セルム
				Homotherium ultimum	ホモテリウム・ウルティマム
				Homotherium venezuelensis	ホモテリウム・ベネズエレンシス
				Machairodus	マカイロドゥス
				Megantereon	メガンテレオン
				Megantereon cultridens	メガンテレオン・クルトゥリデンス
				Megantereon whitei	メガンテレオン・ホワイテイ
				Smilodon fatalis	スミロドン
				Smilodon gracilis	スミロドン・グラシリス
				Smilodon populator	スミロドン・ポプラトール
				Xenosmilus	ゼノスミルス
			ネコ亜科 Felinae		
				Acinonyx pardinensis	アシノオニックス・パルディネンシス
				Lynx	オオヤマネコ属（現生）
				Miracinonyx spp.	ミラキノニクス（アメリカンチーター）
				Puma concolor	ピューマ（クーガー，現生）
			ヒョウ亜科 Pantherinae		
				Panthera	パンテラ属（現生）
				Panthera gomabszoegensis	パンテラ・ゴマブスゾゲンシス
				Panthera atrox	アメリカライオン
				Panthera onca	ジャガー（現生）
				Panthera spelaea	ホラアナライオン
				Panthera uncia	ユキヒョウ（現生）
		クマ科 Ursidae			
			メガネグマ亜科 Tremarctinae		
				Arctodus simus	アルクトドゥス
				Arctotherium	アルクトテリウム
				Tremarctos	メガネグマ属（現生）

付　　録　和名・学名対照表　377

類	目	科	亜科	学名	和名
				Tremarctos floridanus	フロリダメガネグマ
			クマ亜科 Ursinae		
				Helarctos	マレーグマ属（現生）
				Ursus	ウルスス属（現生）
				Ursus arctos	ヒグマ（北アメリカではグリズリー, 現生）
				Ursus spelaeus	ホラアナグマ
				Ursus thibetanus	ツキノワグマ（現生）
			ジャイアントパンダ亜科 Ailuropodinae		
				Ailuropoda baconi	ベーコンジャイアントパンダ
				Ailuropoda melanoleuca	ジャイアントパンダ（現生）
		ハイエナ科 Hyaenidae			
				Chasmaporthetes	チャスマポルテテス
				Chasmaporthetes lunensis	チャスマポルテテス・ルゲンシス
				Chasmaporthetes ossifragus	チャスマポルテテス・オシフラグス
				Crocuta crocuta	ブチハイエナ（クロクタ・クロクタ, 現生）
				Crocuta crocuta spelaea	ホラアナハイエナ
				Crocuta crocuta ultima	クロクタ・ウルティマ
				Crocuta sivalensis	クロクタ・シバレンシス
				Hyaenictis	ヒアエニクティス
				Lycyaena	リキアエナ
				Pachycrocuta	パキクロクタ
				Pliocrocuta perrieri	プリオクロクタ・ペリエリ
		イヌ科 Canidae			
			イヌ亜科		
				Aenocyon dirus	ダイアウルフ
				Canis	イヌ属（ジャッカルなどを含む, 現生）
				Canis cautleyi	カニス・コートレイ
				Canis lupus	オオカミ（現生）
				Canis lupus dingo	ディンゴ（現生）
				Canis mosbachensis	カニス・モスバッハエンシス
				Canis proplatensis	カニス・プロプラテンシス
				Canis variabilis	バリアビリスオオカミ
				Chrysocyon	タテガミオオカミ属（現生）
				Cuon alpinus	ドール（現生）
				Dusicyon sustralis	フォークランドオオカミ
				Lycaon lycaonoides	リカオン・リカオノイデス
				Lycalopex	パンパスギツネ属（現生）
				Protocyon	プロトキオン
				Theriodictis	テリオディクティス
				Vulpes velox	スイフトギツネ
			ヘスペロキオン亜科 Hesperocyoninae		
				Hesperocyon	ヘスペロキオン
			ボロファグス亜科 Borophaginae		
				Borophagus	ボロファグス
	霊長目				
		メガラダピス科 Megaladapidae			
				Megaladapis	メガラダピス

類	目	科	亜科	学名	和名
		アーケオレムール科 Archaeolemuridae			
				Archaeolemur	アーケオレムール
		パレオプロピテクス科 Pareopuropithecidae			
				Paleopropithecus	パレオプロピテクス
		オナガザル科 Cercopithecidae			
			オナガザル亜科 Cercopithecinae		
				Paradolichopithecus	パラドリコピテクス
				Procynocephalus	プロキノセファルス
				Theropithecus	ゲラダヒヒ属（現生）
				Theropithecus delsoni	テロピテクス・デルソニ
				Theropithecus oswaldi	テロピテクス・オズワルディ
		ヒト科 Hominidae			
			オランウータン亜科 Ponginae		
				Pongo	オランウータン属（現生）
				Gigantopithecus	ギガントピテクス
			ヒト亜科		
				Homo erectus erectus	ジャワ原人
				Homo georgicus	ドゥマニシ原人
				Homo sapiens sapiens	現生人類
				Homo sapiens neanderthalensis	ネアンデルタール人（「旧人」）
				Pan	チンパンジー属（現生）
				Gorilla	ゴリラ属（現生）
	齧歯目				
		ビーバー科 Castoridae			
				Castoroides	カストロイデス
		テンジクネズミ科 Caviidae			
				Hydrochoerus dasseni	カピバラ・ダッセニ
				Neochoerus	ネオコエルス
	有毛目				
		ナマケモノ亜目 Folivora			
			ミロドン上科 Mylodontoidea		
				Glossotherium	グロッソテリウム
				Lestodon	レストドン
				Mylodon darwini	ミロドン
				Paramylodon	パラミロドン
				Scelidodon (= Catonyx)	スケリドドン（カトニクスを含む）
				Schelidotherium	スケリドテリウム
			メガテリウム上科 Megatherioidea		
				Eremotherium	エレモテリウム
				Megalonyx	メガロニクス
				Megatherium	メガテリウム
				Nothropus	ノスロプス
				Nothrotheriops	ノスロテリオプス
				Pyramiodontherium	ピラミオドンテリウム
				Thalassocnus	タラソクヌス
	被甲目				
		グリプトドン科 Glyptodontidae（絶滅）			
				Chlamydotherium	クラミドテリウム

付　録　和名・学名対照表　379

類	目	科	亜科	学名	和名
				Doedicurus	ドエディクルス
				Glyptodon	グリプトドン
				Glyptotherium	グリプトテリウム
				Hoplophorus	ホプロフォルス
				Lomaphorus	ロマフォルス
				Neosclerocalyptus	ネオスクレロカリプトゥス
				Neothoracophorus	ネオソラコフォルス
				Neuryurus	ネウリュルス
				Panochthus	パノクトゥス
				Paraglyptodon	パラグリプトドン
				Plaxhaplous	プラクスハプロウス
				Plohophorus	プロホフォルス
				Xiphuroides	キフロイデス
		アルマジロ科 Dasypodidae			
				Dasypus bellus	ココノオビアルマジロ
				Eutatus	エウタトゥス
		パンパテリウム科 Pampatheriidae（絶滅）			
				Holmesina septentrionalis	ホルメシナ
				Pampatherium	パンパテリウム
				Tonnicinctus mirus	トニチンクトゥス
	南蹄目				
		トクソドン科 Toxodontidae			
				Dilobodon	ディロボドン
				Mesotherium	メソテリウム
				Toxodon	トクソドン
		ヘゲトテリウム科 Hegetotheriidae			
				Paedotherium	ペドテリウム
	滑距目				
		マクラウケニア科 Macrauchenidae			
				Macrauchenia	マクラウケニア
				Pseudomacrauchenia	シュードマクラウケニア
				Windhausenia	ウィンドハウセニア
		プロテロテリウム科 Proterotheriidae			
				Neolicaphrium	ネオリカフリウム
	有袋目				
		ヒプシプリムノドン科			
				Propleopus oscillans	プロプレオプス・オシランス
		フクロライオン科			
				Thlacoleo carnifex	フクロライオン
		フクロオオカミ科			
				Thylacinus cynocephalus	フクロオオカミ
		フクロネコ科			
				Sarcophilus harrisii	タスマニアデビル
				Dasyurus maculatus	オオフクロネコ
		ディプロトドン科			
				Diprotodon optatum	ディプロトドン・オプタトゥム
		ウォンバット科			
				Phascolonus gigas	ファスコロヌス・ギガス
				Sedophascolomys medius	セドファスコロミス・メディウス

類	目	科	亜科	学名	和名
		パロルケステス科			
				Palorchestes azalae	パロルケステス・アザラエ
鳥類					
		エピオルニス Aepyornisidae			
				Aepyornis	エピオルニス
		ダチョウ科			
				Struthio camelus	ダチョウ（現生）
		ドロモニルス科			
				Dromornis stirtoni	ドロモニスル・スティルトニ
				Bullockornis planei	ブロックオルニス・プラネイ
		ガストルニス科			
				Genyornis darwini	ゲニオルニス
爬虫類					
		ワニ			
				Quinkana	キンカナ
		オオトカゲ			
				Megalania prisca	メガラニア・プリスカ
		ヘビ			
				Wonambi naracoortensis	ウォナンビ・ナラクールテンシス
				Liasis dubudingala	リアシス・ドゥブディンガラ
		カメ			
				Meiolania	メイオラニア

索　引

略語

AABW (Antarctic Bottom Water) 南極底層水　34, 122

AC (Aladdin's cave) transition　110

ALHIC (Allan Hills Blue Ice Area)　44, 102

AMOC (Atlantic Meridional Overturning Circulation) 北大西洋子午面海洋循環　114, 128, 132, 135

BISMaL (Biological Information System for Marine Life)　336

BP (before present) 西暦 1950 年を 0 年とする　65

CLIMAP (Climate Long-Range Investigation Mapping and Prediction)　22

DDT (dichlorodiphenyl trichloro ethane) ジクロロジフェニルトリクロロエタン　14

D-excess (deuterium excess values) 重水素過剰値　10, 43

DO (Dansgaard/Oeschger oscillations) ダンスガード・オシュンガー振動　124

DSDP (Deep Sea Drilling Project) 深海掘削計画　97

ENSO (El Niño-Southern Oscillation) エルニーニョ・南方振動　68, 133, 335

G/M (Gauss/Matuyama) ガウス／松山　6

GNAIW (Glacial North Atlantic intermediate Water) 氷期北大西洋中層水　34

GSSP (Global Boundary Stratotype Section and point) 国際境界模式層断面と断面上のポイント　1

HE (Heinrich event) ハインリッヒイベント　126

HS (Heinrich stadial) ハインリッヒ亜間氷期　110, 114

IODP (International Ocean Discovery Program) 統合国際深海掘削計画　109

ITCZ (Intertropical Convergence Zone) 熱帯収束帯　105

LGM (Last Glacial Maximum) 最終氷期最盛期　110, 112, 297, 299, 343

LMA (land mammal age) 陸生哺乳類化石に基づく年代区分　187

M/B (Matuyama/Brunhes) 松山／ブルン　7

MIS (Marine Isotope Stage) 海洋酸素同位体ステージ　4, 92

MPT (Mid-Pleistocene Climatic Transition) 中期更新世気候変換期　97, 102, 138

MWP1A (meltwater pulse 1A) 融氷パルス 1A　115, 130

NADW (North Atlantic Deep Water) 北大西洋深層水　33, 122

NAO (North Atlantic Oscillation) 北大西洋振動　134

ODP (Ocean Drilling Project) 国際深海掘削計画　97

PCB (polychlorinated biphenyl) ポリ塩化ビニル　14

PDO (Pacific Decadal Oscillation) 太平洋十年規模振動　68, 335

PPT (Pliocene-Pleistocene Transition) 鮮新世–更新世変換期　98

SDGs (Sustainable Development Goals) 持続可能な開発目標　330

T-I (termination-I) ターミネーション I　107, 110

YD (Younger Dryas) ヤンガー・ドリアス　115

YDE (Younger Dryas event) ヤンガー・ドリアス・イベント　116, 128

YDS (Younger Dryas stadial) ヤンガー・ドリアス亜氷期　116

人名

Agassiz　84
Arduino　2
Broecker　93
Brunhes　93
Buckland　84
Croll　86
Crutzen　14
Cuvier　2, 82
Desnoyers　2
Donk　94
Eddy　135
Emiliani　92
Ericson　91
Forbes　2
Galilei　82
Hays　95
Hutton　82
Imbrie　92
Kipp　92
Kukla　94
Lyell　2, 82
Martin　119
Newton　82
Schott　92
Shakleton　92, 95
アガシ　84
アデマール　85
インブリー　92
ウェゲナー　88
エミリアーニ　92
エリクソン　91
ガリレイ　82
キップ　92
キュビエ　82
ククラ　94
クロール　86
ケッペン　88
ニュートン　82
バックランド　84
ハットン　82
バン・ドンク　94
ブルックナー　89
ブルン　93

ブロッカー　93
フンボルト　85
ヘイズ　95
ペンク　89
松山基範　93
真鍋淑郎　97, 124
三木 茂　290
ミランコビッチ　87
ライエル　2, 82

生物名

Acropora palmata　22
Anadara ommaensis　24
Arctica islandica　3
Cycladophora davisiana　95
Dendropoma　57
Emilania huxleyi　36
Globigerina bulloides　95
Globigerina inflata　92
Globigerinoides sacculifer　93
Globigerinoides ruber　35, 286, 332
Globorotalia inflata　334
Globorotalia menardii　91
Macaronichnus segregatis　62
Neogloboquadrina pachyderma　24, 126
Phacosoma japonicum　24
アイスランドガイ　68
アウストラロピテクス属　234
アウストラロピテクス・アナメンシス　242
アウストラロピテクス・アファレンシス　236
アウストラロピテクス・アフリカヌス　243
アウストラロピテクス（パラントロプス）・エチオピクス　246
アウストラロピテクス・ガルヒ　252
アウストラロピテクス・セディバ　253
アウストラロピテクス・デイレメダ　243
アウストラロピテクス（パラントロプス）・ボイセイ　246
アウストラロピテクス（パラントロプス）・ロブストス　246
アケボノゾウ　311
アボリジニー　222
アルディピテクス・カダバ　241
アルディピテクス・ラミダス　239

ウルシ 340
猿人 234
円石藻 36, 121
オランウータン 200
オーロックス 321
オロリン・トゥゲネンシス 239
介形虫 22
カズサジカ 315
カラマツ属 292
ギガントピテクス 200
キュウシュウサンバー 314
旧人 262
キョクチチョウノスケソウ 161, 163
グイマツ 298, 300
クリ 339
グリプトドン 217
クロ・マニヨン人 268
クロメリアン・コンプレックス 156
珪藻 22, 46
ケナガマンモス 189, 345
ケニアントロプス・プラティオプス 243
ゲニオルニス 224
ケブカサイ 189
ゲラダヒヒ 185
剣歯ネコ類 184, 351
原人 255
コウヤマキ 152
コケスギラン 292, 298, 302
古細菌 38
コナラ属アカガシ亜属 296, 302
コロンビアマンモス 345
サヘラントロプス・チャデンシス 238
サンギラン 257
サンゴ 25
サンバージカ 314
サンブルピテクス 238
シフゾウ属 314
ジャコウウシ 190
ジャワ原人 256
シンシュウゾウ 310
スイギュウ 317
スイショウ 167, 293
スギ 293, 298, 302
スギ科 167

ステゴドン属 310
ステップバイソン 321
チャスマポルテテス 187
チョウセンゴヨウ 293, 299
長鼻目 184
長鼻類 309
チョローラピテクス 238
ツガ属 292
ディプロトドン 223
デニソワ人 266
トウヒ 295, 299
トウヒ属 292
トウヨウゾウ 312
トゥルカナ・ボーイ 259
トロゴンテリマンモス（ステップマンモス）
　345
ナウマンゾウ 312
ナカリピテクス 238
ニッポンサイ（キルヒベルクサイ） 316
ネブラスカ 90
パキクロクタ 194
ハチオウジゾウ 310
パレオロクソドン属 309
ピルトダウン人 243
ブナ 298, 343
北京原人 257
ヘクサプロトドン 182, 195
ヘラジカ 321
放散虫 22
ホモ・エルガスター 261
ホモ・エレクトス 255
ホモ・ジョルジクス 261
ホモ属 248
ホモ・ナレディ 274
ホモ・ネアンデルタレンシス 263
ホモ・ハイデルベルゲンシス 262
ホモ・ハビリス 248, 253
ホモ・フロレシエンシス 248, 258
ホモ・ルドルフエンシス 253
マチカネワニ 318
マツ属 292
マンモス 187, 311, 344
マンモス属 309
ミエゾウ 310

ミツガシワ 291, 293
ムカデガイ 56, 57
メガテリウム 215
メガロケロス 189
メガンテレオン 187
メタセコイア 291, 293, 294
モミ属 292
ヤッコカンザシ 56, 57
ヤベオオツノジカ 317
有孔虫 22, 26
ヨーロッパブナ 165

地名

アガシ湖 128
アタプエルカ 262
アムッド 265
アラカン山脈 193
アラジン洞窟 110
アンデス山脈 122, 219
伊豆半島 280, 282
一ノ目潟マール 47
インドシナ亜区 198
オーストラリア区 198
オホーツク海 45, 127, 334
オルドヴァイ峡谷 246
カリアコ海盆 47
鬼界カルデラ 358
喜界島 57, 68, 93
クービ・フォラ 253
グランピル 158
クルヌール洞窟 196
クロフォード湖 15
玄武洞 93
紅海 110
ゴナ 251
相模湾 282
サンタバーバラ海盆 50
ジェベル・イルード 268
ジブラルタル地峡 180
周口店 206, 257
秦嶺山脈 198, 205
水月湖 10, 16, 128
スエズ地峡 180
ステルクフォンテイン 243

スライマン山脈 193
駿河湾 282
スワルトクランス 247
スンダ亜区 198
スンダランド 198
銭洲海嶺 282
地中海 3, 5
チベット高原 205
東洋区 198, 205
トカラ海峡 280
トバ火山 203
ドマニシ 260
ドリモーレン 247
ナイアガラ滝 87
ナリオコトメ 259
ナルマダ渓谷 196
南方海峡 282, 286
日本海 45, 127, 280
バイカル湖 171
ハダール 242
ハドソン湾 114, 126, 132
パナマ地峡 98, 122, 210
バルバドス島 57, 93
ヒマラヤ山脈 193, 205
ヒョオン半島 57
フィリピン亜区 198
フォン半島 110
別府湾 14, 50
ヘルト 268
ホワイト・サンズ 273
間宮海峡 284
マンデブ地峡 180
三方五湖 16
ミドル・アワッシュ 239, 268
宮古島 282
モンテ・ヴェルデ 273
駱駝山 206
ランゲル島 190
ランチョ・ラ・ブレア 213
琉球列島 280

数字・記号

^{10}Be 136
100k world 97

索　引　385

10 万年世界　97, 105
^{14}C　14, 64, 136
^{210}Pb　40
^{231}Pa/^{230}Th 比　117, 129
^{40}Ar　102
41k world　97
4.2 ka イベント　12, 133
4 万年世界　97, 100
8.2 ka イベント　12, 128, 131

アルファベット

alkenone　36
Allerød　128
Anthropocene　1, 14
auxiliary stratotype　10

biogenic/organic varves　46
biological amplification　335
Bomb 効果　65, 66
Byk-E（白尾）テフラ　9

C3 植物　39
C4 植物　39
catastrophism　82
CH_4　14, 124
chamber　29
Chibanian　7
chronostratigraphic unit　1
clastic varves　46
CLIMAP Project Members　112
CO_2　13, 38, 44, 102, 104, 114, 118, 139
CO_2 ガス　12
CO_2 仮説　98, 100

deposit feeder　40
DYE-3 氷床コア　10

ecological guild　184
ecological niche　331
endogenic varves　46
Eocene　2
epifauna　33, 55

geochronologic unit　1

glacial deposits　2
glacial, glacial stage　4
Great Acceleration　14
GRIP 氷床コア　10, 41
Günz　4, 89

historical layer　40
Holocene Climatic Optimum　116
HS イベント　110
Hypsithermal　116

ice age　2
Illinoian　90
infauna　33, 55
infralittoral　55
IntCal13/20　17, 66
interglacial, interglacial stage　4
intertidal zone　55

J-STAGE　336

Kansan　90

land-based ice sheet　114
life history　331
LR04 スタックカーブ　96

magnetostratigraphy　6
marine-based ice sheet　112
Maunder minimum　135
Mg/Ca 比　34
Middle Pleistocene　7
Mindel　4, 89
Miocene　2
MIS11　108, 156, 296
MIS22　137
MIS5.5　111
mixed layer　40
(motion of) precession　6

NAO index　134
Nebraskan　90
NGRIP2 (North GRIP2)　10

386 索　引

Olduvai event　6

Pachycrocuta brevirostris イベント　189
paleoclimate　2
Pleistocene　2
Pliocene　2

regime shift　335
reservoir effect　66
Riß　4, 89

Saksunarvatn テフラ　10
sessile　55
Sr/Ca 比　34, 35
strandline　129
Suess 効果　65

teleconnection　127
termination　94
TEX$_{86}$ 古水温計　38
time-averaging　40
time constant　96
tipping element　117
type locality　4

U 字谷　44

vagile　55
varve　16, 45
Vedde テフラ　10

Wisconsin　90
Würm　4, 89

Younger Dryas/Greenland Stadial 1　10

あ 行

アイス・アルベド・フィードバック　86, 99
アイスランド低気圧　134
アイスランド氷床　45
アイソスタシー　53, 104, 117
アウレリアン　187
アジアモンスーン気候　205
アスティアン　3

アゾレス高気圧　134
アッカド帝国　134
アデレート期　128
アデレート振動　128
後浜　63
アフリカ単一起源説　267
雨水　12
洗い出し深度　60
アラレ石　26
アルカリポンプ　119
アルキル脂質　39
アルケノン　36
アルベド効果　86
アンカード年縞編年　47

イーストサイドストーリー　241
伊豆マイクロプレート　282
遺伝的浮動　99, 265
イリノイ　90

ウィスコンシン　90
魚沼層群　293
ウォルフ極小期　136
宇宙線　42, 64
宇宙線生成核種　42
宇宙線変動　42
ウラン系列核種 (U/Th) 年代　13, 57, 93
ウルム　89

エアハイドレート（クラスレート・ハイド
　レート）　41
液状化　360
エジプト古王国　134
エーミアン　157
エルニーニョ・南方振動　36, 335
塩分躍層　46

黄鉄鉱　46
黄土堆積物　94
大型植物化石　151
大型動物相（メガファウナ）　221, 224
大阪層群　294, 318
オオミツバマツ層　290
沖縄トラフ　280

索　引　387

沖浜　63
オーストラリア化石哺乳類地点　223
頤　265
溺れ谷　334
親潮　282
親潮動物群　283, 288
オルドバイ・イベント　6
オルドバイ正磁極亜期　94
温室効果ガス　44
温帯針葉樹　296
温暖化　331, 359
温度躍層　284
大桑層　24, 102, 137, 286, 332
大桑・万願寺動物群　286

か　行

海水　334
海水準変動　53
外生動物　33
外地生植物　152, 290
海底地すべり　360
海抜ゼロメートル地帯　359
海氷　40, 45, 334
海洋酸性化　331
海洋酸素同位体ステージ (MIS)　4, 24
海洋生物地理区　25, 283
海洋無脊椎動物　24, 283
海洋リザーバー効果　66
外来種移入　331
ガウス／松山 (G/M) 地磁気　6, 97
カオス　100, 118
夏季アジアモンスーン　105
夏季モンスーン　116, 132
核実験　65
掛川動物群　283
火山ガラス　45
火山灰層　52
可視性年縞　53
過剰漁業　331
過剰殺戮説　219
上総層群　8, 283
化石記録　40
下層堆積物食者　40
花粉　22, 50, 68

カラブリアン　3
カラマツ層　290
カリウム-アルゴン法　93
ガレリアン　187
眼窩上隆起　256
環境勾配　55
環境変化説　220
カンサス　90
頑丈型の猿人　234
完新世温暖極相期　116
完新統／世　10
岩相　63
間氷期　4

帰化植物　341
気候感度　112
汽水湖　46
キーストーン種説　351
北大西洋子午面海洋循環 (AMOC)　114
北大西洋深層水 (NADW)　33, 98
北大西洋振動 (NAO)　134
北大西洋振動指数　134
軌道要素年代学　90
旧北区　205
球状炭化粒子　14
キュリー温度　94
ギュンツ　89
極域砂漠　155
魚種交替　50
巨大地震　57
巨大津波　336
キール　256

掘削孔内温度　42
グリーンランディアン　11
グリーンランド氷床　45, 112
クローヴィス文化　273, 349
黒潮　25, 282
黒潮動物群　283

蛍光性有機化合物　53
蛍光年縞　53
慶良間海裂　280

現世　2
現生種　2
顕生累代　1

広域テフラ　52
高栄養塩低葉緑素海域　119
高塩分水の排出　122
硬骨海綿　26
交雑　265
更新世　2
硬水効果　66
高度・質量収支フィードバック　104
後背湿地　63
幸屋火砕流　358
古気候　2
国際境界模式層断面と断面上のポイント
　（GSSP）　1
黒点数　135
国本層　8
古地磁気層序　6
固着生活　55
古琵琶湖層群　294
コブ・マウンテン正磁極亜期　94
固溶体　34
コルディレラ氷床　210, 273
混合層　40

さ　行

再液状化　363
歳差運動　5, 6, 85
最終退氷期　44
最終氷期最盛期（最終氷期極大期，LGM）
　21, 112, 179
砕屑質年縞　46
サキタリ洞遺跡　272
サージ　126
山岳氷河　13
産業革命　16, 64, 116
サンゴ礁　280
酸素極小層　46
酸素同位体ステージ（MIS）　103
酸素同位体比　25, 32, 91
三内丸山遺跡　134

ジェラシアン　6
時間的平均化　40
シーケンス層序学　285
矢状陵　245
始新世　2
史前帰化植物　341
示相化石　22
シチリア　3
時定数　96
シデライト　46
下総層群　24, 283
重水素過剰値　10
自由生活　55
出アフリカ　179, 269
シュペーラー極小期　136
樹木年輪　36
貞観津波　359
鍾乳石　13
鍾乳洞　13
小氷期　21, 82, 134
菖蒲谷層　294
縄文海進　138
常緑広葉樹　296
初期の猿人　234
植物レッドデータブック　341
食料供給仮説　241
白保竿根田原洞穴遺跡　272
自励振動システム　126
シワリク化石相　194
シワリク動物相　198
人為的植生　340
深海動物群集　284
人新統／世　1, 13
新生界　2
深層循環　99, 122
新第三紀　151
人類活動説　224

水温躍層　16, 46
水質汚染　331
水蒸気量　69
頭蓋内腔容量　248
スカンジナビア氷床　155, 187
スギ層　290

スキップ　100
ステゴドン-ジャイアントパンダ相　199
ステップ・ツンドラ　155, 346
スペクトル解析　95, 96, 100
スベルドラップ　122

斉一説　82
静穏時の波浪限界　64
生活史　331
生痕　62
生痕化石　62
成層強化　121
成層構造　14
生息地破壊　331
生態学的ギルド　184
生態的地位　331
成長線解析　30
生物学的増幅　335
生物学的同位体効果　25
生物撹拌　16
生物源オパール　117
生物源（有機質）年縞　46
生物ポンプ　118
石筍　12, 52, 105
赤鉄鉱　45, 133
セジメントトラップ試料　37
石灰岩　12
石灰質ナンノ化石　6, 22
石器　250
雪線　44
絶対年代測定法　87
雪氷圏　40
セメンタイト法　68
セルソーター　68
セルロース　36
穿孔　55
鮮新世　2, 36, 151
鮮新世–更新世変換期（PPT）　98
潜入深度　60
全割れケース　338

走磁性細菌　94
宗谷海流　282
足糸　56

外浜　62, 63

た　行

大加速　14
大規模動物相交流　217
堆積残留磁化　94
堆積シーケンス　101
堆積相　63
堆積物食者　40
大地溝帯　180
退氷期　332
太平洋十年規模振動　68, 335
太陽活動極大期　136
太陽活動変動　42, 64
太陽磁場　136
第四系／紀　1, 2
大陸氷床　41
タウング　243
竜ノ口動物群　283
多地域進化説　267
多摩層群　283
ターミネーション　94, 105
ターミネーション I（T-I）　110
ターミネーション II（T-II）　109
ダルトン極小期　136
ターンオーバー　182
炭酸塩補償深度　285
炭酸塩ポンプ　121
炭酸凝集温度計　32
ダンスガード・オシュンガー（DO）振動
　　44, 124, 285
炭素同位体比　26, 33
炭素リザーバー　66, 121

地域絶滅　151
地球磁場　93
地球磁場変動　42
地史イベント　280
地磁気エクスカーション　67
地軸傾斜角　87
地質年代単元　1
地熱　126
千葉セクション　1, 7
チバニアン　1, 7

チャレンジャー号　91
中央アメリカ水路　98
中央構造線　14
中期更新世　107, 155
中期更新世気候変換期 (MPT)　97, 102, 137
中期ブルンイベント　107
中新世　2
中世温暖期　82, 134
中世極大期　136
中部更新統　1, 7
潮下帯　55
潮間帯　55
直達発生型　55
直立二足歩行　233
地理的隔離　280, 306
沈水鍾乳石　62

津軽海流　282
対馬海流　25, 282, 284, 332
対馬海流系動物群　284

泥河湾動物相　206
ティグリアン　152
定在波・温度フィードバック　104
底生生物（ベントス）　55
汀線地形　129
ティッピングエレメント　117
テトラエーテル脂質　36
テレコネクション　127
電撃戦モデル　219
天水線　52
天変地異（激変）説　82
天文学説　84, 85, 96
天文較正　5, 90

同位体平衡　25
東海層群　294
冬季モンスーン　45
統合国際深海掘削計画　109
凍土　40
東北地方太平洋沖地震　336
十勝層群　292
土壌層　94
ドナウ氷期　90

ドームふじ　41, 110
ドロップストーン　45

な 行

内因性年縞　46
内生生活者　55
内生動物　33
中津層　283
南海トラフ巨大地震　336
南極前線　114, 117, 120
南極底層水 (AABW)　34, 108, 122
南極氷床　114
ナンキンハゼ層　290
軟体動物　26
南米陸生哺乳類化石年代 (SALMA)　213

日本海固有種　288
日本海固有水　284, 286, 334

熱塩循環　114, 123
熱残留磁化　94
熱水噴出孔　120, 280
熱帯収束帯 (ITCZ)　105
年縞　14, 16
年縞堆積物　10, 45
年縞編年　47
年代層序単元　1

ノアの大洪水　84
ノースグリッピアン　11, 131

は 行

バイオマーカー　36
バイオーム　190
バイポーラ・シーソー現象　127
ハインリッヒ亜氷期 (HS)　110, 114
ハインリッヒイベント (HE)　45, 107, 114, 125
ハインリッヒ層　114
波食台　338
パナマ仮説　98
バーブ　16
浜北遺跡　271

ハマナツメ層　290
ハラミヨ正磁極亜期　94
パラントロプス　234
波浪限界　64
反射率（アルベド）　40
繁殖率（繁殖能力）　349
汎世界的海水準変動　53, 138
反応速度論的同位体効果　25
半割れケース　338

微化石　22
光ルミネッセンス (OSL) 年代測定（値）
　64, 129
ヒステリシス　118
微生物炭素ポンプ　120
ヒプシサーマル期　116
百分率法　2
漂泳生生物（プランクトン）　55
氷河　40
氷河湖　46, 82, 129
氷河最大拡張期　45
氷河作用　82
氷河時代　2, 84
氷化深度　41
氷河性海水準変動　54
氷河性堆積物　2, 87
氷河性地殻均衡　62
氷河説　82, 84
氷河地形　44
氷期　4
氷期・間氷期サイクル　92, 96, 99, 100
氷期北大西洋中層水 (GNAIW)　34
氷床　40
氷床–気候モデル　101
氷床コア　39, 41, 102
表生生活者　55
表生動物　33
表層堆積物食者　40
漂流岩屑　45, 107, 114
漂流分散　307
ビラフランキアン　3, 187
ピンジョール相　194
浜堤（砂丘）　63

フィードバック　86
フィリピン海プレート　282
フィルン層　41
富栄養化　46, 331
副模式地　10
腐泥層　4
部分循環湖　16
浮遊生生物（プランクトン）　55
浮遊分散　283
ブラキストン線　304
プラサンシアン　3
プランクトン栄養型発生　55
ブルン正磁極期　93
プレティグリアン　152
プレート収束境界　356
不連続編年　47
フローティング　47
分散速度　24, 60

ベースライン　335
ベーリング・アレレード期　157, 302
ベーリンジア　182, 344
変換関数　22
偏西風　122, 127
ベンチレーション　121

貿易風　98, 122
方解石　13, 46
房室　29
ホウ素同位体比　102
暴浪時の波浪限界　64
ホクスニアン　156
北米陸生哺乳類化石年代 (NALMA)　210
哺乳類生層序　309
ホルスタイニアン　156
ボンドイベント　136

ま　行

マイクロアトール　57
マイクロプラスチック　14
迷子石　82, 84
マウンダー極小期　135
前浜　62, 63
マグネタイト　94

マツ科針葉樹　296, 298
松山逆磁極期　93
松山／ブルン (M/B) 境界　7
マンモスステップ　190, 321

三方断層帯　16
水まき実験　123
三田層　286
港川遺跡　272
ミランコビッチ仮説　84, 90
ミランコビッチサイクル　5
ミンデル　89

ムクノキ層　290
ムステリアン　264

明暗色互層　285
メガラヤン　11, 133
メキシコ湾流　98
メタセコイア層　290
メッシニアン塩分危機　180

燃え木農法　224
模式地　4, 9
盛土崩壊　360
モレーン　44

や　行

山下町洞穴遺跡　272
山都層群　293
弥生の小海退　138
ヤンガー・ドリアス (YD)　115
ヤンガー・ドリアス亜氷期 (YDS)　116
ヤンガー・ドリアス・イベント (YDE)　116, 128
ヤンガー・ドリアス期　50, 157, 222, 303

遊泳生生物（ネクトン）　55
湧昇流　114, 120
融氷パルス (MWP)　115

溶解ポンプ　118
幼生　283
葉理　16

ら　行

ラシャンプ地磁気エクスカーション　68
卵黄栄養型　55
乱泥流堆積物　52

陸橋　305, 313
陸生哺乳類化石に基づく年代区分 (LMA)　187
陸棚　63
リザーバー効果　66
離心率　86
リス　89
離水生物遺骸群集　57
リューヴェリアン　152
隆起サンゴ礁段丘　57, 93
流体包有物　52
両極シーソー現象　114

令和 6 年能登半島地震　57, 360
歴史科学　82
歴史地震　338
歴史層　40
レゴリス–氷河ダイナミクス　103
レジーム・シフト　335
レス（黄土）　205
レフュージア　155, 167
レベル 1 の地震・津波　336, 360
レベル 1.5 の地震・津波　360
レベル 2 の地震・津波　336, 360
レユニオン正磁極亜期　94
連続編年　47

ローレンタイド氷床　45, 50, 91, 210, 273

わ　行

渡瀬線　304
ワックス脂質　39

Memorandum

【編者紹介】

北村晃寿（きたむら　あきひさ）

1990 年　金沢大学大学院自然科学研究科物質科学専攻博士課程修了

現　　在　静岡大学大学院理学研究科 教授，同防災総合センター センター長，学術博士

専　　門　古生物学，第四紀学，地質学

主　　著　「暖かい地球と寒い地球」（福音館書店，1998）

　　　　　「古生物学事典第 2 版」（編集幹事，朝倉書店，2010）

　　　　　「静岡の大規模自然災害の科学」（編著，静岡新聞社，2020）

高井正成（たかい　まさなる）

1992 年　京都大学大学院理学研究科博士後期課程学位取得退学

現　　在　京都大学総合博物館 教授，博士（理学）

専　　門　古脊椎動物学，霊長類学

主　　著　「霊長類進化の科学」（分担執筆，京都大学学術出版会，2007）

　　　　　「化石が語る　サルの進化・ヒトの誕生」（共著，丸善出版，2022）

百原　新（ももはら　あらた）

1989 年　大阪市立大学大学院理学研究科後期博士課程中退

現　　在　千葉大学大学院園芸学研究院 教授，理学博士

専　　門　植生史学，植物生態学

主　　著　「第四紀学」（編著，朝倉書店，2003）

　　　　　「Mountains, Climates and Biodiversity」（分担執筆，Wiley，2018）

シリーズ地球生命史 6
History of the Earth and Life 6

人類の進化－第四紀－
Human Evolution: Quaternary

2024 年 8 月 31 日　初版 1 刷発行

編　者　北村晃寿
　　　　高井正成　ⓒ2024
　　　　百原　新

発　行　**共立出版株式会社**／南條光章
〒 112-0006
東京都文京区小日向 4-6-19
電話　03-3947-2511（代表）
振替口座 00110-2-57035
URL　www.kyoritsu-pub.co.jp

印　刷　藤原印刷
製　本　加藤製本

一般社団法人
自然科学書協会
会員

検印廃止
NDC 456, 457, 455

Printed in Japan

ISBN 978-4-320-04695-5

[JCOPY] ＜出版者著作権管理機構委託出版物＞
本書の無断複製は著作権法上での例外を除き禁じられています．複製される場合は，そのつど事前に，出版者著作権管理機構（ＴＥＬ：03-5244-5088，ＦＡＸ：03-5244-5089，e-mail：info@jcopy.or.jp）の許諾を得てください．

現代地球科学入門シリーズ

大谷栄治
長谷川 昭
花輪公雄
【編集】

全16巻

本シリーズは寿命の長い教科書、座右の書籍を目指して、現代の最先端の成果を紹介しつつ時代を超えて基本となる基礎的な内容を厳選し丁寧にできるだけ詳しく解説する。本シリーズは、学部2〜4年生から大学院修士課程を対象とする教科書、そして専門分野を学び始めた学生が、大学院の入学試験などのために自習する際の参考書にもなるように工夫されている。さらに、地球惑星科学を学び始める学生ばかりでなく、地球環境科学、天文学宇宙科学、材料科学などの周辺分野を学ぶ学生も対象とし、それぞれの分野の自習用の参考書として活用できる書籍を目指した。

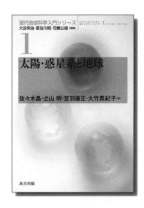

【各巻：A5判・上製本・税込価格】
※価格は変更される場合がございます※

共立出版　www.kyoritsu-pub.co.jp

❶ **太陽・惑星系と地球**
佐々木 晶・土山 明・笠羽康正・大竹真紀子 著
・・・・・・・・・・・・・・・・・・・・・・・・・・400頁・定価5280円

❷ **太陽地球圏**
小野高幸・三好由純 著・・・・・・・・・・264頁・定価3960円

❸ **地球大気の科学**
田中 博 著・・・・・・・・・・・・・・・・・・・324頁・定価4180円

❹ **海洋の物理学**
花輪公雄 著・・・・・・・・・・・・・・・・・・228頁・定価3960円

❺ **地球環境システム** 温室効果気体と地球温暖化
中澤高清・青木周司・森本真司 著・・294頁・定価4180円

❻ **地震学**
長谷川 昭・佐藤春夫・西村太志 著 508頁・定価6160円

❼ **火山学**
吉田武義・西村太志・中村美千彦 著 408頁・定価5280円

❽ **測地・津波**
藤本博己・三浦 哲・今村文彦 著・・・・228頁・定価3740円

❾ **地球のテクトニクスⅠ** 堆積学・変動地形学
箕浦幸治・池田安隆 著・・・・・・・・・・216頁・定価3520円

❿ **地球のテクトニクスⅡ** 構造地質学
金川久一 著・・・・・・・・・・・・・・・・・・270頁・定価3960円

⓫ **結晶学・鉱物学**
藤野清志 著・・・・・・・・・・・・・・・・・・194頁・定価3960円

⓬ **地球化学**
佐野有司・高橋嘉夫 著・・・・・・・・・・336頁・定価4180円

⓭ **地球内部の物質科学**
大谷栄治 著・・・・・・・・・・・・・・・・・・180頁・定価3960円

⓮ **地球物質のレオロジーとダイナミクス**
唐戸俊一郎 著・・・・・・・・・・・・・・・・266頁・定価3960円

⓯ **地球と生命** 地球環境と生物圏進化
掛川 武・海保邦夫 著・・・・・・・・・・238頁・定価3740円

⓰ **岩石学**
榎並正樹 著・・・・・・・・・・・・・・・・・・274頁・定価4180円

古地理図（paleogeographic maps）

PALEOMAP Project の Earth History（http://www.scotese.com/earth.htm）より．

 古代の陸塊　 海溝　　現在の大陸の境界　　海嶺

最終氷期最盛期（LGM）　1万8,000年前

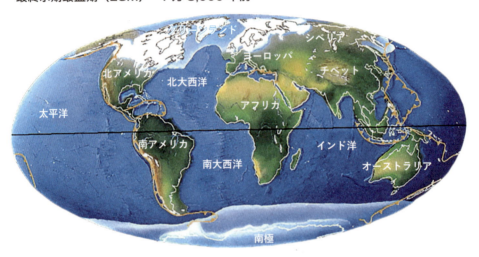

未来　1億5,000万年後

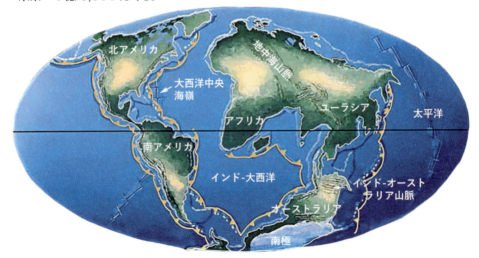